T0225159

Theorie und Praxis der Nachhaltigkeit

Reihenherausgeber
W. Leal Filho, Faculty of Life Sciences, Hamburg University of Applied Sciences,
Hamburg, Germany

Das Thema Nachhaltigkeit hat eine zentrale Bedeutung, sowohl in Deutschland — aufgrund der teilweisen großen Importabhängigkeit Deutschlands für bestimmte Rohstoffe und Produkte — als auch weltweit. Weshalb brauchen wir Nachhaltigkeit? Die Nutzung natürlicher und knapper Ressourcen und die Konkurrenz um z. B. Frischwasser, Land und Rohstoffe steigen weltweit. Gleichzeitig nehmen damit globale Umweltprobleme wie Klimawandel, Bodendegradierung oder Biodiversitätsverlust zu. Ein schonender, also ein nachhaltiger Umgang mit natürlichen Ressourcen ist daher eine zentrale Herausforderung unserer Zeit und ein wichtiges Thema der Umweltpolitik. Die Buchreihe Theorie und Praxis der Nachhaltigkeit beleuchtet Fragestellungen zu sozialen, ökonomischen, ökologischen und ethischen Aspekten der Nachhaltigkeit und stellt dabei nicht nur theoretische, sondern insbesondere praxisnahe Ansätze dar. Herausgeber und Autoren der Reihe legen besonderen Wert darauf, die Nachhaltigkeitsforschung ganzheitlich darzustellen. Die Bücher richten sich nicht nur an Wissenschaftler, sondern auch an alle in Wirtschaft und Politik Beschäftigten. Sie werden durch die Lektüre wichtige Denkanstöße und neue Einsichten gewinnen, die ihnen helfen, die richtigen Entscheidungen zu treffen.

Weitere Bände in dieser Reihe
http://www.springer.com/series/13898

Walter Leal Filho
(Hrsg.)

Innovation in der Nachhaltigkeitsforschung

Ein Beitrag zur Umsetzung der UNO
Nachhaltigkeitsziele

 Springer Spektrum

Herausgeber
Walter Leal Filho
Faculty of Life Sciences
Hamburg University of Applied Sciences
Hamburg, Deutschland

ISSN 2366-2530   ISSN 2366-2549 (electronic)
Theorie und Praxis der Nachhaltigkeit
ISBN 978-3-662-54358-0   ISBN 978-3-662-54359-7 (eBook)
DOI 10.1007/978-3-662-54359-7

Die Deutsche Nationalbibliothek verzeichnet diese Publikation in der Deutschen Nationalbibliografie; detaillierte bibliografische Daten sind im Internet über http://dnb.d-nb.de abrufbar.

Springer Spektrum

Gedruckt auf säurefreiem und chlorfrei gebleichtem Papier

Springer Spektrum ist Teil von Springer Nature
Die eingetragene Gesellschaft ist Springer-Verlag GmbH Deutschland
Die Anschrift der Gesellschaft ist: Heidelberger Platz 3, 14197 Berlin, Germany

Vorwort

Die Vereinten Nationen (UN) wollen in den nächsten 15 Jahren Hunger und extreme Armut auf der ganzen Welt beseitigen. Die UN-Vollversammlung hat dazu im September 2015 die Ziele zur nachhaltigen Entwicklung, die sog. „sustainable development goals" (SDG) samt dem Dokument „Transforming our world: the 2030 Agenda for Sustainable Development" verabschiedet. Die Agenda ist einzigartig: Mithilfe der 17 Ziele und 169 Unterpunkte wollen die Staats- und Regierungschefs aus aller Welt die Zukunft des Planeten rundum verbessern.

Die 17 Ziele umfassen u. a. die Beseitigung von extremer Armut und Hunger bis zum Jahr 2030, die Förderung der Gleichstellung von Frauen sowie den Kampf gegen den Klimawandel. Der Katalog führt die zur Jahrtausendwende beschlossenen Millenniumsziele fort, die den Zeitraum bis 2015 abdeckten. Dieses Mal werden sowohl Entwicklungs- und Schwellenländer als auch Industriestaaten in die Pflicht genommen.

Die Realisierung der SDG kann durch die Nachhaltigkeitsforschung unterstützt werden. Doch obwohl es einerseits wichtig ist, dass man weiterhin über die Prinzipien und die Rolle von Nachhaltigkeit spricht und diskutiert, ist es ebenso wichtig, dass konkrete Ansätze verfolgt werden, die dazu führen, dass die Ergebnisse der Forschung und Lehre über, für und zum Thema Nachhaltigkeit u. a. zur Umsetzung der SDG beitragen. Mit anderen Worten: Es ist dringend nötig, dass mehr Innovation in der Nachhaltigkeitsforschung entsteht.

Aus diesem Grund wurde dieser Band, ein Ergebnis des Symposiums „Innovation in der Nachhaltigkeitsforschung: ein Beitrag zur Umsetzung der UNO-Nachhaltigkeitsziele" erstellt. Das Buch ist im Rahmen der Veranstaltung „Innovation in der Nachhaltigkeitsforschung", die an der Hochschule für Angewandte Wissenschaften Hamburg (HAW Hamburg) im Juni 2016 stattfand, entstanden.

Dieser Band verfolgt folgende Ziele:

- die Verbreitung von Informationen über laufende Forschungsprojekte und Forschungsergebnisse aus Projekten im Bereich Nachhaltigkeit;
- die Präsentation innovativer Ansätze in Lehre und Forschung;

- das Ermöglichen des Erfahrungs- und Informationsaustausch zwischen Forschern/
  Lehrenden und Wissenschaftlern aus Hochschulen, Forschungszentren, Firmen und
  sonstigen Einrichtungen.

Im Rahmen des Buchs werden State-of-the-Art-Projekte und -Initiativen im Bereich
Forschung für Nachhaltigkeit in Deutschland präsentiert sowie innovative Lehr- und For-
schungsansätze aufgezeigt.

Ich danke den Autoren für ihre Inputs und Frau Rebecca Diesen für die Unterstützung
mit dem Manuskript.

Prof. Dr. Dr. Walter Leal
Sommer 2017

Inhaltsverzeichnis

Entwicklung eines Leitbilds zur „Nachhaltigkeit in der Außer-Haus-Gastronomie" 1

Christine Göbel, Marie-Louise Scheiper, Silke Friedrich, Petra Teitscheid, Holger Rohn, Melanie Speck und Nina Langen

1.1 Einleitung

1.1.1 Problemstellung

Das normative Leitbild der nachhaltigen Entwicklung erfährt aktuell in der internationalen politischen Debatte eine Schärfung hin zu einer stärkeren Nachhaltigkeit. Die Anerkennung absoluter planetarischer Grenzen (Bundesregierung 2012, S. 25), die Notwendigkeit des Abkoppelns des Ressourcenverbrauchs vom ökonomischen Wachstum (EU-Kommission 2011, S. 4), die zentrale Forderung nach Gerechtigkeit (Bundesregierung 2012, S. 25) sowie die Forderung an Unternehmen, Verantwortung für die sozialen und ökologischen Bedingungen entlang der Wertschöpfungskette zu übernehmen (BMUB 2015, S. 7), sind

C. Göbel (✉) · M.-L. Scheiper · S. Friedrich · P. Teitscheid
iSuN – Institut für nachhaltige Ernährung, Fachhochschule Münster
Corrensstraße 25, 48149 Münster, Deutschland
E-Mail: christine.goebel@fh-muenster.de

H. Rohn
Institut für nachhaltiges Wirtschaften gemeinnützige GmbH, Faktor 10
Alte Bahnhofstraße 13, 61169 Friedberg, Deutschland
E-Mail: holger.rohn@f10-institut.org

M. Speck
Forschungsgruppe: Nachhaltiges Produzieren und Konsumieren, Wuppertal Institut für Klima, Umwelt, Energie GmbH
Döppersberg 19, 42103 Wuppertal, Deutschland
E-Mail: melanie.lukas@wupperinst.org

N. Langen
Fachgebiet Ernährung/ Lebensmittelwissenschaft, Technische-Universität Berlin, Institut für Berufliche Bildung und Arbeitslehre
Marchstr. 23, 10587 Berlin, Deutschland
E-Mail: nina.langen@tu-berlin.de

© Springer-Verlag GmbH Deutschland 2017
W. Leal Filho (Hrsg.), *Innovation in der Nachhaltigkeitsforschung*,
Theorie und Praxis der Nachhaltigkeit, DOI 10.1007/978-3-662-54359-7_1

zentrale Bestandteile der von den Vereinten Nationen (UN) verabschiedeten Agenda 2030 sowie der Nachhaltigkeitspolitik der Europäischen Union und Deutschlands. Die Sustainable-Development-Goals (SDG, 2015) konkretisieren die Agenda zur nachhaltigen Entwicklung und sollen bis 2030 global zur Überwindung der Armut, zum Schutz des Planeten und zur Sicherung des Wohlstands aller Menschen beitragen (United Nations 2015, S. 1 ff.).

Das Ernährungssystem ist ein zentrales Handlungsfeld für nachhaltige Entwicklung, denn die weltweite Adaption westlicher Ernährungsgewohnheiten geht einher mit einem hohen Konsum tierischer Produkte und der ständigen Verfügbarkeit von Nahrungsmitteln, was zu einem überproportionalem Anstieg des Ressourcenverbrauchs führt (EU Kommission SCAR 2011; The Government Office for Science 2011; Haerlin und Busse 2009, S. 25). Der Ernährungsbranche werden in Europa etwa 17 % der Treibhausgasemissionen und 28 % der Ressourcenverbräuche zugeschrieben (EU Kommission 2011, S. 21). Die Resultate einer zu intensiven Landwirtschaft sind Artenverlust, Verlust der Bodenfruchtbarkeit und Belastung des Wassers und der Luft (von Koerber 2014, S. 261 f.; Erdmann et al. 2003, S. 13 ff.).

In Deutschland, wie in allen Industrie- und Schwellenländern, führen die westlichen Ernährungsgewohnheiten zu einer Zunahme von Übergewicht und dem Risiko für ernährungsassoziierte Erkrankungen, womit die Kosten für die Gesundheitssysteme steigen (von Koerber 2014, S. 261 f.). In Entwicklungsländern steigt die Nahrungsunsicherheit, u. a. bedingt durch Umweltkatastrophen oder gesellschaftliche Konflikte um Flächen und Rohstoffe, was zu einer Schwächung der Wirtschaftsleistung (Kaufkraft und globale Wettbewerbsfähigkeit) führt. Weltweit zählen zu den sozialen Hotspots in den Wertschöpfungsketten der Ernährungsindustrie v. a. Niedriglöhne, Werkverträge und Einkommensunsicherheit.

Da die Außer-Haus-Gastronomie nach dem Lebensmittelhandel der zweitgrößte Sektor der Ernährungsbranche ist (BVE 2014, S. 15), stellt sie ein wesentliches Handlungsfeld für die Transformation der Ernährungswirtschaft zum nachhaltigen Wirtschaften und damit zur Reduzierung der vielfältigen ökologischen, ökonomischen, sozialen und gesundheitlichen Wirkungen dar. Darüber hinaus nimmt der Sektor einen großen Einfluss auf die heutige Ess- und Ernährungskultur.

Dabei ist Nachhaltigkeit im Markt der Außer-Haus-Gastronomie bereits ein Megatrend (Goebel et al. 2017, S. 49 ff.), Unternehmen bedienen diesen jedoch mit unterschiedlichen Strategien und Intensitäten.

Derzeit scheint insbesondere die Regionalität, die einhergeht mit dem Wunsch nach einer gesicherten Herkunft von Lebensmitteln, ein vieldiskutiertes Merkmal für Nachhaltigkeit in der Außer-Haus-Gastronomie zu sein. Dies wird beispielsweise durch die Nutzung von heimischem Gemüse und dem Angebot von handwerklich gefertigten Gerichten deutlich. Insbesondere bei sensiblen Produkten wie Milch- oder Fleischerzeugnissen sind Kund_innen an der Herkunft interessiert. Diese Entwicklung geht einher mit dem gesteigerten Wissen der Bevölkerung hinsichtlich einer prekären Tierhaltung und der Forderung für mehr Tierwohl. Vertrauen und Glaubwürdigkeit der Unternehmen werden somit für den Gast zu einem neuen Wert, was sich auch in dem Bedürfnis nach mehr Transparenz und Lebensmittelsicherheit niederschlägt (DEHOGA o.J., S. 23; Rückert-John et al. 2011, S. 48). Insgesamt scheint der Aspekt der Regionalität wichtiger zu sein als z. B. der Einsatz biologisch erzeugter oder fair gehandelter Lebensmittel, was mit dem Kostendruck in der Außer-Haus-Gastronomie begründet werden kann. Weitere Maßnahmen finden sich beispielsweise in der Lebensmittelabfallvermeidung oder der Steigerung der Energieeffizienz, z. B. von Geräten (Lukas und Strassner 2012, S. 623).

Es zeigt sich, dass es bereits viele gute singuläre Ansätze zur Umsetzung von Nachhaltigkeitsaspekten gibt. Selten besteht in den Unternehmen jedoch eine umfassende Nachhaltigkeitsstrategie. So existiert bei Unternehmen der Außer-Haus-Gastronomie häufig eine große Unsicherheit über die Umsetzung der normativen und politischen Idee der Nachhaltigkeit in unternehmerisches Handeln. Um die Grundgedanken einer nachhaltigen Entwicklung für die Branche fassbar zu machen und ihr Orientierung hinsichtlich konkreter Nachhaltigkeitsstrategien zu geben, wird im Rahmen des NAHGAST-Projekts (s. Abschn. 1.1.2) ein Leitbild Nachhaltigkeit in der Außer-Haus-Gastronomie entwickelt, dass anschließend in ein praxisorientiertes Konzeptpapier (Roadmap) zur praktischen Umsetzung des Leitbilds übersetzt wird. In diesem Beitrag wird das Verfahren der Leitbildentwicklung transparent dargestellt. Dabei sind der prozesshafte Charakter der Entwicklung und das Stakeholder-Beteiligungsverfahren entscheidend, um an die aktuelle Nachhaltigkeitsdebatte in der Branche anzuknüpfen. Die Erkenntnisse aus den Dialogen mit Praxispartnern und Stakeholdern aus Politik, Wissenschaft und Nichtregierungsorganisationen werden dargestellt und bezüglich der Weiterentwicklung des Leitbilds kritisch beleuchtet.

1.1.2 Vorstellung des NAHGAST-Projekts

Das Projekt Entwicklung, Erprobung und Verbreitung von Konzepten zum nachhaltigen Produzieren und Konsumieren in der Außer-Haus-Verpflegung (NAHGAST) zielt auf die Initiierung, Unterstützung und Verbreitung von Transformationsprozessen zum nachhaltigen Wirtschaften in der Außer-Haus-Gastronomie. Im Projekt soll das Konzept einer kohlenstoffarmen, ressourcenleichten, sowie sozial inklusiven Wirtschaft gefördert werden, indem

- gemeinsam mit Unternehmen (Praxispartnern) Konzepte und Strukturen für nachhaltige Produktinnovationen entwickelt und erprobt werden;
- in diesem Prozess die Präferenzen, Wünsche und Vorbehalte der Verbraucher_innen frühzeitig einbezogen werden und
- in Fallstudien getestet wird, durch welche Kommunikations- und Anreizsysteme Konsument_innen angeregt werden können, nachhaltigere Produktinnovationen nachzufragen.

Die Kooperation mit der Praxis zielt darauf ab, mithilfe von Unternehmen als strukturpolitische Akteure, Transformationsprozesse mit möglichst breiter Unterstützung und Reichweite in der Branche zu initiieren.

1.1.3 Einteilung und Entwicklungen des Markts der Außer-Haus-Gastronomie

Die Außer-Haus-Gastronomie wird in die Teilbereiche Individual-, Gemeinschaftsgastronomie und sonstige Lebensmitteldienstleistungen differenziert (Abb. 1.1). Die Gemeinschaftsgastronomie umfasst die Segmente Business (Betriebsgastronomie), Education (Schulverpflegung) und Care (Verpflegung in Krankenhäusern, Altenheimen und Pflegeeinrichtungen), die Individualgastronomie die Segmente Unterhaltungs- und Sys-

Abb. 1.1 Einteilung des Markts der Außer-Haus-Gastronomie in seine Teilsegmente. (Quelle: eigene Darstellung)

temgastronomie sowie Restaurants und zu den sonstigen Lebensmitteldienstleistungen gehören andere gastronomische Angebote (z. B. im Stadion oder Kino) sowie das Lebensmittelhandwerk und Automaten (eigene Einteilung in Anlehnung an die Business Target Group (BTG 2014) und die Forschungsgruppe Good Practice – Gemeinschaftsgastronomie (2008, S. 2 f.)). Aus dieser Segmentierung wird deutlich, dass der Markt der Außer-Haus-Gastronomie durch eine komplexe und heterogene Verteilung von verschiedenen Betriebssegmenten gekennzeichnet ist, die sich bezüglich des Verpflegungsschwerpunkts und der Gästestruktur unterscheiden.

Die Außer-Haus-Gastronomie hat in den letzten Jahren in ihrem Volumen aufgrund verschiedener Determinanten zugenommen. Generelle Gründe für den Verzehr von Speisen außer Haus sind nach Steinel und Kelm (2008) das Vergnügen am Verzehr von Speisen oder beruflich bedingte Geschäftsessen. Weiterhin fehlen den Kund_innen der Außer-Haus-Gastronomie beispielsweise Zeit, Ausrüstung und Know-how zur Selbstverpflegung. Besonders Letzteres wird durch den Wandel von gesellschaftlichen und demographischen Entwicklungen beeinflusst (Steinel und Kelm 2008, S. 12 f.). Durch die besonders in den westlichen Gesellschaften steigende Individualisierung, vermehrte Zeitknappheit, Zunahme der Frauenerwerbsquote sowie der Einführung von flächendeckenden Ganztagsschulen und Betriebsrestaurants wird der Konsum außer Haus verstärkt (Peinelt und Wetterau 2015, S. 4). Aus diesen Gründen ist der Außer-Haus-Sektor mit etwa 11,16 Mrd. Besuchern im Jahr 2013 (Deutscher Fachverlag 2014, S. 5) und einem Marktvolumen von etwa 71,1 Mrd. € im Jahr 2014 ein bedeutender Wirtschaftssektor für eine nachhaltige Transformation (BVE 2015, S. 11).

Mit den Praxispartnern im Projekt NAHGAST werden relevante Bereiche der Außer-Haus-Gastronomie (Care-, Education- und Businessverpflegung sowie Individual- und Eventgastronomie) mit ihren Spezifika abgedeckt und somit jeweils direkt anwendungsrelevante Ergebnisse für diese Teilbereiche erarbeitet.

1.2 Grundlagen und Zielsetzung des Leitbilds

Ein Leitbild enthält wesentliche Grundsätze, drückt Werte aus und zeigt die angestrebte Entwicklung einer Organisation oder eines Systems auf. Es bedarf der Akzeptanz durch alle Beteiligten, damit es als Handlungsrahmen oder Verhaltenskodex eine integrierende und steuernde Funktion von Systemen übernehmen kann (Vahs 2012, S. 129). Es soll sprachlich positiv und ohne innere Widersprüche formuliert sein, d. h. kurz, prägnant und verständlich. Weiterhin zeichnet sich ein Leitbild dadurch aus, dass es langfristig gültig und realisierbar ist. Es ermöglicht Orientierung, Einordnung und Abgrenzung (Graf und Spengler 2013, S. 62). Damit es diese Funktionen übernehmen kann, ist es notwendig, zunächst den gegenwärtigen Status (Ist-Zustand) zu ermitteln (Identifizierung des Wertekanons, Status-quo-Analyse) und daraus im Dialog mit der Branche den Soll-Zustand abzuleiten sowie Mittel und Wege zur Realisierung des Leitbilds festzulegen (Bleicher 1992, S. 42 ff.).

Die Idee zur Entwicklung eines Leitbilds Nachhaltigkeit in der Außer-Haus-Gastronomie beruht auf der Beobachtung, dass in der Branche Orientierung fehlt, wie Nachhaltigkeit im eigenen Verantwortungsbereich umgesetzt werden kann, obwohl das Interesse zunimmt, Unternehmen in Richtung Nachhaltigkeit zu entwickeln.

Die Politik hat dagegen umfassende und verbindliche Konzepte mit klaren Zielsetzungen zur Umsetzung von Nachhaltigkeit formuliert und daraus auch Handlungsfelder abgeleitet, vgl. hierzu beispielsweise die nationale Nachhaltigkeitsstrategie der Bundesregierung (Bundesregierung 2012). Unternehmen orientieren sich i. d. R. nicht systematisch an diesen normativen Setzungen der Politik, sondern entwickeln vorwiegend eigene Nachhaltigkeitskonzepte.

Aus diesen Gründen setzt das Leitbild an der Lücke zwischen dem in Wissenschaft und Politik formulierten Soll-Zustand und der Ist-Situation von Nachhaltigkeit in Unternehmen der Außer-Haus-Gastronomie an. Es verfolgt folgende Ziele:

- die Integration von Anforderungen aus den Nachhaltigkeitsdimensionen von Ökologie, Ökonomie, Soziales und Gesundheit;
- die Formulierung eines Referenzrahmens für den gesamten Markt der Außer-Haus-Gastronomie (Selbstvergewisserung und Wertsetzung)
  - zur späteren Differenzierung des gemeinsamen Referenzrahmens in einer Roadmap zur praktischen Umsetzung sowie
  - zur Schaffung eines Bezugsrahmens für Nachhaltigkeit der Branche im Zusammenspiel mit Verbraucher_innen.

Als Grundlage und zur Verständigung über die Ziele des Projekts NAHGAST (Abb. 1.2) bewerten Praxispartner_innen den geplanten Leitbildprozess in einem gemeinsamen Workshop.

Im Kontext der wissenschaftlichen Debatte zur nachhaltigen Ernährung werden die Nachhaltigkeitsdimensionen Ökologie, Ökonomie und Soziales um die Dimension Gesundheit erweitert (Brunner und Schönberger 2005, S. 12; Roehl und Strassner 2012, S. 12; von Koerber 2014, S. 260 ff.).

1.3   Methode

Der vorliegende Leitbildvorschlag wird im Rahmen des Projekts NAHGAST (s. Abschn. 1.1.2) konzipiert und soll während des Projektverlaufs (bis Februar 2018) sowie darüber hinaus in Dialogprozessen stetig weiterentwickelt werden.

Da Leitbilder im Gegensatz zu Visionen einen deutlichen Gegenwartsbezug aufweisen (Vahs 2012, S. 129) und bestehende Nachhaltigkeitskonzepte der Außer-Haus-Gastronomie mit dem Leitbild gestärkt werden sollen, wird das Leitbild Nachhaltigkeit in der Außer-Haus-Gastronomie aus der derzeitigen Debatte in der Branche sowie aus den existierenden normativen Strukturen abgeleitet. Dazu wird ein partizipativer Entwicklungsprozess genutzt, der folgende Schritte beinhaltet (Graf und Spengler 2013, S. 81 ff.; Darstellung der detaillierten Arbeitsschritte in Abb. 1.2):

1. Recherche und Dokumentenanalyse zur Analyse des Soll- (Wertekanon und normative Basis) sowie des Ist-Zustands von Nachhaltigkeit im Markt der Außer-Haus-Gastronomie
2. Bewertung der Lücke zwischen Ist-Situation und normativer Setzung
3. Stakeholder-Dialoge und Experten-Workshops zur Evaluation des Ansatzes und Schaffung von Aufmerksamkeit und Akzeptanz
4. Evaluation des Nutzens des Leitbilds in den Fallstudien bei Praxispartner_innen
5. Herleitung einer Roadmap zur praktischen Umsetzung des Leitbilds

In der Desk-Research-Phase (Schritt 1) wird zunächst die gegenwärtige Lage des Außer-Haus-Markts und seiner Teilmärkte ermittelt (Ist-Zustand). Dazu findet eine ausführliche Literaturrecherche statt und es werden Dokumente der Nachhaltigkeitskommunikation von Unternehmen und Unternehmensverbänden mithilfe einer qualitativen Inhaltsanalyse nach Mayring (2015) analysiert. Die Dokumentenanalyse findet mit der Software MAXQDA (Version 11) statt. Als analytischer Rahmen wird ein Kategoriensystem auf der Grundlage der Kriterien für die Nachhaltigkeitsberichterstattung erstellt (Gebauer et al.

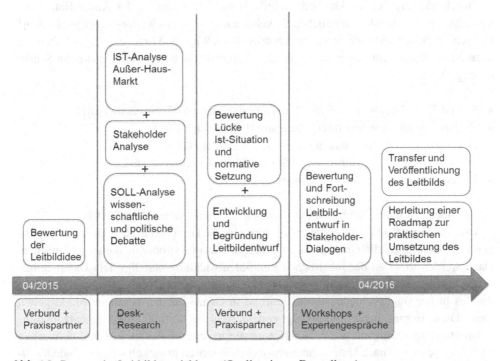

Abb. 1.2 Prozess der Leitbildentwicklung. (Quelle: eigene Darstellung)

2011, S. 4 f.). Es werden insbesondere Informationen von Internetseiten oder aus Nachhaltigkeits- und Umweltberichten gesichtet. Die Analyse stützt sich dementsprechend nicht auf die tatsächlichen Nachhaltigkeitsaktivitäten, sondern auf das, was Unternehmen und ihre Verbände kommunizieren.

Der Soll-Zustand wird erhoben durch die Betrachtung der Erwartungen und Einstellungen der Stakeholder der Außer-Haus-Gastronomie, insbesondere der Kund_innen, zu den Themen Nachhaltigkeit und Gesundheit mit Bezug auf die Außer-Haus-Gastronomie. Zudem erfolgt eine Analyse der für den Ernährungsbereich relevanten wissenschaftlichen und politischen Debatte um Nachhaltigkeit. Für die Bestimmung der im Leitbild formulierten Leitsätze und Anforderungen werden politisch und gesellschaftlich relevante Appelle und Vereinbarungen aus der aktuellen nationalen und internationalen Debatte um Nachhaltigkeit abgeleitet (z. B. BMUB 2015; Bundesregierung 2012; EU-Kommission 2011; Papst Franziskus 2015; Haerlin und Busse 2013; WHO 1999; OECD 2011; United Nations 2015, S. 1 ff.). Diese Auswertung dient der Bestimmung der Zielsetzungen und des angestrebten Niveaus für nachhaltiges Wirtschaften.

Im Anschluss (Schritt 2) erfolgt der Vergleich zwischen der thematischen Positionierung von Unternehmen (Ist-Zustand) und den normativen Anforderungen (Soll-Zustand). Letztere bilden die Kernthemen für die späteren Leitsätze. Diese Bewertung erfolgt in einem internen Workshop des Forschungsverbunds und in einem Workshop mit Praxispartner_innen. Als Ergebnis werden die Leitsätze formuliert.

Durch mehrere Feedbackrunden (Schritt 3) mit Unternehmen der Außer-Haus-Gastronomie und ihren unterschiedlichen Stakeholdern soll einerseits der vorgelegte Entwurf kritisch reflektiert und verbessert, andererseits sollen Wege und Erfahrungen zum Transfer normativer Anforderungen ermittelt werden. Folgende Dialoge werden in diesem Schritt durchgeführt:

- Round Table Nachhaltige Außer-Haus-Verpflegung am 05. November 2015
- Diskussion mit Projektpartner_innen am 01. Dezember 2015
- Fokusgruppen mit Konsument_innen am 17. und 18. Februar 2016
- Workshop mit Expert_innen sowie Stakeholdern der Branche am 25. Februar 2016
- Interviews mit weiteren Expert_innen

Die oben erwähnten Schritte 4 und 5 stehen noch aus (Stand März 2016).

Durch den partizipativen Ansatz wird versucht, die komplexen Themen der nachhaltigen Entwicklung für die Unternehmen der Außer-Haus-Gastronomie greifbar zu machen. Dazu werden diese an der inhaltlichen Leitbildentwicklung beteiligt. Die Unternehmen der Branche, von der Imbissbude bis hin zum Sternrestaurant, sind jedoch so vielfältig, dass es bisher fraglich bleibt, ob das Leitbild in Gänze für den gesamten Markt gelten kann. Diese Herangehensweise bedingt zudem, dass das Leitbild eine Momentaufnahme darstellt. Längerfristig muss das Konzept an die neuesten Erkenntnisse und politischen Ziele angepasst und nach Unternehmensansprüchen weiterentwickelt werden. Zudem sollte die Konsumentenperspektive stärker im Leitbild berücksichtig werden, was jedoch eine besondere Herausforderung darstellt, da die Gästestruktur in der Außer-Haus-Gastronomie ebenfalls als sehr heterogen beschrieben werden kann. Darüber hinaus werden im Leitbild keine quantifizierbaren Ziele dargestellt, was jedoch auch nicht der Anspruch des qualitativen Vorgehens ist.

1.4   Ergebnisdarstellung

1.4.1   Diskrepanz zwischen gegenwärtiger Nachhaltigkeitskommunikation von Unternehmen und normativen Anforderungen

Die Abb. 1.3 bündelt die zentralen Themen der politischen und wissenschaftlichen Nachhaltigkeitsdebatte und stellt sie den Häufigkeiten ihrer Nennungen in der Nachhaltigkeitskommunikation von 52 Unternehmen gegenüber. Diese zentralen Themen bilden zugleich die Grundlage für die acht Leitsätze des Leitbilds (vgl. Abschn. 1.4.2).

Der Vergleich zeigt, dass die normativ gesetzten Themen nur teilweise von den Unternehmen aufgegriffen und kommuniziert werden. Dies stellt eine Diskrepanz zwischen den wissenschaftlichen bzw. politischen Anforderungen und dem aktuellen Nachhaltigkeitsstatus der Außer-Haus-Gastronomie dar.

Ein bereits deutlich kommuniziertes Thema ist die Bewahrung der Ressourcen. Unternehmen beschaffen beispielsweise biologisch angebaute, regionale und saisonale Lebensmittel oder versuchen Lebensmittelabfall, Verpackungsmüll und Reinigungsmittel zu reduzieren. Auch werden unterschiedliche Maßnahmen zur Förderung der Ernährungsgesundheit erläutert. Vermehrt werden auch vegetarische und vegane Speisen angeboten.

Abb. 1.3 Auswertung der Nachhaltigkeitskommunikation von 52 Unternehmen der Außer-Haus-Gastronomie. (Quelle: eigene Darstellung)

Im Gegensatz dazu wird das Thema Biodiversität bisher nur durch wenige Unternehmen kommuniziert. Zum Schutz des Klimas (effiziente Gerätetechnik, Nutzung erneuerbarer Energien, Schulung der Mitarbeiter_innen) finden sich etliche Maßnahmen, die aber nicht unter dieser Überschrift kommuniziert werden. Im politischen/normativen Diskurs stehen die Themen Biodiversität und Klimaschutz hingegen ganz oben auf der Agenda.

In allen acht Themenfeldern gibt es viele weitere Beispiele zur Umsetzung von Nachhaltigkeitsaktivitäten in der Außer-Haus-Gastronomie, diese basieren jedoch nicht auf einem umfassenden bzw. ganzheitlichen Nachhaltigkeitskonzept.

Über die tatsächlichen ökologischen, ökonomischen oder sozialen Auswirkungen dieser Maßnahmen können keine Aussagen getroffen werden und teilweise ist es sogar fraglich, inwieweit der dargestellte Nutzen an einer Stelle eine negative Folge an anderer Stelle nach sich zieht.

Die Analyse der Kommunikation von 21 Unternehmensverbänden zeigt, dass sich nur wenige Verbände zu den aus der politischen und wissenschaftlichen Debatte generierten Schwerpunkten nachhaltigen Wirtschaftens äußern. Unternehmensverbände der Außer-Haus-Gastronomie verfolgen den Zweck der Interessensvertretung ihrer Mitglieder (Lobbyarbeit) gegenüber Politik, Gesellschaft und anderen Stakeholdern sowie der Informationsvermittlung über aktuelle politische, rechtliche und wirtschaftliche Entwicklungen. Dies äußert sich beispielsweise in Angeboten zur kontinuierlichen Aus- und Weiterbildung der Mitglieder_innen zu aktuellen Themen in der Branche (z. B. Allergenkennzeichnung, Abfallvermeidung, Trends). Auch die Unterstützung einer familienfreundlichen Personalpolitik seiner Mitglieder_innen (bessere Vereinbarkeit von Familie und Beruf, Kinderbetreuung etc.) ist ein häufig kommunizierter Aspekt. Die genannten Maßnahmen stehen in engem Zusammenhang mit der Sicherung qualifizierter Fachkräfte, eines der am häufigsten kommunizierten Themen der Verbände.

Der Kommunikationsschwerpunkt der Unternehmensverbände liegt demnach auf sozialen Aspekten, die aber nicht in den Kontext der Nachhaltigkeit gestellt werden. Umweltaspekte werden nur bei den wenigsten Verbänden kommuniziert. Ein ganzheitlicher Ansatz zur Unterstützung der Mitglieder beim Thema Nachhaltigkeit findet sich nicht. Es kann geschlussfolgert werden, dass die Unternehmensverbände kein wesentlicher Treiber für Nachhaltigkeit im Außer-Haus-Markt sind.

Aus der Analyse der Kommunikation der Nachhaltigkeitsaktivitäten von Unternehmen und Unternehmensverbänden wird ersichtlich, dass Unternehmen für einen ganzheitlichen Ansatz zur Umsetzung von Nachhaltigkeit Orientierungshilfen benötigen.

1.4.2 Vorstellung des Leitbildentwurfs Nachhaltigkeit in der Außer-Haus-Gastronomie

Die Leitbildentwicklung Nachhaltigkeit in der Außer-Haus-Gastronomie ist ein noch nicht abgeschlossener Prozess. In dem hier vorgestellten Entwurf (Stand März 2016) sind erste Ergebnisse des Beteiligungsverfahrens eingeflossen. Spätere Diskussionspunkte aus

Stakeholder-Workshops und Expertenbefragungen finden sich stichwortartig unter den jeweiligen Leitsätzen. Mit dieser Form der Darstellung soll der prozessuale Charakter der Leitbildentwicklung transparent werden. Allgemeine Aspekte der Stakeholder-Dialoge werden darüber hinaus in Abschn. 1.4.3 thematisiert.

Der Leitbildentwurf gliedert sich in einen grundlegenden Wertekanon (Grundlegende Werte und Verantwortung) sowie acht Leitsätze (Abb. 1.4).

Die Abb. 1.4 verdeutlicht, dass sich die Leitsätze mit unterschiedlichen Dimensionen der Nachhaltigkeit befassen. Während Leitsatz 1–3 eher im Bereich der Ökologie (grün) zu gruppieren sind, entsprechen Leitsatz 5–8 eher sozialen Themengebieten (orange, inklusive Gesundheit). Leitsatz 4 und 5 verfolgen sowohl soziale als auch ökologische Zielsetzungen (orange-grün). Den Leitsätzen ist ein grundlegender Wertekanon vorangestellt, der den Rahmen für alle Leitsätze bildet.

► **Grundlegende Werte und Verantwortung** „Unternehmen der Außer-Haus-Gastronomie erklären sich dem normativen Konzept der nachhaltigen Entwicklung verpflichtet und integrieren konsequent die Nachhaltigkeitsanforderungen ihrer Anspruchsgruppen in Unternehmensstrategien."

Abb. 1.4 Der gemeinsame Wertekanon und die acht Leitsätze des Leitbildentwurfs Nachhaltigkeit in der Außer-Haus-Gastronomie. (Quelle: eigene Darstellung)

- Sie akzeptieren die planetarischen Grenzen als begrenzenden Rahmen für ihr eigenes Handeln (Steffen et al. 2015, S. 1 ff.).
- Sie stehen zu ihrer sozialen Verantwortung in ihrem Unternehmen, für ihre Region und für ihre globalen Wertschöpfungsketten.
- Sie stehen zu ihrer Mitverantwortung in Bezug auf die Ernährungsgesundheit ihrer Kund_innen.
- Sie gehen offen mit den Wirkungen ihres unternehmerischen Handelns um und berichten transparent über ihre Strategien, Ziele, Maßnahmen und Initiativen zur Förderung nachhaltiger Entwicklung.

Insgesamt orientieren sie ihr wirtschaftliches Handeln an den im Jahr 2015 von den Vereinten Nationen formulierten SDG und den darin definierten zentralen Werten (United Nations 2015, S. 1 ff.).

Diskussion[1]: Selbstverpflichtung kann gesetzliches Handeln nicht ersetzen und muss mit Umsetzungspflichten hinterlegt werden; Transparente Berichterstattung muss verbraucheradäquat gestaltet werden; Nachhaltigkeit hat prozessualen Charakter.

▶ **Leitsatz 1: Erhalt der natürlichen Ressourcen** „Unternehmen der Außer-Haus-Gastronomie richten ihre Aufmerksamkeit in allen Prozessen auf den Schutz der natürlichen Ressourcen und streben eine Reduzierung des Ressourceninputs innerhalb aller Geschäftsbereiche an."

Die effiziente Nutzung von Ressourcen bis 2030 ist globales Ziel in den UN-SDG. Sie enthalten auch die Forderung nach gerechtem Zugang aller Menschen zu den natürlichen Ressourcen, wie abiotischen und biotischen Ressourcen oder auch genetischen Ressourcen. Papst Franziskus mahnt in seiner Enzyklika *Laudato si'*, dass die ungelöste Ressourcenfrage nicht nur eine ökologische, sondern auch eine soziale Krise beinhaltet.

Die nationale Nachhaltigkeitsstrategie sieht eine Verdopplung der Rohstoffproduktivität von 1994 bis 2020 vor. Der Fahrplan für ein ressourcenschonendes Europa benennt als Ziel: „Spätestens 2020 sind Anreize für gesündere und nachhaltigere Erzeugungs- und Verbrauchsstrukturen weit verbreitet und haben zu einer Reduzierung des Ressourceninputs der Lebensmittelkette um 20 % geführt" (Papst Franziskus 2015, S. 162 ff.; Bundesregierung 2012, S. 109 ff.; EU-Kommission 2011, S. 21; United Nations 2015, S. 6).

Diskussion: Ist das Thema zu umfangreich für einen Leitsatz?; Definition natürliche Ressourcen fehlt; neben Effizienz- auch Konsistenz- und Suffizienzstrategie thematisieren; Aufnahme der gerechten Verteilung in den Leitsatz; langfristig nachhaltige Rohwarenbeschaffung kann nur bei Beachtung aller Säulen der Nachhaltigkeit gelingen, inklusive sozialer Aspekte; Input bei gegebenem Output verringern.

---

[1] Aspekte aus dem Stakeholder-Workshop und Expertenbefragungen.

▶ **Leitsatz 2: Erhalt der Biodiversität** „Unternehmen der Außer-Haus-Gastronomie tragen Verantwortung gegenüber der Natur und sind mitverantwortlich für den Erhalt und Wiederherstellung von Biodiversität und damit der Ökosystem-Leistungen."

Der anhaltende Verlust der biologischen Vielfalt wirkt sich zunehmend auf die Ökosystemleistungen aus: In der EU sind beispielsweise 25 % der heimischen Tierarten vom Aussterben bedroht, 88 % der Fischbestände gelten als überfischt. Das Bienensterben birgt große, nicht nur wirtschaftliche Risiken. Aus diesem Grund ist in der nationalen Nachhaltigkeitsstrategie die Biodiversitätsstrategie der Bundesregierung fest verankert; sie bezieht sich auf das internationale Übereinkommen über die biologische Vielfalt der Vereinten Nationen: Der Verlust von Biodiversität und die Schädigung der Ökosystemleistungen soll bis 2020 aufgehalten und die Biodiversität so weit wie möglich wiederhergestellt werden. Der Schutz von Lebensräumen und Arten sowie der genetischen Vielfalt sind für die Land- und Ernährungswirtschaft von grundlegender ökonomischer Bedeutung. Demnach ist auch die Außer-Haus-Gastronomie dazu verpflichtet die Auswirkungen ihres Handels auf die Biodiversität zu beachten (BMUB 2015, S. 16; Papst Franziskus 2015, S. 5 ff.; EU-Kommission 2011, S. 15; Bundesregierung 2012, S. 29 ff.).

Diskussion: Frage nach der Abgrenzung zu Leitsatz 1; Unternehmen können dazu bisher keine Aussagen machen; Ist das zu operationalisieren?; getrieben durch Anforderungen von Stakeholdern; Gentechnikfreiheit in der Landwirtschaft; Umsetzung von Pestizidverbotslisten – Verbot bienentoxischer Pestizide – die über die Gemeinsame Agrarpolitik (GAP) hinausgehen; Erhalt alter Sorten und Rassen; enge Verbindung mit der Wertschöpfungskette; Biodiversitätskriterien sind in den Standards von Fair-Trade-Produkten verankert; als Indikator gegebenenfalls den Anteil des Rohwarenbezugs aus kleinbäuerlicher/ökologischer/fairer Produktion nutzen.

▶ **Leitsatz 3: Schutz des Klimas** „Unternehmen der Außer-Haus-Gastronomie leisten mit ihrem Handeln einen wichtigen Beitrag zum Schutz des Klimas."

Mit einem aktiven Klimaschutzprogramm gilt es, Treibhausgase und den gesamten Energieverbrauch langfristig in den Unternehmen zu reduzieren. Gleichzeitig muss die Energieeffizienz gesteigert sowie der Einsatz von erneuerbaren Energien weiter ausgebaut werden. Ziel soll es sein, bis Ende des Jahrhunderts eine Wirtschaft ohne Treibhausgasemissionen zu ermöglichen. Dazu wurden auf EU- und auf nationaler Ebene Teilziele verabredet. So soll bis 2030 innerhalb der EU eine Treibhausgasreduzierung um mindestens 40 % gegenüber 1990 stattfinden. Auf nationaler Ebene soll dieses Ziel bereits 2020 erreicht sein. Auch Unternehmen der Außer-Haus-Gastronomie nehmen sich dieser Ziele an (BMUB 2015, S. 23 ff.; Bundesregierung 2012, S. 20 ff.; United Nations 2015, S. 19 ff.).

Diskussion: Lieferketten stärker adressieren (s. Leitsatz 4) – größten Impact beachten, Systeme sind entscheidend; Klimawandelfolgen; Zielkonflikte adressieren, Forderung nach Konkretisierung von Zielen zur Erzeugung von Handlungsdruck; Ist das, was als ökologisch besser empfunden wird auch tatsächlich besser?; Datenbasis fehlt.

▶ **Leitsatz 4: Verantwortung in der Wertschöpfungskette** „Unternehmen der Außer-Haus-Gastronomie berücksichtigen bei der Erstellung ihres nachhaltigen Verpflegungsangebots die ökonomischen, ökologischen und sozialen Herausforderungen entlang der gesamten Wertschöpfungskette und entwickeln verantwortungsbewusst Strategien zu deren Bewältigung."

Unternehmen der Außer-Haus-Gastronomie können einen erheblichen Beitrag zur nachhaltigen Entwicklung leisten, da sie Verantwortung auf ökologischer, sozialer, ökonomischer und gesundheitlicher Ebene tragen. Sie entwickeln und implementieren konkrete Maßnahmen zur kontinuierlichen Verbesserung aller Nachhaltigkeitsaspekte entlang der gesamten Lieferkette. Zudem nutzen Unternehmen ihren Einfluss, um nachhaltige und sichere Lieferketten zu fördern. Dabei gilt es, sowohl ein gemeinsames Verständnis von Sorgfaltspflicht und verantwortungsvollem Lieferkettenmanagement zu entwickeln, als auch menschenwürdige und sichere Arbeitsbedingungen, sichere und gleichberechtigte Zugänge zu jeglichen Ressourcen sowie eine gerechte Bezahlung durchzusetzen (G7 2015, S. 7 f.; United Nations 2015, S. 14; Bundesregierung 2012, S. 125 ff.).

Diskussion: Es fehlt die Definition des Begriffs Wertschöpfungskette; Konkretisierung der sozialen Verantwortung: Anerkennung der UN-Menschenrechte, Anerkennung der Konvention zu UN-Umweltkonventionen, Anerkennung der Kernarbeitsnormen der Internationalen Arbeitsorganisation (ILO), das Recht auf existenzsichernde Löhne; Erwähnung der UN-Leitprinzipien Wirtschaft und Menschenrechte; Pflicht zur Kontrolle der Wertschöpfungskette; vorausschauend denken und Folgekosten beachten.

▶ **Leitsatz 5: Einsatz tierischer Produkte** „Unternehmen der Außer-Haus-Gastronomie decken den Eiweißbedarf der Kund_innen gemäß wissenschaftlich anerkannter Ernährungsempfehlungen. Hierbei berücksichtigen sie die ökologische Tragfähigkeit, das Wohl der Tiere und pflanzliche Alternativen."

Wissenschaft und Politik identifizieren die Reduktion von tierischen Produkten als wichtigste Handlungsstrategie im Konsumbereich Ernährung im Hinblick auf Gesundheit, Ressourcenschonung, Klimaschutz, Wasserverbrauch, Landnahme und weltweiter Ernährungssicherheit. So kommt der Weltagrarbericht zu dem Schluss, dass „die Reduzierung des Verbrauchs von Fleisch und anderen tierischen Produkten in Industriestaaten und ihre Begrenzung in den Schwellenländern [...] der dringendste und effektivste Schritt zur Sicherung der Ernährung, der natürlichen Ressourcen und des Klimas [ist]" (Haerlin und Busse 2013, S. 25). Auch der Fahrplan für ein ressourcenschonendes Europa verweist ausdrücklich bei der Auswahl nachhaltiger Lebensmittel auf Empfehlungen zur Menge der pro Person zu verzehrenden tierischen Eiweiße. Aus ethischen, ökologischen und gesundheitlichen Gründen suchen Unternehmen der Außer-Haus-Gastronomie aktiv nach (pflanzlichen) Proteinalternativen und klären Kund_innen über die Notwendigkeit und

Vorteile eines veränderten Verpflegungsangebots auf (Haerlin und Busse 2013, S. 25; EU-Kommission 2011, S. 29; Eberle und Hayn 2007, S. 11 ff.; Tukker et al. 2006, S. 15 ff.).

Diskussion: Es geht nicht nur um Gesundheit, sondern auch um Tierwohl, Klima, Ressourcen, ökologische Tragfähigkeit; Gesundheit hier herausnehmen; Eiweißbedarf ist in Deutschland kein Problem; keine Nährstoffe, sondern Produkte und Systeme, den Kontext der Lebensmittel betrachten.

▶ **Leitsatz 6: Förderung der gesunden Ernährung** „Unternehmen der Außer-Haus-Gastronomie tragen zu einer Förderung der Gesundheit und der damit einhergehenden Lebensqualität ihrer Kund_innen bei."

Die Förderung der Gesundheit ist zentrale Zielsetzung internationaler und nationaler Institutionen und der Politik. Ein Fokus liegt dabei auf der Verbesserung der Ernährungssituation der Bevölkerung. Insbesondere westliche Länder sind durch eine ständige Verfügbarkeit von günstigem und häufig ungesundem Essen – d. h. Speisen mit einer hohen Energie- und geringen Nährstoffdichte – geprägt. Die damit einhergehende Zunahme von Übergewicht und Adipositas führt immer häufiger zu den bekannten Folgeerkrankungen, die die Lebensqualität der Menschen einschränken. Gleichzeitig resultieren daraus hohe Kosten für das Gesundheitssystem. Der Außer-Haus-Gastronomie kommt damit eine gesellschaftliche Verpflichtung zu, gesunde und nachhaltige Ernährung zu fördern, um somit negativ etablierte Konsummuster der Menschen zu durchbrechen und den oben beschriebenen Risiken entgegenzuwirken (von Koerber 2014, S. 262 ff.; Haerlin und Busse 2013, S. 6 ff.; Bundesregierung 2012, S. 212 ff.; WHO 2003, S. 3 ff.).

Diskussion: Zunahme der Ernährungsverantwortung im wirtschaftlichen bzw. öffentlichen/staatlichen Bereich durch zunehmenden Trend zur Außer-Haus-Verpflegung; Begriff Lebensqualität sollte definiert werden; auch Themen wie Ernährungssicherung/Zugang zu gesunder Ernährung thematisieren; Gastronomen sehen sich nicht in der Verantwortung, da der Gast nicht 24 h lang versorgt werde.

▶ **Leitsatz 7: Transparenz und Dialog zu Kund_innen** „Unternehmen der Außer-Haus-Gastronomie orientieren sich an den Transparenzbedürfnissen ihrer Kund_innen, indem sie ihre Angebote entsprechend ausrichten und klare Informationen darüber bereitstellen."

Die Bedürfnisse der Gäste nach Transparenz über Herkunft, Herstellungsbedingungen und Inhaltsstoffen von Rohwaren und angebotenen Speisen zu erfüllen, stellt eine wichtige Aufgabe für Unternehmen der Außer-Haus-Gastronomie dar. Sowohl eindeutige Informationen bezüglich des Produkt- und Dienstleistungsangebots sowie hinsichtlich deren sozialen, gesundheitlichen und ökologischen Auswirkungen als auch die Einhaltung geltender rechtlicher Bestimmungen bezüglich Werbepraktiken und Datenschutz sind dabei wichtige Aspekte. Unternehmen in der Außer-Haus-Gastronomie stehen in der Verantwortung, sich der wechselnden Bedürfnisse der Gesellschaft anzunehmen und diesbezüglich geeignete Lösungen zu generieren (United Nations 2015, S. 18; Bundesregierung 2012, S. 191 ff.; OECD 2011, S. 31).

Diskussion: Es fehlt der Verbraucherschutz vor der Verwendung von Imitaten, Ersatzstoffen und der breiten Verwendung von Zusatzstoffen etc.; Forderung gilt für die gesamte Wertschöpfungskette: Beispiel Haltungskennzeichnung; Bild von dem/der aufgeklärten Verbraucher_in ist nicht richtig; 90 % der Kund_innen haben kein Bedürfnis nach Orientierungswissen, Preisorientierung ist maßgeblich; Aufklärungsverantwortung des Unternehmens enthält die Verpflichtung, auch über Missstände aufzuklären; nicht alle Entwicklungen sind erfolgreich, wenn sie kommuniziert werden: Beispiel Veggie-Day; Transparenz schafft Vertrauen – entlastet Kunden; Transparenz ist Wettbewerbsvorteil und kann in der Gemeinschaftsgastronomie zum Selbstläufer werden.

▶ **Leitsatz 8: Orientierung an den Interessen der Mitarbeiter_innen** „Unternehmen der Außer-Haus-Gastronomie berücksichtigen bei der Umsetzung von nachhaltigen Geschäftsstrategien die Interessen ihrer Mitarbeiter_innen."

Die Berücksichtigung der Mitarbeiterinteressen in Unternehmen hat aktuell einen hohen Stellenwert: Sie sind für den Erfolg der Unternehmen unverzichtbar. Um dieses Potenzial zu nutzen, stehen Unternehmen in der Verantwortung, ihren Mitarbeiter_innen einen sicheren Arbeitsplatz zur Verfügung zu stellen sowie Aus- und Weiterbildungsmöglichkeiten und Interessensvertretung zu ermöglichen. Eine faire Entlohnung, Arbeitszeitmodelle zur Förderung der Familienfreundlichkeit (Work-Life-Balance) und die Gleichstellung von Männern und Frauen sind zentrale Anforderungen an gute Arbeitgeber (Bundesregierung 2012, S. 31 ff.; United Nations 2014, S. 15 ff., 2015, S. 14). Auch die Interessen der Mitarbeiter_innen in der Lieferkette sind relevant und finden Berücksichtigung im Leitsatz 4.

Diskussion: faire Entlohnung, existenzsichernde Löhne und Verbot von Kinderarbeit bei Mitarbeitern in Entwicklungsländern; Mitarbeiterorientierung abhängig von Unternehmensgröße: Lücke zwischen großen und kleinen Unternehmen ist riesig; Erweiterung sinnvoll: Interessen und Wohl; es geht darum, die Mitarbeiter_innen mitzunehmen, Partizipation zu ermöglichen, damit die Identifikation mit Unternehmen steigt.

1.4.3 Ausgewählte Ergebnisse der Stakeholder-Dialoge

Das Leitbild für den Außer-Haus-Markt wurde in unterschiedlichen Stakeholder-Dialogen diskutiert und evaluiert. Ausgewählte Ergebnisse der Diskussionen mit Unternehmensvertretern und weiteren Stakeholdern werden im Folgenden dargestellt.

Anmerkungen zum Leitbild von Unternehmen der Branche
Die Praxispartner des Projekts NAHGAST sowie weitere Unternehmen des Außer-Haus-Markts unterstützen in weiten Teilen ein solches Leitbild und werten den Leitbildprozess

als wichtige Grundlage für das Projekt. Er nehme den Diskurs aus der Wirtschaft auf und ermögliche ein gemeinsames Verständnis der Grundlage und Ziele des Projekts.

Der Außer-Haus-Markt weist – wie eingangs beschrieben – eine ausgeprägte Heterogenität (Größe, Verpflegungsauftrag, Kundengruppe etc.) auf. Diese Heterogenität erschwere es, ein Leitbild für sämtliche Unternehmen des Außer-Haus-Markts abzubilden. Zu der Heterogenität des Markts kommt die Komplexität der Nachhaltigkeit hinzu. Die Verbindung zur Praxis müsse über Handlungsfelder hergestellt werden.

Ohne eine stärkere Integration der ökonomischen Perspektive fehle es dem Leitbild an Attraktivität. Das Leitbild fokussiert die ökologische, soziale und gesundheitliche Nachhaltigkeitsdimension. Insbesondere ökonomische bzw. marktwirtschaftliche oder wachstumsorientierte Gründe führen jedoch aktuell in Unternehmen oft dazu, dass nachhaltige Zielsetzungen in den Hintergrund rücken und auf einem Minimalniveau verbleiben. Das Leitbild könne als Chance genutzt werden, andere Nachhaltigkeitsdimensionen stärker in den Fokus der Unternehmensstrategie zu rücken und in die ökonomische Perspektive zu integrieren. Solle das Leitbild als Grundlage für Unternehmensleitbilder dienen, müsse die Kundenorientierung stärker einbezogen werden.

Anmerkungen zum Leitbild von weiteren Stakeholdern
Die Darstellung und insbesondere die Formulierung des Leitbilds richten sich derzeit vorrangig an Politik und Wissenschaft, da eine akademische Sprache vorherrscht. Für eine erfolgreiche Akzeptanz des Leitbilds durch Unternehmen der Außer-Haus-Gastronomie sollte die Sprache an die unterschiedlichen Akteure dieses Sektors angepasst werden.

Im Leitbild gibt es konfligierende Aussagen, beispielsweise hat der Einsatz erneuerbarer Energien wie z. B. Bioenergie zur Folge, dass eine Flächenkonkurrenz zur Nahrungsmittelerzeugung und damit auf die Biodiversität und die Ressourcenschonung entsteht. Der Umgang mit diesen Zielkonflikten wird jedoch im Leitbild nicht thematisiert.

Die einzelnen Leitsätze lassen sich nur schwer voneinander abgrenzen. So steht beispielsweise der Klimaschutz in engem Zusammenhang mit der Reduktion tierischer Produkte beim Speisenangebot. Das dieser Aspekt im Leitbild als ein eigenständiger Leitsatz 5 formuliert ist, fehlt er beispielsweise als Handlungsfeld oder Umsetzungsmaßnahme im Leitsatz 3 (Klimaschutz).

Gleichzeitig wird anerkannt, dass zur Schärfung der Argumente die Trennung komplexer Sachverhalte notwendig ist. Zudem wurde angemerkt, dass im gesamten Leitbild die Konsumentenperspektive fehle.

Als wesentlicher Erfolgsfaktor wird die Verknüpfung von Leitbild und Roadmap gesehen (s. Abschn. 1.4.4). Dieses Konzeptpapier zum Leitbild sollte Handlungsfelder in systematisierter Form nach typischen Prozessen in unterschiedlichen Systemen aufgreifen. Zudem sollte die Roadmap eine Sammlung von Beispielen guter Praxis enthalten und Hinweise auf Instrumente zur Umsetzung der Nachhaltigkeitsaspekte geben.

Einhellig wird ein höheres Maß an Verbindlichkeit gefordert, denn aus Perspektive der Verbände erreichen Selbstverpflichtungen von Unternehmen/Branchen selten ihre Ziele. Das Leitbild sollte deshalb mit Umsetzungspflichten hinterlegt werden.

1.4.4 Weiterentwicklung des Leitbildentwurfs

Die Grundlage zur Weiterentwicklung des Leitbilds bilden die Diskussionspunkte der Stakeholder-Workshops. Um die Leitsätze für Unternehmen der Außer-Haus-Gastronomie greifbar zu machen, soll eine sprachliche Anpassung für die verschiedenen Zielgruppen der Branche stattfinden.

Im Rahmen dieses Konkretisierungsprozesses wird eine sog. Roadmap erarbeitet, in der Strategien zur Integration der Nachhaltigkeitsaspekte in die verschiedenen Unternehmen der Außer-Haus-Gastronomie aufgezeigt werden. Inhaltlich werden dazu Handlungsfelder mit konkreten Maßnahmen oder Best-Practice-Beispielen integriert, die systematisch z. B. an die Prozessschritte der Speisenversorgung oder an die Settings der Unternehmen mit unterschiedlicher Größe und verschiedensten Gästestrukturen angepasst sind. Dazu wird der Beteiligungsprozess mit entsprechenden Stakeholdern weiter verfolgt. Dies ist jedoch ein langwieriger, vom Projekt getrennter Prozess.

Weiterhin wird eine Verlinkung des Leitbilds mit den Ergebnissen der weiteren Arbeitspakete des NAHGAST-Projekts angestrebt. Beispielsweise werden Indikatorensets für die Identifikation von nachhaltigeren und gesünderen Speisenangeboten entwickelt und erprobt und so eine Datengrundlage zur Nachhaltigkeitsbewertung geschaffen. Daraus sollen im Projektverlauf konkrete Kennzahlen für Unternehmen abgeleitet werden, die es ermöglichen, Maßnahmen der Roadmap zu bewerten und mit einem verbindlichen Sustainable-Level zu hinterlegen. Diese Kennzahlen dienen zudem dazu, die Umsetzung des Leitbilds in die Praxis zu erleichtern.

Zur weiteren Entwicklung des Leitbilds wird ein enger Austausch mit dem Außer-Haus-Markt (d. h. mit weiteren, unterschiedlichen Unternehmen der Branche) auch über Branchenverbände und den Gewerkschaften sowie Medien angestrebt. Um den Kommunikationsprozess anzustoßen, finden bereits zum jetzigen Zeitpunkt Veröffentlichungen durch das Forschungsteam des NAHGAST-Verbundprojekts statt.

1.5 Schlussfolgerungen

Die Status-quo-Analyse zur Leitbildentwicklung zeigt, dass Unternehmen für einen ganzheitlichen Ansatz zur Umsetzung von Nachhaltigkeit Orientierungshilfen benötigen.

Die Leitbildentwicklung im NAHGAST-Projekt hat zu einer Verständigung und Zielorientierung über Nachhaltigkeitsansprüche bei allen Projektpartnern geführt. Die bisherigen Stakeholder-Dialoge bestätigen, dass das Leitbild eine Grundlage für einen Diskurs in und mit der Branche der Außer-Haus-Gastronomie bietet und den Transfer der Projektergebnisse unterstützt. Zudem bildet das Leitbild eine Möglichkeit, um die Themen, die in den aktuellen SDG angesprochen werden, in die Branche zu transferieren.

Die Diskussion um Inhalte und Aufbau des Leitbilds lassen jedoch auch das Spannungsfeld zwischen Wissenschaft und Praxis deutlich werden. Begriffe und Konzepte müssen übersetzt und erklärt werden. Aufgrund der derzeitigen Darstellung stellt das

Leitbild daher eher ein Top-down-Instrument dar, d. h. es richtet sich an Politik und Wissenschaft. Für eine erfolgreiche Implementierung von Nachhaltigkeitsaspekten in Unternehmen, um den Transfer zu erleichtern, ist eine Weiterentwicklung hin zu einem praxisorientiertem Konzeptpapier (Roadmap) dringend notwendig. Damit dies gelingen kann, ist jedoch weitere Forschung sowie die Übersetzung des Top-down-Instruments in ein Bottom-up-Konzept notwendig. Ebenso müssen geeignete Implementierungsstrategien für die verschiedenen Unternehmen der Branche erforscht werden.

Nachhaltigkeit wird zukünftig, besonders im Bereich Ernährung, weiter an Relevanz gewinnen. Das Leitbild Nachhaltigkeit in der Außer-Haus-Gastronomie bietet der Branche einen grundlegenden, verlässlichen Rahmen als Unterstützung bei der Umsetzung der komplexen Thematik.

Literatur

Bleicher K (1992) Leitbilder – Orientierungsrahmen für eine integrative Management-Philosophie. Entwicklungstendenzen im Management Band 1. Schäffer-Poeschel, Stuttgart

BMUB – Bundesministerium für Umwelt, Naturschutz, Bau und Reaktorsicherheit (2015) Deutsches Ressourceneffizienzprogramm (ProgRess). Programm zur nachhaltigen Nutzung und zum Schutz der natürlichen Ressourcen. Bonifatius GmbH, Paderborn

Brunner KM, Schönberger GU (2005) Nachhaltigkeit und Ernährung: Produktion – Handel – Konsum. Campus, Heidelberg

BTG – Business Target Group (2014) Der Außer-Haus-Markt. http://www.businesstargetgroup.com/au%C3%9Fer-haus-markt. Zugegriffen: 04. Mai 2014

Bundesregierung (2012) Nationale Nachhaltigkeitsstrategie. Fortschrittsbericht 2012. http://www.bundesregierung.de/Content/DE/Publikation/Bestellservice/2012-05-08-fortschrittsbericht-2012.pdf?__blob=publicationFile. Zugegriffen: 05. Februar 2015

BVE – Bundesverband der Deutschen Ernährungsindustrie (2014) Deutscher Außer-Haus-Markt: moderates Wachstum in 2013. http://www.bve-online.de/themen/branche-und-markt/ausser-haus-markt/aktuell-140404-001-ausser-haus-markt. Zugegriffen: 02. Februar 2015

BVE – Bundesvereinigung der Deutschen Ernährungsindustrie (2015) Ernährungsindustrie 2015. http://www.bve-online.de/presse/infothek/publikationen-jahresbericht/bve-statistikbroschuere2015-1. Zugegriffen: 01. Februar 2016

DEHOGA – Deutscher Hotel- und Gaststättenverband (o. J.) Gemeinschaftsgastronomie – ein Zukunftsmarkt. http://www.dehoga-bundesverband.de/fileadmin/Startseite/01_UEber_uns/05_Fachabteilungen/02_Gemeinschaftsgastronomie/Gemeinschaftsgastronomie_ein_Zukunftsmarkt_NEU.pdf. Zugegriffen: 21. August 2015

Deutscher Fachverlag (2014) Jahrbuch Außer-Haus-Markt, 2013/14/Deutschland & Europa. Deutscher Fachverlag, Frankfurt/Main

Eberle U, Hayn D (2007) Ernährungswende. Eine Herausforderung für Politik, Unternehmen und Gesellschaft. http://www.oeko.de/oekodoc/1166/2007-228-de.pdf. Zugegriffen: 02. Februar 2015

Erdmann L, Sohr S, Behrendt S, Kreibich R (2003) Nachhaltigkeit und Ernährung. Berlin. https://www.izt.de/fileadmin/publikationen/IZT_WB57.pdf. Zugegriffen: 02. Februar 2015

EU-Kommission – Europäische Kommission (2011) Mitteilung der Kommission an das Europäische Parlament, den Rat, den Europäischen Wirtschafts- und Sozialausschuss und den Ausschuss der Regionen. Fahrplan für ein ressourcenschonendes Europa. KOM, Brüssel (endgültig)

EU-Kommission SCAR – Europäische Kommission Sustainable Food Consumption and Production in a Resource-Constrained World (2011) EU SCAR third foresight exercise. Euro Choices 10(2):38–42

Forschungsgruppe Good Practice – Gemeinschaftsgastronomie (2008) Festlegung einer Arbeitsdefinition für den Forschungsgegenstand „Gemeinschaftsgastronomie". http://www.goodpractice-gemeinschaftsgastronomie.ch/fileadmin/user_upload/downloads_de/D_Arbeitsdefinition_GG_V1.2_100806.pdf. Zugegriffen: 07. Februar 2016

G7 – Gruppe der Sieben (2015) Abschlusserklärung. 2015 Schloss Elmau. Think Ahead. Act Together. An morgen denken. Gemeinsam handeln. Abschlusserklärung G7-Gipfel, 7.–8. Juni 2015. https://www.bundesregierung.de/Content/DE/_Anlagen/G8_G20/2015-06-08-g7-abschluss-deu.pdf?__blob=publicationFile&v=4. Zugegriffen: 23. November 2015

Gebauer J, Hoffmann E, Westermann U (2011) Anforderungen an die Nachhaltigkeits-berichterstattung: Kriterien und Bewertungsmethode im IÖW/future-Ranking. Institut für ökologische Wirtschaftsforschung und future e. V. – Verantwortung Unternehmen, Berlin, Münster. http://www.ranking-nachhaltigkeitsberichte.de/data/ranking/user_upload/pdf/Ranking_2011_Kriterienset_Gro%C3%9Funternehmen.pdf. Zugegriffen: 23. November 2015

Göbel C, Scheiper ML, Teitscheid P, Müller V, Friedrich S, Engelmann T, Speck M (2017) Nachhaltig Wirtschaften in der Außer-Haus-Gastronomie. Status Quo Analyse – Struktur und wirtschaftliche Bedeutung, Nachhaltigkeitskommunikation, Trends. Arbeitspapier Nr. 1. http://nahgast.de/publikationen/

Graf P, Spengler M (2013) Leitbild- und Konzeptentwicklung, SozialManagementPraxis. ZIEL, Augsburg

Haerlin B, Busse T (2009) Wege aus der Hungerkrise. Die Erkenntnisse des Weltagrarberichtes und seine Vorschläge für eine Landwirtschaft von morgen. http://www.weltagrarbericht.de/downloads/Wege_aus_der_Hungerkrise_2.4MB.pdf. Zugegriffen: 02. Februar 2015

Haerlin B, Busse T (2013) Wege aus der Hungerkrise. Die Erkenntnisse des Weltagrarberichtes und seine Vorschläge für eine Landwirtschaft von morgen. Neuauflage 2013. http://www.weltagrarbericht.de/fileadmin/files/weltagrarbericht/Neuauflage/WegeausderHungerkrise_klein.pdf. Zugegriffen: 25. September 2015

von Koerber K (2014) Fünf Dimensionen der Nachhaltigen Ernährung und weiterentwickelte Grundsätze – Ein Update. Ernährung Fokus 14:260–268

Lukas M, Strassner C (2012) Praxisorientiertes Nachhaltigkeitshandeln in der Gemeinschaftsgastronomie. Ernährungsumschau 59:621–625

Mayring P (2015) Qualitative Inhaltsanalyse. Grundlagen und Techniken, 12. Aufl. Beltz, Weinheim/Basel

OECD – Organisation for Economic Cooperation and Development (2011) OECD-Leitsätze für multinationale Unternehmen. 10.1787/9789264122352-de. Zugegriffen: 23. November 2015

Papst Franziskus (2015) Enzyklika Laudato si'. Über die Sorge für das gemeinsame Haus. http://www.dbk.de/fileadmin/redaktion/diverse_downloads/presse_2015/2015-06-18-Enzyklika-Laudato-si-DE.pdf. Zugegriffen: 25. September 2015

Peinelt V, Wetterau J (Hrsg) (2015) Handbuch der Gemeinschaftsgastronomie, 1: Anforderungen, Umsetzungsprobleme, Lösungskonzepte. Rhombos, Hochschule Niederrhein, Berlin, Krefeld

Roehl R, Strassner C (2012) Inhalte und Umsetzung einer nachhaltigen Verpflegung. https://www. fh-muenster.de/ibl/downloads/projekte/bbne/Inhalte_und_Umsetzung_einer_Nachhaltigen_ Verpflegung_Schriftenreihe_Band_1.pdf. Zugegriffen: 02. Februar 2015

Rückert-John J, John R, Niessen J (2011) Nachhaltigkeit in der Außer-Haus-Verpflegung: Potenzia- le, Herausforderungen, Hemmnisse. In: Ernährung im Fokus, 11(2011):8

Steffen W, Richardson K, Rockström J, Cornell SE, Fetzer I, Bennett EM, Sörlin S et al (2015) Planetary boundaries: guiding human development on a changing planet. doi:10.1126/science.1259855. http://science.sciencemag.org/content/347/6223/1259855.full

Steinel M, Kelm D (2008) Verpflegungssysteme. In: Steinel M (Hrsg) Erfolgreiches Verpflegungs- management: Praxisorientierte Methoden für Einsteiger und Profis. München, Neuer Merkur

The Government Office for Science (2011) Foresight. The future of food and farming: challenges and choices for global sustainability. https://www.gov.uk/government/uploads/system/uploads/ attachment_data/file/288329/11-546-future-of-food-and-farming-report.pdf. Zugegriffen: 02. Februar 2015

Tukker A, Huppes G, Guinée J, Heijungs R, de Koning A, van Oers L, Nielsen P (2006) Environ- mental impact of products (EIPRO). Analysis of the life cycle environmental impacts related to the final consumption of the EU-25. http://citeseerx.ist.psu.edu/viewdoc/download?doi=10.1.1. 400.4293&rep=rep1&type=pdf. Zugegriffen: 25. September 2015

United Nations (2014) Global compact. Guide to corporate Sustainability. https://www. unglobalcompact.org/docs/publications/UN_Global_Compact_Guide_to_Corporate_ Sustainability.pdf. Zugegriffen: 25. September 2015

United Nations (2015) Sustainable development goals. https://sustainabledevelopment.un.org/ content/documents/1579SDGs%20Proposal.pdf. Zugegriffen: 25. September 2015

Vahs D (2012) Organisation: Ein Lehr- und Managementbuch. Schäffer-Poeschel, Stuttgart

WHO – World Health Organisation (1999) Gesundheit21. Das Rahmenkonzept „Gesundheit für al- le" für die Europäische Region der WHO. http://www.euro.who.int/__data/assets/pdf_file/0009/ 109287/wa540ga199heger.pdf?ua=1. Zugegriffen: 02. Februar 2015

WHO – World Health Organization (2003) Diet, nutrition and the prevention of chronic diseases. http://whqlibdoc.who.int/trs/who_trs_916.pdf. Zugegriffen: 25. September 2015

Mit qualitativen „insights" aus der Nische zum Mainstream: Nachhaltiger Konsum von Körperpflegeprodukten

2

Andrea K. Moser, Gabriele Naderer und Christian Haubach

2.1 Einleitung

Nachhaltigkeit ist als Begriff in der Mitte der Gesellschaft angekommen. Nur 15 % der Konsument_innen geben an, diesen Begriff noch nie gehört zu haben (GfK Verein 2015). Konsument_innen sehen sich selbst in der Pflicht, nachhaltiger zu konsumieren (Otto GmbH und Co KG 2013). Allerdings lassen sie sich nicht durch einen moralisch erhobenen Zeigefinger motivieren. Konsument_innen erwarten vielmehr einen persönlich erfahrbaren Mehrwert. Produkte sollen nicht nur einen Basisnutzen erfüllen, sondern auch ökologische und soziale Standards. Dadurch werden Konsument_innen im nachhaltigeren Konsum bestärkt und haben das Gefühl der Selbstwirksamkeit und der Teilhabe (Petersen und Schock 2015). Gleichzeitig erwarten Konsument_innen aber auch von Politik und Unternehmen Impulse, um nachhaltigeren Konsum attraktiver zu gestalten. Insbesondere jüngere Konsument_innen schreiben Wirtschaftsakteuren eine Führungsrolle zu (Otto GmbH und Co KG 2013). Dieser gesellschaftliche Wertewandel wird von Stehr (2014)

A. K. Moser
Institut für Industrial Ecology, Hochschule Pforzheim
Tiefenbronner Str. 65, 75175 Pforzheim, Deutschland
Centre for Sustainability Management, Leuphana Universität Lüneburg
Scharnhorststraße 1, 21335 Lüneburg, Deutschland
E-Mail: andrea.moser@hs-pforzheim.de

G. Naderer
Hochschule Pforzheim
Tiefenbronner Str. 65, 75175 Pforzheim, Deutschland
E-Mail: gabriele.naderer@hs-pforzheim.de

C. Haubach (✉)
Institut für Industrial Ecology, Hochschule Pforzheim
Tiefenbronner Str. 65, 75175 Pforzheim, Deutschland
E-Mail: christian.haubach@hs-pforzheim.de

© Springer-Verlag GmbH Deutschland 2017
W. Leal Filho (Hrsg.), *Innovation in der Nachhaltigkeitsforschung*,
Theorie und Praxis der Nachhaltigkeit, DOI 10.1007/978-3-662-54359-7_2

als „Moralisierung der Märkte" bezeichnet. Demzufolge versuchen Konsument_innen zunehmend, ihr Konsumverhalten von moralischen Ansichten leiten zu lassen. Werte und Normen werden damit in Kaufentscheidungsprozessen berücksichtigt (Stehr und Adolf 2014). Diese Entwicklung wird weitreichende Konsequenzen für Handel, Hersteller, Marken und Produkte haben. Nationale und internationale Unternehmen müssen sich daher an diesen Wandel anpassen. Konsument_innen tendieren bereits heute dazu, einem nachhaltigeren Produkt den Vorzug zu geben – solange sie dabei keine Qualitätseinbußen oder Preissteigerungen hinnehmen müssen (Olson 2013). Für viele Hersteller ist Nachhaltigkeit deshalb zu einem entscheidenden Wettbewerbsfaktor geworden. Der Trend entwickelt sich zu mündigen, verantwortungsvollen Konsument_innen, die sich für einen nachhaltigeren Konsum einsetzen und bereit sind, dafür mehr Geld auszugeben. Bisher handelt allerdings nur eine kleine Kerngruppe wirklich konsequent nachhaltig (Wildner 2014). Der Stellenwert der Nachhaltigkeit variiert außerdem erheblich zwischen den verschiedenen Konsumgüterbereichen. Nachhaltiger Konsum verlangt von Konsument_innen, zwischen verschiedenen – teilweise sogar konkurrierenden – Zielen abzuwägen. Innere Konflikte zwischen der Priorisierung von Natur- oder Klimaschutz, fairem Handel oder Tierwohl müssen gelöst werden. Selbst wenn sich diese Ziele nicht gegenseitig ausschließen, so ist doch nicht eindeutig, was Nachhaltigkeit und nachhaltiger Konsum für Konsument_innen konkret bedeuten. Am ehesten wird Nachhaltigkeit mit allgemeinen Umweltaspekten assoziiert; ein klares Bild können Konsument_innen aber kaum zeichnen (GfK Verein 2015). Damit haben Konsument_innen kein gemeinsames Verständnis von Nachhaltigkeit. Folglich existiert auch keine allgemeingültige, bewährte und im Mainstream anerkannte Definition, Heuristik oder Problemlösungsstrategie, wie die Nachhaltigkeit von Marken und Produkten bestimmt werden kann. Konsument_innen benötigen aber genau das: einfache Problemlösungsstrategien, die es ihnen erlauben, schnell, effizient und ohne große Anstrengung das (subjektiv) richtige Urteil zu treffen.

Nachhaltiger Konsum genießt im Lebensmittelbereich bereits große Aufmerksamkeit in der wissenschaftlichen Forschung. Diese fokussiert sich vielfach auf Bioprodukte. Konsument_innen bevorzugen Bioprodukte, weil diese gesünder seien und besser schmeckten (Thøgersen et al. 2015; Vega-Zamora et al. 2014). Einige Konsument_innen sind außerdem überzeugt, dass Bioprodukte nahrhafter sind als konventionelle Lebensmittel (Bauer et al. 2013; Sirieix et al. 2011), da ihr Mineral- und Vitamingehalt höher eingeschätzt wird (Nasir und Karakaya 2014). Konsument_innen nennen darüber hinaus die artgerechte Tierhaltung als einen weiteren Grund für den Kauf von Bioprodukten (Zepeda und Deal 2009). Dieses Motiv kann sowohl der eigenen Gesundheit als auch ethischen Motiven zugeschrieben werden (Naspetti und Zanoli 2009). Diese Ergebnisse zeigen, dass Nachhaltigkeit sehr kategoriespezifisch interpretiert wird. Ergebnisse aus einer Kategorie können damit kaum auf eine andere Kategorie übertragen werden, da die Relevanz und das Gewicht nachhaltiger Produktattribute von Kategorie zu Kategorie variiert.

Im Gegensatz zur Produktkategorie der Biolebensmittel ist der nachhaltigere Konsum von Körperpflegeprodukten noch weitgehend unentschlüsselt. Bisher legen nur wenige Konsument_innen in diesem Bereich Wert auf nachhaltigere Produkte, obwohl vielfältige

Produkte verfügbar sind. Unilever vertreibt erst seit Kurzem sog. Compressed-Deodorants. Diese Deodorants sind so ergiebig wie ihre herkömmlichen Pendants – allerdings ist die Menge an Treibgas und Verpackungsmaterial erheblich geringer (Unilever Deutschland Holding GmbH 2015). Damit verbessert sich die CO_2-Bilanz um 25 %. Unilever unterstützte die Produktneueinführung mit zahlreichen kommunikativen Maßnahmen, um den Nutzen dieser Innovation herauszustellen (Wills 2014). Es bleibt abzuwarten, wie Konsument_innen auf diese Innovation reagieren werden und ob sich Unilever mit diesen Produkten am Markt behaupten kann.

Die vorliegende Studie (vgl. Abschn. 2.3) analysiert und illustriert Nachhaltigkeit aus Konsumentensicht und untersucht die Bedeutung von Nachhaltigkeit für die Kaufentscheidung im Körperpflegesegment. Von besonderem Interesse ist die Frage, was Konsument_innen unter nachhaltigem Konsum in diesem Segment überhaupt verstehen, welche Treiber und Hemmnisse ihren nachhaltigeren Konsum beeinflussen und welche Heuristiken, Codes und Schlüsselinformationen Konsument_innen für ihre Entscheidung heranziehen. Auf Basis dieser „insights" können Marktakteure schließlich adäquate Produkte und Maßnahmen entwickeln, die den nachhaltigeren Konsum vorantreiben. Im folgenden Abschnitt wird allerdings zunächst der innovative Forschungsansatz basierend auf qualitativer Marktforschung und dem Konzept der Verhaltensökonomie näher betrachtet.

2.2   Qualitative Marktforschung mit Bezug auf Nachhaltigkeit

Qualitative Marktforschungsinstrumente werden insbesondere dann angewendet, wenn sich der Untersuchungsgegenstand noch in der frühen Phase der Theorieentwicklung befindet (Edmondson und McManus 2007). Für qualitative Forschung sind kleine Fallzahlen ohne repräsentative Auswahl (im statistischen Sinn), nichtstandardisierte Datenerhebung und eher interpretierende als statistische Analysen charakteristisch (Kuß et al. 2014). Die Methoden beruhen im Gegensatz zu quantitativen Untersuchungen auf einem anderen Forschungsansatz. Qualitative Methoden lassen sich am besten als offen, kommunikativ und typisierend beschreiben. Der Untersuchungsgegenstand wird nicht ex ante strukturiert (offen). Die Kommunikationsfähigkeit von Studienteilnehmer_innen ist konstitutiver Bestandteil des Forschungsprozesses (kommunikativ). Schließlich stehen weder bei der Stichprobenauswahl noch bei der Auswertung der Daten statistisch-repräsentative Überlegungen im Vordergrund (typisierend; Kepper 2008). Qualitative Forschung fördert somit durch inhaltliche Repräsentanz das Verständnis von Phänomenen, die bisher schlecht oder gar unerforscht sind. Sie kommen außerdem zum Einsatz, um unerwartete oder widersprüchliche Untersuchungsergebnisse aufzuklären und Lücken in der Theorieentwicklung zu füllen. Durch die offenen Fragestellungen lassen qualitative Forschungsdesigns Raum für die aufkommenden Lösungen und Antworten. Qualitative Forschung entwickelt aus den Ergebnissen Theorien, auf Basis derer in der Folge Hypothesen formuliert und (quantitativ) getestet werden können (Edmondson und McManus 2007). Während qualitative Untersuchungen in der Grundlagenforschung zur Theoriebildung herangezogen werden, stehen bei Praxisproblemen explorative und diagnostische Zwecke im Vordergrund. Mit explorativen Studien lassen sich relevante Einflussfaktoren identifizieren oder Zusammenhänge zwischen Variablen aufdecken. In der qualitativen Forschung werden teilweise, beispielsweise mit Befragungen oder Beobachtungen, die gleichen Methoden angewendet wie in der quantitativen Forschung. Weitere Methoden, die im Rahmen von qualitativen Untersuchungsdesigns zum Einsatz kommen sind darüber hinaus Gruppendiskussionen, Tiefeninterviews, Fallstudien oder ethnografische Studien (Edmondson und McManus 2007). Insgesamt unterscheidet sich qualitative Forschung damit in allen Phasen von quantitativer Forschung, insbesondere durch ihre Offenheit bezüglich des Stichprobendesigns (theoretisches Sampling), der Erhebung (offene Befragung/Beobachtung) sowie in der Analysephase (induktive Kategorienbildung).

Die Forschung zu nachhaltigen Themen im Marketingkontext fokussiert sich bisher darauf, Modelle des Konsumentenverhaltens aufzustellen und diese quantitativ zu testen (Peattie 2010). Solche Modelle basieren hauptsächlich auf neoklassischen Theorien (Kollmuss und Agyeman 2002; Peattie 2010). Diese Modelle unterstellen, dass Subjekte im Sinn eines Homo oeconomicus rational und nutzenmaximierend handeln (Morgan 2006). Solche quantitativen Modelle haben einen bedeutsamen Beitrag für die Forschungsliteratur zum nachhaltigen Konsum geleistet. Allerdings stoßen insbesondere die Befragungsmethoden solcher Studien an ihre Grenzen. Skalen, die auf Selbstauskünften und Selbsteinschätzungen beruhen, werden der Komplexität des Themas kaum gerecht (Szmigin et al. 2009). Hierauf könnte auch die Vielzahl der Studien, die auf einen Attitude-Behavior-Gap hinweisen, zurückzuführen sein (Carrigan und Attalla 2001; Carrington et al. 2014; Gruber und Schlegelmilch 2014; Pickett-Baker und Ozaki 2008).

Die Marketingforschung wendet sich daher verstärkt dem Grundsatz der Verhaltensökonomie („behavioral economics") zu (Gordon 2011). Im Fall des nachhaltigen Konsums handelt es sich um eine Low-cost-Situation, in der die Kosten und Mühen nachhaltigeren Konsums niedrig sind. Hierunter fallen alltägliche, einfach auszuführende Handlungen wie beispielsweise Einkaufen. Modelle, die eine rationale Entscheidungsfindung zugrunde legen, bilden die Entscheidungsfindung in solchen Low-cost-Situationen nur unzureichend ab (Diekmann und Preisendörfer 2003). Die Verhaltensökonomie entwickelte sich maßgeblich auf Basis der Studien von Kahnemann und Tversky (z. B. Kahneman et al. 1991; Kahneman und Tversky 1979; Tversky und Kahneman 1973). Menschliches Handeln ist demnach nicht von Rationalität geprägt, sondern von Entscheidungsvereinfachung und Anomalien. Statt sich intensiv mit allen verfügbaren Optionen auseinanderzusetzen, wenden Konsument_innen beispielsweise einfache Daumenregeln, sog. Heuristiken, an (Hoyer 1984). Heuristiken sind bewusste oder unbewusste Strategien, um die Komplexität und den Zeitaufwand in persönlichen Entscheidungssituationen zu reduzieren (Gigerenzer und Brighton 2009).

Sowohl die Verhaltensökonomie als auch die qualitative Forschung haben dasselbe Ziel: Das Verstehen menschlichen Verhaltens unter den Vorzeichen eines soziopsychologisch geleiteten Menschenbilds. Damit können Habituationen, Automatismen und unbewusste oder unreflektierte Prozesse und Denkmuster aufgedeckt und bewusst gemacht werden. Bei der qualitativen Forschung steht meist das Warum im Vordergrund, um so das Verhalten deuten zu können. In der Vergangenheit wurde qualitative Forschung daher vermehrt mit „insights" gleichgesetzt (Gordon 2011). „Insights" sind plötzliche oder unvorhergesehene Erkenntnisse. Im Gegensatz dazu kann ein Fakt zwar ebenso unvorhergesehen oder unwahrscheinlich sein, allerdings macht ihn das noch nicht bedeutungsvoll. „Insights" sind damit wertvolle Informationen, um Menschen besser zu verstehen (Zaltman 2014). Verhaltensökonomische Ansätze in Kombination mit qualitativer Forschung können hilfreich sein, um Forschungsfragen aus einer anderen als der neoklassischen Perspektive zu betrachten. „Insights" müssen aber nicht nur generiert werden, sondern auch belastbar sein, um sie in Strategien und Taktiken einsetzen zu können (Gordon 2011).

Bei der Anwendung qualitativer Methoden darf die Forschungsfrage nicht direkt auf Auskunftgebende transferiert werden, damit diese das Warum-Problem lösen (Gordon 2011). Es werden daher beispielsweise spezielle Explorationstechniken wie „laddering" (Reynolds und Gutman 1988) angewendet, um latente Motivstrukturen aufzudecken. Auf der Basis von Schlüsselattributen wird dabei die Relevanz der Attribute hinterfragt. „Laddering" ist abgeleitet vom Means-end-chain-Modell (Gutman 1982). Dieses Modell verbindet Produktattribute („means") über deren Konsequenz mit den dahinterliegenden, erwünschten Werten („end"). Dieses hierarchische Modell bildet die theoretische Grundlage für menschliches Verhalten.

2.3 „Insights" zum Konsum nachhaltigerer Körperpflegeprodukte

Konsument_innen lassen zwar nachhaltige Aspekte in ihr Kaufverhalten einfließen, entsprechend ist ihr Kaufverhalten auch nachhaltig (Moser 2015b). Allerdings stehen die Einschätzung von Konsument_innen über ihr nachhaltiges Kaufverhalten und ihr objektiv gemessenes Einkaufsverhalten nicht im Einklang (Moser 2015a). Das Ziel der nachfolgenden Studie war es daher, mögliche Erklärungsansätze für diese Diskrepanz zu identifizieren. Hierfür lagen folgende Arbeitshypothesen zugrunde:

- Konsument_innen variieren in ihrem Verständnis von Nachhaltigkeit. Daher ist auch nicht zu erwarten, dass verschiedene Konsument_innen mit unterschiedlichem Verständnis von Nachhaltigkeit gleichermaßen nachhaltig handeln oder überhaupt nachhaltig handeln.
- Wenn Konsument_innen nachhaltigen Konsum anstreben, dann fehlt es ihnen an einfachen Urteils- und Entscheidungsheuristiken, um dieses Bedürfnis in die Tat umzusetzen.
- Konsument_innen, denen selbst das noch gelingt, scheitern an ausreichenden Handlungsoptionen, sodass letztlich nicht zu erwarten ist, dass der ausgesprochene Wunsch nach nachhaltigerem Konsum in die Tat umgesetzt werden könnte.

Die empirische Studie greift auf ein qualitatives Design zurück. Mithilfe von Tiefenexplorationen können die Forschungsfragen angemessen beantwortet werden. Die explizite Erwähnung des Begriffs Nachhaltigkeit wurde in den Interviews vermieden, um zu verstehen, ob Konsument_innen überhaupt eine eigene Vorstellung von Nachhaltigkeit haben und wenn ja, wie diese subjektive Sichtweise geprägt ist. Nachhaltigkeit ist außerdem in hohem Maß sozial erwünscht. Diese mögliche Verzerrung im Antwortverhalten wurde ebenfalls vermieden, da der Nachhaltigkeitsbegriff nicht explizit angesprochen wurde. Im Vergleich zu Produktbereichen wie Lebensmitteln, Elektrogeräten oder Textilien ist der Stellenwert von Nachhaltigkeit bei Körperpflegeprodukten absolut gesehen vergleichsweise gering. Allerdings verzeichnet der Bereich enorme Zuwächse bei der Bedeutung von Nachhaltigkeit (Coca-Cola Deutschland und Die VERBRAUCHER INITIATIVE e. V. 2014). Insgesamt liegen die Umsatzanteile von nachhaltigeren Körperpflegeprodukten höher als jene in anderen Produktbereichen (Hedde 2013).

Um latent bestehende Nachhaltigkeitsmotive im Bereich Körperpflege entschlüsseln zu können, wurden nur Menschen mit einer Affinität zu einem nachhaltigeren Lebensstil befragt. In den Interviews wurde die Laddering-Technik angewendet, um unbewusste Motive und Hemmnisse sowie Zielkonflikte aufzudecken.

Insgesamt wurden 17 Einzelexplorationen durchgeführt. Die Interviews wurden nichtdirektiv geführt. Die Stichprobenziehung erfolgte datengesteuert (Schreier 2011). Aufgrund der Erkenntnisse aus durchgeführten Explorationen wurden in einem iterativen Prozess weitere Teilnehmerinnen rekrutiert, die bestimmte Merkmale erfüllen mussten. Die Teilnehmerinnen sollten den Mainstream widerspiegeln. Daher wurden Personen mit extremen Meinungen (positiv wie negativ) zu nachhaltigem Konsum ausgeschlossen. Die Stichprobe bestand aus 17 weiblichen Konsumenten, die häufig Körperpflegeprodukte kaufen und verwenden. Eine breite Streuung der verwendeten Marken (Naturmarken, konventionelle Marken, Handelsmarken) war gewährleistet. Das mittlere Alter betrug 45 Jahre.

Die Ergebnisse der qualitativen Studie bestätigen, dass die Vorstellungen zu Nachhaltigkeit eher diffus und sehr heterogen sind. Das Verständnis variiert von einem rein lexikalischen Wortverständnis im Sinn einer nachhaltigen Wirkung bis hin zu einem ganzheitlichen Wissen, das Nachhaltigkeit aus ökologischer, sozialer und ökonomischer Perspektive betrachtet.

Es gibt drei Voraussetzungen für nachhaltigeren Konsum, die als psychologisches Handlungsdreieck der Nachhaltigkeit interpretiert werden können: Problembewusstsein, Kompetenz und Handlungsoptionen. Nur wenn Konsument_innen alle drei Dimensionen verinnerlicht haben, ist ein nachhaltigerer Konsum möglich. Nachhaltigkeit muss damit für die Konsument_innen ein relevantes Thema im Bereich Körperpflege sein. Konsument_innen müssen außerdem Kompetenzen entwickeln, um nachhaltigere Produkte zu erkennen, sich über Handlungsoptionen bewusst sein und sich auch für diese entscheiden.

Basierend auf diesen zentralen Erkenntnissen lassen sich drei unterschiedliche Konsummuster identifizieren.

a) Trotz allgemeiner Affinität zu Nachhaltigkeit haben unsensible Konsument_innen im Bereich Körperpflege kein Problembewusstsein für Nachhaltigkeit. Sie interessieren sich nicht für nachhaltigkeitsbezogene Kriterien und suchen keine Handlungsoptionen.

b) Die limitierten Konsument_innen sind zwar auch im Bereich Körperpflege problembewusst, jedoch fehlt es ihnen an Wissen über die spezifischen nachhaltigkeitsbezogenen Kriterien und Handlungsoptionen, sodass ein nachhaltiger Konsum im Bereich Körperpflege schwer möglich ist.

c) Das Problembewusstsein der verantwortungsbewussten Konsument_innen ist im Bereich Körperpflege genauso stark ausgeprägt wie in anderen Lebensbereichen. Sie haben ein fundiertes Wissen über nachhaltigkeitsbezogene Prüfkriterien und handeln auch im Bereich Körperpflege nachhaltig – sofern passende Handlungsoptionen zur Verfügung stehen.

Nur die verantwortungsbewussten Konsument_innen achten in allen Phasen des Lebenszyklus eines Produkts – und explizit auch bei der Kaufentscheidung – auf nachhaltigkeitsbezogene Aspekte. Die limitierten Konsument_innen lassen nachhaltigkeitsbezogene Kriterien nur passiv in ihre Kaufentscheidung einfließen. Für die unsensiblen Konsument_innen konzentriert sich nachhaltiges Handeln ausschließlich auf ökologische Aspekte nach dem Kauf, z. B. durch den Transport des Produkts in einem Stoffbeutel statt in einer Plastiktüte oder der Entsorgung der Verpackung im gelben Sack.

Im Gegensatz zur Zielgruppe der unsensiblen Konsument_innen haben die limitierten und die verantwortungsbewussten Konsument_innen unterschiedliche Problemlösungsstrategien entwickelt, um nachhaltigere Produkte zu erkennen. Sie alle nutzen Codes wie

- Farbe der Verpackung, etwa grün oder natürlich anmutende Farben;
- natürliche Bildelemente wie Pflanzen;
- natürliche Verpackungsmaterialien, bevorzugt Glas oder Pappe statt Plastik;
- Hinweise auf Verträglichkeit wie „dermatologisch getestet";
- Siegel, beispielsweise „NaTrue", „vegan".

Während die verantwortungsbewussten Konsument_innen diese Informationen aktiv suchen und kritisch prüfen, gehen limitiert Handelnde mit diesen Informationen eher passiv und oberflächlich um. Grundsätzlich bestätigte die qualitative Studie, dass bestimmte Zielgruppen auch im Bereich der Körperpflege danach streben, achtsam zu konsumieren, wenn auch mit unterschiedlicher Konsequenz.

Anhand der drei identifizierten Faktoren Problembewusstsein, Kompetenz und Handlungsoptionen lässt sich auch der Attitude-Behavior-Gap erklären. Zwar haben Konsument_innen generell eine positive Einstellung zu Nachhaltigkeit, allerdings beziehen insbesondere unreflektierte und limitierte Konsument_innen diese Einstellungen nicht in ihre Kaufentscheidung mit ein. Im Gegensatz zu den verantwortungsvollen Konsument_innen ist das Problembewusstsein der übrigen zwei Segmente niedrig. Für sie hat es keine erkennbaren Vorteile, nachhaltigere Produkte zu nutzen. Während verantwortungsvolle Konsument_innen durch den Konsum nachhaltiger Körperpflegeprodukte ihr Selbstbild stärken und mit gutem Gewissen einkaufen, sind diese Vorteile kein Anreiz für limitierte und unreflektierte Konsument_innen. Attribute, die verantwortungsvolle Konsument_innen mit Nachhaltigkeit assoziieren und zur Entscheidungsfindung nutzen, werden von limitierten und unreflektierten Konsument_innen durch fehlendes Wissen und fehlende Kompetenz nicht als solche wahrgenommen. Daher beklagen sich diese Segmente auch über fehlende Transparenz. Außerdem können Barrieren wie höhere Preise sowie Zweifel an der Qualität und Leistung nachhaltigerer Produkte Konsument_innen davon abhalten, ihren Einkauf nachhaltiger zu gestalten. Schließlich sind die Konsequenzen des eigenen Kaufverhaltens in diesem Segment für das Individuum nur indirekt und haben einen langen Zeithorizont. Unreflektierte und limitierte Konsument_innen sehen daher keine Dringlichkeit und keinen Anreiz, nachhaltigere Produkte zu kaufen, da diese ihnen keinen persönlichen Nutzen verschaffen.

Durch das Laddering-Verfahren konnten die relevanten Attribute, die von den Konsumentinnen genannt wurden, mit zentralen Motiven und Werten verknüpft werden. Duft und natürliche Inhaltsstoffe befriedigen beispielsweise egoistische Motive wie Wohlgefühl und schließlich Hedonismus als zentralem Wert. Konsumenten wollen außerdem, dass Körperpflegeprodukte weder Aluminium noch Paraffine oder Alkohol enthalten, da sie davon ausgehen, dass diese Inhaltsstoffe schädlich sind und damit ihre Gesundheit gefährden. Die Verpackung war außerdem ein wesentliches Attribut. Die Teilnehmerinnen assoziierten sie mit Müll und Umweltverschmutzung, was schließlich im Wert des Universalismus mündete. Insgesamt sind damit die eigene Gesundheit, Hedonismus und Universalismus wesentliche Motive und Treiber für nachhaltigeren Konsum. Es ergibt sich allerdings keine generalisierbare Motivstruktur, vielmehr variieren die Motive zwischen den identifizierten Segmenten. Gesundheit spielt für alle Segmente gleichermaßen eine Rolle. Limitierte Konsument_innen sind weiterhin motiviert durch Universalismus und Wirtschaftlichkeit, während unreflektierte Konsument_innen vermehrt hedonistische Ziele verfolgen.

2.4   Subjektive und objektive Bewertung der Nachhaltigkeit

Einerseits verbessern Körperpflegeprodukte die Lebensqualität und umfassen vielfältige Produkte, wie etwa Feuchtigkeitslotionen, Lippenstifte, Haartönungen, Deodorants und Zahnpasta. Andererseits sind sie aber auch eine primäre Quelle der Chemikalienexposition. Darüber hinaus spielt im Pflege- und Kosmetikbereich das Konsumentenverhalten eine große Rolle. Es ist daher von besonderem Interesse, wie Produktinformationen das Einkaufsverhalten von Konsument_innen beeinflussen. Dazu wurden in den letzten Jahren u. a. Stoffdatenbanken zu Chemikalien und Stoffkonzentrationen in Konsumgütern aufgebaut (Goldsmith et al. 2014). In der Internationalen Nomenklatur für kosmetische Inhaltsstoffe (INCI) werden z. B. kosmetische Inhaltsstoffe mit ihrer international einheitlichen Bezeichnung aufgelistet (www.haut.de/inhaltsstoffe-inci). Informationen zu Chemikalien bei Körperpflegeprodukten sind somit durchaus öffentlich zugänglich und richten sich auch verstärkt an eine breite Öffentlichkeit, wie z. B. die ToxFox-App des Bunds für Umwelt und Naturschutz Deutschland (BUND; www.bund.net/themen_und_projekte/chemie/

toxfox_der_kosmetikcheck). Diese Erkenntnisse könnten in Zukunft wichtige Bausteine für die positive Beeinflussung des Verbraucherverhaltens sein. Gleichzeitig kann dadurch die reaktive Position der Hersteller und des Handels, die sich in der fortwährenden Reaktion auf den „Schadstoff des Monats" ausdrückt, zu einer aktiven, die Nachhaltigkeit gestaltenden Position weiterentwickelt werden.

Im Bereich der Körperpflege lassen sich vielfältige Brennpunkte des Umweltschutzes und der Nachhaltigkeitsbewertung feststellen. Dabei ist ein wichtiger motivationaler Anknüpfungspunkt beim Konsum nachhaltigerer Körperpflegeprodukte deren Humantoxizität und damit die direkte körperliche Betroffenheit der Konsument_innen. Die verschiedenen Chemikalien, die in Körperpflegeprodukten eingesetzt werden, sind oftmals bioaktive Verbindungen, die auf spezifischen Wegen und Prozessen mit dem menschlichen Körper interagieren (WHO 2011). Im Allgemeinen können Kosmetik- und Körperpflegeartikel allergische Reaktionen hervorrufen und sind der häufigste Grund für Kontaktdermatitis in Europa (de Groot et al. 1988). In toxikologischer Hinsicht sind hier insbesondere Bleichmittel und Farbstoffe, Duftstoffe, Tenside, z. B. Natriumlaurylethersulfat (SLES), und weitere Sulfate als Lösungsmittel bedenklich. Insofern gilt es, Risikobewertungen von Körperpflegeprodukten durchzuführen, selbst wenn keine strikte Korrelation zwischen Gesundheitsrisiken und schädlichen Stoffen in Gütern des täglichen Bedarfs vorliegt. So werden Körperpflegeprodukte oft als Quelle von Schwermetallbelastungen unterschätzt. Die Schwermetallbelastungen einiger Produkte liegen zwar weit unterhalb der maximal zulässigen Konzentration (Health Canada 2012), trotzdem können Körperpflegeprodukte signifikante Quellen der Humanexposition mit Cadmium, Chrom, Kupfer, Zink, Eisen, Blei und Nickel sein. Insbesondere Produkte der dekorativen Kosmetik sind zwar nur vergleichsweise gering mit Schwermetallen belastet, können aber über den unmittelbaren Körperkontakt und die lange Expositionsdauer Hautprobleme verursachen (Odukudu et al. 2014). Außerdem sind im Hinblick auf die Humantoxizität hormonell wirksame Stoffe, wie etwa Parabene und Phthalate, von großer Bedeutung, da sie über eine endokrine Disruption u. a. für Krebserkrankungen verantwortlich sein können (Christiansen et al. 2012).

Weiterhin ist das Thema Tierwohl für den Bereich Körperpflege von großer Bedeutung. Der Verzicht auf Tierversuche kann ein Motiv für Konsumentscheidungen sein, insbesondere da es hier Produktlabel gibt, die diesen Verzicht kennzeichnen (www.vier-pfoten.de/kampagnen/tierversuche/kosmetik-und-tierversuche/labels-fuer-tierversuchsfreie-kosmetik). Mittlerweile gibt es starke Forderungen, Tierversuche zu verbessern, zu reduzieren und letztlich auch zu ersetzen. Dies sollte beispielsweise durch Testmethoden ohne Tierversuch ermöglicht werden (Rufli und Springer 2011). Neben den Motiven, die mit einer hohen körperlichen oder emotionalen Wirkung von Körperpflegeprodukten verknüpft sind, gibt es noch weitere Problemfelder aus der Nutzung von Körperpflegeprodukten, die als Motive für nachhaltigeren Konsum infrage kommen.

Im Bereich der Ökotoxizität liegen vielfältige Umweltwirkungen vor, die durch einen nachhaltigeren Konsum verringert werden könnten. Rückstände von Körperpflegeprodukten treten in einem verstärkten Ausmaß schon seit Jahrzehnten als Umweltverschmutzung auf. Diese Rückstände stammen in erster Linie aus der Produktnutzung der Konsument_innen und nur in geringem Umfang aus den Emissionen der Herstellungsphase bei den Produzenten (Fick et al. 2009). Manche Stoffe verbleiben für Monate oder Jahre in der Umwelt (Monteiro und Boxall 2009). Obwohl die festgestellten Konzentrationen vergleichsweise gering sind, lassen sich viele Körperpflegeprodukte in einer Vielzahl hydrologischer, klimatischer und Landnutzungszusammenhänge nachweisen. Beispielsweise besteht ein Zusammenhang zwischen der Nutzung von Palmöl und erdölbasierten Grundstoffen und dem Klimawandel sowie dem Erhalt der Artenvielfalt (Reijnders und Huijbregts 2008). Palmöl aus nicht zertifiziertem Anbau sollte daher vermieden oder durch zertifizierte Produkte ersetzt werden. Die Nutzung von Palmöl als Substitut für erdölbasierte Grundstoffe ist zwar nicht klimaneutral, kann aber dennoch zu einer Verringerung der kohlenstoffbasierten Treibhausgase führen (Reijnders und Huijbregts 2008). Als Substitut für Palmöl ist Sheabutter als Inhaltsstoff in vielfältigen Produkten der Kosmetikindustrie von zunehmender globaler Bedeutung. Sheabutter ist im Gegensatz zu vergleichbaren Pflanzenölen nicht mit negativen Umweltwirkungen verbunden und wird daher als umweltfreundliches Substitut angesehen (Glew und Lovett 2014).

In der Regel gehen die Umweltwirkungen auf die Nutzungsphase von Körperpflegeprodukten zurück, da sie während und nach der Nutzung abgeschieden und häufig als Abwasser in die Kanalisation emittiert werden. Die Bestandteile gelangen so in Oberflächengewässer oder ins Erdreich, wenn Abwasser zur Bewässerung verwendet oder Klärschlamm als Dünger in der Landwirtschaft eingesetzt wird (Kinney et al. 2006; Ternes et al. 2004). Die wachsende weltweite Bedeutung von Frischwasserressourcen erfordert jedoch die Minimierung der aggregierten bzw. kumulierten Umweltwirkungen. Dementsprechend gibt es mehrere Methoden, um Abwasser von den Rückständen von Köperpflegeprodukten zu reinigen (Prasse et al. 2011; Ternes et al. 2004). In einigen Fällen kann jedoch die Abwasserbehandlung zu einer Erhöhung des Umweltrisikos führen (McClellan und Halden 2010). Daher ist das Wissen um die Effektivität und die Konsequenzen der Behandlungsarten von Abwasser und Trinkwasser von großer Bedeutung.

Des Weiteren sind die Wirkungen vieler, in Körperpflegeprodukten eingesetzter Inhaltsstoffe nach wie vor unklar und noch nicht hinreichend erforscht. Dies gilt auch für den Einsatz von unlöslichen bzw. nichtabbaubaren Nanomaterialien und Mikroplastik in Körperpflegeprodukten (SRU 2011, S. 73 ff.). In Kosmetikprodukten sind Nanopartikel in Sonnenschutzmitteln als UV-Schutzfilter, in Zahnbürsten mit antibakterieller Ausrüstung, in Zahncreme zur Remineralisierung der Zähne und in Gesichtscremes mit Anti-Aging-Effekt am weitesten verbreitet. Zudem sind auch viele Effekte auf die Fauna, wie die Bioakkumulation in Ökosystemen, als Folge der Nutzung von Körperpflegeprodukten noch nicht hinreichend erforscht (Boxall et al. 2012). Dies gilt in gleichem Maß für die bislang unabsehbaren Folgen, die sich aus der Interaktion der unterschiedlichen, in Körperpflegeprodukten enthaltenen Chemikalien in Mensch und Umwelt ergeben können (Kortenkamp et al. 2009). So wurde beispielsweise nachgewiesen, dass es zu einer Interaktion zwischen Kosmetikprodukten und Sonnenlicht kommt. Diese kann Irritationen verursachen, weshalb Sonnenlicht bei fotosensiblen Kosmetika vermieden werden sollte (Hans et al. 2008).

Letztlich müssen alle genannten Punkte in die Risikobewertung von Körperpflegeprodukten eingehen. Wissenschaftler_innen und Regulierungsbehörden sind zwar ständig darum bemüht, für Mensch und Umwelt schädliche Chemikalien zu identifizieren, die Risikobewertung ist aber wegen der großen Zahl der zu untersuchenden Chemikalien eine enorme Herausforderung.

Weitere Motive für nachhaltigeren Konsum von Körperpflegeprodukten könnten sich aus fair gehandelten Grundstoffen sowie umweltfreundlichen Verpackungsalternativen ableiten. Das Fair-Trade-Label zertifiziert fair gehandelte Inhaltsstoffe und gewährleistet so die soziale Nachhaltigkeit (www.fairtrade-deutschland.de). Schließlich ergeben sich weitere Handlungsoptionen für Konsument_innen durch eine Präferenz für natürliche Inhaltsstoffe. Diese gewährleisten, insbesondere bei Naturkosmetik, die Hautverträglichkeit und vermindern i. d. R. das Risiko von allergischen Reaktionen. Giftige bzw. kanzerogene Stoffe sind bei Naturkosmetik ausgeschlossen. Beim Kauf von Körperpflegeprodukten sollte daher auf das Siegel des Bundesverbands der Industrie- und Handelsunternehmen für Arzneimittel, Reformwaren, Nahrungsergänzungsmittel und kosmetische Mittel e. V. (BDIH) und von NaTrue geachtet werden (www.kontrollierte-naturkosmetik.de; www.natrue.org/de). Diese Siegel liefern somit bereits wichtige Hinweise für die Nachhaltigkeitsbewertung. Schließlich lassen sich im Allgemeinen auch durch die sachgerechte und wohldosierte Anwendung von Pflegeprodukten negative Umweltwirkungen vermeiden.

Den zuvor dargestellten Brennpunkten des Umweltschutzes und der Nachhaltigkeitsbewertung bei Körperpflegeprodukten können die subjektiven Kriterien, die Konsument_innen zur Entscheidungsfindung für die Wahl nachhaltiger Produkte heranziehen, gegenübergestellt werden. Die genannten Brennpunkte sind den meisten Konsument_innen nicht oder nur teilweise bekannt. Es ist anzunehmen, dass Informationen, trotz leichter Zugänglichkeit und Nutzbarkeit, nur einen geringen Diffusionsgrad erreichen und dass hier Heuristiken bei der Kaufentscheidung dominieren. Die subjektiven Einschätzungen zur Nachhaltigkeitsbewertung von Körperpflegeprodukten weichen daher von den objektiven Kriterien in mehreren Punkten ab. So wird zwar die Hautverträglichkeit von allen Konsument_innen als bedeutend angesehen. Naturkosmetik wird allerdings nur von der Gruppe der Verantwortungsbewussten mit Hautverträglichkeit verknüpft. Entsprechend ist bei dieser Gruppe die Kenntnis von entsprechenden Siegeln vorhanden. Im Bereich der Ökotoxizität wird der biologische Anbau von Verantwortungsbewussten als relevant betrachtet. Weitere Aspekte zur Ökotoxizität erfordern allerdings Expertenwissen. Weiterhin werden Artenvielfalt, fairer Handel sowie Tierwohl aus Konsumentensicht nicht als Feld für nachhaltiges Handeln im Körperpflegebereich identifiziert und der Megatrend „vegan" wird nicht mit Tierwohl verknüpft. Außerdem sind die sachgerechte und wohldosierte Anwendung von Pflegeprodukten und damit die Nutzungsphase im alltäglichen Gebrauch nicht im Nachhaltigkeitsfokus, wohingegen die Wirkungen von Verpackungsmaterialen und damit letztlich von Verpackungsmüll auf die Umwelt generell überschätzt werden. Schließlich hat sich gezeigt, dass die Anmutung von Natürlichkeit eines Produkts aus Konsumentensicht mit Nachhaltigkeit verbunden wird.

2.5 Diskussion und Implikationen

Die Ergebnisse implizieren, dass Handel und Hersteller die Verantwortung für den nachhaltigeren Konsum ihrer Kunden_innen übernehmen müssen, um sich Nachhaltigkeit glaubwürdig auf die Fahnen schreiben zu können. Es gilt nicht nur, nachhaltigere Produkte zu produzieren, sondern diese auch so zu präsentieren, beispielsweise durch den Aufbau von Ankerprodukten oder Ankermarken, dass Konsument_innen auf einfache, bequeme Weise objektiv nachhaltig entscheiden und handeln können.

Die Studie zeigt auf, dass Problembewusstsein, Kompetenz sowie Handlungsoptionen die drei wesentlichen Einflussfaktoren nachhaltigeren Konsums sind und damit als Erklärung des Attitude-Behavior-Gap herangezogen werden können. Aus Konsumentensicht lässt sich nachhaltiger Konsum auf vier Ebenen fördern.

- Zunächst können auf Produktebene weitere, leicht verständliche Informationen zur Nachhaltigkeit eines spezifischen Produkts die Entscheidung erleichtern. Label werden bereits jetzt von verantwortungsvollen Konsument_innen berücksichtigt. Die anderen Segmente müssen hierfür weiter sensibilisiert werden.
- Außerdem spielt die Marke zusammen mit Positionierung und Kommunikation eine wesentliche Rolle. Produktspezifische Informationen sind irrelevant, wenn die Marke ein positives Image aufbaut, das auf das einzelne Produkt abstrahlt.
- Darüber hinaus können auch Händler und Hersteller ein solches nachhaltiges Image unternehmensweit aufbauen, indem sie sich beispielsweise für verschiedene ökologische und soziale Themenfelder engagieren (Corporate Social Responsibility, CSR).
- Schließlich spielt die Verankerung des Themas in der Gesellschaft eine wesentliche Rolle. Durch einen gesellschaftlichen Konsens hin zu nachhaltigerem Konsum kann sich das Individuum an der Mehrheit orientieren. Außerdem steigt der soziale Druck, gemäß diesem Konsens zu handeln.

2.6 Schlussfolgerungen

Durch qualitative „insights" und das Konzept der Verhaltensökonomie kann nachhaltigeres Konsumverhalten im Bereich der Körperpflege erfolgreich erklärt werden. Dieser innovative Ansatz dient damit der Aufklärung des Attitude-Behavior-Gap und eröffnet weitere wichtige Perspektiven auf die individuellen Denkprozesse der Konsument_innen, deren subjektiven Einschätzungen und wahren latenten Bedürfnisse. Wie der zweite Teil der Untersuchungen zeigt, ist aber ein nachhaltiger Konsum selbst dann nicht gewährleistet, wenn alle dazu notwendigen Informationen verfügbar sind. Das subjektive Empfinden von Nachhaltigkeit befasst sich im Wesentlichen nur mit primär wahrnehmbaren Produkteigenschaften und verbleibt auf einer emotionalen Ebene. Die komplexen Zusammenhänge der Nutzung von Körperpflegeprodukten, die sich in den existierenden Umweltproblemen ausdrücken, sind von Konsument_innen rational nicht erfassbar. Damit sich nachhaltigere Produkte dennoch aus der Nische zum Mainstream entwickeln, müssen Händler und Hersteller die Verantwortung für den nachhaltigeren Konsum ihrer Konsumenten (teilweise) übernehmen und besser kommunizieren. Limitierte Konsumenten sind hier eine geeignete Zielgruppe, da sie bereits für nachhaltige Botschaften empfänglich sind und nur einen Impuls in diese Richtung benötigen. Außerdem bildet dieses Segment die Konflikte zwischen nachhaltigerem Konsum und egoistischen Motiven ab. Limitierte Konsumenten streben nach persönlichem und direkt erfahrbarem Nutzen. Nachhaltigkeit ist zwar ein Thema, aber oft nur zweitrangig. Innovative Produkte, die beide Aspekte vereinen, versprechen daher große Erfolgschancen im Massenmarkt. Die anfangs diskutierten Compressed-Deodorants fallen in diese Kategorie. Die neuartige Compressed-Technologie ermöglicht einerseits einen reduzierten Rohstoffverbrauch, andererseits ist die kleinere Packungsgröße ein direkt erfahrbarer Nutzen für den Konsumenten.

Weitere Studien, die sich mit nachhaltigerem Konsum befassen, sollten interdisziplinär konzeptualisiert werden, um die Divergenz zwischen subjektiver und objektiver Nachhaltigkeit besser zu verstehen. Die Ergebnisse solcher Studien bilden die Basis für Strategien, um Konsumenten zu einem wahren nachhaltigen Konsum befähigen.

Literatur

Bauer HH, Heinrich D, Schäfer DB (2013) The effects of organic labels on global, local, and private brands: more hype than substance? J Bus Res 66(8):1035–1043

Boxall ABA, Rudd MA, Brooks BW, Caldwell DJ, Choi K, Hickmann S, Van Der Kraak G et al (2012) Pharmaceuticals and personal care products in the environment: what are the big questions? Environ Health Perspect 120(9):1221–1229

Carrigan M, Attalla A (2001) The myth of the ethical consumer – do ethics matter in purchase behaviour? J Consum Mark 18(7):560–557

Carrington MJ, Neville BA, Whitwell GJ (2014) Lost in translation: exploring the ethical consumer intention-behavior gap. J Bus Res 67(1):2759–2767

Christiansen S, Kortenkamp A, Axelstad M, Boberg J, Scholze M, Jacobsen PR, Hass U et al (2012) Mixtures of endocrine disrupting contaminants modelled on human high end exposures: an exploratory study in rats. Int J Androl 35(3):303–316

Coca-Cola Deutschland, Die VERBRAUCHER INITIATIVE e. V (2014) Neue Wege zu einer nachhaltigen Lebensweise: Ergebnisse der Konsumentenumfrage durchgeführt von Coca-Cola Deutschland und der VERBRAUCHER INITIATIVE e. V. (Bundesverband). www.nachhaltig-einkaufen.de/media/file/67.Neue_Wege_zu_einer_nachhaltigen_Lebensweise2011.pdf. Zugegriffen: 30. März 2016

Diekmann A, Preisendörfer P (2003) Green and greenback: the behavioral effects of environmental attitudes in low-cost and high-cost situations. Ration Soc 15(4):441–472

Edmondson AC, McManus SE (2007) Methodological fit in management field research. Acad Manag Rev 32(4):1155–1179

Fick J, Söderström H, Lindberg RH, Phan C, Tysklind M, Larsson DGJ (2009) Contamination of surface, ground, and drinking water from pharmaceutical production. Environ Toxicol Chem 28(12):2522–2527

GfK Verein (2015) Nachhaltige Bekanntheit. Fokusthemen 12/2015. Nürnberg. http://www.gfk-verein.org/compact/fokusthemen/nachhaltige-bekanntheit. Zugegriffen: 30. März 2016

Gigerenzer G, Brighton H (2009) Homo heuristicus: why biased minds make better inferences. Top Cogn Sci 1(1):107–143

Glew D, Lovett PN (2014) Life cycle analysis of shea butter use in cosmetics: from parklands to product, low carbon opportunities. J Clean Prod 68:73–80

Goldsmith MR, Grulke CM, Brooks RD, Transue TR, Tan YM, Frame A, Dary CC (2014) Development of a consumer product ingredient database for chemical exposure screening and prioritization. Food Chem Toxicol 65:269–279

Gordon W (2011) Behavioural economics and qualitative research – a marriage made in heaven? Int J Mark Res 53(2):171–185

de Groot AC, Beverdam EGA, Ayong CT, Coenraads PJ, Nater JP (1988) The role of contact allergy in the spectrum of adverse effects caused by cosmetics and toiletries. Contact Derm 19(3):195–201

Gruber V, Schlegelmilch BB (2014) How techniques of neutralization legitimize norm- and attitude-inconsistent consumer behavior. J Bus Ethics 121(1):29–45

Gutman J (1982) A means-end chain model based on consumer categorization processes. J Mark 46(2):60–72

Hans RK, Agrawal N, Verma K, Misra RB, Ray RS, Farooq M (2008) Assessment of the phototoxic potential of cosmetic products. Food Chem Toxicol 46(5):1653–1658

Health Canada (2012) Guidance on heavy metal impurities in cosmetics. http://www.hc-sc.gc.ca/cps-spc/pubs/indust/heavy_metals-metaux_lourds/index-eng.php. Zugegriffen: 30. März 2016

Hedde B (2013) Nachhaltigkeit als Treiber des Geschäftserfolgs. Köln: IFH Institut für Handelsforschung GmbH. www.cdg.de/downloads/181113/Nachhaltigkeit_als_Treiber_des_Geschaeftserfolgs_zs.pdf. Zugegriffen: 30. März 2016

Hoyer WD (1984) An examination of consumer decision making for a common repeat purchase product. J Consumer Res 11(3):822–829

Kahneman D, Tversky A (1979) Prospect theory: an analysis of decision under risk. Econometrica 47(2):263–291

Kahneman D, Knetsch JL, Thaler RH (1991) Anomalies: the endowment effect, loss aversion, and status quo bias. J Econ Perspect 5(1):193–206

Kepper G (2008) Methoden der qualitativen Marktforschung. In: Herrmann A, Homburg C, Klarmann M (Hrsg) Handbuch Marktforschung : Methoden, Anwendungen, Praxisbeispiele, 3. Aufl. Gabler, Wiesbaden, S 175–212

Kinney CA, Furlong ET, Werner SL, Cahill JD (2006) Presence and distribution of wastewater-derived pharmaceuticals in soil irrigated with reclaimed water. Environ Toxicol Chem 25(2):317–326

Kollmuss A, Agyeman J (2002) Mind the Gap: why do people act environmentally and what are the barriers to pro-environmental behavior? Environ Educ Res 8(3):239–260

Kortenkamp A, Backhaus T, Faust M (2009) State of the art report on mixture toxicity. Final report. Brussels: European Commission. http://ec.europa.eu/environment/chemicals/effects/pdf/report_mixture_toxicity.pdf. Zugegriffen: 30. März 2016

Kuß A, Wildner R, Kreis H (Hrsg) (2014) Marktforschung: Grundlagen der Datenerhebung und Datenanalyse, 5. Aufl. Springer Gabler, Wiesbaden

McClellan K, Halden RU (2010) Pharmaceuticals and personal care products in archived U.S. biosolids from the 2001 EPA national sewage sludge survey. Water Res 44(2):658–668

Monteiro SC, Boxall ABA (2009) Factors affecting the degradation of pharmaceuticals in agricultural soils. Environ Toxicol Chem 28(12):2546–2554

Morgan MS (2006) Economic man as model man: ideal types, idealization and caricatures. J Hist Econ Thought 28(1):1–27

Moser AK (2015a) The attitude-behavior hypothesis and green purchasing behavior: empirical evidence from German milk consumers. In: Brown T, Swaminathan V (Hrsg) AMA Winter Marketing Educators' conference 2015: marketing in a global, digital and connected world. AMA, Chicago, S C27–C28

Moser AK (2015b) Thinking green, buying green? Drivers of pro-environmental purchasing behavior. J Consum Mark 32(3):167–175

Nasir VA, Karakaya F (2014) Consumer segments in organic foods market. J Consum Mark 31(4):263–277

Naspetti S, Zanoli R (2009) Organic food quality and safety perception throughout Europe. J Food Prod Mark 15(3):249–266

Odukudu FB, Ayenimo JG, Adekunle AS, Yusuff AM, Mamba BB (2014) Safety evaluation of heavy metals exposure from consumer products. Int J Consum Stud 38(1):25–34

Olson EL (2013) It's not easy being green: the effects of attribute tradeoffs on green product preference and choice. J Acad Mark Sci 41(2):171–184

Otto GmbH und Co KG (2013) Lebensqualität: Konsumethik zwischen persönlichem Vorteil und sozialer Verantwortung. Otto Group Trendstudie 2013. 4. Studie zum ethischen Konsum. Hamburg. http://trendbuero.com/wp-content/uploads/2013/12/Trendbuero_Otto_Group_Trendstudie_2013.pdf. Zugegriffen: 30. März 2016

Peattie K (2010) Green consumption: behavior and norms. Annu Rev Environ Resour 35(1):195–228

Petersen H, Schock M (2015) Nachhaltigkeitsmarketing. In: Petersen H, Schaltegger S (Hrsg) Nachhaltige Unternehmensentwicklung im Mittelstand: Mit Innovationskraft zukunftsfähig wirtschaften. oekom, München, S 77–90

Pickett-Baker J, Ozaki R (2008) Pro-environmental products: marketing influence on consumer purchase decision. J Consum Mark 25(5):281–293

Prasse C, Wagner M, Schulz R, Ternes TA (2011) Biotransformation of the antiviral drugs acyclovir and penciclovir in activated sludge treatment. Environ Sci Technol 45(7):2761–2769

Reijnders L, Huijbregts MAJ (2008) Palm oil and the emission of carbon-based greenhouse gases. J Clean Prod 16(4):477–482

Reynolds TJ, Gutman J (1988) Laddering theory, method, analysis, and interpretation. J Advert Res 28(1):11–31

Rufli H, Springer TA (2011) Can we reduce the number of fish in the OECD acute toxicity test? Environ Toxicol Chem 30(4):1006–1011

Schreier M (2011) Qualitative Stichprobenkonzepte. In: Naderer G, Balzer E (Hrsg) Qualitative Marktforschung in Theorie und Praxis : Grundlagen – Methoden – Anwendungen. Springer Gabler, Wiesbaden, S 241–256

Sirieix L, Kledal PR, Sulitang T (2011) Organic food consumers' trade-offs between local or imported, conventional or organic products: a qualitative study in Shanghai. Int J Consum Stud 35(6):670–678

SRU – Sachverständigenrat für Umweltfragen (Hrsg) (2011) Vorsorgestrategien für Nanomaterialien. Sondergutachten. Berlin. www.umweltrat.de/SharedDocs/Downloads/DE/02_ Sondergutachten/2011_09_SG_Vorsorgestrategien%20f%C3%BCr%20Nanomaterialien. pdf?__blob=publicationFile. Zugegriffen: 30. März 2016

Stehr N, Adolf MT (2014) Der Konsum der Verbraucher. In: Meffert H, Kenning P, Kirchgeorg M (Hrsg) Sustainable Marketing Management : Grundlagen und Cases. Springer Gabler, Wiesbaden, S 55–70

Szmigin I, Carrigan M, McEachern MG (2009) The conscious consumer: taking a flexible approach to ethical behaviour. Int J Consum Stud 33(2):224–231

Ternes TA, Joss A, Siegrist H (2004) Scrutinizing pharmaceuticals and personal care products in wastewater treatment. Environ Sci Technol 38(20):392A–399A

Thøgersen J, Dutra de Barcellos M, Gattermann Perin M, Zhou Y (2015) Consumer buying motives and attitudes towards organic food in two emerging markets. Int Mark Rev 32(3/4):389–413

Tversky A, Kahneman D (1973) Availability: a heuristic for judging frequency and probability. Cogn Psychol 5(2):207–232

Unilever Deutschland Holding GmbH (2015) Microsite compressed deodorants. Hamburg. http:// www.compresseddeodorants.de. Zugegriffen: 30. März 2016

Vega-Zamora M, Torres-Ruiz FJ, Murgado-Armenteros EM, Parras-Rosa M (2014) Organic as a heuristic cue: what Spanish consumers mean by organic foods. Psychol Mark 31(5):349–359

WHO (2011) Pharmaceuticals in drinking-water. WHO/HSE/WSH/11.05. Geneva. www. who.int/water_sanitation_health/publications/2011/pharmaceuticals_20110601.pdf. Zugegriffen: 30. März 2016

Wildner R (2014) Wandel im Verbraucher- und Käuferverhalten. In: Meffert H, Kenning P, Kirchgeorg M (Hrsg) Sustainable Marketing Management: Grundlagen und Cases. Springer Gabler, Wiesbaden, S 71–83

Wills J (2014) Unilever's compressed aerosols cut carbon footprint by 25 % per can. 15 May 2014. The Guardian. http://www.theguardian.com/sustainable-business/sustainability-case-studies-unilver-compressed-aerosols. Zugegriffen: 30. März 2016

Zaltman G (2014) Are you mistaking facts for insights? Lighting up advertising's dark continent of imagination. J Advert Res 54(4):373–376

Zepeda L, Deal D (2009) Organic and local food consumer behaviour: alphabet theory. Int J Consum Stud 33(6):697–705

Beitrag erneuerbarer Energien zur Verfügbarkeit von Elektrizität und Wasser in Afrika: Ansätze für eine nachhaltige Entwicklung? 3

Charlotte Newiadomsky und Ingela Tietze

3.1 Einleitung

Untersuchungen zum Energie-Wasser Nexus belegen, dass sich der Klimawandel langfristig auf die Elektrizitätserzeugungskapazität (Schaeffer et al. 2012, S. 5 f.; Strauch 2011, S. 164–166; van Vliet et al. 2012, S. 679 f.) und folglich auch auf die Elektrizitätspreise auswirken wird (Pacsi et al. 2013, S. 4 f.). Verschiedene Studien zum Einfluss des Klimawandels auf die Umwelt prognostizieren einen grundsätzlichen Anstieg der Lufttemperaturen (Christidis et al. 2015, S. 2 f.; Intergovernmental Panel on Climate Change 2014a, S. 1062–1064), der zu erhöhter Verdunstung aus den Gewässerflächen führt. Gleichzeitig werden größere Mengen Wasser für die Bewirtschaftung landwirtschaftlicher Flächen, für die Kühlung in der industriellen Produktion und in den Haushalten benötigt, wodurch eine regional begrenzte Verknappung der Wasserressourcen vielerorts zu erwarten ist.

Thermische Kraftwerke (z. B. Kohle-, Solarthermie- oder Atomkraftwerke) benötigen für den Energieumwandlungsprozess einen Kühlprozess, um mit ihrer maximal erlaubten Leistung arbeiten zu können. Diese Kühlung erfolgt teilweise mit Kühltürmen, die je nach Kühlprozess mit Luft oder Wasser betrieben werden können (32,2 % aller in Betrieb befindlichen thermischen Kraftwerke mit einer installierten Bruttonennleistung über 300 MW in Deutschland werden mit Wasser gekühlt; berechnet mit Daten aus den Datenbanken von BDEW (2015, S. 1 f.), Bundenetzagentur (2015a, S. 1, 2015b, S. 1), Umweltbundesamt (2015, S. 1)). Die Kraftwerkskühlung mit Wasser ist für den Klima-

C. Newiadomsky (✉)
SWK-Energiezentrum E², Hochschule Niederrhein
Reinarzstr. 49, 47805 Krefeld, Deutschland
E-Mail: charlotte.newiadomsky@hs-niederrhein.de

I. Tietze
Institut für Industrial Ecology, Hochschule Pforzheim
Tiefenbronner Str. 65, 75175 Pforzheim, Deutschland
E-Mail: ingela.tietze@hs-pforzheim.de

© Springer-Verlag GmbH Deutschland 2017
W. Leal Filho (Hrsg.), *Innovation in der Nachhaltigkeitsforschung*,
Theorie und Praxis der Nachhaltigkeit, DOI 10.1007/978-3-662-54359-7_3

wandel am anfälligsten, da nahezu weltweit diese Kraftwerke bereits heute durch gesetzliche Restriktionen abgeregelt werden müssen (vgl. U.S. Department of Energy 2006,
S. 32). Diese Restriktionen ergeben sich aus den zurückzuführenden Wassermengen aus
den Kühlprozessen der Kraftwerke sowie der maximal erlaubten Temperatur für zurück-
geführtes Wasser, ohne dass Flora und Fauna des Gewässers durch die Einleitung in ihrer
Entwicklung beeinträchtigt werden (Strauch 2011, S. 14–19).

Technologien zur Elektrizitätsbereitstellung ohne bzw. mit geringem Wasserbedarf im
Betrieb sind in erster Linie Gasturbinenkraftwerke, Windkraftanlagen und Photovoltaikanlagen. Gasturbinenkraftwerke werden aufgrund der Verwendung eines fossilen Energie-
trägers und der Problematik der Erdgasverfügbarkeit in Ländern mit wenig ausgeprägter
Energieinfrastruktur ausgeschlossen.

Länder mit Kraftwerkparks, die zu großen Teilen aus konventionellen thermischen
Kraftwerken bestehen, sind teilweise bereits heute schon von erhöhten Temperaturen oder
verringerter Wasserverfügbarkeit beeinflusst und können weder die Elektrizitätsversorgungssicherheit noch die Wasserversorgung durchgängig gewährleisten. Zusätzlich entstehen durch die Wasserknappheit vermehrt Zielkonflikte um die Nutzung der verfügbaren Wassermengen zwischen den Sektoren Industrie, Landwirtschaft und Haushalte. Da
Windkraftanlagen und Photovoltaikanlagen kein Wasser für den Betrieb benötigen, bilden diese Anlagen speziell in Ländern mit bestehender und zukünftiger Wasserknappheit
sowie hohen Erzeugungspotenzialen aus Wind- und/oder Solarenergie eine sinnvolle Alternative zu konventionellen thermischen Kraftwerken.

Die ersten internationalen Ansätze für eine nachhaltige Nutzung natürlicher Ressourcen finden sich in der Agenda 21 der Vereinten Nationen von 1992. Darin werden unterschiedliche Maßnahmen für eine nachhaltige Entwicklung durch eine veränderte Wirt-
schafts-, Umwelt- und Entwicklungspolitik vorgestellt, wobei zwischen Industrie- und
Entwicklungsländern differenziert wird (United Nations Division for Sustainable Development 1992, S. 4–13). Es handelt sich bei der Agenda 21 um Handlungsanweisungen
zur Verbesserung einer umweltverträglichen und nachhaltigen Entwicklung im 21. Jahrhundert; zudem soll die nachhaltige Nutzung der natürlichen Ressourcen sichergestellt
werden. Ansatz ist die Integration von Umweltaspekten in alle anderen Politikbereiche,
u. a. der Energiepolitik. Sie dient als Grundlage für nationale bzw. lokale Nachhaltigkeitsmaßnahmen, die innerhalb der einzelnen Nationen festgelegt werden und Anwendung
finden; 178 Nationen verabschiedeten das Dokument auf der United Nations Conference
on Environment and Development in Rio de Janeiro 1992 (United Nations 2016a, S. 1).
Seither wurden auf den nachfolgenden Konferenzen Anpassungen besprochen und eingearbeitet (u. a. Kyoto-Protokoll 1997). Die aktuellste Resolution der Klimakonferenz
in Paris 2015 befindet sich bis April 2017 im Ratifizierungsprozess; bereits 175 Staaten
(Stand: 22. April 2016) haben die Resolution unterzeichnet (United Nations 2016b, S. 1).

Nachhaltigkeitsmaßnahmen, die sich auf den Bereich Energie auswirken, beinhalten
beispielsweise die Reduzierung von CO_2-Emissionen in Industrieländern oder die Erhöhung der Elektrizitätsversorgung in Entwicklungsländern (United Nations Framework
Convention on Climate Change 2015, S. 2). Da der Energiesektor der Hauptakteur hin-

sichtlich CO_2-Emissionen ist, sind Nachhaltigkeitsansätze für diesen Bereich per se wichtig.

Die bisherigen in der Literatur vorgestellten Analysen zur nachhaltigen Nutzung von Wasser bzw. Energie werden häufig nur aus Sicht der Wassernutzung und der Landwirtschaft untersucht. Aus Sicht der Elektrizitätserzeugung liegen die Untersuchungsschwerpunkte meist auf der technischen Seite, sprich der Kapazitätserhaltung zur Elektrizitätserzeugung und den möglichen Auswirkungen von Wasserknappheit auf das System Kraftwerk.

Ziel dieses Beitrags ist darzustellen, wie der Einsatz der erneuerbaren Energien in Form von Windkraftanlagen und Photovoltaikanlagen zur Auflösung der gegenseitigen Abhängigkeiten des Energie-Wasser-Nexus beiträgt. Da sich der Klimawandel global auswirkt und in unterschiedlichen Regionen verschiedene Folgen verursacht, werden drei Länder (Botswana, Kenia und Marokko) untersucht, die sich in der Kraftwerkparkzusammensetzung, den Elektrizitätserzeugungspotenzialen aus erneuerbaren Energien sowie den Wasserverfügbarkeiten heute und in der Zukunft unterscheiden. Ausgehend von den vorherrschenden Gegebenheiten in den Ländern, entwickeln sich Zielkonflikte mit unterschiedlichen Gewichtungen zwischen den Sektoren Landwirtschaft, Industrie und Haushalte. Um festzustellen, wie bestehende und zukünftige Zielkonflikte vermindert oder sogar vermieden werden können, werden umfassende Analysen zur Verschiebung der Kraftwerkparkzusammensetzung von konventionellen, thermischen Kraftwerken zu Wind- und Photovoltaikanlagen durchgeführt.

3.2 Abhängigkeiten der Elektrizitätsversorgungssicherheit von der Wasserverfügbarkeit

Für die Erzeugung elektrischer Energie mithilfe von thermischen und Wasserkraftwerken ist die Verfügbarkeit von Wasser in den meisten Fällen zwingend notwendig. In thermischen Kraftwerken wird Wasser vornehmlich für den Kühlkreislauf benötigt, während in Wasserkraftwerken die kinetische Energie des Wassers in mechanische Energie bzw. elektrische Energie umgewandelt wird. Abhängig von der Kraftwerksgröße und der Art des Kraftwerks werden unterschiedliche Mengen an Wasser für die Kühlung benötigt. So entnimmt ein Kernkraftwerk mit Durchflusskühlung durchschnittlich zwischen 95 und 227 m^3 Wasser je MWh Elektrizität, während man für die Kühlung mit Kühlturm nur 3,0–4,2 m^3/MWh und mit einem Kühlteich 1,9–4,2 m^3/MWh benötigt (Davies et al. 2013, S. 299). Allgemein ist Wasser für jedes konventionelle elektrizitätserzeugende Kraftwerk notwendig, das in Abhängigkeit zu dieser Ressource steht (Davies et al. 2013, S. 298 f.; van Vliet et al. 2016, S. 375). In Hinblick auf die aktuellen Prognosen zur Klimaerwärmung hat sich herausgestellt, dass in vereinzelten Regionen mehr, in anderen weniger Wasser zur Verfügung stehen wird als bisher (Flörke und Wimmer 2014, S. 10). Auswirkungen von kurzzeitigem Wassermangel wurden bereits in der Vergangenheit beobachtet: Im Jahr 2015 führten weltweit Hitzewellen zu stark erhöhten Lufttemperaturen, die sich

u. a. auf die verfügbaren Wassermengen auswirkten (vgl. McPherson 2015, S. 1; Reuters 2015, S. 1). Die überdurchschnittliche Lufttemperatur führte zu verstärkter Evapotranspiration der Oberflächengewässer und zu erhöhtem Wasserbedarf in nahezu allen Wirtschaftszweigen. Wegen der hohen Lufttemperaturen führten Oberflächengewässer verringerte Mengen Wasser mit sich, dessen Temperatur zudem stark erhöht war. Als Folge daraus mussten beispielsweise in Polen einige thermische Kraftwerke, die auf bestimmte Wassermengen und spezifische Wassertemperaturen ausgelegt sind, ihre Leistung verringern, um eine Überhitzung des Flusses (bei eingesetzter Durchflusskühlung) zu vermeiden (Reuters 2015, S. 1).

Es ist ein deutlicher Zusammenhang zwischen der Wasserverfügbarkeit und der Elektrizitätsversorgungssicherheit festzustellen, der je nach Anteil der Kraftwerke mit Wasserkühlung in den einzelnen Ländern stärker oder schwächer ausfallen kann.

In den folgenden Abschnitten werden die Zusammenhänge zwischen den Bereichen Energie und Wasser, Klimawandel und Elektrizitätsversorgungssicherheit sowie steigender Stromerzeugungskosten und klimawandelbedingtem Wassermangel dargestellt.

3.2.1 Klimawandel und Elektrizitätsversorgungssicherheit

Verschiedene Studien zum Einfluss des Klimawandels auf die Umwelt prognostizieren den Anstieg der Umgebungstemperaturen (Christidis et al. 2015, S. 2 f.; Intergovernmental Panel on Climate Change 2014a, S. 1062–1064). Dies führt zu erhöhten Verdunstungsraten der Oberflächengewässer und zu einem vermehrten Bedarf an Wasser für beispielsweise Kraftwerkskühlungen. Gleichzeitig steigen die Wassertemperaturen und die industrielle Kühlung wird erschwert (Colman 2013, S. 14–16; Zammit 2012, S. 54).

Die höheren Umgebungstemperaturen führen zu Gletscherschmelzen, die den regionalen Wasserbedarf erhöhen können. Die Gletscher schmelzen jedoch schneller, als sie durch Niederschlag in den Wintermonaten wieder aufgebaut werden können. Aufgrund der ansteigenden Lufttemperaturen regnen die Wolken im Winter eher ab, als dass sie abschneien. In absehbarer Zukunft würde der zusätzliche Zufluss aus Gletschern nicht mehr zur Verfügung stehen und die regionale Wasserversorgung würde in den Sommermonaten signifikant reduziert werden (Intergovernmental Panel on Climate Change 2014a, S. 1075–1076).

Einen umfänglichen Überblick über mögliche Einflüsse des Klimawandels auf die Elektrizitätsversorgung findet sich in der Arbeit von Schaeffer et al. (2012, S. 1–12). Berichte vom Sommer 2003 liefern Beispiele für die erschwerte Kraftwerkkühlung, als 15 Kohlekraftwerke in Deutschland (vgl. Strauch 2011, S. 33 f., 108–110) und 30 Kernkraftwerke in Europa (International Atomic Energy Agency 2004, S. 41–54, 59–66, 115–292, 469 f., 475 f., 537–550, 555–628) von den ungewöhnlich hohen Temperaturen beeinträchtigt wurden. Allein in Deutschland mussten aufgrund der hohen Wassertemperaturen 7 der 30 europäischen Kernkraftwerke (Strauch 2011, S. 108) als auch die bereits zuvor genannten 15 Kohlekraftwerke ihre Elektrizitätserzeugungskapazität um bis zu 78 % in den Monaten Mai bis Oktober verringern, da die rechtlich festgelegten Maximaltemperaturen für die Rückführung des Kühlwassers erreicht wurden (Strauch 2011, S. 108–110).

Steigende Globaltemperaturen erhöhen die Wahrscheinlichkeiten für das Auftreten von Extremwetterereignissen wie Dürren oder Überschwemmungen: Bedingt durch die steigenden Temperaturen schmelzen die Polarkappen und Gletscher, was zum Anstieg der Meeresspiegel führt. Zudem verringert der Temperaturanstieg die Qualität, die Quantität und die Verfügbarkeit von Wasserressourcen: Erhöhte Verdunstungsraten in Seen und Flüssen können zu Austrocknung des Gewässers führen, sodass der Lebensraum im Wasser verkleinert und die Wasserqualität durch höhere Schadstoffkonzentrationen und Sauerstoffdefizite gemindert wird (Intergovernmental Panel on Climate Change 2014a, S. 145; Organisation für wirtschaftliche Zusammenarbeit und Entwicklung 2014, S. 24). Demzufolge führen höhere Umgebungstemperaturen zu einem höheren Elektrizitätsverbrauch für die Wasseraufbereitung oder für die Förderung von Wasser aus tiefer gelegenen Quellen (Thirlwell et al. 2007 S. 3; U.S. Department of Energy 2006, S. 27). Gleichzeitig führt der erhöhte Elektrizitätsverbrauch in Ländern mit hohen Anteilen von Elektrizität aus konventionellen Kraftwerken im Gesamtstrommix zu erhöhten Treibhausgasemissionen, während eine geringere Wasserverfügbarkeit zu Zielkonflikten zwischen den Wassernutzern führt, z. B. landwirtschaftliche Industrie und industrielle Elektrizitätsversorger (Abb. 3.1 unten).

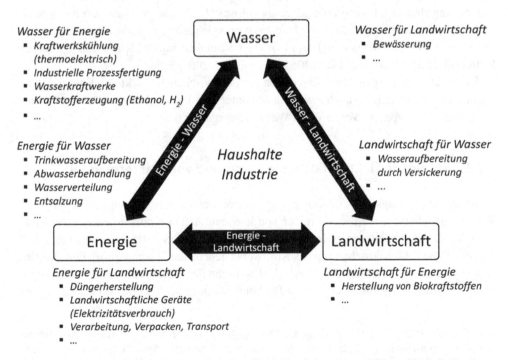

Abb. 3.1 Darstellung des Versorgungsdreiecks. (Nach Newiadomsky und Tietze 2015, S. 1)

3.2.2 Der Energie-Wasser-Nexus

Bereits 1994 wurde festgestellt, dass die Sektoren Energie und Wasser stark miteinander verknüpft sind und sich gegenseitig beeinflussen (Gleick 1994, S. 267–299).

Laut dem World Economic Forum erwartet das International Food Policy Research Institute (IFRI) einen 30%igen Anstieg des Wasserbedarfs bis 2030 (World Economic Forum 2011, S. 29), während die International Energy Agency von einem 33%igen Anstieg des Energieverbrauchs bis 2040 ausgeht (International Energy Agency 2015, S. 1).

Die Abb. 3.1 stellt die Abhängigkeiten zwischen den Sektoren Energie und Wasser dar, die in der Literatur häufig als Energie-Wasser-Nexus[1] beschrieben werden (Hussey und Pittock 2012, S. 1). Hierbei wird im Besonderen auch auf die zusätzliche Abhängigkeit beider Bereiche von der Landwirtschaft hingewiesen. Die Abbildung zeigt, dass Elektrizität für unterschiedliche Prozesse, wie beispielsweise für die Wasserversorgung (Aufbereitung, Reinigen, Verteilung etc.), für die Herstellung von Düngern oder von Biokraftstoffen benötigt wird, während Wasser beispielsweise für industrielle Prozesse (Produktion, Kühlung etc.) oder für die Bewässerung in der Landwirtschaft unabkömmlich ist. Erzeugnisse des landwirtschaftlichen Sektors sind indirekt auch für die Wasseraufbereitung, z. B. zur Reinigung durch Versickerung, notwendig (Organisation für wirtschaftliche Zusammenarbeit und Entwicklung 2014, S. 70–72). Akteure, die von allen drei Sektoren Wasser, Energie und Landwirtschaft abhängig sind, befinden sich im Zentrum des Versorgungsdreiecks. Es kann ein „circulus vitiosus" beobachtet werden, wenn von Wasserkraftwerken abhängige Länder sich anderen Energiequellen zuwenden müssen, da dies zu höheren CO_2-Emissionen und somit zu einer Beeinflussung des Klimawandels führen kann (vgl. Halstead et al. 2014, S. 40; Thirlwell et al. 2007, S. 3).

Es bestehen widersprüchliche Interessen sowohl zwischen den Sektoren Energie, Wasser und Landwirtschaft als auch zwischen den unterschiedlichen Akteuren, beispielsweise Elektrizitätsversorger im Vergleich zu Wasserversorgern.

3.2.3 Steigende Elektrizitätskosten aufgrund von Wassermangel

Steigende Umgebungstemperaturen, gefolgt von vermehrter Verdunstung und verringerter Wasserverfügbarkeit, werden Betreiber von konventionellen Kraftwerken zur Verringerung der Kraftwerksleistung zwingen (Hoffmann et al. 2013, S. 201; van Vliet et al. 2012, S. 679 f.), die bis zur Abschaltung des Kraftwerks gehen kann. Die prognostizierte verringerte durchschnittliche Wasserverfügbarkeit während der Sommermonate bis 2050 wird die Konkurrenz um Wasserressourcen für konventionelle Kraftwerke verstärken. Es ist

---

[1] Der Energie-Wasser-Nexus beschreibt die Abhängigkeiten zwischen den Interessenvertretern der Bereiche Elektrizität und Wasser. Dieser Nexus kann um weitere spezifische Themenbereiche (z. B. Ernährung, Böden, Landwirtschaft, Klima) erweitert werden, um mögliche Auswirkungen von einem Sektor auf die anderen zu analysieren.

wahrscheinlich, dass die Erzeugungskosten der konventionellen Kraftwerke steigen werden, da es schwieriger wird, die Kraftwerke mit genügend Wasser zu versorgen.

3.3 Methodik

Um eine Lösung der Zielkonflikte innerhalb des Energie-Wasser-Nexus mit erneuerbaren Energien zu erarbeiten, wird zunächst ermittelt, welche Länder im Besonderen von diesen Zielkonflikten betroffen sind. Hierbei ist zwischen unterschiedlichen Gegebenheiten in den Ländern zu unterscheiden:

1. Länder mit hohem prozentualen Anteil der Bevölkerung mit Zugang zu Elektrizität und Wasserressourcen, die in Zukunft von Wasserknappheit bedroht sein werden – aufgrund der Wasserknappheit kann u. U. die Elektrizitätsversorgungssicherheit mit dem derzeitigen Kraftwerkspark nicht mehr sichergestellt werden.
2. Länder mit niedrigem prozentualem Anteil der Bevölkerung mit Zugang zu Elektrizität und Wasserressourcen, in denen bereits heute die Elektrizitätsversorgungssicherheit trotz ausreichender Wasserverfügbarkeit nur schwer aufrechterhalten werden kann.

Nach Auswahl der Länder wird zunächst die aktuelle Kraftwerkparkzusammensetzung analysiert und dargestellt, wie sich der Energie-Wasser-Nexus auf die Elektrizitätsversorgungssicherheit und Wasserverfügbarkeit auswirkt. Hierzu werden zunächst die Anteile der elektrizitätserzeugenden Kraftwerke je Land und Energiequelle (fossil, nuklear, Wasser oder sonstige erneuerbare Energien) ermittelt. Im nächsten Schritt werden auf der Basis von Prognoseergebnissen zu den Klimaveränderungen (z. B. zu zukünftigen Wasserressourcen) für die entsprechenden Länder mögliche Zielkonflikte abgeleitet.

Anschließend wird je Land eine alternative Zusammensetzung des Kraftwerkparks mit einem hohen Anteil an Elektrizität aus erneuerbaren Energien auf Basis der verfügbaren Ressourcen vorgeschlagen. Die einzelnen Anteile des Strommixes werden anhand möglicher Ausbaupläne für erneuerbare Energien, den aktuellen Überlegungen der Regierungen zur Änderung des Kraftwerkparks und den bisher in Erwägung gezogenen Möglichkeiten zur Errichtung von Anlagen zur Nutzung erneuerbarer Energien (hier im Wesentlichen Photovoltaik und Windkraft) ermittelt. Anschließend werden auf Basis vorliegender Prognosen zu Klimaveränderungen neue Annahmen für mögliche Zielkonflikte ermittelt.

Im letzten Schritt werden die Ergebnisse der Analysen zu den Zielkonflikten mit dem derzeitigen und dem potenziellen Kraftwerkpark für die Zukunft miteinander verglichen. Auf Basis der nicht weiter benötigten Wassermengen für Kraftwerkskühlungen (beispielsweise bei Kohlekraftwerken) kann ermittelt werden, welche Wassermengen jährlich zusätzlich zur Verfügung stehen, wenn der angepasste Kraftwerkpark mit hohen Anteilen an erneuerbaren Energien umgesetzt wird. Entsprechend der Ergebnisse können abschließend Rückschlüsse auf die Minderung von Zielkonflikten gezogen und somit dargestellt werden, wie der Einsatz von erneuerbaren Energien zur Auflösung der gegenseitigen Abhängigkeiten des Energie-Wasser-Nexus beitragen kann.

3.4   Erneuerbare Energien zur Zielkonfliktlösung des Energie-Wasser-Nexus

Der Energie-Wasser-Nexus basiert im Wesentlichen auf den Zielkonflikten zwischen den einzelnen Akteuren, die von der Ressource Wasser abhängig sind. Aufseiten der Elektrizitätserzeugung sind hierbei die Betreiber der konventionellen Kraftwerke wie auch der Wasserkraftwerke zu nennen. Je höher der Anteil von Wasserkraftwerken und konventionellen Kraftwerken an der Elektrizitätserzeugung im Gesamtstrommix eines Landes ist, desto stärker ist der Zielkonflikt ausgeprägt.

3.4.1   Auswahl der Untersuchungsländer

Nach einer umfangreichen Literaturrecherche wurden für diesen Beitrag als Beispiele die Länder Botswana, Kenia und Marokko ausgewählt.

Marokko ist ein nordafrikanisches Land, das durch den staatlichen Energieversorger den vollständigen Zugang zu Elektrizität im urbanen wie auch im ländlichen Raum ermöglicht. Der Zugang zu Wasserressourcen liegt in Marokko für die urbane Bevölkerung bei 98,7 % und für die ländliche Bevölkerung bei 65,3 % (World Bank 2016c, S. 1). In Zukunft wird Marokko laut verschiedener Klimaprognosen mit geringeren Wassermengen auskommen müssen (vgl. Luo et al. 2015, S. 2–10; van Vliet et al. 2013, S. 17–20; van Vliet et al. 2016, S. 378). Da die installierte Leistung des Kraftwerkparks stark auf fossile Energieträger (69 %) und auf Wasserkraft (19,3 %) ausgerichtet ist (Central Intelligence Agency 2016c, S. 1) und damit für den Betrieb des Elektrizitätsversorgungssystems große Mengen an Wasser benötigt werden, ist zu erwarten, dass die Elektrizitätsversorgungssicherheit abnimmt. Laut Luo et al. (2015, S. 2–10) erhöht sich die Konkurrenz um Wasser in Marokko um bis zu 94 % speziell für die Sektoren Industrie und Haushalte. Unberücksichtigt bleiben bei diesen Berechnungen geplante Investitionen der Regierung bezüglich des Sektors Wasser.

Im Gegensatz zu Marokko liegen die weiteren Untersuchungsländer Botswana und Kenia südlich der Sahara (engl. „Sub-Saharan Africa") und die Bevölkerungen verfügen prozentual über einen geringeren Zugang zu Elektrizität und Wasserressourcen – Kenia: im urbanen Raum 58,2 % mit Elektrizität und 81,6 % mit Wasser, im ländlichen Raum 6,7 % mit Zugang zu Elektrizität und 56,8 % mit Zugang zu Wasser; Botswana: im urbanen Raum 71,1 % mit Elektrizität und 99,2 % mit Wasser, im ländlichen Raum 23,9 % mit Zugang zu Elektrizität und 92,3 % mit Zugang zu Wasser (World Bank 2016c, S. 1). In Kenia liegt der Großteil der installierten Kapazitäten zur Elektrizitätserzeugung bei Wasserkraftwerken (43,9 %), während zusätzlich installierte Kapazitäten zur Elektrizitätserzeugung

Tab. 3.1 Installierte Leistung der Kraftwerkparks, Erhöhung der Wasserkonkurrenz und Zugang zu Elektrizität und Wasserressourcen in den Untersuchungsländern Marokko, Kenia und Botswana in Prozent. (Nach Central Intelligence Agency 2016c, S. 1; Luo et al. 2015, S. 2–10; World Bank 2016c, S. 1)

Land	Installierte Leistung Kraftwerkpark (%)			Erhöhung der Wasserkonkurrenz (%)	Region	Ressource	Zugangsrate (%)
	Fossil	Wasserkraft	Erneuerbare Energien				
Botswana	100,0	0,0	0,0	56,0 (hauptsächlich Industrie und Haushalte)	Urban	Elektrizität	71,1
						Wasser	99,2
					Ländlich	Elektrizität	23,9
						Wasser	92,3
Kenia	42,4	43,9	13,8	Unter 7,0	Urban	Elektrizität	58,2
						Wasser	81,6
					Ländlich	Elektrizität	6,7
						Wasser	56,8
Marokko	69,0	19,3	4,8	94,0 (hauptsächlich Industrie und Haushalte)	Urban	Elektrizität	100,0
						Wasser	98,7
					Ländlich	Elektrizität	100,0
						Wasser	65,3

bei fossilen Energieträgern (42,4 %) und erneuerbaren Energien (13,8 %) liegen (Central Intelligence Agency 2016b, S. 1). In Botswana besteht die installierte Kapazität zur Elektrizitätserzeugung zu 100 % aus fossilen Energieträgern (Central Intelligence Agency 2016a, S. 1). Das Kohlekraftwerk Morupule A Power Station (132 MW installierte Kapazität) versorgt 80 % des Landes mit Elektrizität und benötigt jährlich etwa 700.000 m^3 Wasser (African Development Bank 2009, S. 15). Laut Luo et al. (2015, S. 2–10) erhöht sich die Konkurrenz um Wasser in Kenia um weniger als 7 % bis 2040, während sie sich in Botswana speziell in den Sektoren Industrie und Haushalte um bis zu 56 % erhöht. Ebenfalls bleiben bei diesen Berechnungen geplante Investitionen der Regierungen bezüglich des Sektors Wasser unberücksichtigt.

Eine zusammenfassende Darstellung der installierten Leistungen der Kraftwerksparks, der zukünftig zu erwartenden Erhöhung der Wasserkonkurrenz und der prozentualen Anteile zu den Zugängen zu Elektrizität und Wasserressourcen in den einzelnen Untersuchungsländern findet sich in Tab. 3.1.

3.4.2 Mögliche Zielkonflikte auf Basis der aktuellen Kraftwerkparkzusammensetzung und Klimaprognosen

Abhängig von der Kraftwerkparkzusammensetzung bestehen unterschiedlich hohe Bedarfe für Wasser. Zu unterscheiden ist zwischen Wasser für Kühltechnik, Wasser für den

Betrieb des Kraftwerks (ausgenommen Kühltechnik) und Wasser zur direkten Elektrizitätserzeugung (Wasserkraftwerke). Je nach Menge, Art und Alter der Kraftwerke werden unterschiedliche Mengen Wasser benötigt, sodass darauf basierend mögliche Zielkonflikte der Sektoren Industrie, Haushalte und Landwirtschaft ermittelt werden können.

Marokko

In Marokko setzte sich 2013 die gesamte erzeugte Elektrizität in GWh zu 84 % aus thermischen Kraftwerken, zu 10,6 % aus Wasserkraftwerken und zu 5,3 % aus erneuerbaren Energiequellen (Windkraftanlagen) zusammen (United Nations Department of Economic and Social Affairs 2016b, S. 436 f.). Hohe Wasserbedarfe für die Elektrizitätserzeugung werden in den Wasserkraftwerken und den thermischen Kohlekraftwerken benötigt, die zusammen den größten Anteil der in Marokko installierten Kapazitäten zur Elektrizitätserzeugung darstellen. Weitere Anlagen zur Nutzung von erneuerbaren Energien zur Elektrizitätserzeugung sind Windkraftanlagen (United Nations Department of Economic and Social Affairs 2016a, S. 364). Marokko verfügt über ein hohes Potenzial zur Erzeugung von Elektrizität aus Solar- und Windkraftanlagen, das jedoch noch nicht ausgeschöpft wurde (Afrika-Verein der Deutschen Wirtschaft 2014, S. 5).

Entsprechend verschiedener Klimaprognosen werden sich die Temperaturen in Marokko bis 2040 im Landesinneren wesentlich stärker und schneller erhöhen als in den Küstenregionen (World Bank 2016b, S. 1). In den Herbstmonaten nehmen die Niederschläge zu, während sie in den Winter- und Frühjahrsmonaten im Verlauf des 21. Jahrhunderts abnehmen werden (Intergovernmental Panel on Climate Change 2014b, S. 1209 f.). Zusätzlich wird durch geringeren Schneeniederschlag in der Atlasbergkette in Kombination mit verringerten Niederschlägen und erhöhten Temperaturen weniger Schmelzwasser für die Tieflande zur Verfügung stehen (Intergovernmental Panel on Climate Change 2014b, S. 1217). Dies führt in der Folge zu mehr Wasserkonkurrenz durch die wesentlich knapperen zur Verfügung stehenden Ressourcen.

Zu erwartende Zielkonflikte bis 2040 sind beispielsweise:

- Konflikte zur Wassernutzung zwischen den Sektoren Landwirtschaft, Haushalte und Industrie wegen verringerter Wassermengen in Oberflächengewässern (z. B. fehlendes Schmelzwasser)
- Verringerung der Elektrizitätserzeugung aus Kohlekraftwerken wegen mangelnder Wasserverfügbarkeit für die Kühlkreisläufe und aus Wasserkraftwerken wegen schwankender oder verringerter Wassermengen in Reservoirs bei gleichzeitigem Anstieg der Elektrizitätsnachfrage (International Energy Agency 2014, S. 56)

Kenia

In Kenia setzte sich 2013 die gesamte erzeugte Elektrizität in GWh zu 26,3 % aus thermischen Kraftwerken, zu 52,5 % aus Wasserkraftwerken und zu 21,3 % aus erneuerbaren Energiequellen (0,2 % aus Windkraftanlagen und 21,1 % aus Geothermieanlagen) zusammen (United Nations Department of Economic and Social Affairs 2016b, S. 434 f.). Da der

Großteil der installierten Anlagen zur Elektrizitätserzeugung nicht auf Wasser zur Kraftwerkskühlung angewiesen ist, entfallen lediglich 3,7 % aller Wasserentnahmen auf die Industrie (World Bank 2016c, S. 1). Weiterer Wasserbedarf für die Elektrizitätserzeugung besteht bei den Wasserkraftwerken.

Kenia ist seit jeher stark von Wasserkraftwerken abhängig, hat sich aber nach den Dürren 1999 zu einer weiteren Diversifizierung des Strommixes entschlossen. Daraus resultierend wurde das geothermische Potenzial des Landes stark ausgebaut (Torrie 2014, S. 12). Zusätzlich zu den Geothermieanlagen sind Photovoltaik als auch Windkraftanlagen bereits in Betrieb (Parry et al. 2012, S. 4; Torrie 2014, S. 15 f.).

Unter Hinzunahme der ermittelten Werte zur Wasserkonkurrenz zwischen den Sektoren Industrie, Haushalte und Landwirtschaft ist mit einer stetigen, aber geringen Zunahme der Konkurrenz im Lauf der Jahre 2020, 2030 und 2040 zu rechnen, wobei je Sektor nur mit einer maximalen Zunahme von 6 % (2040) ausgegangen werden kann. Dies bedeutet, dass Kenia in Zukunft mit knapperen zur Verfügung stehenden Wasserressourcen auskommen muss (Luo et al. 2015, S. 2–10).

Entsprechend verschiedener Klimaprognosen wird der jährliche Niederschlag in Kenia abnehmen; zusätzlich wird das Klima auch von den Effekten des El Niño und der La Niña, sog. El-Niño-Southern-Oscillation(ENSO)-Effekte, beeinflusst (World Bank 2016a, S. 1). Gleichzeitig erhöhen sich die Temperaturen bis 2050 zwischen 1,5 und 3 °C (Intergovernmental Panel on Climate Change 2014b, S. 1210).

Zu erwartende Zielkonflikte bis 2040 sind beispielsweise:

- Konflikte zur Wassernutzung zwischen den Sektoren Landwirtschaft, Haushalte und Industrie wegen verringerter Wassermengen in Oberflächengewässern (z. B. durch höhere Verdunstungsraten bei gleichzeitig höherem Wasserbedarf)
- Verringerung der Elektrizitätserzeugung aus thermischen Kraftwerken wegen mangelnder Wasserverfügbarkeit für die Kühlkreisläufe und aus Wasserkraftwerken wegen schwankender oder verringerter Wassermengen in Reservoirs bei gleichzeitigem Anstieg der Elektrizitätsnachfrage (Republic of Kenya 2014, S. 66)
- Nicht vorliegender Zugang zu Elektrizität in den ländlichen Gebieten führt zu starker Abholzung, da Holz zum Kochen benötigt wird; Abholzung führt in der Folge zur Desertifikation und folglich zu erhöhtem Wasserbedarf

Botswana
In Botswana setzte sich 2013 die gesamte erzeugte Elektrizität in GWh zu 99,9 % aus thermischen Kraftwerken und zu 0,1 % aus erneuerbaren Energiequellen (Solaranlagen) zusammen (United Nations Department of Economic and Social Affairs 2016b, S. 432 f.; World Bank 2015, S. 68). Zudem importiert Botswana mehr als 90 % seines Bedarfs an Elektrizität, lediglich 10 % wurden durch Eigenproduktion (Kohlekraftwerk Morupule A) bereitgestellt (World Bank 2015, S. 68). Laut einem Bericht der African Development Bank werden für das einzige laufende Kohlekraftwerk jährlich 700.000 m^3 Wasser benötigt (African Development Bank 2009, S. 15). Solaranlagen tragen mit weniger als 0,1 %

erzeugter Elektrizität zum Gesamtstrommix bei (World Bank 2015, S. 68), obwohl das
Land über hohe Potenziale zur Nutzung von Solaranlagen zu Stromerzeugung verfügt
(Ölund Wingqvist und Dahlberg 2008, S. 9). Wasser ist bereits heute eine knappe Ressource, die mithilfe des Botswana National Water Master Plan Review effizienter genutzt
werden soll (United Nations Development Programme 2013, S. 77 f.). Unter Hinzunahme
der ermittelten Werte zur Wasserkonkurrenz zwischen den Sektoren Industrie, Haushalte und Landwirtschaft ist mit einer stetigen Zunahme der Konkurrenz im Lauf der Jahre
2020, 2030 und 2040 zu rechnen, wobei im Sektor Landwirtschaft von einer geringen
Zunahme von maximal 9 % (2040) ausgegangen werden kann (Luo et al. 2015, S. 2–
10). Dies bedeutet, dass Botswana in Zukunft mit knapperen zur Verfügung stehenden
Wasserressourcen auskommen muss, sofern der jetzige Kraftwerkpark beibehalten wird.
Entsprechend der Klimaprognosen ist es wahrscheinlich, dass sich im südlichen Afrika der
Niederschlag sowie die Wasserverfügbarkeit weiter stark verringern und sich gleichzeitig
die Temperaturen bis 2050 zwischen 1,5 und 3 °C erhöhen werden (Intergovernmental Pa-
nel on Climate Change 2014b, S. 1209 f.; Ölund Wingqvist und Dahlberg 2008, S. 2–8;
United Nations Development Programme 2013, S. 78 f.).

Zu erwartende Zielkonflikte bis 2040 sind beispielsweise:

- Hoher Bedarf an Wasser für den Betrieb des Kraftwerks führt zur Verringerung des
  Grundwasserspiegels
- Konflikte zur Wassernutzung zwischen den Sektoren Landwirtschaft, Haushalte und
  Industrie wegen verringerter Wassermengen in Oberflächengewässern (z. B. durch hö-
  here Verdunstungsraten bei gleichzeitig höherem Wasserbedarf)
- Verringerung der Elektrizitätserzeugung aus thermischen Kraftwerken wegen man-
  gelnder Wasserverfügbarkeit für die Kühlkreisläufe und aus Wasserkraftwerken wegen
  schwankender oder verringerter Wassermengen in Reservoirs bei gleichzeitigem Anstieg der Elektrizitätsnachfrage (Essah und Ofetotse 2014, S. 83 f.)
- Nicht vorliegender Zugang zu Elektrizität in den ländlichen Gebieten führt zu starker
  Abholzung, da Holz zum Kochen benötigt wird; Abholzung führt zur Desertifikation
  und folglich zu erhöhtem Wasserbedarf

3.4.3 Ausbaupläne der Kraftwerkparks der Untersuchungsländer

Die Regierungen der drei Untersuchungsländer sind sich der derzeitigen und zukünftigen
Probleme zur Elektrizitätsversorgungssicherheit und Wasserverfügbarkeit bewusst und
haben bereits in unterschiedlichem Maß an Ausbauplänen für die zukünftige Versorgung
mit Elektrizität und Wasser begonnen. Schwerpunkte sind beispielsweise der vermehrte
Ausbau von Anlagen zur Nutzung erneuerbarer Energien oder der Ausbau der Stromver-
sorgungsinfrastruktur für den ländlichen Raum. Nachfolgend werden für die individuellen
Untersuchungsländer jeweils die durchgeführten und die geplanten Maßnahmen kurz erläutert und anschließend in Hinblick auf die zukünftigen Einflüsse des Klimawandels in

einen Kontext gebracht. Darauf aufbauend werden Vorschläge für die Veränderung der Kraftwerkparks vorgestellt, um die zukünftigen Zielkonflikte zwischen den Bereichen Elektrizität und Wasser verringern zu können.

Marokko

Die marokkanische Regierung hat 2009 die nationale Energiestrategie ausgearbeitet, um den Bau von Anlagen zur Nutzung erneuerbarer Energien (speziell Wind-, Solar- und Wasserkraft) zu fördern und die Elektrizitätsversorgungssicherheit zu gewährleisten. Seit Einsatz der nationalen Energiestrategie wurden daher bereits 2 GW zusätzliche Kapazität mit Kohlekraftwerken installiert, die jedoch von der Verfügbarkeit von Wasser abhängig sind (International Energy Agency 2014, S. 9–11).

Der marokkanische Windenergieplan (MWEP) zielt auf zusätzlich installierte Kapazitäten aus Windkraft von 2000 MW bis 2020 ab (International Energy Agency 2014, S. 30). Fünf neue Windparks sind geplant, um von dem geschätzten Windpotenzial von 25.000 MW etwa 6000 MW bis 2030 nutzen zu können. Zusätzlich verfügt Marokko über einen marokkanischen Solarplan, in dem bis 2020 geplant wird, 2000 MW auf fünf Standorte verteilt zu installieren und damit etwa 4500 GWh Elektrizität zu erzeugen (International Energy Agency 2014, S. 30). Weitere geplante Kraftwerke sind drei zusätzliche Kohlekraftwerke mit einer installierten Kapazität von 2020 MW sowie ein solarthermisches Kraftwerk (International Energy Agency 2014, S. 33).

Kenia

Im Jahr 2008 wurde Kenias Entwicklungsprogramm für den Zeitraum 2008 bis 2030 „Vision 2030" entwickelt und nach fünf Jahren aktualisiert. Ziel ist die Kapazitätssteigerung des Kraftwerkparks auf 21.000 MW bis 2030, wobei Geothermie (trotz des benötigten Wasserbedarfs) ein Viertel der gesamten installierten Kapazität ausmachen soll. Da die Wasserkraftwerke aufgrund von Dürren oder schwankenden Wasserpegeln in den Reservoirs in der Vergangenheit bereits zu Blackouts geführt haben, soll Elektrizität aus alternativen Quellen erzeugt werden (United Nations World Water Assessment Programme 2014, S. 160 f.).

Für die Zusammensetzung des Kraftwerkparks im Jahr 2030 ist geplant, dass die wesentlichen Anteile des Strommixes zu 26 % aus Geothermie, 19 % aus Atomkraftwerken und zu 13 % aus Kohlekraftwerken bestehen. Jeweils 9 % sollen aus Importen und Windkraftanlagen zur Verfügung gestellt werden (United Nations World Water Assessment Programme 2014, S. 161).

Botswana

Aktuelle Pläne der Regierung in Botswana enthalten die Errichtung von zwei weiteren Kohlekraftwerken: Morupule B soll nach Fertigstellung (geplant 2020) über eine installierte Leistung von 600 MW verfügen und zusammen mit dem Kraftwerk Morupule A betrieben werden. Beide Kraftwerke werden zusammen einen jährlichen Wasserbedarf von 2 Mio. m^3 für den Betrieb benötigen (African Development Bank 2009, S. 15 f.). Ein

weiteres Kohlekraftwerk (Mmamabula Power Station) befindet sich derzeit im Bau. Zusätzlich ist die Errichtung einer Solarthermieanlage mit einer Kapazität von 100 MW sowie der Bau eines Erdgaskraftwerks und einer Photovoltaikanlage geplant (Molubi 2013,
S. 10).

Die Regierung setzte in den vergangenen Jahren einen Schwerpunkt in den Ausbau von
Anlagen zur Nutzung erneuerbarer Energien, um die Elektrizitätsversorgungssicherheit zu
erhöhen und den ländlichen Gegenden einen verbesserten Zugang zu ermöglichen. Aus
diesem Grund wurde der Bau von Photovoltaikanlagen in ländlichen Gebieten subventioniert, sodass eine Photovoltaikanlage mit einer installierten Kapazität von 1,3 MW errichtet und in Betrieb genommen wurde und eine Machbarkeitsstudie für ein solarthermisches
Kraftwerk mit einer installierten Kapazität von 200 MW durchgeführt wurde (World Bank
2015, S. 68). Die Botswana Power Corporation hat darüber hinaus im Jahr 2013 einen
Ausblick auf den zukünftigen Elektrizitätsbedarf und die zukünftige Elektrizitätsbereitstellung erarbeitet. Zusätzlich sollen die Übertragungsnetze im Nordwesten und Süden
des Landes weiter ausgebaut werden, um die Elektrifizierung bisher nicht an das Netz
angeschlossener ländlicher Regionen zu ermöglichen (Molubi 2013, S. 13–16).

3.4.4 Mögliche Zielkonflikte auf der Basis veränderter Kraftwerkparkzusammensetzung und Klimaprognosen

Auf Basis der im vorangegangenen Abschnitt ermittelten Zielkonflikte und Ausbaupläne
der Untersuchungsländer werden nun die Zielkonflikte ermittelt, die durch die Veränderung der Kraftwerkparks (durch die bereits bestehenden Pläne der Regierungen der
vorgeschlagenen zusätzlichen Änderungen aus Abschn. 3.4.3) verringert werden können.

Marokko
Trotz der geplanten Kraftwerkparkstruktur mit Kohlekraftwerken, Wasserkraftwerken,
Windkraftanlagen und Solarthermieanlagen bis 2030 wird eine andere Zusammensetzung
des Kraftwerkparks vorgeschlagen. Durch den weiteren Ausbau der Kohlekraftwerke und
dem zusätzlichen Ausbau von Solarthermieanlagen werden trotz der zukünftig zu erwartenden Wasserknappheit (durch verringerten Niederschlag) große Mengen Wasser für die
Elektrizitätserzeugung benötigt.

Entsprechend der geplanten Projekte zur Diversifizierung des Strommixes und der
Klimaprognosen sowie unter Berücksichtigung der möglichen Zielkonflikte wird die folgende Zusammensetzung des Kraftwerkparks vorgeschlagen:

- Stärkerer Ausbau von Windkraft- und Photovoltaikanlagen zur Einsparung von Wasserressourcen bei der Erzeugung von Elektrizität, wodurch Ausfälle der Elektrizitätserzeugung von Wasserkraftwerken ausgeglichen werden kann
- Kein weiterer Ausbau und gleichzeitiger Rückbau der Kohlekraftwerke, da diese einen
  sehr hohen Wasserbedarf haben, der u. U. nicht gedeckt werden kann

- Nutzung der Wasserkraftwerke für die Deckung von Spitzenlasten und nicht zur Elektrizitätserzeugung der Grundlast, sodass die Elektrizitätsversorgungssicherheit nicht durch Blackouts gefährdet wird
- Eingesparte Wassermengen können den Sektoren Landwirtschaft und Haushalte zusätzlich zur Verfügung gestellt werden

Kenia

Trotz der geplanten Kraftwerkparkstruktur mit Atomkraftwerken, Geothermieanlagen und Kohlekraftwerken bis 2030 wird eine andere Zusammensetzung des Kraftwerkparks vorgeschlagen. Hierzu werden die geplanten Projekte zur weiteren Einbindung erneuerbarer Energien in den Strommix, die Klimaprognosen sowie die möglichen Zielkonflikte berücksichtigt:

- Stärkerer Ausbau von Windkraft- und Photovoltaikanlagen zur Einsparung von Wasserressourcen bei der Erzeugung von Elektrizität
- Kein Ausbau der Atomkraft (wie im Entwicklungsplan der kenianischen Regierung vorgeschlagen), da diese Kraftwerke einen sehr hohen Wasserbedarf haben, der u. U. nicht gedeckt werden kann
- Nutzung der Wasserkraftwerke für die Deckung von Spitzenlasten und nicht zur Elektrizitätserzeugung der Grundlast, sodass die Elektrizitätsversorgungssicherheit nicht durch Blackouts gefährdet wird
- Eingesparte Wassermengen können den Sektoren Landwirtschaft und Haushalte zusätzlich zur Verfügung gestellt werden
- Vermehrte Installation von Photovoltaikanlagen führt zu erhöhtem Zugang zu Elektrizität in den ländlichen Gebieten, sodass der Abbau von Holzbrennstoffen nicht zur Desertifizierung führt

Botswana

Trotz der geplanten Kraftwerkparkstruktur mit Kohlekraftwerken und Solarthermieanlagen wird eine andere Zusammensetzung des Kraftwerkparks vorgeschlagen, da diese Art Kraftwerke einen hohen Wasserbedarf haben. Entsprechend der von der Regierung und dem Elektrizitätsversorger geplanten Projekte zur Veränderung des Kraftwerkparks und den Klimaprognosen sowie unter Berücksichtigung der möglichen Zielkonflikte, werden folgende Änderungen vorgeschlagen:

- Erhöhung der Elektrizitätsanteile an erneuerbaren Energien speziell mit zusätzlichen Photovoltaikanlagen (entsprechend der Potenziale aus Solarenergie)
- Ersatz thermischer Kraftwerke mit hohem Wasserbedarf durch Erdgaskraftwerke, Biomassekraftwerke oder Photovoltaikanlagen; die eingesparten Wassermengen können den Sektoren Landwirtschaft und Haushalte zur Verfügung gestellt werden
- Verringerung der Elektrizitätserzeugung aus thermischen Kraftwerken wegen mangelnder Wasserverfügbarkeit für die Kühlkreisläufe und aus Wasserkraftwerken wegen

schwankender oder verringerter Wassermengen in Reservoirs bei gleichzeitigem Anstieg der Elektrizitätsnachfrage bis 2020 von etwa 3600 GWh auf bis zu 5800 GWh (Molubi 2013, S. 5)

3.5 Fazit und Ausblick

In Ländern mit hoher Abhängigkeit von fossilen Primärenergien zur Elektrizitätserzeugung ist der Einfluss von klimawandelinduzierten Elektrizitätsversorgungsengpässen größer als bei Ländern mit Elektrizitätserzeugung durch Anlagen, die erneuerbare Energiequellen nutzen. Entsprechend der Analysen wurde festgestellt, dass Marokko bereits auf einem guten Weg zur Verschiebung des Kraftwerkparks ist, um die Zielkonflikte zwischen Wasserbedarf und Elektrizitätserzeugung zu verringern.

In Kenia berücksichtigt der Plan der Regierung zwar die Einbeziehung von Geothermieanlagen an erster Stelle, jedoch folgen darauf direkt Atom- und Kohlekraftwerke, die hohe Mengen an Wasser für den Betrieb benötigen. Aus diesem Grund werden stattdessen vornehmlich Photovoltaik- und Windkraftanlagen empfohlen. Zusätzlich ermöglichen diese Anlagen einen erhöhten Zugang zu Elektrizität im urbanen wie auch ländlichen Bereich. Die daraus folgende Einsparung von Wasserressourcen kann dem landwirtschaftlichen oder dem Haushaltssektor zur Verfügung gestellt werden, um den Zugang zu Wasser im urbanen und ländlichen Raum zu verbessern.

In Botswana wurden bereits erste Schritte in Richtung der Verschiebung des Kraftwerkparks hinsichtlich einer Klimawandelanpassung unternommen, indem erste Untersuchungen zu Solarthermieanlagen angestoßen wurden. Der vorgeschlagene Ersatz der thermischen Kraftwerke mit Anlagen zur Elektrizitätserzeugung aus erneuerbaren Energien führt zu verringerten Wasserentnahmen. Die entsprechenden Wassermengen können im Gegenzug den Sektoren Landwirtschaft und Haushalte zur Verfügung gestellt werden, um die Auswirkungen der durch den Klimawandel induzierten Einflüsse auf die Wasserverfügbarkeit auszugleichen. Zudem ermöglicht der Einsatz von Photovoltaikanlagen einen verbesserten Zugang zu Elektrizität in den urbanen und ländlichen Räumen.

Um in Zukunft den Zugang zu Elektrizität in Ländern mit Wasserknappheit zu erhöhen ohne gleichzeitig die Wasserverfügbarkeit zu verringern, kann zusammenfassend festgestellt werden, dass eine Verschiebung des Kraftwerkparks zur Elektrizitätserzeugung weg von konventionellen Kraftwerken hin zu Elektrizitätserzeugungstechnologien ohne nennenswerten Wasserbedarf und gleichzeitiger CO_2-Neutralität notwendig ist. Entschließen sich die Länder zu einer vermehrten Einbindung von Anlagen zur Nutzung erneuerbarer Energien in ihren Kraftwerkparks, werden die entstehenden Kosten zunächst negativ beeinflusst: Durch Investitionen in neue Anlagen und die Abschaltung konventioneller Anlagen entstehen zusätzliche Kosten für den Bau bzw. den Rückbau, die Entsorgung und für die Instandhaltung und Errichtung von Versorgungsnetzen. Gleichzeitig wird jedoch durch die Nutzung von Photovoltaik und Windkraftanlagen die Wasserverfügbarkeit für die Akteure erhöht, da für die stillgelegten Kraftwerke kein Wasser mehr für den Kühlkreislauf von den Oberflächengewässern entnommen werden muss. Zudem besteht die Möglichkeit, den Zugang zu Elektrizität aus regenerativen Quellen durch beispielsweise dezentrale Anlagen (z. B. Kleinwindanlagen) auch in ländlicheren Regionen zu erhöhen.

Zusammenfassend kann festgestellt werden, dass insbesondere Schwellen- und Entwicklungsländer in ihren Ausbauplänen zur Elektrizitätsversorgung nicht nur Infrastrukturmaßnahmen berücksichtigen dürfen, um damit die Nachhaltigkeitsziele 6 und 7 der Vereinten Nationen zu erreichen. In Hinblick auf künftige Temperatur- und Klimaveränderungen müssen unbedingt die derzeitigen und die für die Zukunft möglichen Klimaprognosen mit allen Konsequenzen, wie beispielsweise veränderter Wasserversorgungsstrukturen, in den Ausbauplänen der Länder Berücksichtigung finden. Zusätzlich sollten extensive Studien zu den Elektrizitätserzeugungspotenzialen aus erneuerbaren Energiequellen, z. B. Photovoltaik- oder Windkraftanlagen, durchgeführt werden, um die Potenziale mithilfe von beispielsweise Windkraftparks ausschöpfen zu können. Ebenso wie die konventionellen Kraftwerke müssen Anlagen zur Elektrizitätserzeugung aus erneuerbaren Energien einen festen Bestandteil der Ausbaupläne darstellen, sodass auch die entsprechenden CO_2-Emissionen nicht oder in geringem Maß entstehen und eine globale Temperaturerhöhung von 2 °C unterschritten bleibt. Durch das Pariser Abkommen ist es wahrscheinlich, dass die unterzeichnenden Länder bis 2025 ihre Energieversorgung umbauen. Gleichzeitig müssen die derzeit genutzten fossilen Kraftwerke vom Netz genommen und stillgelegt werden.

Unter Berücksichtigung der Abhängigkeiten der Energiewirtschaft von der Wasserverfügbarkeit, hat sich eine technoökonomische Parametrierung der Anlagen als notwendig herausgestellt, um das energiewirtschaftliche Gesamtsystem unter Berücksichtigung der Wassertemperatur- und weiterer Klimaänderungen (z. B. vermehrtes Windaufkommen, verringerter Niederschlag) modellieren zu können. Da das System in dieser Größe und mit diesen Zusammenhängen bisher nicht umfassend untersucht wurde, sollte zukünftig das Analysespektrum in der Nachhaltigkeitsforschung weiter ausgedehnt werden, um beispielsweise feststellen zu können, wie sich die Elektrizitäts- bzw. Wasserpreise durch die Einflüsse des Klimawandels verändern könnten, wie sich die gegenseitigen Abhängigkeiten zwischen Wasserbedarf und Elektrizitätsbedarf lösen lassen und welche Maßnahmen bereits heute ergriffen werden sollten, um die Versorgungssicherheit mit Elektrizität und Wasser und gleichzeitig nachhaltiges Wirtschaften mit den vorhandenen Ressourcen zu ermöglichen.

Literatur

African Development Bank (2009) Botswana: morupule B power project: ESIA executive summary. http://www.afdb.org/fileadmin/uploads/afdb/Documents/Environmental-and-Social-Assessments/ESIA%20Ex%20Summary%20Morupule%20B%20Final-22%20june09.pdf. Zugegriffen: 28. März 2016

Afrika-Verein der Deutschen Wirtschaft (2014) Marokko, Land der Zukunft: Erneuerbare Energien. Vortrag auf dem 8th German-African Energy Forum 2014, Hamburg, 14.–15. April 2014. http://www.energyafrica.de/fileadmin/user_upload/Energy_Africa_14/Presentation_8th%20German-African%20Energy%20Forum_AMDI_Morocco.pdf. Zugegriffen: 29. März 2016

BDEW – Bundesverband der Energie- und Wasserwirtschaft e. V. (2015) BDEW-Kraftwerksliste: In Bau oder Planung befindliche Anlagen ab 20 Megawatt (MW) Leistung. https://www.bdew.de/internet.nsf/id/76A71AB150313BB7C1257E26002AE5EB/$file/150413%20BDEW%20Kraftwerksliste.pdf (Erstellt: 13. April 2015). Zugegriffen: 30. März 2016

Bundesnetzagentur (2015a) Kraftwerksliste Bundesnetzagentur (bundesweit; alle Netz- und Umspannebenen) Stand 10.11.2015 – Erzeugungsanlagen – Daten aus Monitoring 2012/2013/2014/2015 (Anlagen ≥10 MW und Nicht-EEG-Anlagen ⟨10 MW⟩ sowie aus ÜNB-Veröffentlichungen (Stand 31.07.2015), Anlagenregister Bundesnetzagentur 31.08.2015 und Photovoltaik-Register Bundesnetzagentur Januar 2011 bis 31.07.2015 (EEG-Anlagen). http://www.bundesnetzagentur.de/SharedDocs/Downloads/DE/Sachgebiete/Energie/Unternehmen_Institutionen/Versorgungssicherheit/Erzeugungskapazitaeten/Kraftwerksliste/Kraftwerksliste_2015.xlsx;jsessionid=B5B6E64D6C45300428F698B2EFE696DA?__blob=publicationFile&v=4. Zugegriffen: 30. März 2016

Bundesnetzagentur (2015b) Kraftwerksliste Bundesnetzagentur zum erwarteten Zu- und Rückbau 2015 bis 2019. http://www.bundesnetzagentur.de/SharedDocs/Downloads/DE/Sachgebiete/Energie/Unternehmen_Institutionen/Versorgungssicherheit/Erzeugungskapazitaeten/Kraftwerksliste/Veroeff_ZuUndRueckbau_2015.xlsx;jsessionid=B5B6E64D6C45300428F698B2EFE696DA?__blob=publicationFile&v=4 (Erstellt: 10. November 2015). Zugegriffen: 30. März 2016

Central Intelligence Agency (2016a) The world factbook: Botswana. https://www.cia.gov/library/publications/the-world-factbook/geos/bc.html. Zugegriffen: 23. März 2016

Central Intelligence Agency (2016b) The world factbook: Kenya. https://www.cia.gov/library/publications/the-world-factbook/geos/ke.html. Zugegriffen: 23. März 2016

Central Intelligence Agency (2016c) The world factbook: Morocco. https://www.cia.gov/library/publications/the-world-factbook/geos/mo.html. Zugegriffen: 23. März 2016

Christidis N, Jones GS, Stott PA (2015) Dramatically increasing chance of extremely hot summers since the 2003 european heatwave. Nat Clim Chang 5:46–50. doi:10.1038/nclimate2468

Colman J (2013) The Effect Of Ambient Air And Water Temperature On Power Plant Efficiency (Nicht veröffentlichtes Masterprojekt). Duke University, Durham, Großbritannien. http://hdl.handle.net/10161/6895. Zugegriffen: 21. März 2016

Davies EG, Kyle P, Edmonds JA (2013) An integrated assessment of global and regional water demands for electricity generation to 2095. Adv Water Resour 52:296–313. doi:10.1016/j.advwatres.2012.11.020

Essah EA, Ofetotse EL (2014) Energy supply, consumption and access dynamics in Botswana. Sustain Cities Soc 12:76–84. doi:10.1016/j.scs.2014.01.006

Flörke M, Wimmer F (2014) Water and energy – a competition for a limited resource. In: Stockholm International Water Institute (Hrsg) Abstract Volume World Water Week in Stockholm August 31–September 5, 2014. Energy and Water. Internationales Institut für angewandte Systemanalyse, Stockholm, S 10

Gleick PH (1994) Water and energy. Annu Rev Energy Environ 19(1):267–299. doi:10.1146/annurev.eg.19.110194.001411

Halstead M, Kober T, van der Zwaan B (2014) Understanding the energy-water nexus. http://www.medspring.eu/sites/default/files/Understanding-the-energy-water-nexus.pdf. Zugegriffen: 14. April 2016

Hoffmann B, Häfele S, Karl U (2013) Analysis of performance losses of thermal power plants in Germany: a system dynamics model approach using data from regional climate modelling. Energy 49:193–203. doi:10.1016/j.energy.2012.10.034

Hussey K, Pittock J (2012) The energy–water nexus: managing the links between energy and water for a sustainable future. Ecol Soc 17(1):Art. 31. doi:10.5751/ES-04641-170131

Intergovernmental Panel on Climate Change (2014a) Climate change 2014: impacts, adaptation, and vulnerability. Part A: global and sectoral aspects. contribution of working group II to the fifth assessment report of the intergovernmental panel on climate change: volume 1. global and sectoral aspects. Cambridge University Press, Cambridge

Intergovernmental Panel on Climate Change (2014b) Climate change 2014: impacts, adaptation, and vulnerability. Part B: regional aspects. contribution of working group II to the fifth assessment report of the intergovernmental panel on climate change: volume 2. regional aspects. Cambridge University Press, Cambridge

International Atomic Energy Agency (2004) Operating experience with nuclear power stations in member states in 2003. International Atomic Energy Agency, Wien

International Energy Agency (2014) Energy policies beyond IEA countries: Morocco 2014. International Energy Agency, Paris

International Energy Agency (2015) World energy outlook 2015. Organization for Economic Co-operation and Development (OECD/IEA), Paris

Luo T, Young R, Reig P (2015) Aqueduct projected water stress country rankings. Washington, DC, World Resources Institute. http://www.wri.org/sites/default/files/aqueduct-water-stress-country-rankings-data-set.xlsx. Zugegriffen: 26. März 2016

McPherson P (2015) Dhaka: the city where climate refugees are already A reality. The Guardian. http://www.theguardian.com (Erstellt: 01. Dezember 2015). Zugegriffen: 03. Dezember 2015

Molubi T (2013) The energy sector. Vortrag auf der Konferenz energy sector and energy markets in the southern african region, Washington, DC. https://www.usea.org/sites/default/files/event-/Botswana%20Power%20Sector.pdf (Erstellt: 25. Februar 2013). Zugegriffen: 29. März 2016

Newiadomsky C, Tietze I (2015) Climate change and its impact on cooling in power plants. Posterpräsentation bei der Dresden Nexus Conference, Dresden, 25.–27. März 2015.

Ölund Wingqvist G, Dahlberg E (2008) Botswana environmental and climate change analysis. http://www.sida.se/globalassets/global/countries-and-regions/africa/botswana/environmental-policy-brief-botswana.pdf. Zugegriffen: 29. März 2016

Organisation für wirtschaftliche Zusammenarbeit und Entwicklung (2014) Climate change, water and agriculture: towards resilient systems. OECD studies on water. OECD Publishing, Paris

Parry J-E, Echeverria D, Dekens J, Maitima J (2012) Climate Risks, Vulnerability And Governance In Kenya: A Review. New York, USA: United Nations Development Programme. https://www.iisd.org/sites/default/files/publications/climate_risks_kenya.pdf. Zugegriffen: 29. März 2016

Pasci AP, Alhajeri NS, Webster MD, Webber ME, Allen DT (2013) Changing the spatial location of electricity generation to increase water availability in areas with drought: a feasibility study and quantification of air quality impacts in Texas. Env Res Lett (8):1–7

Republic of Kenya (2014) 10 Year Power Sector Expansion Plan: 2014–2024. http://erc.go.ke/images/docs/Ten_Year_Power_Sector_Expansion_Plan-2014-2024.pdf. Zugegriffen: 30. März 2016

Reuters (2015) UPDATE 2-polish Heatwave cuts power supply to industry. http://www.reuters.com (Erstellt: 10. August 2015). Zugegriffen: 05. November 2015

Schaeffer R, Szklo AS, Pereira de Lucena AF, Soares Moreira B, Borba C, Pupo Nogueira LP, Pereira Fleming F, Troccoli A, Harrison M, Boulahya MS (2012) Energy sector vulnerability to climate change: a review. Energy 38(1):1–12. doi:10.1016/j.energy.2011.11.056

Strauch U (2011) Wassertemperaturbedingte Leistungseinschränkungen konventioneller thermischer Kraftwerke in Deutschland und die Entwicklung rezenter und zukünftiger Flusswassertemperaturen im Kontext des Klimawandels. Dissertation. Selbstverlag des Instituts für Geographie der Julius-Maximilians-Universität Würzburg, Würzburg

Thirlwell GM, Madramootoo CA, Heathcote IW (2007) Energy-water nexus: energy use in the municipal, industrial, and agricultural water sectors. Canada – US Water Conference, 02.10.2007, Washington D.C. https://www.wilsoncenter.org/sites/default/files/Thirlwell_energy_water_nexus.pdf. Zugegriffen: 21. März 2016

Torrie M (2014) Future Of Kenyan Electricity Generation. An Analysis Of Physical And Economical Potential And Least Cost Sources. Nicht veröffentlichte Masterarbeit. Norges Handelshoyskole, Bergen, Norwegen. http://brage.bibsys.no/xmlui/bitstream/handle/11250/219722/Torrie_2014.pdf?sequence=1. Zugegriffen: 29. März 2016

U.S. Department of Energy (2006) Energy demands on water resources: report to congress on the interdependency of energy and water. http://www.waterplan.water.ca.gov/docs/cwpu2009/0310final/v4c08a03_cwp2009.pdf. Zugegriffen: 21. März 2016

Umweltbundesamt (2015) Kraftwerke in Deutschland (ab 100 Megawatt elektrischer Leistung). https://www.umweltbundesamt.de/sites/default/files/medien/376/dokumente/kraftwerke_in_deutschland_ab_100_megawatt_elektrischer_leistung_2015_09.xls. Zugegriffen: 30. März 2016

United Nations (2016a) Agenda 21. https://sustainabledevelopment.un.org/outcomedocuments/agenda21. Zugegriffen: 22. April 2016

United Nations (2016b) Record support for advancing paris climate agreement entry into force. United Nations. http://www.un.org/sustainabledevelopment/blog/2016/04/record-support-for-advancing-paris-climate-agreement-entry-into-force/. Zugegriffen: 25. April 2016

United Nations Department of Economic and Social Affairs (2016a) Net installed capacity of electric plants – by type. In: United Nations Statistics Division (Hrsg) 2013 energy statistics yearbook (table 30). United Nations Publications, New York

United Nations Department of Economic and Social Affairs (2016b) Production of electricity – by type. In: United Nations Statistics Division (Hrsg) 2013 energy statistics yearbook (table 32). United Nations Publications, New York

United Nations Development Programme (2013) Mid-term review of NDP 10: NDP 10 towards 2016. http://www.undp.org/content/dam/botswana/docs/Publications/Botswana%202013%20Mid-Term%20Review%20of%20National%20Development%20Plan%2010.pdf. Zugegriffen: 29. März 2016

United Nations Division for Sustainable Development (Hrsg) (1992) AGENDA 21. (aufgerufen am 22.04.2016)

United Nations Framework Convention on Climate Change (2015) Adoption of the Paris agreement. Dokumentnummer: FCCC/CP/2015/L.9/Rev.1. http://unfccc.int/resource/docs/2015/cop21/eng/l09r01.pdf. Zugegriffen: 25. April 2016

United Nations World Water Assessment Programme (2014) The United Nations world water development report 2014: water and energy. UNESCO, Paris

van Vliet MT, Yearsley JR, Ludwig F, Vögele S, Lettenmaier DP, Kabat P (2012) Vulnerability of US and European electricity supply to climate change. Nat Clim Chang 2:676–681. doi:10.1038/nclimate1546

van Vliet MT, Donnelly C, Strömbäck L, Capell R, Ludwig F (2013) Enabling climate information services for Europe: D7.8 climate information service for European water use sectors. http://www.eclise-project.eu/content/mm_files/do_830/ECLISE%20D7.8%20Climate%20Information%20Service%20Water%20Use%20Sectors%20final.pdf. Zugegriffen: 28. März 2016

van Vliet MTH, Wiberg D, Leduc S, Riahi K (2016) Power-generation system vulnerability and adaptation to changes in climate and water resources. Nat Clim Chang 6:375–380. doi:10.1038/nclimate2903

World Bank (2015) Botswana – systematic country diagnostic. Washington, DC, USA, World Bank Group. http://documents.worldbank.org/curated/en/2015/03/24218352/botswana-systematic-country-diagnostic. Zugegriffen: 29. März 2016

World Bank (2016a) Graphische Aufbereitung der prognostizierten Niederschläge und Lufttemperaturen in der Region um Kenia. Climate Change Knowledge Portal: Kenya Dashboard. http://sdwebx.worldbank.org/climateportal/index.cfm?page=country_comparisons&ThisRegion=Africa&ThisCcode=KEN. Zugegriffen: 29. März 2016

World Bank (2016b) Graphische Aufbereitung der prognostizierten Niederschläge und Lufttemperaturen in der Region um Marokko. Climate Change Knowledge Portal: Morocco Dashboard. http://sdwebx.worldbank.org/climateportal/index.cfm?page=country_comparisons&ThisRegion=Africa&ThisCcode=MAR. Zugegriffen: 29. März 2016

World Bank (2016c) World development indicators. http://databank.worldbank.org/data/reports.aspx?source=2&Topic=5#. Zugegriffen: 28. März 2016

World Economic Forum (2011) Global risks 2011 sixth edition: an initiative of the risk response network. World Economic Forum, Cologny, Genf

Zammit KD (2012) Water conservation options for power generation facilities. Power 156(9):54–58

Nachhaltigkeit als Determinante des Innovationserfolgs – ein Systematic-Literature-Review und Entwicklung eines konzeptionellen Modells

4

Sonja Stanger

4.1 Einführung

Nachhaltige Entwicklung im Allgemeinen und die Megatrends der Nachhaltigkeit im Speziellen verändern die Rahmenbedingungen im Innovationswettbewerb der Unternehmen (Franke 2007, S. 1; Stern und Jaberg 2007, S. 2 f.; König und Völker 2003, S. 4). Die damit verbundenen Chancen und Risiken beeinflussen nicht nur in erheblichem Maß die Wettbewerbsfähigkeit, sondern sind aufgrund ihrer Gestaltungsmöglichkeiten auch mit einer hohen gesamtgesellschaftlichen Verantwortung der Unternehmen verbunden. Dabei impliziert die doppelte genuine Ambiguität von Nachhaltigkeit und Innovation die Frage, ob summarisch die Vorteile des Neuen überwiegen oder sich diese a posteriori als negativ herausstellen, da sie nach Schumpeter eine Zerstörung des Alten bedingen (Konrad und Nill 2001, S. 43 f.).

Die erfolgreiche Verbindung von Innovation und Nachhaltigkeit wird in Zukunft für die Unternehmen eine immer wichtigere Rolle bei der Lösung globaler Herausforderungen zur Sicherung der Wettbewerbsfähigkeit spielen (Vahs und Trautwein 1999, S. 1). Nachhaltiges Wirtschaften gilt als der Motor für Innovationen, der den Unternehmen langfristig gute Erlöse und Wettbewerbsvorteile sichert (Bundesministerium für Umwelt, Naturschutz und Reaktorsicherheit 2008, S. 5 f.). Für das betriebliche Innovationsmanagement folgt hieraus, dass die systematische Berücksichtigung von Nachhaltigkeitsanforderungen im Rahmen der strategischen Früherkennung, der Sicherung der Wettbewerbsfähigkeit und auch des Stakeholder-Dialogs als Innovationsimpuls eminent ist (Clausen und Loew 2009, S. 49).

S. Stanger (✉)
Institut für Marketing und Management Fachgebiet für Nachhaltigkeitsmanagement, Universität Hohenheim
Schloss Osthof-Ost, Schwerzstr. 42, 70599 Stuttgart, Deutschland
E-Mail: stanger@uni-hohenheim.de

© Springer-Verlag GmbH Deutschland 2017
W. Leal Filho (Hrsg.), *Innovation in der Nachhaltigkeitsforschung*,
Theorie und Praxis der Nachhaltigkeit, DOI 10.1007/978-3-662-54359-7_4

In der unternehmerischen Praxis stellt die strategische Integration des Nachhaltigkeits-paradigmas entlang des gesamten Innovationsprozesses eine Herausforderung für viele Unternehmen dar. Nachhaltigkeit wird bislang oft nur ad hoc berücksichtigt oder adressiert lediglich Teilaspekte (Krämer 2011, S. 2). Genau in einem solchen Beziehungsgefüge setzt die vorliegende Studie an, die sich mit der zentralen Forschungsfrage befasst, inwieweit Nachhaltigkeit als Treiber des Innovationserfolgs dienen kann.

Einerseits ist davon auszugehen, dass sich der Innovationsdruck auf die Unternehmen durch die sich verschlechternde Qualität des Ökosystems bei fortgesetzter traditioneller Wirtschaftsweise verstärkt (Pleschak und Sabisch 1996, S. 116). Klimaexperten gehen davon aus, dass die CO_2-Emissionen bis 2050 weltweit um mindestens 50 % reduziert werden müssen, um das Minimalziel einer Erderwärmung um weniger als zwei Grad erreichen zu können (Langer 2010, S. 13). Viele Rohstoffquellen unterliegen einer drohenden Knappheit, die sich im Preis widerspiegelt. Ein Ende dieser Rohstoffhausse ist bisher nicht absehbar, was die Unternehmen zusätzlich zu Effizienzsteigerungen zwingt (Bundesministerium für Umwelt, Naturschutz und Reaktorsicherheit 2008, S. 8).

Andererseits besteht die Möglichkeit, dass Unternehmen das Leitbild einer nachhaltigen Entwicklung als Chance nutzen, Innovationen anzuregen und Wettbewerbsvorteile zu erzielen. Dabei können nachhaltigkeitsorientierte Strategien und Denkansätze als Anstoß für neue Innovationsideen dienen (Fichter et al. 2006, S. 31). So entstehen neue Lösungsansätze und Leistungsangebote, die von Anfang an auf Nachhaltigkeit ausgerichtet sind. Zudem ermöglicht eine gewisse Sensibilität in ökologischen und sozialen Fragestellungen eine Verbesserung der strategischen Früherkennung von Chancen, Trends und Wettbewerbsvorteilen sowie ein proaktives Risikomanagement. Auffallend ist, dass diese chancenorientierte Sichtweise zwar in der Umwelt- und Nachhaltigkeitsforschung, jedoch bisher nur vereinzelt in der betriebswirtschaftlichen Innovationsliteratur zu finden ist, obwohl eine Vielzahl von Argumenten für eine solche Betrachtung spricht. Insbesondere stellen nachhaltige Denkweisen eine Inspirationsquelle für neue Ideen dar, sodass eine Berücksichtigung von Nachhaltigkeitsaspekten damit die Ausnutzung von Wettbewerbs-vorteilen ermöglicht (Clausen et al. 2009, S. 49).

Der doppelte genuine Einfluss von Nachhaltigkeit auf Innovationen verdeutlicht die hohe Bedeutung politischer, ökologischer und soziokultureller Einflüsse auf die Entstehung und Durchsetzungsfähigkeit von Neuerungen (Fichter et al. 2006, S. 35 f.). Sowohl die gesellschaftliche Problemwahrnehmung in Sachen Umweltschutz und Nachhaltigkeits-denken als auch die Verknappung der natürlichen Ressourcen wirken über die Marktselektion auf den Innovationsprozess ein. In dem Maß, wie Nachhaltigkeitsanforderungen die Auslöser und Determinanten von Innovationsprozessen prägen, werden sie zu einem erfolgsrelevanten Innovationsfaktor für die Unternehmen. So geht beispielsweise die Beratungsgesellschaft A. D. Little davon aus, „dass nachhaltige Entwicklung den am wenigsten wertgeschätzten, aber wahrscheinlich wirksamsten Katalog unternehmeri-scher Potenziale in sich birgt, der sich den Unternehmen in den nächsten Dekaden bietet." (Hardtke und Prehn 2001, S. 92). Demnach kann Nachhaltigkeit nicht allein Ergebnis von Innovationen sein, sondern auch Motor für dieselben. Generell steht nachhaltigkeitsorientiertes Innovationsmanagement im Spannungsfeld zwischen Profitabilität und den Zielen der Nachhaltigkeit, die bisher in der traditionellen Innovationsmanagementliteratur nur unzureichend Berücksichtigung finden.

Als Arbeitsdefinition der Nachhaltigkeit werden im Folgenden in Anlehnung an Grober vier Leitsätze zur nachhaltigen Entwicklung verwendet (Grober 2010, S. 20 f.):

- Berücksichtigung der intra- und intergenerativen Gerechtigkeit;
- Vernetzung der drei Dimensionen Ökologie, Ökonomie und Soziales;
- Reduktion des Umwelt- und Ressourcenverbrauchs auf ein Maß, das die Resilienz der Ökosysteme nicht überschreitet sowie
- die Bewahrung der Erde als Lebensraum.

Nachhaltigkeit im Sinn dieses Aufsatzes kann folglich vielmehr als nachhaltige Entwicklung im Sinn eines Suchprozesses nach langfristigen Optima interpretiert werden, wobei eben genannter erstrebenswerter Zustand nicht erreicht werden kann (Langer 2011, S. 11).

Innovationserfolg kann in Anlehnung an Derenthal (2009, S. 115) nach Auswahl des Objekts, der Phase des Innovationsprozesses und der relevanten Dimensionen als der wirtschaftliche Erfolg aller am Markt eingeführten Innovationen eines Unternehmens konzeptualisiert werden. Empirisch wurde ein positiver Effekt des Innovationserfolgs auf den Markterfolg nachgewiesen, wobei sogar gezeigt wird, dass der Innovationserfolg rund ein Viertel der Varianz des Unternehmenserfolgs erklärt (z. B. Langerak et al. 2004, S. 88).

Nur wenigen Unternehmen gelingt die Umsetzung von Ideen in erfolgreiche Innovationen, da die Ideen meist entweder bereits an internen Widerständen scheitern oder gar nicht erst ans Licht treten (Disselkamp 2005, S. 49). Wolan (2013, S. 27 ff.) vermutet gar aufgrund einer Analyse von 26 Studien ab dem Jahr 1993 zu Flopraten bei Innovationen, dass die tatsächliche Misserfolgsquote von Innovationsanstrengungen der Unternehmen, insbesondere bei radikalen Innovationen mit hohem Neuigkeitsgrad, deutlich über 90 % liegt. Er liefert in einem komplexen Erklärungsansatz über 80 Einzelfaktoren, die Erfolge von Innovationsaktivitäten erschweren oder gar komplett ausbremsen können. Diese Widerstände resultieren zumeist aus dem Konfliktgehalt als konstitutivem Merkmal einer Innovation (Hauschildt und Salomo 2007, S. 178). Es bedarf folglich besonderer Anreize, um das Herkömmliche (den alten Trott) zu überwinden, so auch bei der Gewinnung von Unterstützung für eine Innovation (Brockhoff 2000, S. 118).

Zweifelsohne können Umweltschutz- oder Gesundheitsanforderungen ein Hemmnis im Innovationsprozess darstellen, jedoch impliziert diese Sichtweise, dass mögliche Wettbewerbschancen durch veränderte Markt-, gesetzliche oder gesellschaftliche Anforderungen ausgeblendet werden (Fichter et al. 2006, S. 30). Zentral für die Erschließung der unternehmerischen Potenziale aus den globalen Megatrends, wie beispielsweise der zunehmenden Globalisierung, Armut, Bevölkerungswachstum, Ressourcenverknappung oder dem demographischen Wandel, aber auch Fortschritten in der technologischen Entwick-

lung und einer sinkenden Halbwertszeit des Wissens, ist ein Verständnis dieser Trends
sowie von Treibern, die sich aus dem Paradigma der nachhaltigen Entwicklung für die
unternehmerische Tätigkeit ableiten lassen (Rotter 2011, S. 197). Auch regulative Impulse können bereits durch einen Ankündigungseffekt eine Marktchance für innovative
Produkte schaffen (Ahrens et al. 2003, S. 6). Insgesamt hat sich gezeigt, dass umweltpoli-
tische Regulierungen explizit die Diffusion von Innovationen in vergleichsweise starkem
Maß beeinflussen (Lehr und Löbbe 1999, S. 14). Paech (2005, S. 66) konstatiert in seiner
empirischen Studie eine Assoziation von nachhaltigem Wirtschaften mit einer Effizienz-
verbesserung und Ökologisierung in Unternehmen (Konsistenzstrategie). Nidumolu et al.
(2009a, S. 53) bestätigen in ihrer Untersuchung von 30 Großunternehmen das Axiom der
Nachhaltigkeit als Innovationsanstoß, wodurch wiederum Umsatz und Gewinn im Unternehmen gesteigert werden.

Die Maxime der Effizienzsteigerung durch nachhaltiges Wirtschaften zur Entwicklung
von Innovationen und Ableitung neuer Geschäftschancen kann durch zahlreiche betriebswirtschaftliche Arbeiten aus der Umwelt- und Nachhaltigkeitsforschung bestätigt werden.
Eine explizite Berücksichtigung von Nachhaltigkeit im Innovationsprozess ermöglicht es
Unternehmen, die umrissenen Megatrends der Nachhaltigkeit nicht als Risikofaktoren,
sondern als Marktchancen wahrzunehmen und sich gleich zu Beginn an den entsprechenden Nachhaltigkeitskriterien bei Innovationen auszurichten (Krämer 2011, S. 2). Empirische Evidenzen für die Relevanz von Nachhaltigkeit als Chance für Wettbewerbsvorteile
finden sich ebenso zunehmend wie nachhaltigkeitsorientierte Visionen bei Unternehmen,
wie z. B. Henkel, der Otto-Group, 3M, Dow Chemical, General Electric, Wal-Mart oder
der GLS-Bank als Treiber im Innovationswettbewerb (Fichter et al. 2006, S. 38 ff.; Fiksel
2012, S. 3; Kampffmeyer und Knopf 2011, S. 166). Allmählich wird ökologische Nachhaltigkeit als „compatible with economic development" (Fiksel 2012, S. 3), „potential to
deliver business value" (Keeble et al. 2005, S. 5), „powerful new engine of growth in
the 21st century" (Seebode et al. 2012, S. 195) und „innovation sweet spots" (Gobble
2012, S. 64) betrachtet. Nidumolu et al. (2009b, S. 57 f.) betrachten Nachhaltigkeit gar
als „key driver of innovation", der durch geringeren Input Kosten zu senken und Gewinne
zu steigern vermag. Sie postulieren eine Evidenz von künftigen Wettbewerbsvorteilen ausschließlich über die Integration von Nachhaltigkeit in die Unternehmensziele, einem damit
verbundenen Überdenken derzeitiger Geschäftsmodelle sowie von Produkten, Prozessen
und Technologien. Insbesondere durch Nachhaltigkeitsinnovationen lassen sich diversen
Studien zufolge Wettbewerbsvorteile generieren (Knopf et al. 2011, S. 28).

Im Jahr 2004 konnte A. D. Little erstmals in einer Studie unter 40 europäischen Tech-
nologieunternehmen die Chancen durch Integration von Nachhaltigkeit in den Innovationsprozess herausarbeiten (vgl. hierzu und im Folgenden Keeble et al. 2005, S. 3 ff.).
Dabei gaben 95 % der befragten Unternehmen an, dass Nachhaltigkeit als Treiber von Innovationen das Potenzial besitzt, den Geschäftswert zu steigern. Nichtsdestotrotz scheint
der Nutzen für die meisten Unternehmen nach wie vor intangibel zu sein: Reputation und
Markenwert wurden von 90 bzw. 80 % der Befragten als Nutzenaspekte der Integration
von Nachhaltigkeit genannt.

Ein Zusammenhang zwischen der Integration von Nachhaltigkeit in den Innovationsprozess und Innovations- bzw. Unternehmenserfolg lässt sich dennoch empirisch belegen. So zeigt das Dekra-Innovationsbarometer, dass Unternehmen, die sich aus ökologischen und sozialen Aspekten mit der Nachhaltigkeit befassen, einen höheren Innovationsindex aufweisen im Vergleich zu solchen Unternehmen, die dies nicht tun und somit diesen gegenüber einen Innovationsvorsprung haben. Insbesondere die Beschäftigung mit ökologischen Faktoren fördert demnach das erfolgreiche Innovieren (Kölbl et al. 2010, S. 17 ff.). Innovationsstarke Unternehmen, die sich ihrer gesellschaftlichen Verantwortung bewusst sind und ihr Handeln an den Nachhaltigkeitskriterien orientieren, sehen im nachhaltigen Handeln einen Erfolgsfaktor, der durch Einbezug ökologischer und sozialer Aspekte in den Innovationsprozess den Innovationserfolg steigert. Somit erlangen sie gegenüber weniger nachhaltig orientierten Unternehmen Wettbewerbsvorteile, die wiederum auch den Unternehmenserfolg steigern.

Zusammenfassend ist festzuhalten, dass ökologische Ziele im Zielsystem der Unternehmen zwar zunehmend Berücksichtigung finden, allerdings zumeist im Sinn der Ausnutzung von Synergieeffekten zwischen ökologischen und ökonomischen Zielen, wenn zwischen beiden eine Komplementärbeziehung besteht (Burschel et al. 2004, S. 223; Corsten 2008, S. 219; Milling 1995, S. 149). Aktuell mehren sich zwar die Anzeichen dafür, dass Nachhaltigkeitsinnovationen zunehmend wettbewerbsfähig werden und ökologische Produktqualität zum Wettbewerbsfaktor wird, doch ist ein Verdrängungswettbewerb durch grüne Märkte bislang nur vereinzelt, wie beispielsweise bei regenerativen Energien, zu beobachten (Blättel-Mink 2013, S. 158). So lange Nachhaltigkeit im Unternehmen nicht nur den sparsamen Umgang mit Rohstoffen oder Energie berücksichtigt, sondern auch politische, strukturelle, ökonomische und soziale Stabilität, sichert sie das langfristige Bestehen von Unternehmen und ist die beste Absicherung gegen wirtschaftliche Krisen (Weissenberger-Eibl 2008, S. 17). Daher ist eine dringliche Beschäftigung mit der Fragestellung nach dem Einfluss aller vier Nachhaltigkeitsaspekte (ökologisch, ökonomisch, sozial und regulatorisch) auf den Innovationserfolg aus wissenschaftlicher Sicht geboten. Zudem soll im vorliegenden Beitrag die Frage beantwortet werden, welche Einzelkriterien bzw. Kategorien der vier Aspekte konkret den größten Einfluss besitzen und sich damit für Unternehmen als Optimierungsansatz anbieten.

4.2   Stand der Forschung

Bei der Durchsicht und Analyse der wissenschaftlichen Publikationen auf dem Gebiet des Innovationsmanagements zeigt sich, dass die meisten Arbeiten Innovationen bisher hauptsächlich aus ökonomischer Perspektive betrachten (Ömer-Rieder und Tötzer 2004, S. 1). Es sei an dieser Stelle kritisch angemerkt, wie wenig Innovations- und Nachhaltigkeitsforschung bislang gemeinsam betrachtet werden (vgl. hierzu und im Folgenden Stanger 2016). Wenn, dann finden sich in der Innovationsliteratur Arbeiten, die entweder allgemeine Fragestellungen in Bezug auf Nachhaltigkeitsinnovationen zum Inhalt haben oder

Konzepte zu Einflüssen auf Nachhaltigkeitsinnovationen aufzeigen. Dabei stehen häufig die ökologische Innovation bzw. der umwelttechnische Fortschritt im Vordergrund, während dem Verhältnis von Nachhaltigkeit und Innovation – also den Anforderungen und Einflüssen nachhaltiger Entwicklung auf den Innovationsprozess – in der betriebswirtschaftlichen Literatur bislang nur wenig Beachtung geschenkt wird. Eine konzeptionelle Verbindung der drei Dimensionen Ökologie, Ökonomie und Soziales findet bisher im Rahmen der Forschung zu nachhaltigen Innovationen kaum Berücksichtigung. Zwar wurden Innovationsfragen im Kontext der Umweltforschung in den vergangenen Jahren zunehmend behandelt, jedoch existiert bis heute keine systematische, umfassende Analyse der Einflussfaktoren des Nachhaltigkeitsgedankens auf den Innovationsprozess. Bis dato ist das noch junge Forschungsfeld durch qualitative Analysen mit Fallstudiencharakter oder durch quantitative Studien geprägt, die durch diverse Einschränkungen in ihren Aussagen limitiert sind. Des Weiteren wurden in den letzten Jahren in der wissenschaftlichen Literatur verstärkt Probleme der ökologischen Rechnungslegung oder der Einfluss der staatlichen Umweltpolitik auf die Unternehmen im Hinblick auf volkswirtschaftliche Fragestellungen untersucht.

Zwar existieren inzwischen einige wenige Metaanalysen zum Innovationserfolg, doch weisen diese keinerlei Bezug zu Nachhaltigkeitsaspekten, insbesondere den ökologischen und sozialen Faktoren auf (Lee 2000, S. 31). Darüber hinaus bietet das Schrifttum bislang keinen umfassenden Überblick über vorhandene Studien zu den drei Nachhaltigkeitsaspekte (ökologisch, ökonomisch und sozial) sowie der Erweiterung um regulatorische Nachhaltigkeitsfaktoren als Einflussfaktoren des Innovationserfolgs. Es ist daher naheliegend, dass die empirischen Forschungsarbeiten auf diesem reziproken Forschungsgebiet zwischen Nachhaltigkeit und Innovation einem Mangel an einer geeigneten Synthese der vergangenen Forschung geschuldet sind. Diese Herausforderung wird dadurch verstärkt, dass ein quantitativer Vergleich bisheriger Studien aufgrund der differenzierten Studiendesigns, Methoden und Operationalisierungen erschwert wird (Montoya-Weiss und Calantone 1994, S. 397). Daher bietet sich für die vorliegende Arbeit ein systematischer Literaturreview an, um möglichst viel bereits vorhandenes Wissen im Hinblick auf das Forschungsthema zu kumulieren, zu selektieren, zu analysieren und unabhängig von Publikationsort oder sogar der Wissenschaftsdisziplin zu inkludieren.

Zur besseren Einordnung der vorliegenden Studie soll vorab eine kurze Übersicht über bisherige Meta- und Literaturanalysen aus der Innovations- und Nachhaltigkeitsforschung mit dem Innovationserfolg als abhängige Variable aufgezeigt werden. Im Rahmen der vorliegenden Literaturanalyse wurden lediglich drei bisherige Literaturreviews identifiziert, deren Zusammenfassung in Tab. 4.1 dargestellt ist. Wird der Innovationserfolg um die abhängigen Variablen Innovationsfähigkeit, Nachhaltigkeitsinnovation sowie Unternehmenserfolg ergänzt, so finden sich mit acht Reviews hierzu kaum mehr Metaanalysen im deutsch- und englischsprachigen Schrifttum als zum Innovationserfolg allein. In Anbetracht der Aktualität des Themas und der Summe an Studien insgesamt zu Nachhaltigkeit und Innovation verwundert dieser Sachverhalt allerdings. Bis auf die Studie von Sattler (2011), bei der es sich um eine rein quantitative Metaanalyse handelt, sind die beiden

Tab. 4.1 Bisherige Literaturanalysen zu Nachhaltigkeit und Innovationserfolg. (Quelle: Eigene Darstellung)

Autor	Jahr	Ziel der Studie	Ergebnisse	Unabhängige Variablen	Abhängige Variablen	Datensatz (n)	Berücksichtigte Nachhaltigkeitsaspekte
Montoya-Weiss und Calantone	1994	Metaanalyse und quantitativer Vergleich von Studien zu Einflussfaktoren auf den Innovationserfolg	Identifikation von 18 Faktoren in vier Kategorien als Essenz der Einflussfaktoren auf den Neuprodukterfolg	Produktvorteil Faktoren des Produktentwicklungsprozesses Marktpotenzial und Wettbewerb Interne und externe Beziehungen, organisationale Faktoren	Innovationserfolg	44	Ökonomische Faktoren Soziale Faktoren
Sattler	2011	Analyse der Erfolgsfaktoren von Innovationsmanagement auf Unternehmensebene	Einteilung von 23 Erfolgsfaktoren in die vier Kategorien strategische Eigenschaften, Innovationsprozess, organisatorische und kulturelle Aspekte, Umweltfaktoren	Innovationsstrategie Effizienter Innovationsprozess Marktorientierung Innovationsorientierung Lernbereitschaft Dynamisches Marktumfeld	Innovationserfolg	45	Ökonomische Faktoren Soziale Faktoren
Medeiros et al.	2014	Analyse kritischer Erfolgsfaktoren von Umweltinnovationen	Vier Erfolgsfaktoren für Innovationserfolg von Nachhaltigkeitsinnovationen: Markt, Gesetzes- und Regulationswissen, Kooperationen, Lernen und Forschungs- und Entwicklungsinvestments	Marktwissen Gesetze und Regulierungen Kooperationen Innovationsorientiertes Lernen Forschungs- und Entwicklungsinvestitionen	Innovationserfolg	67	Ökologische Faktoren Ökonomische Faktoren Soziale Faktoren Regulatorische Faktoren

anderen Literaturanalysen qualitativer Art. Nichtsdestotrotz umfasst der Datensatz bei allen drei Studien lediglich zwischen 44 (Montoya-Weiss et al. 1994) und 67 (de Medeiros et al. 2014) untersuchte Primärstudien. Die Reviews zeigen multiple Perspektiven des Innovationserfolgs auf, wobei erst der chronologisch letzte Review von de Medeiros et al. (2014) explizit auf Nachhaltigkeits- bzw. Umweltinnovationen Bezug nimmt. Zuvor handelt es sich um klassische Innovationserfolgsfaktorenstudien mit Berücksichtigung einzelner Nachhaltigkeitsfaktoren.

Bereits an dieser Stelle lässt sich aufgrund der in diesen drei Metaanalysen berücksichtigten Nachhaltigkeitsaspekte eine Dominanz der ökonomischen sowie der sozialen Nachhaltigkeitsfaktoren als wesentliche Determinanten des Innovationserfolgs vermuten.

4.3 Systematischer Literaturreview zur Nachhaltigkeit als Determinante des Innovationserfolgs

4.3.1 Methodik

Die Autorin legt den Fokus ihrer Untersuchung auf den nicht trivialen Entdeckungszusammenhang von Nachhaltigkeit und Innovation. Der vermutete positive Zusammenhang wird anhand einer umfassenden qualitativen Literaturanalyse unter knapp 140 bestehenden Studien und Publikationen zum Einfluss der Nachhaltigkeit auf den Innovations- und Unternehmenserfolg analysiert (vgl. hierzu ausführlich Stanger 2016). Dazu wurde, referierend auf den systematischen Übersichtsbeitrag von Klewitz und Hansen (2014), eine

Abb. 4.1 Vorgehensweise des systematischen Literaturreviews. (Stanger 2016, S. 208)

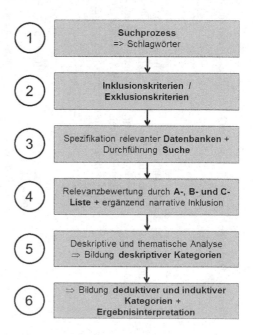

Vorgehensweise basierend auf sechs Prozessschritten gewählt, die im Folgenden kurz dargestellt wird. Der Suchprozess beginnt demnach mit der Identifikation von Schlagwörtern (1), gefolgt von der Entwicklung von Inklusions- und Exklusionskriterien (2), der Spezifikation relevanter Datenbanken sowie der Durchführung der Suche (3) und der Entwicklung einer die Relevanz bewertende A-, B- und C-Liste sowie einer ergänzenden narrativen Inklusion (4). Anschließend folgt die deskriptive und thematische Analyse mit den Phasen der Bildung deskriptiver Kategorien (5) sowie der Bildung deduktiver und induktiver Kategorien zur Identifikation zentraler Themen sowie einer Ergebnisinterpretation (6). Dieses Ablaufschema ist in übersichtlicher Form in Abb. 4.1 dargestellt.

4.3.2 Ergebnisse der empirischen Analyse

Von den 139 analysierten Studien von 1982 bis 31. August 2014 beinhalten 58 ökologische Faktoren als unabhängige Variable, 65 Studien inkludieren ökonomische Aspekte als Einflussfaktoren (jeweils inklusive Mehrfachnennungen). Am meisten Berücksichtigung in den untersuchten Studien fanden die sozialen Faktoren. Sie werden im Rahmen von 75 Quellen analysiert, wobei in 33 Fällen sogar eine singuläre Betrachtung stattfindet. Relativ geringe Beachtung wird nach wie vor den regulatorischen Aspekten geschenkt. Dies spiegelt sich in lediglich 34 gefundenen Studien zu regulatorischen Einflussfaktoren auf das Innovationsmanagement wider.

Die abhängige Variable Innovationserfolg kann jedoch nicht losgelöst von den abhängigen Variablen Innovationsfähigkeit, Unternehmenserfolg und Nachhaltigkeitsinnovation betrachtet werden, wie auch Derenthal (2009, S. 92 f.) in ihrer Arbeit zur Messung von Innovationsorientierung aufzeigt. Da der deduktiv definierte Innovationserfolg als alleinige abhängige Variable für die Studie nicht ausreichend ist und durch eine solche Reduktion zu viele Informationen aus den Primärstudien verloren gehen würden, schien eine Erweiterung um die weiteren, drei eben genannten und am häufigsten untersuchten Variablen der Primärstudien zweckdienlich. Durch welche unabhängigen Variablen der Innovationserfolg sowie die drei anderen abhängigen Variablen determiniert werden, ist in aggregierter Form in Abb. 4.2 dargestellt. Die Nennungen beziehen sich dabei auf Einzelstudien.

Im Folgenden sollen, bezugnehmend auf die Forschungsfrage, der Schwerpunkt der weitergehenden Analyse auf den Innovationserfolg gelegt und daher nur diejenigen Studien mit dem Innovationserfolg als abhängige Variable näher betrachtet werden. Während, wie in Abb. 4.2 dargestellt, von den insgesamt 48 deutsch- und englischsprachigen Studien zwischen 1982 und 2014, die den Innovationserfolg als abhängige Variable berücksichtigen, 10 ökologische, 31 ökonomische, 27 soziale und 10 regulatorische Nachhaltigkeitsaspekte als unabhängige Variablen beinhalten, zeigt sich bei der Analyse auf der Ebene der Einzelnennungen der unabhängigen Variablen eine grundsätzlich analoge Verteilung (17 Nennungen ökologischer Einzelvariablen, 108 Nennungen ökonomischer Variablen, 73 Nennungen sozialer Variablen und 16 Nennungen regulatorischer Variablen) mit jedoch noch größerer Gewichtung ökonomischer und sozialer Aspekte.

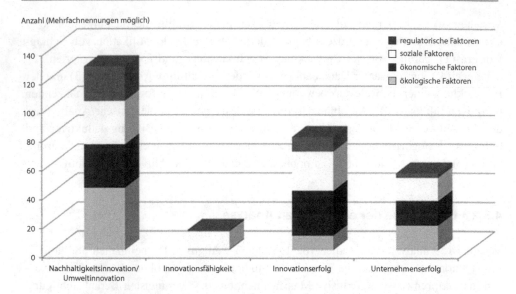

Anzahl (Mehrfachnennungen möglich)

Abb. 4.2 Einfluss der unabhängigen auf die abhängigen Variablen. (Stanger 2016, S. 307)

Die ökologischen Nachhaltigkeitsfaktoren haben demzufolge insgesamt einen eher geringen Einfluss auf den Innovationerfolg. Dabei spielen insbesondere die Cluster Umweltmanagementsysteme – Einbindung in Ziele/Strategie sowie Eco-Design/grüne Fertigung eine spezifische Rolle für den Innovationserfolg. Dahingegen scheinen Ressourceneinsparungen, die im Rahmen der Gesamtauswertung der Studie im Hinblick auf alle vier abhängigen Variablen auf dem ersten Rang liegen, nur eine untergeordnete Rolle zu spielen. Ebenso irrelevant ist demnach die Emissions- und Abfallreduktion als ökologische Unterkategorie. Soziale und Umweltrisiken scheinen den analysierten Studien nach zu schließen für den Innovationserfolg gar keine Rolle zu spielen, da hierfür keine Einzelnennung erfolgte.

Die ökonomischen Nachhaltigkeitsaspekte haben nicht nur absolut betrachtet den größten Einfluss auf den Innovationserfolg, sondern wirken sich auch bei Betrachtung der Einzelnennungen der unabhängigen Variablen überproportional aus. Am häufigsten genannt wurden in den analysierten Studien Aspekte aus den Unterkategorien ökonomische Rahmenbedingungen, „demand pull" sowie Unternehmensressourcen/Fähigkeiten. Dabei lässt sich eine differenzierte Gewichtung der beiden letztgenannten Unterkategorien im Vergleich zur Gesamtauswertung konstatieren, im Rahmen derer „demand pull" auf Platz drei und Unternehmensressourcen/Fähigkeiten lediglich auf Platz vier der häufigsten Nennungen zu finden sind. Diese scheinen demnach in Bezug auf den Innovationserfolg eine besonders relevante Rolle zu spielen. Kosteneinsparungen/Ertrag findet sich in beiden Fällen an zweiter Stelle wieder. Hieraus lassen sich folglich keine Besonderheiten im Hinblick auf den Innovationserfolg ableiten. Von nahezu ebenso großer Bedeutung sind Kooperationen, die in Relation zur Gesamtauswertung den Innovationserfolg stärker beeinflussen

als die anderen abhängigen Variablen. Eine untergeordnete Rolle, wie auch in der Gesamtauswertung, spielen auch hier die Unterkategorien Nachhaltigkeitsstrategie/Finanzierung,
„technology push" sowie mit hier lediglich einer Nennung die Außenwirkung.

In Bezug auf die sozialen Nachhaltigkeitsaspekte zeigt sich eine Redundanz der Priorisierung der Innovationskultur, die auch für den Innovationserfolg mit großem Abstand
(28 Einzelnennungen) an erster Stelle steht, gefolgt von Kooperation und Netzwerk und
Humankapital. Diese beiden Cluster belegen im Kontext der Gesamtauswertung lediglich die Plätze vier und fünf, sodass auch hier auf eine besondere Relevanz für den
Innovationerfolg geschlossen werden kann. Dahingegen können die Unternehmenswer-
te/Unternehmenseigenschaften mit lediglich vier Nennungen ihren zweiten Platz in der
Gesamtauswertung nicht bestätigen und scheinen demzufolge eine sekundäre Bedeutung
als Determinante des Innovationserfolgs zu spielen. Ebenso geringe Beachtung kann der
„diversity" sowie den nicht genannten Unterkategorien Arbeitsbedingungen/Sicherheit
und externen Faktoren im Hinblick auf den Innovationserfolg geschenkt werden.

Die regulatorischen Aspekte spielen als Determinanten des Innovationserfolgs eine
ähnlich geringe Rolle wie die ökologischen Nachhaltigkeitsfaktoren. Vorrangig zu berücksichtigen sind hierbei Gesetze/Regulierungen, wohingegen Anreize/Subventionen sowie
Verwaltungsorganisation und Abgaben/Gebühren in ihren Auswirkungen auf den Innovationserfolg vernachlässigbar scheinen. Die Besteuerung wird in Bezug auf ihren Einfluss
auf den Innovationserfolg in Unternehmen in keiner der 48 Studien als relevantes Kriteri-
um genannt.

Konkludierend lässt sich an dieser Stelle festhalten, dass die Gewichtung der vier Nachhaltigkeitsaspekte untereinander, bezugnehmend auf den Innovationserfolg als abhängige
Variable, nahezu identisch ist mit denjenigen, bezugnehmend auf alle vier abhängigen Variablen. Gleichwohl lassen sich in einigen Clustern, insbesondere in den Bereichen der
ökonomischen und sozialen Faktoren, Bedeutungszunahmen wie auch -verluste einiger
Unterkategorien als Determinanten des Innovationserfolgs beobachten.

4.3.3   Konzeption des SInn-Modells

Basierend auf der studienbezogenen Auswertung der jeweils vier unabhängigen und abhängigen Variablen wurde im Verlauf des strukturierten Reviewprozesses eine Reihe von
Beziehungen zwischen den Faktoren erfasst (Stanger 2016). Es konnten die für gewöhn-
lich zitierten Beziehungen zwischen den abhängigen Variablen bestätigt werden und überdies Zusammenhänge (inklusive der Richtung der Abhängigkeiten) zwischen Einfluss-
und Wirkungs- sowie Einfluss- und Prozessebene identifiziert werden. Dabei wurden sowohl die Kategorien als auch die Zuordnung der Einzelnennungen zu den jeweiligen
Nachhaltigkeitsfaktoren induktiv abgeleitet. Während die qualitative Analyse zahlreiche
Relationen und Einflüsse aufzeigt, gibt es einige von ihnen, die häufiger diskutiert wurden
als andere. Diese wurden synthetisiert, um hieraus ein induktives Modell für Theorie und
Praxis zu konzeptualisieren.

Durch Zusammenführung der drei Ebenen ergibt sich zunächst als Grundmodell die Drei-Ebenen-Darstellung des SInn-Modells (SInn-Levels). Dabei verdeutlicht das konzipierte Modell die wesentlichen Dependenzen zwischen den drei Ebenen auf einen Blick und dient so als Ausgangsbasis für weitere Forschungsarbeiten sowie als Basismodell für die folgenden Weiterentwicklungen. Da die Verteilung der Einflussfaktoren nach Phase des Innovationsprozesses nahezu identisch ist und damit keinen erkenntnistheoretischen Mehrwert bietet, wurde für das Modell lediglich der Einfluss auf den Gesamtprozess betrachtet.

In Abb. 4.3 ist die qualitative Weiterentwicklung der SInn-Levels zur SInn-Box abgebildet. Sie spiegelt primär die Gesamtzusammenhänge der drei Ebenen wider, erfasst diese auf einen Blick und fokussiert dabei weniger als die SInn-Bars die quantitativen Zusammenhänge.

Die betrieblichen Implikationen der vorigen Analyse sind vielfältig: Erstens können Unternehmen dadurch besser verstehen, wie die vier Nachhaltigkeitsfaktoren die unternehmerischen Fähigkeiten beeinflussen können, die ihre Innovationsprozesse zum Erfolg führen, und sie können damit die Eigenschaften dieser Faktoren aktuell in ihrer Organisa-

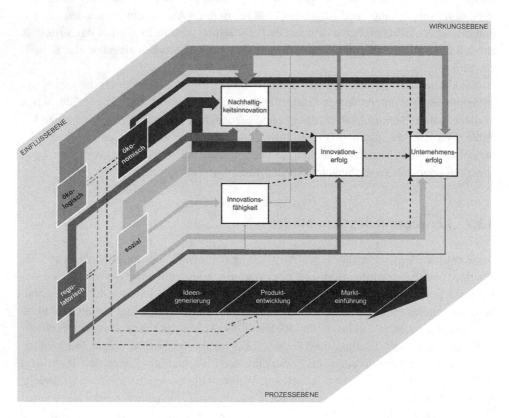

Abb. 4.3 SInn-Box. (Stanger 2016, S. 312)

tion prüfen und einordnen. Zweitens können Unternehmen verstehen, dass diese Faktoren nicht nur den Innovationserfolg, sondern auch den Unternehmenserfolg und z. T. sogar die Innovationsfähigkeit beeinflussen und der Innovationserfolg somit nicht als singuläre Variable, losgelöst von den anderen drei abhängigen Variablen, betrachtet werden kann. Sie können das entwickelte SInn-Modell als Werkzeug nutzen, um die Zusammenhänge zwischen Nachhaltigkeitsfaktoren, deren Einfluss auf den Innovationsprozess sowie den Innovationserfolg zu verstehen. Die Abb. 4.3 bietet Unternehmen eine grafische Darstellung der Studienergebnisse. Diese kann genutzt werden, um ein betriebsinternes Verständnis davon zu entwickeln, wie die einzelnen Faktoren im eigenen organisationalen Kontext zusammenwirken.

Innovierenden Unternehmen kann daher empfohlen werden, ökonomische und soziale Nachhaltigkeitsaspekte als Haupteinflussfaktoren des Innovations- und Unternehmenserfolgs im Innovationsprozess zu berücksichtigen. Fundiert wird diese Empfehlung dadurch, dass insbesondere die ökonomischen und sozialen Nachhaltigkeitsfaktoren einen direkten positiven Einfluss auf den Innovationserfolg und die Entwicklung von Nachhaltigkeitsinnovationen und einen indirekten positiven Einfluss auf den Unternehmenserfolg haben. Die ökologischen Aspekte wirken hingegen primär auf die Entwicklung von Nachhaltigkeitsinnovationen ein, haben jedoch auch einen direkten Einfluss auf den Unternehmenserfolg. Dahingegen haben die regulatorischen Faktoren einen nur mäßigen direkten Einfluss auf den Innovationserfolg, jedoch einen größeren direkten Einfluss auf Nachhaltigkeitsinnovationen. Dieser Status quo der Beeinflussung des Innovationserfolgs wird sich aber womöglich mittel- bis langfristig insofern ändern, dass eine Aufwertung der ökologischen Faktoren aufgrund der wachsenden Herausforderungen in der gesellschaftlichen und technologischen Umwelt wahrscheinlich ist. Möglicherweise wird diese Relevanz durch entsprechende regulatorische Maßnahmen forciert.

4.4 Fazit und Ausblick

Im Rahmen der Analyse der Einflussfaktoren der Nachhaltigkeit (Einflussebene) auf die abhängige Variable Innovationserfolg (Wirkungsebene) waren die am häufigsten genannten Unterkategorien in Bezug auf die vier Faktoren und damit zentrale Erfolgsfaktoren die im Folgenden aufgeführten, wobei das Zusammenwirken der verschiedenen Faktoren im Rahmen der Multi-Impuls-Theorie maßgeblich ist: Bei den ökologischen Faktoren sind dies neben der Etablierung von Umweltmanagementsystemen insbesondere auch Eco-Design und grüne Fertigung. Die Haupteinflussfaktoren der ökonomischen Faktoren beziehen sich auf die Kategorien der ökonomischen Rahmenbedingungen, der Unternehmensressourcen sowie des „demand pulls". Absolut betrachtet spielt die Innovations- bzw. Unternehmenskultur als sozialer Faktor mit Abstand die wichtigste Rolle aller Determinanten des Innovationserfolgs. Daneben spielen auch Kooperationen und Netzwerke sowie das Humankapital eine bedeutende Rolle im Rahmen der sozialen Faktoren. Gesetze und Regulierungen als regulatorische Nachhaltigkeitsaspekte wirken möglicherweise tendenziell eher als Hemmnis des unternehmerischen Innovationsprozesses, denn als Treiber. Da insbesondere die externen Nachhaltigkeitsfaktoren, wie z. B. ökonomische Rahmenbedingungen oder Gesetze, nicht bzw. nur bedingt von den Unternehmen beeinflusst werden können, ist eine intensive Beachtung und Steuerung der internen Faktoren umso essenzieller. Zu berücksichtigen ist ferner eine mögliche Komplementarität oder Konkurrenz der Einflussfaktoren, die sich aufgrund der Bestätigung der Multi-Impuls-These ergibt, da die einzelnen Treiber und Hemmnisse in der Unternehmenspraxis nicht isoliert betrachtet werden können.

Diese Erkenntnisse untermauern die Ergebnisse der Studie von A. D. Little (vgl. Keeble et al. 2005): Auch wenn sich die Anzahl der Unternehmen, die Nachhaltigkeit bereits neben anderen Faktoren in den Innovationsprozess integriert haben, von 1999 bis 2004 auf über 45 % nahezu verdoppelt hat, bleibt es noch ein langer Weg bis zur vollständigen Integration. Nach wie vor spielt Nachhaltigkeit kaum eine zentrale Rolle im Innovationsprozess der Unternehmen. Der Anteil derer, die im Befragungszeitraum von einer moderaten Integration hin zu einer kompletten Integration gewechselt sind, beträgt lediglich 9 %.

Zur Prognose der weiteren Entwicklung können die „limits of growth" des Club of Rome aufgegriffen werden, in denen bereits 1972 Bedenken eines ressourcenverbrauchenden Lebensstils darlegt wurden (Seebode et al. 2012, S. 195). Durch die sich verschlechternde Qualität des Ökosystems bei fortgesetzter traditioneller Wirtschaftsweise wird der Innovationsdruck zunehmend verstärkt (Pleschak et al. 1996, S. 116). Die sechs ökologischen Megatrends sind enorm, ihre Herausforderungen und Auswirkungen immens, da sie die Zukunft der Unternehmen bestimmen. Es kann auch weiterhin davon ausgegangen werden, dass der genuine Problemdruck durch Umwelt- und Nachhaltigkeitsanforderungen innovationsfähigen und -bereiten Unternehmen Chancen für neue Ideen und Geschäftsfelder und auch neue Perspektiven bietet (Fichter et al. 2006, S. 31). Bisher bedeutet Nachhaltigkeit in der Produktentwicklung für viele Unternehmen v. a. eine Steigerung der Ökoeffizienz im Sinn einer Verbesserung der Umweltperformance (Staudt und Schroll 2001, S. 143). Dabei wurde die Umsetzung von sozialen Nachhaltigkeitszielen bislang nur nachrangig berücksichtigt. Auch hier gilt es, die Megatrends Bevölkerungswachstum und Armut aufzugreifen und bei der Produktentwicklung einkommensschwache Zielgruppen ebenso zu berücksichtigen wie Gesundheitsaspekte oder spezifische Bedürfnisse bestimmter Verbrauchergruppen (z. B. Senioren, Allergiker etc.; Hoffmann et al. 2011, S. 16). Wirksame Grenzwerte oder Verbote sind allerdings auch zukünftig zur Erleichterung der Umsetzung des Postulats eines nachhaltigen Innovationsmanagements ebenso unverzichtbar wie unabhängige Kontrollen und eine effektive Regulierung.

Die praktische Implikation dieser Studie für Wissenschaftler_innen besteht darin, dass sie einen konzeptionellen Rahmen bietet, auf dem weitere Forschungsarbeiten aufbauen können. Da das in dieser Arbeit vorgestellte Modell induktiv im Rahmen eines Literaturreviews konzipiert wurde, muss es in nachfolgenden empirischen Studien quantitativ auf seine Validität und Repräsentativität hin geprüft werden. In einem weiteren Schritt ließe sich das SInn-Modell um Instrumente und Methoden eines nachhaltigkeitsorientierten Innovationsprozesses bzw. -managements ergänzen. Bezogen auf den Innovationsprozess könnten dabei geeignete Methoden der Analyse, Organisation sowie Interaktion je nach Phase des Prozesses eingesetzt werden. Diesbezüglich besteht noch weiterer Forschungsbedarf im Hinblick auf eine geeignete, nachhaltigkeitsfördernde Ausgestaltung der entsprechenden Instrumente. Überdies wäre eine empirische Untersuchung und Gegenüberstellung des Innovationserfolgs von Unternehmen, die die genannten erfolgversprechenden Nachhaltigkeitsaspekte strategisch verankert haben, mit denen, die diese bisher nicht explizit berücksichtigen, sinnvoll. Darüber hinaus wäre diese Vorgehensweise im Hinblick auf neue wissenschaftliche Erkenntnisse zielführend.

Zusammenfassend lässt sich festhalten, dass für Unternehmen insbesondere eine verstärkte Berücksichtigung von nachhaltigkeitsbezogenen Kundenanforderungen und veränderten ökonomischen Rahmenbedingungen das Potenzial besitzt, den Innovationserfolg zu steigern. Zudem empfiehlt sich die Etablierung eines geeigneten Umweltmanagementsystems im Unternehmen, um auch die ökologischen Aspekte der Nachhaltigkeit systematisch als Determinante des Innovationserfolgs nutzen zu können. Darüber hinaus sollte Nachhaltigkeit zwingend im Rahmen einer nachhaltigen Innovationskultur etabliert und implementiert werden, da diese den stärksten Hebel am Innovationserfolg besitzt. Ferner sind Kooperationen und Netzwerke mit geeigneten, nachhaltigkeitsorientierten Partnerunternehmen, Lieferanten sowie weiteren Stakeholdern als soziale Faktoren der Nachhaltigkeit von ebenso großer Bedeutung für den Innovationserfolg wie die Gewinnung und Weiterbildung entsprechend qualifizierter Mitarbeiter im Hinblick auf Nachhaltigkeitsfachwissen. Auf Basis dieser Erkenntnisse lassen sich konkrete Handlungsempfehlungen für Unternehmen zur langfristigen Sicherung der Wettbewerbsfähigkeit ableiten. Dadurch kann ein wesentlicher Beitrag zur Sicherstellung des Unternehmenserfolgs geleistet und gleichzeitig die unternehmerische ökologische und soziale Verantwortung gewahrt werden.

Literatur

Ahrens A, Braun A, Effinger A, von Gleich A, Heitmann K, Lißner L, Weiß M, Wölk C (2003) Gestaltungsoptionen für handlungsfähige Innovationssysteme zur erfolgreichen Substitution gefährlicher Stoffe. Subchem, Bremen, Hamburg

Blättel-Mink B (2013) Kollaboration im (nachhaltigen) Innovationsprozess. Kulturelle und soziale Muster der Beteiligung. In: Rückert-John J (Hrsg) Soziale Innovation und Nachhaltigkeit. Springer VS, Wiesbaden, S 153–169

Brockhoff K (2000) Innovationswiderstände. In: Dold E, Gentsch P (Hrsg) Innovationsmanagement. Symposion Publishing, Neuwied, S 115–125

Bundesministerium für Umwelt, Naturschutz und Reaktorsicherheit (2008) Megatrends der Nachhaltigkeit. Blueprint, Holzkirchen

Burschel C, Losen D, Wiendl A (2004) Betriebswirtschaftslehre der Nachhaltigen Unternehmung. Oldenbourg, München

Clausen J, Loew T (2009) CSR und Innovation: Literaturstudie und Befragung. Institute 4 Sustainability, Berlin, Münster

Corsten H (2008) Nachhaltige Produktgestaltung. In: von Hauff M, Lingnau V, Zink KJ (Hrsg) Nachhaltiges Wirtschaften. Nomos, Baden-Baden, S 215–250

Derenthal K (2009) Innovationsorientierung von Unternehmen. Gabler, Wiesbaden

Disselkamp M (2005) Innovationsmanagement. Gabler, Wiesbaden

Fichter K, Noack T, Beucker S, Bierter W, Springer S (2006) Nachhaltigkeitskonzepte für Innovationsprozesse. Fraunhofer IRB, Stuttgart

Fiksel J (2012) Design for environment, 2. Aufl. The McGraw-Hill, New York

Franke H (2007) Innovationen im Mittelstand. VDM, Saarbrücken

Gobble MM (2012) Innovation and Sustainability. Res Manag 55(5):64–66

Grober U (2010) Die Entdeckung der Nachhaltigkeit. München, Antje Kunstmann

Hardtke A, Prehn M (Hrsg) (2001) Perspektiven der Nachhaltigkeit. Gabler, Wiesbaden

Hauschildt J, Salomo S (2007) Innovationsmanagement, 4. Aufl. Vahlen, München

Hoffmann E, Rotter M, Knopf J (2011) Handlungsfelder unternehmerischer Nachhaltigkeit. IÖW, Adelphi, Berlin

Kampffmeyer N, Knopf J (2011) Die Bedeutung von Unternehmenskultur und Netzwerken für Nachhaltigkeitsinnovationen am Beispiel der GLS Bank. In: Knopf J, Quitzow R, Hoffmann E, Rotter M (Hrsg) Nachhaltigkeitsstrategien in Politik und Wirtschaft. oekom, München, S 149–170

Keeble J, Lyon D, Vassallo D, Hedstrom G, Sanchez H (2005) Arthur D. little innovation high ground report. http://www.adlittle.it/uploads/tx_extthoughtleadership/ADL_Innovation_High_Ground_report_03.pdf. Zugegriffen: 24. März 2016

Klewitz J, Hansen EG (2014) Sustainability-oriented innovation of SMEs: a systematic review. J Clean Prod 65:57–75

Knopf J, Hoffmann E, Quitzow R, Weiß D (2011) Einleitung. In: Knopf J, Quitzow R, Hoffmann E, Rotter M (Hrsg) Nachhaltigkeitsstrategien in Politik und Wirtschaft. oekom, München, S 13–39

Kölbl S, Gleich R, Möbus SA, Petschnig M, Schmidt T (2010) Dekra Innovationsbarometer 2009/2010. Imbescheidt, Frankfurt am Main

König M, Völker R (2003) Innovationsmanagement im gesellschaftlichen, wirtschaftlichen und betrieblichen Kontext unter besonderer Berücksichtigung kleiner und mittelständischer Unternehmen (KMU). Arbeitsbericht 12/2003. Kompetenzzentrum für Innovation und marktorientierte Unternehmensführung, Ludwigshafen

Konrad W, Nill J (2001) Innovationen für Nachhaltigkeit. Schriftenreihe des IÖW 157/01. IÖW, Berlin

Krämer A (2011) Innovation und Nachhaltigkeit. DGCN, Berlin

Langer G (2011) Unternehmen und Nachhaltigkeit. Gabler, Wiesbaden

Langer K (2010) Innovativ die Zukunft gestalten. Werte 1:13–17

Langerak F, Hultink EJ, Robben HSJ (2004) The impact of market orientation, product advantage, and launch proficiency on new product performance and organizational performance. J Prod Innov Manag 21(2):79–94

Lee H (2000) Ökologie und Innovation in schweizerischen Industrieunternehmen. Difo-Druck, Bamberg

Lehr U, Löbbe K (1999) Umweltinnovationen – Anreize und Hemmnisse. Ökol Wirtsch 2/1999:13–15

de Medeiros JF, Ribeiro JLD, Cortimiglia MN (2014) Success factors for environmentally sustainable product innovation: a systematic literature review. J Clean Prod 65:76–86

Milling P (1995) Integrierter Umweltschutz im Produktionsprozess. In: Eichhorn P (Hrsg) Ökosoziale Marktwirtschaft. Gabler, Wiesbaden, S 145–161

Montoya-Weiss MM, Calantone R (1994) Determinants of new product performance: a review and meta-analysis. J Prod Innov Manag 11(5):397–417

Nidumolu R, Prahalad CK, Rangaswami MR (2009a) In fünf Schritten zum nachhaltigen Unternehmen. Harv Bus Manag 12:51–61

Nidumolu R, Prahalad CK, Rangaswami MR (2009b) Why sustainability is now the key driver of innovation. Harv Bus Rev 12:57–64

Ömer-Rieder B, Tötzer T (2004) Umweltinnovation als spezieller Innovationstyp. ARC sys, ZIT, Seibersdorf

Paech N (2005) Nachhaltigkeit als marktliche und kulturelle Herausforderung. In: Fichter K, Paech N, Pfriem R (Hrsg) Nachhaltige Zukunftsmärkte. Metropolis, Marburg, S 57–94

Pleschak F, Sabisch H (1996) Innovationsmanagement. UTB, Stuttgart

Rotter M (2011) Unternehmerische Innovationsparadigmen im Wandel. Nachhaltigkeit als Treiber für Innovationen im Unternehmen Philips? In: Knopf J, Quitzow R, Hoffmann E, Rotter M (Hrsg) Nachhaltigkeitsstrategien in Politik und Wirtschaft. oekom, München, S 197–220

Sattler M (2011) Excellence in innovation management. Gabler, Wiesbaden

Seebode D, Jeanrenaud S, Bessant J (2012) Managing innovation for sustainability. R D Manag 42(3):195–206

Stanger S (2016) Nachhaltigkeit als Treiber des Innovationsprozesses: Analyse der Einflussfaktoren und Konzeption eines nachhaltigen Innovationsmanagements. Kovac, Hamburg

Staudt E, Schroll M (2001) Innovationen, ökologische. In: Schulz WF, Burschel C, Weigert M, Liedtke C, Bohnet-Joschko S, Kreeb M, Losen D, Geßner C, Diffenhard V, Maniura A (Hrsg) Lexikon Nachhaltiges Wirtschaften. Oldenbourg, München, S 141–146

Stern T, Jaberg H (2007) Erfolgreiches Innovationsmanagement, 3. Aufl. Gabler, Wiesbaden

Vahs D, Trautwein H (1999) Innovationskultur als Erfolgsfaktor des Innovationsmanagements. http://www2.hs-esslingen.de/~langeman/BWPC092/pub/vahs/Manuskriptfassung_Studie_Innovationskultur_1999.pdf. Zugegriffen: 06. November 2010

Weissenberger-Eibl M (2008) Innovation braucht Nachhaltigkeit. Fraunhofer Mag (2):16–17

Wolan M (2013) Digitale Innovation. BusinessVillage, Göttingen

Nachhaltigkeit des urbanen Gütertransports stärken: Kann ein Transition-Management-Ansatz elektrische Nutzfahrzeuge fördern?

5

Tessa T. Taefi, Jochen Kreutzfeldt, Andreas Fink und Tobias Held

5.1 Einleitung

Deutschland ist bestrebt, ein international führender Leitmarkt und Leitanbieter der Elektromobilität zu werden; bis 2020 sollen eine Million Elektrofahrzeuge auf deutschen Straßen fahren. Das sind die Ziele, die die deutsche Bundesregierung bezüglich der Elektromobilität verlautbart hat. Dem Expertenrat der Nationalen Plattform Elektromobilität (NPE) Deutschlands zufolge ist Deutschland auf einem guten Weg zur Leitanbieterschaft. Zum Jahresende 2015 erwartete die NPE (2014) 29 Elektroserienfahrzeuge deutscher Automobilhersteller. Die Bemühungen, einen Leitmarkt zu etablieren, bleiben dagegen zurück: Nur die Hälfte der geplanten Anzahl an Elektrofahrzeugen wird bis 2020 registriert sein, falls keine weiteren politischen Fördermaßnahmen ergriffen werden (NPE 2014, S. 43). Das Expertengremium ordnet Deutschland bei der Wandlung zu einem führenden Markt daher eher im Mittelfeld ein. Andere Bewertungen bestätigen diese Einschätzung im Wesentlichen (McKinsey 2014; Roland Berger 2015). Dieses Ungleich-

T. T. Taefi (✉) · T. Held
Fakultät Maschinenbau und Produktion, Hochschule für Angewandte Wissenschaften Hamburg
Berliner Tor 5, 20099 Hamburg, Deutschland
E-Mail: research@taefi.de

T. Held
E-Mail: tobias.held@haw-hamburg.de

J. Kreutzfeldt
Institut für Technische Logistik, Technische Universität Hamburg
21071 Hamburg, Deutschland
E-Mail: jochen.kreutzfeldt@tuhh.de

A. Fink
Fakultät für Wirtschafts- und Sozialwissenschaften, Helmut-Schmidt-Universität Hamburg
22043 Hamburg, Deutschland
E-Mail: andreas.fink@hsu-hamburg.de

© Springer-Verlag GmbH Deutschland 2017
W. Leal Filho (Hrsg.), *Innovation in der Nachhaltigkeitsforschung*,
Theorie und Praxis der Nachhaltigkeit, DOI 10.1007/978-3-662-54359-7_5

gewicht zwischen den verschiedenen Ebenen beim Erreichen der Ziele kommt nicht überraschend, wenn das Prinzip hinter den Zielen für die Elektromobilität ausgewertet wird. Die Bundesregierung würdigt den Beitrag von Elektrofahrzeugen zur Reduzierung des CO_2-Ausstoßes (Merkel 2013). Der Schwerpunkt bei der Förderung der Elektromobilität liegt jedoch in der Unterstützung der Automobilindustrie des Landes, da der Sektor eine der wichtigsten Säulen der deutschen Wirtschaft darstellt: Die Automobilindustrie generiert ein Viertel des Gesamtumsatzes der deutschen Industrie und ein Fünftel der deutschen Exporte (Merkel 2013). Eine Analyse der Richtlinien zur Elektromobilität in sechs Zuständigkeitsbereichen kommt zu einer ähnlichen Schlussfolgerung, nämlich, dass der vorrangige Schwerpunkt Deutschlands die Industriepolitik ist (Lane et al. 2013, S. 241).

Der Transition-Management-Theorie zufolge ist eine Verlagerung in Richtung nachhaltiger Mobilität ein komplexer Übergangsprozess, der mehr erfordert als eine technologische Veränderung, wie es sich in der Modellpalette für Elektrofahrzeuge der deutschen Autohersteller widerspiegelt. Es müssen soziokulturelle Faktoren, regulatorische Maßnahmen und Infrastrukturen angepasst werden, um den Veränderungsprozess voranzutreiben (Kemp et al. 1998).

Interessanterweise übertrifft die relative Anzahl der batterieelektrischen Nutzfahrzeuge (eNFZ) in Deutschland die Anzahl für batterieelektrische Personenkraftwagen (ePKW), obwohl erstere weit weniger Anreize durch die Politik erhalten (Abb. 5.1). Zum Beispiel war bis zum 1. Januar 2015 eines von 932 Fahrzeugen ein eNFZ in der Klasse mit einer Nutzlast von 2 bis 6 t – was in etwa Nutzfahrzeugen mit einem Bruttogewicht von 5 bis 15 t entspricht – während nur eines von 2434 Personenkraftfahrzeugen ein ePKW war (Kraftfahrt-Bundesamt 2015).

Die administrative staatliche Unterstützung richtete ihre Aufmerksamkeit jedoch hauptsächlich auf hochwertige ePKW, da dies in der deutschen Automobilindustrie ein wichtiges Segment ist.

- Um die Nachfrage für ePKW anzuregen, wurde 2015 das Elektromobilitätsgesetz beschlossen, das Kommunen erlaubt, Elektrofahrzeugen von bis zu 4,25 t Verkehrsprivilegien einzuräumen, wie z. B. kostenloses Parken oder die Nutzung von Busspuren.

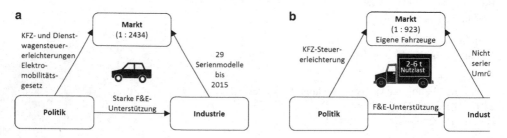

Abb. 5.1 Die Auswirkungen der Elektromobilitätsförderung auf Industrie und Markt. **a** Elektrische Personenkraftwagen; **b** elektrische Nutzfahrzeuge mit einer Nutzlast von zwei bis sechs Tonnen. *F&E* Forschung und Entwicklung; *KFZ* Kraftfahrzeug. (Eigene Darstellung)

Während die Implementierung solcher Privilegien in den Kommunen kontrovers diskutiert wird, sind mittelschwere und schwere eNFZ per Gesetz von diesen Privilegien ausgenommen (EmoG 2014).

- Im Gegensatz zu der starken Unterstützung für Forschungs- und Demonstrationsprojekte für ePKW in Schaufenster- und Modellregionen der Elektromobilität gibt es nur wenige und vereinzelte Forschungsprojekte zu elektrischem Straßengüterverkehr im städtischen Bereich.
- Deutsche Automobilhersteller haben in einer Marktumgebung mit relativ geringer Nachfrage mit der Serienproduktion von 29 ePKW begonnen (NPE 2014). Gleichzeitig werden in Deutschland nur eine Handvoll mittelschwere Nutzfahrzeugtypen auf elektrische Versionen umgerüstet. Wegen mangelnder Alternativen begannen Logistikunternehmen, die sich für die neue Technologie interessierten, eNFZ aus China zu importieren (z. B. City Express Logistik – DFM), gaben die Umrüstung von gebrauchten Diesel-LKW zu elektrischen Versionen in Auftrag (z. B. UPS – P80-E) oder beteiligten sich sogar an der eigenen Entwicklung von eNFZ (z. B. DHL – Street Scooter und Schenker – elektrischer Anhänger).

Zusammenfassend ist der Rolle der Elektromobilität im Hinblick auf die Steigerung der Nachhaltigkeit des urbanen Straßengüterverkehrs noch nicht viel Aufmerksamkeit gewidmet worden. Ein Potenzial ergibt sich insbesondere bei der Reduktion der Lärm- und Luftschadstoffemissionen. Schwere eNFZ sind im Stadtverkehr bis zu einer Geschwindigkeit von 50 km/h, also fast im gesamten Stadtgebiet, leiser als konventionelle Nutzfahrzeuge – bei Geschwindigkeiten über 50 km/h hinaus überwiegt die Geräuschentwicklung durch das Rollgeräusch der Reifen (Steven 2011). Des Weiteren sind Nutzfahrzeuge verantwortlich für einen großen Anteil der gesundheitsschädlichen Stickoxidemissionen des Straßenverkehrs. Diese ist aus den städtischen Luftreinhalteplänen ableitbar und betrug beispielsweise 45 % in Hamburg für Nutzfahrzeuge über 3,5 t (Böhm und Wahler 2012); 64 % in Amsterdam für leichte und schwere Nutzfahrzeuge zusammen (Verbeek et al. 2011, S. 14) und 38 % in Paris für schwere Nutzfahrzeuge (Dablanc 2011, S. 8).

Die vorliegende Studie analysiert den Fall des elektrischen urbanen Straßengüterverkehrs in Deutschland, um folgende Fragen zu beantworten:

1. Warum ist der urbane Straßengüterverkehr eine erfolgreiche Nische für den Einsatz der Elektromobilität und wie unterstützen logistiktreibende Firmen den Einsatz von eNFZ?
2. Welche politischen Maßnahmen sind zu empfehlen, um die Nutzung der Elektromobilität im urbanen Straßengüterverkehr weiter voranzutreiben?

Zur Beantwortung dieser beiden Fragen wurden Erkenntnisse aus früheren Analysen gesammelt, wie sie in den Abschn. 5.2 und 5.3 zusammengefasst sind. Auf Grundlage dieser Ergebnisse wird dann in Abschn. 5.4 diskutiert, ob ein Transition-Management-Ansatz eine angemessene Methodik darstellt, um die Elektromobilität und damit die Nach-

haltigkeit im städtischen Straßengüterverkehr zu steigern, und ob er Deutschland helfen
könnte, das Ziel zu erreichen, ein Leitmarkt der Elektromobilität zu werden. Abschn. 5.5
beschließt diese Studie mit einem Fazit und Ausblick auf weitere mögliche Forschungsaktivitäten.

5.2 Profitabilitätsstrategien von Unternehmen

Um einen ersten Überblick zu den Parametern zu erhalten, die die Einführung von eNFZ
im urbanen Straßengüterverkehr beeinflussen, wurden in früheren Arbeiten Anwendungs-
fälle in Deutschland gesammelt und ausgewertet (Taefi et al. 2015). Ziel war es, die
Motivation der Unternehmen für den Einsatz von eNFZ zu verstehen und einen Überblick über unterstützende Faktoren für einen wirtschaftlichen Einsatz von eNFZ in den
Unternehmen zu erhalten. Es wurde ein qualitativer Multi-Case-Study-Ansatz gewählt,
um das neue Phänomen der Elektromobilität im urbanen Straßengüterverkehr in Deutschland empirisch zu erforschen.

Alle Unternehmen, die in Deutschland im Zeitraum von 2012 bis 2013 eNFZ oder
elektrisch unterstützte Lastenräder in öffentlich geförderten Projekten nutzten, wurden
eingeladen, bei semistrukturierten Interviews mitzuwirken. Hierbei haben sich 15 Unternehmen beteiligt. Durch eine Analyse wurden vier Hauptmotive für den Einsatz von eNFZ
identifiziert: in fünf Fällen lag das Hauptziel der Unternehmen darin zu testen, ob die
eNFZ konventionelle Nutzfahrzeuge technisch ersetzen können, während ein ähnliches
operatives Muster aufrechterhalten wird. Drei Unternehmen testeten neue Konzepte, um
zu verstehen, ob eine Anpassung der operativen Abläufe zu einer besseren Nutzung der
Stärken der eNFZ führen würde. Für fünf Unternehmen waren die Verringerung der Emissionen oder der Imagegewinn bei der Kommunikation mit Kund_innen die entscheidenden
Faktoren für die Nutzung von eNFZ. Zwei Unternehmen berichteten, dass ihr Hauptmotiv
darin bestand, durch die Nutzung der eNFZ Kostensenkungen zu erzielen. In allen Fällen
berichteten die Unternehmen, dass die eNFZ technisch in der Lage seien, konventionelle
Fahrzeuge auf bestimmten, zuvor ausgewählten, täglichen Touren zu ersetzen. Die Haupt-
barrieren, die genannt wurden, waren jedoch die geringe Modellvielfalt und dass nur in
etwa der Hälfte der Fälle die Unternehmen davon ausgingen, dass die eNFZ eine finanziell
sinnvolle Alternative sein können.

In der Multi-Case-Studie konsolidieren Taefi et al. (2015) zusätzlich die von den Unternehmen umgesetzten Maßnahmen zur Steigerung der Wettbewerbsfähigkeit ihrer eNFZ.
Die Unternehmen wandten verschiedene Maßnahmen an, die die Produktivität ihrer eNFZ
steigern sollten, indem sie entweder die Gesamtbetriebskosten senkten oder den durch die
Nutzung der eNFZ erzielten Umsatz erhöhten. Um die Ergebnisse zu validieren, wurde
eine Inhaltsanalyse eines Berichts über 57 Feldstudien mit Anwendungsfällen von eNFZ
in sieben Ländern des Nordseeraumes (E-Mobility NSR 2013) durchgeführt. Es wurden
18 spezifische Erfolgsgrößen identifiziert, die in drei Segmente klassifiziert werden können (Abb. 5.2).

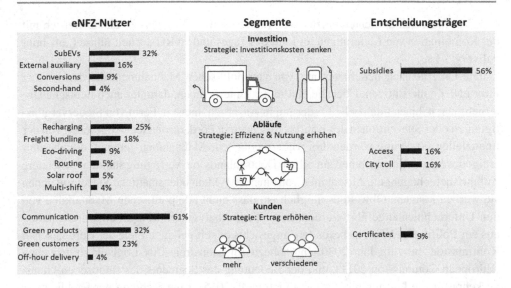

Abb. 5.2 Identifizierte Erfolgsgrößen in 57 nordeuropäischen Feldstudien. (Eigene Darstellung)

Unternehmen, die angaben, dass ihre eNFZ gewinnbringend betrieben werden konnten, kombinierten i. d. R. mehrere Strategien, um

- die Investitionen in Fahrzeuge und Zubehör zu reduzieren,
- die Nutzung der Fahrzeuge zu erhöhen und
- sie zielten auf eine Ertragssteigerung durch die erhöhte Fahrzeugnutzung ab, indem mehr Kund_innen gewonnen werden oder indem neue Geschäftsmodelle erkundet und weitere Kundengruppen geschaffen werden sollten.

Die Mehrheit der identifizierten Erfolgsgrößen (14 von 18) wurden von den Unternehmen, die die eNFZ nutzten, selbst implementiert. Die wichtigste Maßnahme beim Kauf eines eNFZ war das Ersetzen konventioneller Fahrzeuge durch kleinere und somit kostengünstigere eNFZ. Beispiele sind elektrische Quads oder elektrische Lastenfahrräder (SubEV, 32 %). Die Kommunikation der Umweltvorteile der emissionsfreien Lieferung war die wichtigste Maßnahme für die Kundenakquise oder -bindung („communication", 61 %). Sobald sie ein bestimmtes eNFZ erworben hatten, waren die Unternehmen darauf bedacht, die Fahrleistung des Fahrzeugs zu steigern, um von den niedrigeren variablen Betriebskosten im Vergleich zu Dieselfahrzeugen in Zeiten der hohen Treibstoffpreise der vergangenen Jahre zu profitieren. Damit sie dieses Ziel erreichten, luden die Unternehmen die eNFZ zwischen den Fahrten auf („recharging", 25 %). Aus demselben Grund wird auch in der Fachliteratur im Allgemeinen vorgeschlagen, die Fahrleistung der eNFZ zu steigern, um den höheren Kaufpreis auszugleichen (Lee et al. 2013; Feng und Figliozzi 2013; Lebeau et al. 2015). Die Abb. 5.2 zeigt, dass erste Unternehmen das Wiederaufladen der Batterie in der Zeit zwischen Transportzyklen vorgenommen haben, um die eNFZ in mehreren Schichten einzusetzen („multi shift", 4 %), was zu einem Betrieb mit der Kombination von Lieferungen im Lauf des Tages und zu Randzeiten führte („off-hour delivery", 4 %).

Die Unternehmen berichteten nur von vier politischen Maßnahmen, die den Einsatz ihrer eNFZ unterstützten. Über die Hälfte der Unternehmen, darunter auch deutsche Unternehmen, nahmen finanzielle Förderung in Anspruch, meist in Form von Steuervergünstigungen oder Subventionen des Kaufpreises, auch in Förderprojekten. Abgesehen von der finanziellen Förderung wurden drei weitere politische Maßnahmen genannt, die aber nur einigen wenigen Unternehmen außerhalb Deutschlands zur Verfügung standen: besondere Zufahrtsberechtigungen, Ausnahmen von einer City-Maut oder staatliche Siegel mit denen sie werben konnten. Obwohl es möglich ist, dass nicht alle politischen Maßnahmen von den Unternehmen angeführt wurden, zeigt diese Analyse den Mangel an Unterstützung aus der Politik für eNFZ, insbesondere angesichts der ehrgeizigen Ziele der Europäischen Kommission, bis zum Jahr 2030 eine nahezu emissionsfreie City-Logistik zu erreichen (European Commission 2011), und der Bedeutung des Segments des städtischen Güterverkehrs für die Luftqualität vor Ort (Taefi et al. 2015). Eine Sichtung der Fachliteratur zeigte, dass ein Überblick und eine Bewertung der politischen Maßnahmen fehlten, die die Einführung von eNFZ im urbanen Umfeld unterstützen. Daher beantwortet der nächste Abschnitt die Frage, welche politischen Maßnahmen verfügbar und geeignet sind, um die Einführung und den Betrieb von eNFZ in Deutschland zu unterstützen.

5.3   Politische Maßnahmen zur Unterstützung elektrischer Nutzfahrzeuge in Deutschland

In der Fachliteratur werden häufig finanzielle Maßnahmen als Schlüsselfaktor zur Überwindung der Lücke bei den Gesamtbetriebskosten für eNFZ vorgeschlagen. Die einzige politische Maßnahme, die in Deutschland zu Beginn der Multi-Case-Studie (Taefi et al. 2015) Mitte 2014 zur Unterstützung von eNFZ implementiert war, war die Befreiung von Elektrofahrzeugen von der jährlichen Kraftfahrzeugsteuer. Angesichts der hohen Kaufpreise der eNFZ stellte diese Maßnahme eine symbolische, aber zu vernachlässigende finanzielle Förderung dar. Um empfehlenswerte politische Fördermaßnahmen herleiten zu können, wurden weitere Forschungsarbeiten durchgeführt, die im Folgenden vorgestellt werden. Zunächst wurde ein Überblick über mögliche politische Maßnahmen zur Unterstützung der eNFZ erstellt, der neben finanziellen auch nicht finanzielle Fördermaßnahmen einbezog (Abschn. 5.1). Es wurden zwei Interessengruppen eingeladen, die die Maßnahmen bewerten sollten. Außerdem wurde untersucht, wie sich die Gesamtbetriebskosten der eNFZ entwickeln, wenn die Maßnahme angewendet wird, die Fahrzeuge zwischen den Fahrten aufzuladen und so die tägliche Nutzungsdauer der Fahrzeuge zu verlängern (Abschn. 5.2). Die Analyse gibt interessante Antworten auf die Frage, welche (u. a.) finanziellen politischen Fördermaßnahmen zur Steigerung der Nutzung von eNFZ empfehlenswert sind.

5.3.1 Bewertung der politischen Fördermaßnahmen für elektrische Nutzfahrzeuge

Bei einer Sichtung von wissenschaftlichen Publikationen sowie weiterer Veröffentlichungen hinsichtlich Fördermaßnahmen und der Analyse der implementierten politischen Optionen in Europa wurden mögliche politische Maßnahmen gesammelt (Taefi et al. 2016a). Die identifizierten Fördermaßnahmen wurden gemäß dem Schema von Hood und Margetts (2007) in die Kategorien finanziell, regulatorisch, Kommunikation und Organisation geclustert. Daraufhin bewerteten 18 deutsche Expert_innen aus zwei Interessengruppen (politische Entscheidungsträger_innen und eNFZ-Nutzer_innen) in einer Online-Umfrage die Maßnahmen bezüglich verschiedener Kriterien. Die Ergebnisse wurden über statistische Analysen evaluiert und die Unterschiede zwischen den bewerteten Ergebnissen zwischen den Gruppen analysiert. Ein Auszug der Ergebnisse ist in Abb. 5.3 dargestellt; Tab. 5.1 erklärt kurz die verwendeten Abkürzungen.

Die Abb. 5.3 zeigt, dass sowohl die politischen Entscheidungsträger_innen als auch die eNFZ-Nutzer_innen im Durchschnitt finanzielle und regulative Maßnahmen als effizienter einstufen als kommunikative oder organisatorische Maßnahmen. Verglichen mit den eNFZ-Nutzer_innen unterschätzen politische Entscheidungsträger_innen die Wirksamkeit

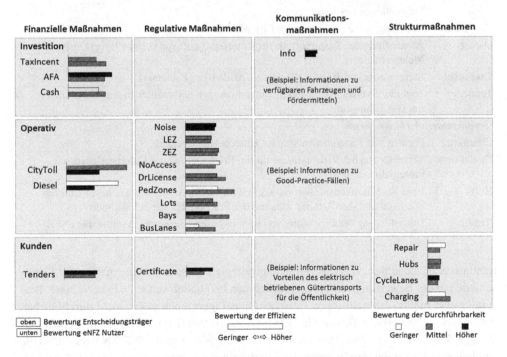

Abb. 5.3 Bewertung der Effizienz und Durchführbarkeit der Fördermaßnahmen durch die beiden Interessengruppen. *eNFZ* batterieelektrisches Nutzfahrzeug. (Eigene Darstellung)

Tab. 5.1 Auszug identifizierter Maßnahmen. (Eigene Darstellung)

Abkürzung	Erläuterung
Kommunikationsmaßnahmen	
Info	Virtuelle oder reale Informationszentren zu eNFZ, Kosten und Förderungsmaßnahmen
Regulative Maßnahmen	
NoAccess	Zufahrtsprivilegien für eNFZ zu Gebieten mit Beschränkungen für NFZ über 7,5 t
Bays	Erlaubnis für eNFZ, in innerstädtischen Bereichen privilegierte Ladezonen zu nutzen
BusLanes	Erlaubnis für eNFZ, auf Busspuren zu fahren
Certificates	Zertifizierung von Transportunternehmen mit ökologischen Flotten
DrLicense	Erlaubnis für Fahrer von eNFZ mit einem Führerschein der Klasse B, eine Fracht zu transportieren, die mit konventionellen 3,5 t Dieselfahrzeugen vergleichbar ist
LEZ	Umweltzone für Nutzfahrzeuge mit 3,5 t und darüber
Lots	Kostenloses und/oder bevorrechtigtes Parken für emissionsfreie Fahrzeuge
Noise	Zugangsprivilegien für eNFZ für Ruhezonen oder bei Nacht
PedZones	Zugang für emissionsfreie Fahrzeuge mit City-Logistik-Ansatz zu Fußgängerzonen
ZEZ	Zugangsprivilegien für emissionsfreie Fahrzeuge für emissionsfreie Zonen
Finanzielle Maßnahmen	
AFA	50 % steuerliche Abschreibung im Jahr des Kaufs von eNFZ
Cash	Subventionen des Kaufpreises
City-Maut	Befreiung von eNFZ von einer City-Maut
Diesel	Abschaffung des Steuervorteils für Dieselkraftstoff von 0,184 €/L (exklusive Mehrwertsteuer)
TaxIncent	Steueranreiz von 100 €/kWh (bis zu 20 kWh pro Fahrzeug)
Tenders	Anfordern von emissionsfreien Nutzfahrzeugen bei staatlichen Ausschreibungen mit Gütertransport
Organisatorische Maßnahmen	
Charging	Fördern von Ladeinfrastruktur auf Unternehmensgelände
CycleLanes	Verbesserung der Radweginfrastruktur, Erleichterung des Gütertransports mit Lastenfahrrädern
Hubs	Platz für Mikrokonsolidierungszentren für eNFZ, damit sie im näheren Umkreis operieren und ihre Batterie während der Frachtverladung laden können
Repair	Unterstützung der Errichtung von Reparatur- und Servicewerkstätten für eNFZ

regulativer Maßnahmen, wie z. B. Zufahrtsprivilegien. Besonders die Analyse der Unterschiede bei der Bewertung von Fördermaßnahmen beinhaltet wertvolle Erkenntnisse: Beispielsweise hielten die politischen Entscheidungsträger_innen es für nicht durchführbar, die derzeitige steuerliche Bevorteilung von Dieselkraftstoff im Vergleich zu Benzin von 0,184 €/L (exklusive Mehrwertsteuer) abzuschaffen, während die eNFZ-Nutzer_innen die Maßnahme als eine der durchführbarsten langfristigen Maßnahmen einstuften (obwohl ihnen diese Maßnahme am wenigsten gefiel, als sie direkt danach gefragt wurden). Dieses

Beispiel unterstreicht die Komplexität der Fragestellung und zeigt, dass es wichtig ist, politische Fördermaßnahmen mit unterschiedlichen Kriterien und von unterschiedlichen Interessengruppen zu bewerten.

Die Studie von Taefi et al. (2016a) legt nahe, dass empfehlenswerte politische Maßnahmen zur Unterstützung von eNFZ von allgemeinen Fördermaßnahmen für die Elektromobilität abweichen, da letztere häufig auf die Unterstützung der Elektromobilität bei der Personenbeförderung abzielen. Zum Beispiel stuften die politischen Entscheidungsträger_innen die Wirksamkeit des Angebots von kostenlosen und/oder bevorrechtigten Parkplätzen höher ein als das Angebot bevorrechtigter Ladezonen. Diese Einschätzung stand im Gegensatz zur Bewertung der eNFZ-Nutzer_innen, die die Ladezonen als eine geeignetere politische Fördermaßnahme für den elektrischen Straßengütertransport bewerteten. Eine klare Unterscheidung zwischen den Anforderungen der unterschiedlichen Transportsegmente ist entscheidend für die Auswahl geeigneter Maßnahmen.

Außerdem legt die Studie nahe, dass die Kommunen klare Ziele definieren müssten, wenn emissionsfreie Fahrzeuge gefördert werden sollen. Diese Ziele sollten die Auswahl der Maßnahmen leiten: Sollen hohe Einsparungen der Emissionen erreicht werden (Umweltziel – Auswahl wirkungsvoller Maßnahmen)? Sollen die effizientesten Maßnahmen gewählt werden (budgetbestimmte Entscheidungen – Auswahl wirtschaftlicher Maßnahmen)? Sind die anderen Interessengruppen stark und müssen sie in Betracht gezogen werden (Auswahl sozialverträglicher Maßnahmen)? Soll die Richtlinie so schnell wie möglich implementiert werden (Auswahl kurzfristiger Maßnahmen) oder eher den Weg bereiten für eine nachhaltigere Zukunft (Auswahl struktureller Maßnahmen, für die häufig ein längerer Planungshorizont erforderlich ist)? Je nach den Antworten auf diese Fragen sind unterschiedliche Maßnahmen empfehlenswert.

5.3.2 Kaufprämien versus Subvention des Betriebs der elektrischen Nutzfahrzeuge

Die Abb. 5.2 lässt erkennen, dass Kaufprämien die politische Fördermaßnahme waren, die den eNFZ-Nutzer_innen am häufigsten zur Verfügung stand. In den Niederlanden können eNFZ-Käufer einen Umweltzuschuss beanspruchen, der 36 % des Kaufpreises beträgt, begrenzt auf einen Maximalbetrag von 50.000 € (Netherlands Enterprise Agency 2015). Derzeit wird in Deutschland über Zuschüsse von 3000 € (Umweltbonus) für gewerblich genutzte Elektrofahrzeuge diskutiert, um die geringe Marktakzeptanz von Elektrofahrzeugen zu überwinden. Zugleich zeigt Abb. 5.2, dass logistiktreibende Unternehmen auf eine Steigerung der Nutzung von eNFZ abzielten, um von den vergleichsweise niedrigeren variablen Betriebskosten der Fahrzeuge zu profitieren und die Betriebskostenlücke zu verkleinern. Betriebskostenkalkulationen in der Fachliteratur schlagen zudem vor, die Kilometerleistung der elektrisch betriebenen Nutzfahrzeuge zu erhöhen und damit die höheren Kaufpreise auszugleichen (Lee et al. 2013; Feng und Figliozzi 2013; Lebeau et al. 2015), obgleich die Autoren auch erwähnen, dass die häufigeren Batteriewechsel,

die bei gesteigerter Nutzung erforderlich werden, die Kostenvorteile beeinträchtigen können. Außerdem ist die Nutzung konventioneller Fahrzeuge zuletzt wegen der gefallenen
Öl- und somit gesunkenen Kraftstoffpreise zunehmend attraktiver geworden. Das führt
zu der Frage, wie die Preisentwicklung bei Diesel und die potenziellen Zuschüsse die
Gesamtbetriebskosten für eNFZ beeinflussen, wenn sie bei höherer durchschnittlicher Ta-
geskilometerleistung eingesetzt werden.

Zur Beantwortung dieser Frage wurde ein Kalkulationsmodell entwickelt, das die Lebensdauer der Batterie und die Kosten für Batteriewechsel bei hohen Kilometerleistungen
berücksichtigt (Taefi et al. 2016b). Mithilfe von numerischer Simulation wurden die Gesamtbetriebskosten von drei mittelschweren eNFZ mit 5,5 t, 7,5 t und 12 t berechnet und
mit den Betriebskosten von vergleichbaren konventionellen Fahrzeugen verglichen. Im
Basisszenario wurde die Prognose des Kraftstoffpreises von Brokate et al. (2013, S. 21 f.)
basierend auf dem World Energy Outlook 2012 der Internationalen Energieagentur (IEA)
verwendet. Die Ergebnisse lassen darauf schließen, dass keines der eNFZ wettbewerbsfä-
higer ist als die konventionellen Dieselfahrzeuge, obwohl die Steigerung der Kilometerleistung bei zwei der drei eNFZ zu einer Verkleinerung der Kostenlücke führt.

Der bereits erwähnte mögliche Zuschuss über 3000 € würde die Lücke leicht verringern. Bei einer Neuberechnung der Gesamtbetriebskosten der Fahrzeuge mit einem
Zuschuss über 3000 € und unter Heranziehen eines Dieselpreises von 0,95 €/L (0,80 €/L
exklusive Mehrwertsteuer, März 2016) in einem Vergleichsszenario sind aber alle drei
batteriebetriebenen Nutzfahrzeuge auch bei steigender Nutzung teurer. Die Abb. 5.4 stellt
die Veränderungen bei der Kostenentwicklung zwischen dem Basisszenario und dem Vergleichsszenario für das Zwölf-Tonnen-Fahrzeug dar. Trotz des Zuschusses führt der nied-
rigere Dieselpreis bei jeder Kilometerleistung zu einer größeren Kostenlücke bei dem
Vergleichsszenario. Bei höherer Kilometerleistung nehmen die Kostenunterschiede sogar
weiter zu.

Die Sensitivitätsanalyse in der Studie (Taefi et al. 2016b) legt nahe, dass die Steigung der Kurve in Abb. 5.4 am empfindlichsten auf den Dieselverbrauch und den Dieselpreis der konventionellen Vergleichsfahrzeuge reagiert. Weitere wichtige Faktoren sind
der Energieverbrauch des eNFZ und der Energiepreis sowie, in kleinerem Ausmaß, der
Kaufpreis und die Garantie für die Batterie des eNFZ.

Diese Analyse zeigt, dass nur eine hohe Kaufprämie die Kostenlücke zwischen den mittelschweren eNFZ und vergleichbaren konventionellen Fahrzeugen signifikant verkleinern
würde. Bei einem relativ niedrigen Dieselpreis (wie im Jahr 2016) würden alle drei in der
Beispielrechnung genutzten mittelschweren eNFZ weniger wettbewerbsfähig werden, je
mehr sie eingesetzt werden. Die Zunahme der Kosten pro Kilometer beim konventionellen Fahrzeug ist der wirkungsvollste Hebel für die relative Reduzierung der vergleichbaren
Betriebskosten der mittelschweren eNFZ und erhöht somit deren Wettbewerbsfähigkeit.
Mögliche finanzielle Fördermaßnahmen wären daher z. B. die Rücknahme der Steuer-
vorteile von 0,184 €/L (ohne Mehrwertsteuer) für Dieselkraftstoff an Tankstellen oder
die Einführung einer kilometerabhängigen City-Maut für konventionelle Lastkraftfahr-
zeuge. Gleichzeitig könnten die Kosten für eNFZ pro Kilometer reduziert werden, indem

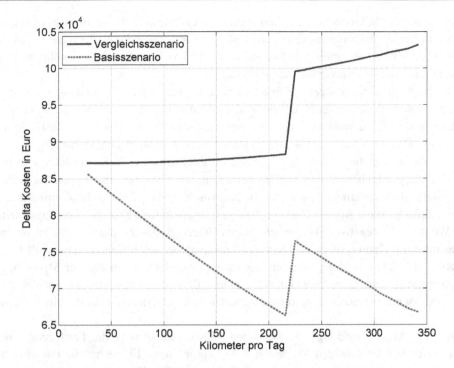

Abb. 5.4 Entwicklung der Gesamtbetriebskosten für verschiedene Szenarios. (Eigene Darstellung)

firmeneigene (Schnell-)Ladeinfrastrukturen subventioniert oder Steuern und Umweltabgaben auf die Energie zur Wiederaufladung der eNFZ gesenkt werden. Dies lässt den Schluss zu, dass diese finanziellen Fördermaßnahmen ein wichtiger Hebel zur Förderung von Elektromobilität im städtischen Güterverkehr für größere Elektrofahrzeuge sind. Letztendlich nehmen die Vorteile von emissionsfreien eNFZ für die Luftqualität vor Ort und die Lärmemission zu, je mehr mit einem Diesel zurückgelegte Kilometer durch eNFZ ersetzt werden.

5.4 Diskussion

Es wird ein Transition-Management-Ansatz angewandt, um die in Deutschland unternommenen Maßnahmen zur Elektromobilität zu analysieren. Ziel ist es, die Erkenntnisse in eine Gesamtmethode einzubetten und zu erörtern, ob Transition-Management eine adäquate Methode darstellen könnte, um die Nachhaltigkeit des urbanen Straßengütertransports durch eine Förderung von eNFZ zu steigern. Die Methode des Transition-Managements wird beispielsweise in den Niederlanden angewendet, um komplexe Übergangsprozesse, z. B. hin zu nachhaltiger Mobilität, zu bewältigen (Farla et al. 2010). Das Konzept des Transition-Managements wurde vorgeschlagen, um Innovationen zu fördern, die in

Nischen auf der Mikroebene entstehen, damit auf der Mesoebene die oftmals technologiezentrierten Fördermaßnahmen erweitert werden können und der vielfach fragmentierte Support durch eine übergreifende Vision auf der Makroebene zusammengeführt werden kann (Kemp und Rotmans 2004; Kemp et al. 2011).

Die heutigen Elektrofahrzeuge sind technisch für bestimmte Anwendungen im städtischen Güterverkehr geeignet, da die Routenplanung und die gemischten Flotten von Unternehmen die Auswahl geeigneter Fahrten vielfach erlauben (Taefi et al. 2015; Tenkhoff et al. 2012; Green et al. 2014; Aichinger 2014). In Abschn. 5.1 wurde hervorgehoben, dass in Bezug auf die Anzahl von Fahrzeugen zweimal so viele Elektrofahrzeuge bei Nutzfahrzeugen registriert sind wie bei Personenkraftfahrzeugen. In Abschn. 5.2 wurde dargestellt, dass logistiktreibende Firmen intrinsisch motiviert sind, eNFZ einzusetzen. Grund dafür kann die Aussicht auf kurzfristige oder zukünftige Kosteneinsparungen sein, der Wunsch, die negativen Auswirkungen des Güterverkehrs auf die Umwelt zu verringern, oder die Option, ihren nachhaltigen Transport bei der Kommunikation mit ihren Kunden als Unterscheidungsmerkmal zu nutzen. Von daher kann auf der Mikroebene für Elektromobilität im urbanen Güterverkehr eine Bottom-up-Bewegung beobachtet werden. Dies ist eine Voraussetzung für die Anwendung eines Transition-Management-Schemas.

Auf der Makroebene legt der Transition-Management-Ansatz die Festlegung einer übergreifenden, langfristigen Vision nahe. Auf europäischer Ebene hat die Europäische Kommission zwei Ziele für den Transport in Stadtzentren bis 2030 festgelegt: „Halbierung der ‚konventionell angetriebenen' Fahrzeuge im Stadtverkehr bis 2030" bei der Personenbeförderung und „Erzielen einer in größeren Stadtzentren bis 2030 im Wesentlichen CO_2-freien City-Logistik" beim Güterverkehr (European Commission 2011, S. 9). Diese Ziele sollen eine Verringerung der Treibhausgas- und weiterer Emissionen herbeiführen. Auf nationaler Ebene hat die Bundesregierung zwei Ziele formuliert, die in den Medien sehr präsent sind: Bis zum Jahr 2020 sollen eine Million Elektrofahrzeuge auf den Straßen fahren (NPE 2014, S. 3) und die Treibhausgasemissionen bis 2020 um 40 % reduziert werden, verglichen mit den Werten von 1990 (BMUB 2014, S. 2). Diese Ziele führen zu einer Konzentration auf den Bereich der (privaten) Personenbeförderung: Um eine größere Anzahl an Fahrzeugen zu ersetzen und Treibhausgasemissionen zu verringern, ist der Personenkraftfahrzeugmarkt der wichtigste Hebel. Denn Personenkraftfahrzeuge machen 83 % des zugelassenen Fahrzeugbestands aus (Kraftfahrt-Bundesamt 2015) und stoßen z. B. in der zweitgrößten Stadt Deutschlands, Hamburg, 77 % der Treibhausgasemissionen aus (Groscurth et al. 2010). Gleichzeitig sind aber Nutzfahrzeuge über 3,5 t in Hamburg für 45 % der Stickoxidemissionen (NO_x) im Verkehr verantwortlich (Böhm und Wahler 2012) und tragen beträchtlich zu weiteren Luftschadstoffen wie Feinstaub sowie zu Lärm bei (Menge 2013). Trotzdem wird keine nationale Vision für die Entwicklung des (urbanen) Güterverkehrs auf breiter Ebene kommuniziert. Trotz der fehlenden nationalen Vision legen viele Städte beim Güterverkehrsegment den Schwerpunkt zunehmend auf Pläne zur Luftqualität und Lärmbekämpfung. In diesen Plänen findet jedoch die Elektromobilität im urbanen Güterverkehr häufig noch keine größere Beachtung und vorhandene Versuche sind eher bruchstückhaft.

Mit den bestehenden Voraussetzungen auf der Mikroebene und einer umzusetzenden Vision auf der Makroebene schlägt der Transition-Management-Ansatz vor, die Handlung im Folgenden auf die konzeptionelle Ebene zu verlegen – die sog. Mesoebene: Entwickeln nachhaltiger Richtlinien und Praktiken, Zusammenbringen von Expert_innen und Interessengruppen zur Bildung von Netzwerken und Implementierung von Experimenten. Nach Durchführung einer sog. Transitionsrunde werden die erzielten Ergebnisse evaluiert und die langfristigen Ziele und die nächsten Schritte angepasst. Der in Farla et al. (2010) beschriebenen Transitionstheorie zufolge sind mehrere Transitionsrunden notwendig und es können vier Entwicklungsphasen identifiziert werden:

- Vorentwicklung,
- Beginn,
- Beschleunigung und
- Stabilisierung.

Die Hindernisse, die bei der Implementierung einer nachhaltigen Erfindung auftreten, können sich über die Phasen hinweg ändern, weshalb eine Identifizierung der Phasen wichtig ist (Farla et al. 2010).

Eine Überprüfung der Praxis in Deutschland zeigt, dass die Bundesregierung einer ähnlichen Strategie folgt. Es wurden ein Netzwerk aus Industrieunternehmen, Expert_innen aus der Wissenschaft, politischen Entscheidungsträger_innen und Nichtregierungsorganisationen etabliert und verschiedene Rahmenpläne zur Unterstützung von Experimenten implementiert, so z. B. in den Schaufenster- und Modellregionen Elektromobilität. Die Pläne erleichtern den Austausch zwischen Förderprojekten und dem Expertengremium, der NPE, die die Fortschritte in Berichten auswertet und die Bundesregierung berät. Ihrem letzten Bericht nach hat Deutschland bereits im Jahr 2014 die erste Marktvorbereitungsphase abgeschlossen und ist in die Markthochlaufphase eingetreten, die bis 2017 dauert und von einer Massenmarktphase abgelöst wird (NPE 2014). Die Phasen entsprechen den ersten drei zuvor erwähnten Phasen des Transition-Management-Modells. Während sich die Marktvorbereitungsphase hauptsächlich durch Investitionen von über 1,5 Mrd. € in Entwicklung und Pilotprojekte auszeichnete (GGEMO 2014), ist die derzeitige Phase geprägt von der Verabschiedung des Elektromobilitätsgesetzes für elektrisch betriebene Personenkraftwagen und leichte Nutzfahrzeuge sowie einer Debatte zur Subventionierung des Kaufpreises zur Unterstützung der Markteinführung. Die Ergebnisse zur Elektromobilität bei Gütertransporten werden innerhalb von Gruppen und im Rahmen der gewerblichen Beförderung diskutiert. Die gewerbliche Beförderung umfasst dabei beide Segmente, kommerzielle Personenbeförderung und den gewerblichen Güterverkehr.

Unternehmen, die eNFZ einsetzen möchten, sehen sich jedoch mit Barrieren bei der Technologie, den Vorschriften und der Infrastruktur konfrontiert, die nahelegen, dass die Entwicklungen und die Unterstützung für Elektromobilität im gewerblichen Güterverkehr hinter dem Segment der kommerziellen Personenbeförderung zurückbleiben. Zum Beispiel ist die Auswahl bei den eNFZ-Modellen im Vergleich zu der bei elektrisch betriebenen Personenkraftwagen sehr beschränkt und es sind nur teure Fahrzeuge, die es nicht in Serie gibt, verfügbar (technologische Barriere). Zudem sind in Deutschland eNFZ über 4,25 t vom Elektromobilitätsgesetz ausgenommen (EmoG 2014), das eine Kennzeichnung von Elektrofahrzeugen als rechtliche Grundlage zur Gewährung von Privilegien vorsieht (regulatorisches Hindernis). Während der Aufbau einer öffentlichen Ladeinfrastruktur oft als der wichtigste Punkt zur Ermöglichung von Elektromobilität für ePKW genannt wird, ist die Unterstützung einer (Schnell-)Ladeinfrastruktur bei den Unternehmen weit weniger beachtet worden. Breite Radwege, die einen praktikablen Einsatz von sperrigen und schnellen Lastenrädern zulassen, sind selten (Infrastrukturbarriere). Solche Faktoren behindern häufig neue nachhaltige Technologien und waren einer der ursprünglichen Gründe, warum in den Niederlanden ein Transition-Management-Ansatz vorgeschlagen wurde (Kemp et al. 1998). Die in dieser Studie vorgestellten Ergebnisse heben hervor, wie wichtig die eindeutige Trennung der Segmente des gewerblichen Güterverkehrs und der kommerziellen und privaten Personenbeförderung ist, da sich die Voraussetzungen, Erfordernisse und Barrieren voneinander unterscheiden.

5.5 Fazit

Die vorliegende Studie trägt zum wissenschaftlichen Diskurs bei, indem sie den Ansatz des Transition-Managements auf das Segment des elektrisch betriebenen urbanen Güterverkehrs in Deutschland anwendet, um dessen Nachhaltigkeit zu steigern. Die Schlussfolgerung ist, dass das Transition-Management eine geeignete Methode zur Analyse der derzeitigen Entwicklungsphase der Elektromobilität im Güterverkehr ist.

Die Methode erweist sich als geeigneter Ansatz zur Konsolidierung des bestehenden Innovationspotenzials auf dem Güterverkehrmarkt, indem die Schaffung einer gemeinsamen Vision für einen nachhaltigen städtischen Güterverkehr auf der Makroebene angeregt wird. Denn trotz der Vorteile der Elektromobilität für die Luftqualität und die Lärmemissionen in der Stadt ist die Unterstützung für die Elektromobilität im Güterverkehr vergleichsweise begrenzt: Die Anzahl der Lastkraftwagen ist verglichen mit der der Personenkraftwagen relativ klein. Eine Unterstützung der Einführung von eNFZ würde daher nur einen geringen Beitrag zur Statistik für Elektrofahrzeuge leisten, selbst dann, wenn ein größerer Anteil der Lastkraftwagen ein elektrisches Antriebssystem hätte. Ein weiterer Faktor, durch den der statistische Effekt geringer ausfällt, ist die mögliche Substitution von (größeren) Transportfahrzeugen durch noch nachhaltigere Lastenräder. Demnach würde eine Unterstützung von eNFZ nur Auswirkungen auf das Ziel Deutschlands haben, mit einer Million Elektrofahrzeugen auf der Straße bis 2020 Leitmarkt zu werden. Es wird daher weitere Forschung für die Formulierung einer Vision für das Segment des nachhaltigen urbanen Güterverkehrs auf der Makroebene des Transition-Management-Ansatzes empfohlen.

Eine solche Vision würde den bestehenden, fragmentierten Bemühungen auf der lokalen Mikroebene eine Richtlinie bieten. Eine optimale Vorgehensweise für die Bündelung lokaler Bemühungen zu einem Konzept liefern beispielsweise die Niederlande. Hier haben acht größere und 18 kleinere Kommunen mit Interessengruppen, Frachtunternehmen und Ministerien einen sog. Zero Emission Urban Logistics Green Deal abgeschlossen, um in ihren Gemeinden bis 2020 den emissionsfreien städtischen Güterverkehr zu maximieren (Netherlands Enterprise Agency 2015). Weitere Forschungsarbeiten sind notwendig, um den Transition-Management-Ansatz für eNFZ anzuwenden und im zweiten Schritt aus einer gemeinsamen Vision für den deutschen urbanen Gütertransport konkrete Maßnahmen zur Bündelung und weiteren Förderung der lokalen Aktivitäten zu entwickeln.

Des Weiteren lässt die vorliegende Studie den Schluss zu, dass sich der elektrisch betriebene urbane Güterverkehr in einer anderen Entwicklungsphase befindet als die kommerzielle Personenbeförderung. Demnach ist die zur Förderung der elektrisch betriebenen Personenbeförderung diskutierte finanzielle Förderung nur eine der möglichen politischen Maßnahmen, die zur Unterstützung des elektrisch betriebenen Güterverkehrssegments möglich ist. Während Steueranreize in Form von Kaufprämien von den Unternehmen gewiss sehr begrüßt werden, zeigt diese Studie, dass es wichtig ist, zugleich das Verhältnis der Kostenvorteile von Elektrofahrzeugen pro Kilometer im Vergleich zu Dieselfahrzeugen zu verbessern, damit nicht nur der Verkauf subventioniert, sondern auch der Betrieb der eNFZ unterstützt wird. Besonders die Wirkung der regulativen Maßnahmen der Politik zur Unterstützung der eNFZ wird von den politischen Entscheidungsträger_innen unterschätzt. Die Ausweitung des deutschen Elektromobilitätsgesetzes auf eNFZ über 4,25 t und die Implementierung von Privilegien für eNFZ vor Ort sind wertvolle Instrumente zur Unterstützung und Stärkung des vorhandenen Innovationspotenzials von logistiktreibenden Unternehmen. Strukturmaßnahmen wie firmeneigene Ladeinfrastrukturen und Radwege, die für Lastenräder geeignet sind, würden die Einführung der Elektromobilität im urbanen Gütertransport darüber hinaus unterstützen. Um zukünftige politische Unterstützungsmaßnahmen auf der Mesoebene des Transition-Management-Ansatzes abzuleiten, werden weitere Studien empfohlen, da sich das Marktumfeld für den elektrischen Gütertransport stetig und schnell wandelt: Im Jahr 2016 haben große Nutzfahrzeughersteller erstmalig angekündigt, eNFZ serienmäßig herzustellen, was ein weiteres Sinken der Kaufpreise durch Skaleneffekte erwarten lässt; elektrisch unterstützte Lastenräder gehören in Städten mittlerweile zum gewohnten Bild. Durch das autonome und vernetzte Fahren wird jedoch auch der Gütertransport einen tiefgreifenden Wandel erfahren, sei es durch batteriebetriebene autonome Zustellroboter (Hermes 2016) oder Lieferdrohnen (DHL 2016), wie sie die großen deutschen Logistikunternehmen derzeit testen, oder durch neue autonome kooperative Fahr- und Lieferstrategien. Für die bestehenden und zukünftigen Ausprägungen des lokal emissionsfreien Gütertransports gilt es, ein gesamtheitliches politisches Rahmenkonzept zu erarbeiten, das nicht eine einzelne Technologie, wie Elektromobilität im urbanen Gütertransport, fördert, sondern eine ganzheitliche Orientierungshilfe für den nachhaltigen urbanen Gütertransport bietet.

Literatur

Aichinger W (2014) Elektromobilität im städtischen Wirtschaftsverkehr. Berlin: Deutsches Institut für Urbanistik. https://www.now-gmbh.de/content/5-service/4-publikationen/1-begleitforschung/elektromobilitaet_im_staedtischen_wirtschaftsverkehr.pdf. Zugegriffen: 01. November 2016

BMUB (2014) Aktionsprogramm Klimaschutz 2020. Bundesministerium für Umwelt, Naturschutz, Bau und Reaktorsicherheit, Berlin. http://www.bmub.bund.de/fileadmin/Daten_BMU/Download_PDF/Klimaschutz/klimaschutz_2020_aktionsprogramm_eckpunkte_bf.pdf. Zugegriffen: 01. November 2016

Böhm J, Wahler G (2012) Luftreinhalteplan für Hamburg, 1. Fortschreibung 2012. Behörde für Stadtentwicklung und Umwelt, Hamburg. https://www.hamburg.de/contentblob/3744850/f3984556074bbb1e95201d67d8085d22/data/fortschreibung-luftreinhalteplan.pdf. Zugegriffen: 01. November 2016

Brokate J, Özdemir ED, Kugler U (2013) Der Pkw-Markt bis 2040: Was das Auto von Morgen antreibt. Technical Report, Deutsches Zentrum für Luft- und Raumfahrt e. V. http://www.dlr.de/dlr/presse/Portaldata/1/Resources/documents/2013/DLR-Studie_Pkw-Markt_2040_MQPBDJRL7FdcF45_(1).pdf. Zugegriffen: 01. November 2016

Dablanc L (2011) Commercial Goods Transport, Paris, France. Case Study Prepared for the Global Report on Human Settlements 2013. http://unhabitat.org/wp-content/uploads/2013/06/GRHS.2013.Case_.Study_.Paris_.France.pdf. Zugegriffen: 01. November 2016

DHL (2016) DHL Paketkopter startet zu Forschungszwecken ersten Linienbetrieb. http://www.dpdhl.com/de/presse/pressemitteilungen/2014/dhl_paketkopter_startet_forschungszwecke_linienbetrieb.html. Zugegriffen: 01. November 2016

E-Mobility NSR (2013) Comparative Analysis of European Examples of Schemes for Freight Electric Vehicles. Compilation Report. Aalborg, Denmark. http://e-mobility-nsr.eu/fileadmin/user_upload/downloads/info-pool/E-Mobility_-_Final_report_7.3.pdf. Zugegriffen: 01. November 2016

EmoG (2014) Gesetz zur Bevorrechtigung der Verwendung elektrisch betriebener Fahrzeuge (Elektromobilitätsgesetz – EmoG). Drucksache 80/15

European Commission (2011) White Paper: Roadmap to a Single European Transport Area – Towards a Competitive and Resource Efficient Transport System. doi:10.2832/30955

Farla JCM, Alkemade F, Suurs RAA (2010) Analysis of Barriers in the Transition Toward Sustainable Mobility in the Netherlands. Technol Forecast Soc Change 77:1260–1269. doi:10.1016/j.techfore.2010.03.014

Feng W, Figliozzi M (2013) An Economic and Technological Analysis of the Key Factors Affecting the Competitiveness of Electric Commercial Vehicles: A Case Study from the USA Market. Transportation Res Part C 26:135–145. doi:10.1016/j.trc.2012.06.007

GGEMO (2014) Regierungsprogramm Elektromobilität – Bislang umgesetzte Maßnahmen, 02.12.2014. http://www.bmwi.de/BMWi/Redaktion/PDF/P-R/regierungsprogramm-elektromobilitaet-massnahmenliste,property=pdf,bereich=bmwi,sprache=de,rwb=true.pdf. Zugegriffen: 01. November 2016

Green EH, Skerlos SJ, Winebrake JJ (2014) Increasing Electric Vehicle Policy Efficiency and Effectiveness by Reducing Mainstream Market Bias. Energy Policy 65:562–566. doi:10.1016/j.enpol.2013.10.024

Groscurth HM, Bode S, Kühn I (2010) Basisgutachten zum Masterplan Klimaschutz für Hamburg: Möglichkeiten zur Verringerung der CO_2-Emissionen im Rahmen einer Verursacherbilanz. Hamburg. https://www.hamburg.de/contentblob/4356142/d35ac390ff234478e818023286d2a2b4/data/d-basisgutachten-mapla.pdf. Zugegriffen: 01. November 2016

Hermes (2016) Zustellung per Roboter: Pilottest von Hermes und Starship in Hamburg. https://newsroom.hermesworld.com/zustellung-per-roboter-pilottest-von-hermes-und-starship-in-hamburg-10109/. Zugegriffen: 01. November 2016

Hood C, Margetts H (2007) The Tools of Government in the Digital Age, 2. Aufl. Palgrave Macmillan, Hampshire, England. ISBN 978-0230001442

Kemp R, Rotmans J (2004) Managing the Transition to Sustainable Mobility. In: Izen BB, Geels FW, Green K (Hrsg) System Innovation and the Transition to Sustainability: Theory, Evidence and Policy. Edward Elgar, Cheltenham, S 137–167. ISBN 978-1843766834

Kemp R, Schot J, Hoogma R (1998) Regime Shifts to Sustainability Through Processes of Niche Formation: The Approach of Strategic Niche Management. Technol Analysis Strateg Manag 10:175–195. doi:10.1080/09537329808524310

Kemp R, Avelino F, Bressers N (2011) Transition Management as a Model for Sustainable Mobility. Eur Transport 47:25–46. doi:10.1016/j.ecolecon.2009.06.027

Kraftfahrt-Bundesamt (2015) Fahrzeugzulassungen (FZ) Bestand an Kraftfahrzeugen nach Umwelt-Merkmalen. http://www.kba.de/SharedDocs/Publikationen/DE/Statistik/Fahrzeuge/FZ/2015/fz13_2015_pdf.pdf?__blob=publicationFile&v=2 (Erstellt: 1. Januar 2015). Zugegriffen: 01. November 2016

Lane BW, Messer-Betts N, Hartmann S, Carley D, Krause RM, Graham JD (2013) Government Promotion of Electric Car: Risk Management or Industrial Policy? Eur J Risk Regul 4:227–246

Lebeau P, Macharis C, Van Mierlo J, Lebeau K (2015) Electrifying Light Commercial Vehicles for City Logistics? A Total Cost of Ownership Analysis. Eur J Transp Infrastruct Res 15:551–569

Lee D-Y, Thomas VM, Brown MA (2013) Electric Urban Delivery Trucks. Environ Sci Technol 47:8022–8030. doi:10.1021/es400179w

McKinsey (2014) Electric Vehicle Index July 2014. https://www.mckinsey.de/elektromobilitaet. Zugegriffen: 01. November 2014

Menge J (2013) Städtischer Wirtschaftsverkehr: Dokumentation der Internationalen Konferenz 2012 in Berlin. In: Arndt W-H (Hrsg) Relevance of Commercial Transport From a Municipality's Perspective. Difu-Impulse, Bd. 3/2013. ISBN 978-3881185189

Merkel A (2013) Elektromobilität bewegt weltweit: Manuskript Angela Merkel. https://www.bundeskanzlerin.de/ContentArchiv/DE/Archiv17/Reden/2013/05/2013-05-27-merkel-elektromobilitaet.html. Zugegriffen: 01. November 2016

Netherlands Enterprise Agency (2015) Electromobility in the Netherlands. Utrecht. https://www.rvo.nl/sites/default/files/2015/04/Electromobility%20in%20the%20Netherlands%20Highlights%202014.pdf. Zugegriffen: 01. November 2016

NPE (2014) Fortschrittsbericht 2014 – Bilanz der Marktvorbereitung. Berlin. https://www.bmbf.de/files/NPE_Fortschrittsbericht_2014_barrierefrei.pdf. Zugegriffen: 01. November 2016

Roland Berger (2015) E-mobility Index, 1st Quarter 2015. München. http://www.fka.de/consulting/studien/2015-03-02/e-mobility_index_03-2015-final_e.pdf. Zugegriffen: 01. November 2016

Steven H (2011) Ergebnisbericht: Zuarbeiten zum Update des Emissionsmodells der neuen Richt-
    linien für den Lärmschutz an Straßen. Unveröffentlicht, verfügbar auf Anfrage beim Umwelt-
    bundesamt

Taefi TT, Kreutzfeldt J, Held T, Fink A (2015) Strategies to Increase the Profitability of Electric Ve-
    hicles in Urban Freight Transport. In: Leal W, Kotter R (Hrsg) E-Mobility in Europe. Springer,
    Berlin, S 367–388. ISBN 978-3319131948

Taefi TT, Kreutzfeldt J, Held T, Fink A (2016a) Supporting the Adoption of Electric Vehicles in
    Urban Road Freight Transport – A Multi-Criteria Analysis of Policy Measures in Germany.
    Transp Rev Part A 91:61–79. doi:10.1016/j.tra.2016.06.003

Taefi TT, Stütz S und Fink A (2016b) Increasing the Mileage of Battery-Electric Medium Duty
    Vehicles: A Recipe for Competitiveness? HSU Institute of Computer Science Research Paper
    Series, No. 16-01. ISSN 2198-3968

Tenkhoff C, Braune O, Wilhelm S (2012) Ergebnisbericht der Modellregionen Elektromobi-
    lität 2009–2011. Berlin. https://www.now-gmbh.de/content/5-service/4-publikationen/3-
    modellregionen-elektromobilitaet/ergebnisbericht_der_modellregionen_elektromobilitaet_
    200.pdf. Zugegriffen: 01. November 2016

Verbeek M, de Lange R, Bolech M (2011) Actualisatie effecten van verkeersmaatre-
    gelen, luchtkwaliteit voor de gemeente Amsterdam. TNO Rapport MON-RPT-2010-
    03057, Delft. https://www.amsterdam.nl/publish/pages/366744/04_bijlage_rapport_effecten_
    maatregelen_concept_201100414_v28_inzage.pdf. Zugegriffen: 01. November 2016

Den Beitrag von kleinen und mittleren Unternehmen zur Umsetzung der Sustainable-development-Goals der Vereinten Nationen – Ein Priorisierungswerkzeug

Meriem Tazir und Dirk Schiereck

6.1 Einleitung

Es herrscht Einigkeit darüber, dass die Übernahme gesellschaftlicher Verantwortung durch Unternehmen ein anspruchsvolles Unterfangen darstellt. Dies resultiert insbesondere daraus, dass komplexe Nachhaltigkeitskonzepte an die jeweiligen Unternehmenskontexte angepasst werden müssen (Hardtke et al. 2014, S. 6) und Unternehmen den Anforderungen ihrer Shareholder Rechnung tragen müssen. Ökonomisch auf dem Markt zu bestehen und gleichzeitig ökologisch und sozial nachhaltig zu agieren, können somit konkurrierende Ziele sein. Insbesondere sind kleine und mittlere Unternehmen (KMU) infolge ihrer Ressourcenknappheit darauf angewiesen, vorhandene Ressourcen besonders effektiv einzusetzen. KMU in Deutschland haben eine hohe volkswirtschaftliche Bedeutung: sie umfassen 99,6 % aller Unternehmen, erwirtschaften mehr als jeden zweiten Euro (56 % des Bruttoinlandsprodukts) und stellen deutlich über die Hälfte aller Arbeitsplätze (59,4 % Arbeitsplätze; BMWI 2014, S. 2).

Die Fähigkeit der KMU, einen Beitrag zu einer nachhaltigen Entwicklung im gesamtgesellschaftlichen Sinn zu leisten, wird jedoch nicht ausgeschöpft (Holliday et al. 2002, S. 28; Laszlo 2008, S. 85). Unternehmen verfügen im Allgemeinen über die Fähigkeit, gemeinsame Werte – sog. Shared Values – zu schaffen, indem sie Unternehmensrichtlinien und -praktiken etablieren, die ihre Wettbewerbsfähigkeit erhöhen und gleichzeitig die gesellschaftlichen Bedingungen verbessern (Porter und Kramer 2011). Dies beruht dar-

M. Tazir (✉) · D. Schiereck (✉)
Fachbereich Rechts- und Wirtschaftswissenschaften, Fachgebiet Unternehmensfinanzierung, TU-Darmstadt
Dieburger Str. 114, 64287 Darmstadt, Deutschland
E-Mail: tazir@e-3.co

D. Schiereck
E-Mail: schiereck@bwl.tu-darmstadt.de

© Springer-Verlag GmbH Deutschland 2017
W. Leal Filho (Hrsg.), *Innovation in der Nachhaltigkeitsforschung*,
Theorie und Praxis der Nachhaltigkeit, DOI 10.1007/978-3-662-54359-7_6

auf, immateriellen Unternehmenswerten wie beispielsweise Reputation, Markenvertrauen, Kundenbindung, Mitarbeiter_innenmotivation oder Behördenbeziehungen eine erhöhte Bedeutung zu verschaffen. Vor diesem Hintergrund ist es von zentraler Bedeutung, dass KMU verstehen, welche Nachhaltigkeitsaspekte tatsächlich zur Wertschöpfung beitragen können und welche Maßnahmen bezogen auf den jeweiligen Unternehmenskontext und das Geschäftsmodell (oder auch Reifegrad – Maturity-Level) zu ergreifen sind. So können Unternehmen effektiv zur Umsetzung der Sustainable-Development-Goals (SDG) der Vereinten Nationen (UN) beitragen, ohne an wirtschaftlicher Leistungsfähigkeit zu verlieren.

In diesem Beitrag wird ein innovatives Priorisierungswerkzeug dargestellt, das es KMU ermöglicht, Nachhaltigkeitspotenziale zu erkennen und geeignete Maßnahmen auszuwählen, um diese Potenziale auch auszuschöpfen. Ziel ist es, KMU ein praktikables Werkzeug an die Hand zu geben, mit dem Hemmnisse abgebaut werden können, um Nachhaltigkeit zielführend zu implementieren und so einen Beitrag zur Umsetzung der UN-SDG zu leisten.

6.2 Methodisches Vorgehen

Es wird eine Methode präsentiert, die es KMU erleichtern soll, Nachhaltigkeit umzusetzen und gleichzeitig ihre wirtschaftliche Leistungsfähigkeit zu bewahren oder sogar zu verbessern. Basierend auf einer Literaturrecherche werden die Thesen aufgestellt, dass

- es sowohl Nachhaltigkeitsthemen gibt, die allgemein und unabhängig vom jeweiligen Geschäftsmodell zur Wertschöpfung beitragen, als auch solche, die nur in Abhängigkeit vom Geschäftsmodell zur Wertschöpfung beitragen.
- die geschäftsmodellunabhängigen Nachhaltigkeitsthemen eine Voraussetzung für die erfolgreiche Umsetzung der geschäftsmodellabhängigen Nachhaltigkeitsthemen bilden.

Der in diesem Beitrag vorgestellte Prototyp des Priorisierungswerkzeugs für KMU – die Sustainability-maturity-Matrix (SMM) wurde basierend auf bestehenden allgemeinen Maturity-Modellen (Reifegradmodelle) und bestehenden Sustainability-maturity-Konzepten entwickelt.

Deren Verwendung hat zum Ziel, für KMU die Komplexität der unterschiedlichen Nachhaltigkeitsansätze zu reduzieren, sodass der Zugang zur Thematik erleichtert wird und Hemmnisse in der Umsetzung abgebaut werden. Nachhaltigkeitsthemen, die positiv zur Wertschöpfung beitragen und durch Literaturrecherche identifiziert wurden, bilden die Basis zur Priorisierung von Nachhaltigkeitsthemen für KMU und den Rahmen der SMM. Abschließend wird eine Fallstudienbetrachtung zur Erprobung des SMM-Prototyps in einem mittelständischen Unternehmen präsentiert. Hierbei wird beschrieben, wie das Unternehmen mithilfe der SMM die wesentlichen Nachhaltigkeitsthemen identifiziert und entsprechend ihres Reifegrads in der Umsetzung einordnet, um darauf aufbauend die Nachhaltigkeitsaktivitäten abzuleiten.

6.3   Wertschöpfungsmechanismen in Unternehmen

Die im Rahmen der Literaturrecherche identifizierten Themen sind in folgende Bereiche strukturiert: „governance", soziale Nachhaltigkeit, ökologische Nachhaltigkeit und Stakeholder-Management. Mit dieser Klassifikation werden die wesentlichen Themen detailliert beschrieben und die Nachhaltigkeitsthemen identifiziert, die eine besondere Relevanz für KMU haben. Die identifizierten Wertschöpfungsmechanismen in Unternehmen umfassen

- die Schaffung direkter Leistungsvorteile,
- die Steigerung der Innovationsfähigkeit und
- die Reduktion von Risiken.

Sie tragen zur Erhöhung der Rendite und zur Verringerung der Fremd- und Eigenkapitalkosten bei und werden direkt und indirekt von zielgerichteten Nachhaltigkeitsaktivitäten in Unternehmen positiv beeinflusst (Eccles et al. 2011; Edmans 2010; Plinke 2008; Lev et al. 2008; Tsoutsoura 2004; Murphy 2002; Hillman und Keim 2001; Cohen et al. 1997). Gezielte Nachhaltigkeitsaktivtäten resultieren in Kosteneffizienz (Energieeffizienz, Materialeffizienz), Stärkung des Markenwerts, Verbesserung der Lieferantenbeziehungen, Motivationssteigerung, Risikoreduzierung, besserer Ermittlung von Kundeninteressen, dem Aufbau von technischem Know-how oder auch Verringerung von Geschäftsrisiken (Pohle und Hittner 2008; Eccles et al. 2011). Des Weiteren ist ein positiver Zusammenhang zwischen den gezielten Nachhaltigkeitsaktivitäten und der Innovationsleistung bei Unternehmen zu beobachten (MacGillivray et al. 2006). Der besondere Stellenwert der Innovation im Bereich Nachhaltigkeit lässt sich gut am Beispiel der industriellen Digitalisierung – Industrie 4.0 – illustrieren, da auf der Suche nach Ressourcen und energieeffizienten Produktionsmöglichkeiten neue Technologien rund um die Themenfelder Big-Data-Management, Digitalisierung, digitaler Zwilling, intelligente Fabrik und „mass customization" Möglichkeiten bieten, effizienter zu produzieren, Wissen im Unternehmen zu behalten und für zukünftige Generationen zugänglich zu machen („organizational memory") sowie flexibler auf Kundenwünsche einzugehen, indem innovative Technologien wie beispielsweise 3D-Druck genutzt werden. Gerade die im Bereich Produkt-Service-Systeme (PSS) entstehenden Innovationen, wie beispielsweise Cloud-Computing, können den Ressourcenkonsum verringern, CO_2-Emissionen einsparen und Investitionskosten für die Nutzer reduzieren (Baillie 2012), da hier das Erfüllen von Kundenwünschen vom Besitz eines Produkts entkoppelt wird (Goedkoop et al. 1999).

Durch Nachhaltigkeitsaktivitäten können Unternehmen zudem guten Willen („goodwill") oder moralisches Kapital kreieren, die im Fall negativer Ereignisse, z. B. Rechts-

Tab. 6.1 Einfluss von Nachhaltigkeitsaktivitäten allgemein auf die Wertschöpfungsmechanismen in Unternehmen

Direkte Leistungsvorteile	Steigerung der Innovationsfähigkeit	Risikoreduktion
Höhere Produktivität Höhere Produktionseffizienz Kostenreduzierung Anziehen und Halten von Talenten Erschließung neuer Segmente Verbesserung von Investor-Relations und damit verbunden der verbesserte Zugang zu Kapital	Schaffung neuartiger Impulse Strategische Früherkennung von Nachhaltigkeitstrends Aktivierung von persönlichem Engagement	Verringerung von Reputationsrisiken Verringerung des Risikos von Rechtsstreitigkeiten Verringerung von Verlustrisiken

streitigkeiten, als Versicherungsschutz fungieren (Godfrey et al. 2008) und damit Verlustrisiken reduzieren. So haben gemäß der empirischen Untersuchung von Godfrey et al. (2008) Unternehmen, die keine Nachhaltigkeitsaktivitäten mit sekundären Stakeholdern unterhielten, im Fall eines Negativereignisses durchschnittlich 72,4 Mio. USD an Aktienwert verloren. Im Vergleich dazu verloren Unternehmen, die Nachhaltigkeitsaktivitäten mit sekundären Stakeholdern unterhielten, im Fall eines Negativereignisses durchschnittlich nur 22,8 Mio. USD (Godfrey et al. 2008, S. 444).

Die Tab. 6.1 fasst die Wertschöpfungsmechanismen zusammen, die durch Nachhaltigkeitsaktivitäten positiv beeinflusst werden können.

6.3.1 Nachhaltigkeitsthemen, die die Wertschöpfung im Unternehmen positiv beeinflussen

Die überdurchschnittliche Wertentwicklung nachhaltiger Unternehmen ist in solchen Sektoren stärker ausgeprägt, in denen Markenwert und Reputation eine größere Rolle spielen (Kunden sind primär Einzelverbraucher [B2C] und nicht Unternehmen [B2B]), sowie in Sektoren, in denen Produkte deutlich von großen Mengen an natürlichen Ressourcen abhängen (Eccles et al. 2011; Lev et al. 2008, S. 185).

Die Literaturrecherche zeigt deutlich, dass die Unternehmen die einzelnen Nachhaltigkeitsthemen unterschiedlich umsetzen (Edmans 2010; Godfrey et al. 2008; Global Reporting Initiative G4 Part I 2015). Dennoch lassen sich auf übergeordneter Ebene die Aktivitäten aller Unternehmen in die folgenden Bereiche gliedern: „governance", Ökologie und Soziales. Die Umsetzung der jeweiligen Inhalte (zusammengefasst in Tab. 6.2) findet sich je nach Unternehmenskontext und Geschäftsmodell mehr oder weniger ausgeprägt in Unternehmen wieder. Zudem nimmt der Bereich des Stakeholder-Managements im Hinblick auf die langfristigen Erfolge eines Unternehmens einen besonderen Stellenwert ein (Evan und Freeman 1988; Greenley und Foxall 1997; Hill und Jones 1992;

Tab. 6.2 Governance-Themen und ökologische sowie soziale Nachhaltigkeitsthemen mit positiven Effekten auf die unternehmerische Leistungsfähigkeit

Governance-Themen	Ökologische Nachhaltig-keitsthemen	Soziale Nachhaltigkeitsthemen
Unternehmensstrategie (mit Berücksichtigung von ESG-Aspekten und Vergütungs-struktur) Transparenz und Qualität der Berichterstattung Wettbewerbswidrige Praktiken Korruption und Bestechung Compliance	Umweltmanagement (Ziele, Effizienz, Produktchancen) Klimawandel und Energie Produktqualität und -sicher-heit (saubere Technologie und Verpackung) Lieferkettenmanagement (Umweltrelevanz, Kontrol-le, Sicherheit)	Mitarbeiter_innenzufriedenheit und -bindung, Aus- und Weiter-bildung, Motivation Arbeitssicherheit und Gesund-heitsschutz Menschenrechte, Kinderarbeit und Arbeitsbedingungen Diversität und Chancengleichheit Beziehungen zu Gemeinden und Corporate-Citizenship

Kotter und Heskett 1992), da die wertschöpfende Umsetzung der Bereiche „governance", Ökologie und Soziales mit der Berücksichtigung aller Anspruchsgruppen verknüpft ist (Donaldson und Preston 1995).

Nachfolgend wird deshalb im Detail aufgeführt, dass den aktuell durchgeführten empirischen Studien zufolge ein signifikant positiver und ökonomisch relevanter Zusammenhang bei Unternehmen besteht, die bestimmte Governance- und ökologische und soziale Nachhaltigkeitsthemen sowie Stakeholder-Management verantwortlich umsetzen.

„Governance"

Der Schlüssel zu einer nachhaltigen Unternehmensführung ist ein Verantwortungsbewusstsein im unternehmerischen Handeln durch ein gutes Governance-System, die sog. „good governance" (Williams 2010). Durch die Berücksichtigung von Umwelt- und gesellschaftlichen Belangen in der Unternehmensstrategie erweitert „good governance" das traditionelle Governance-Verständnis, das den Hauptzweck hat, die Belange von Anteilseignern im Sinn der Prinzipal-Agent-Theorie zu schützen. „Good governance" basiert auf einem Stakeholder-Ansatz und sieht den langfristigen Erfolg eines Unternehmens durch die Berücksichtigung aller Anspruchsgruppen gesichert (Donaldson und Preston 1995).

„Good governance" ist transparentes Handeln durch das Unternehmen im Hinblick auf Vergütungsstrukturen, Bestechung und Korruption, Umwelt- und soziale Aspekte sowie eine offene Berichterstattung dieser nichtfinanziellen Leistungsindikatoren (Eccles et al. 2011). Wirtschaftlich erfolgreiche und gleichzeitig nachhaltige Unternehmen legen mehr nichtfinanzielle Informationen offen, zudem ist deren Umgang mit Stakeholdern durch höhere Eigeninitiative, mehr Transparenz und mehr Verantwortung gekennzeichnet (Eccles et al. 2011). So zeigt die Analyse finanzbuchhalterischer Kennwerte („return on equity" und „return on assets"), dass eine unzureichende Offenlegung von Umwelthaftungsfällen negative Auswirkungen auf die finanziellen Ergebnisse hat (Murphy 2002). Zudem ergab die Analyse, dass Unternehmen mit Corporate-governance-Programmen eine stärkere finanzielle Leistung zeigen (Murphy 2002).

Verantwortlich für die Definition und Umsetzung der Unternehmensstrategie ist der Vorstand oder in kleinen Unternehmen die Geschäftsleitung (Mason und Simmons 2014; OECD 2007). Somit ist das Engagement des Vorstands bzw. der Geschäftsleitung in Nachhaltigkeitsangelegenheiten von entscheidender Bedeutung für die Schaffung einer Kultur der Nachhaltigkeit in der gesamten Organisation (Spitzeck und Hansen 2010; Jo und Harjoto 2011). Erst das Engagement der obersten Führungsebene in Nachhaltigkeitsangelegenheiten und der Fähigkeit des Unternehmens zur transparenten Berichterstattung wesentlicher nichtfinanzieller Informationen sowie deren Nutzung als strategisches Steuerungselement ermöglichen die wirtschaftlich erfolgreiche Implementierung und Umsetzung von Nachhaltigkeitsaspekten.

Die Ergebnisse der Literaturrecherche im Bereich „governance" lassen somit die Vermutung zu, dass das Engagement der obersten Führungsebene in Nachhaltigkeitsangelegenheiten und die Fähigkeit des Unternehmens zur transparenten Berichterstattung wesentlicher nichtfinanzieller Informationen gleichzeitig modellunabhängige Nachhaltigkeitsthemen und die Voraussetzungen für die Integration von Nachhaltigkeit im Unternehmen sind.

Ökologische Nachhaltigkeitsthemen

Die Analyse der in den letzten 20 Jahren durchgeführten Studien zum Thema ökologische und ökonomische Performance zeigt zunehmend eine klare Korrelation zwischen Umweltperformance und Rentabilität der Unternehmen. Dabei fällt auf, dass die im letzten Jahrzehnt durchgeführten Studien im Vergleich zu vorherigen Studien mehrheitlich einen positiven Zusammenhang zwischen guter Umweltperformance, z. B. durch die Umsetzung von Umweltvorschriften, Umweltmanagement, regelmäßige externe Auditierung etc., und Rentabilität im Unternehmen sehen. Insbesondere haben empirische Studien festgestellt, dass Unternehmen mit einer guten Umweltperformance eine stärkere Rendite und Unternehmen mit schlechter Umweltperformance eine schwächere Rendite als der Gesamtmarkt (z. B. S&P 500) erzielen (Murphy 2002; Eccles et al. 2011; Tsoutsoura 2004; Schaltegger und Synnestved 2002; Cohen et al. 1997).

Des Weiteren hat sich herausgestellt, dass Unternehmen, die in innovative Umwelttechnologien zur Vorbeugung von Störfällen investieren, durch günstigere Berichterstattung in den Medien positive Aktienrenditen erzielen. Analog hierzu wurde festgestellt, dass negative Ereignisse im Umweltschutz mit sinkendem Aktienkurs verbunden sind (Murphy 2002).

Die Analyse finanzbuchhalterischer Kennwerte („return on equity" und „return on assets") zeigt, dass mit einer verbesserten Umweltbilanz die finanziellen Ergebnisse verbessert werden und dass schlechte Umweltbedingungen negative Auswirkungen auf die finanziellen Ergebnisse haben (Murphy 2002). Zudem ergab die Analyse, dass Unternehmen mit progressiven Umweltmanagementstrategien einschließlich Umweltaudit (durch externe Akteure) eine stärkere finanzielle Leistung erlangen (Murphy 2002). Dies gilt auch für die Performance von Investmentfonds mit Anlagen in Unternehmen mit überlegenem Umweltprofil; diese sind profitabler als der S&P 500.

Pohle und Hittner (2008) stellen in ihrer Befragung von 250 Topmanagern weltweit zudem eine gesteigerte Kosteneffizienz (durch positive Effekte der Energieeffizienz und Materialeffizienz) sowie eine Reduzierung von Umweltrisiken und Imagerisiken fest (Pohle und Hittner 2008).

Die Ergebnisse der Literaturrecherche lassen die Vermutung zu, dass gerade die Wichtigkeit von Nachhaltigkeitsthemen im Bereich Ökologie spezifisch an den Unternehmenskontext und das Geschäftsmodell gekoppelt sind. Ökologische Themen spielen zudem je nach Unternehmenskontext eine wesentliche Rolle, sind jedoch keine branchenübergreifende Voraussetzung zur erfolgreichen wertschöpfenden Integration von Nachhaltigkeit.

Soziale Nachhaltigkeitsthemen

Das Themenfeld der sozialen Nachhaltigkeit im Unternehmenskontext ist vielfältig. Die bisher getätigten Studien zeigen jedoch, dass insbesondere das Themenfeld rund um Mitarbeiter_innenmotivation und -zufriedenheit branchenübergreifend ein hohes Potenzial hat, direkte Leistungsvorteile zu generieren. So wurde bereits im Jahr 1972 der Zusammenhang zwischen sozial verantwortlichem Handeln gegenüber den Mitarbeiter_innen und erhöhter Produktivität festgestellt (Moskowitz 1972). Dies beinhaltete weniger Ausfallzeiten, verbesserte Produktqualität, weniger fehlerhafte Chargen und weniger Unfälle. Die Analyse der Beziehung zwischen Mitarbeiter_innenzufriedenheit und langfristiger Aktienrendite von 100 Unternehmen über einen Zeitraum von 25 Jahren (1984–2009) zeigte, dass die Zufriedenheit der Mitarbeiter_innen mit positiver Aktienrendite korreliert (Edmans 2010). Zudem wirkt sich eine mitarbeiter_innenorientierte Unternehmenskultur positiv auf das Mitarbeiter_innenengagement aus (Hauser et al. 2008) und damit auf die Produktivität des Unternehmens (Little 2003). Grundsätzlich haben Unternehmen mit hohem Nachhaltigkeitsengagement oftmals eine höhere Fähigkeit, Talente anzuziehen und Mitarbeiter_innen zu halten (Turban und Greening 1997). Dies resultiert wiederum in reduzierter Mitarbeiter_innenfluktuation, reduzierten Einarbeitungszeiten und reduzierten Rekrutierungskosten (Turban und Greening 1997).

Ein weiteres Themenfeld mit direktem Beitrag zur Wertschöpfung ist Diversität und Chancengleichheit. Insbesondere wurde festgestellt, dass Unternehmen mit mehr als zwei Frauen in Topmanagementpositionen oder im Vorstand in Bezug auf Eigenkapitalrendite, „earnings before interest and taxes" (EBIT) und Börsenkapitalisierung ihren Branchendurchschnitt übertreffen (Eigenkapitalrendite 11,4 % vs. durchschnittlich 10,3 %; EBIT 11,1 % vs. durchschnittlich 5,8 %; Börsenkapitalisierung 64 % vs. durchschnittlich 47 %; Woetzel et al. 2007, S. 14).

Beziehungen zu Gemeinden sowie Corporate-Citizenship und deren Wertschöpfungsbeitrag sind stark von Sektor und Kundenstruktur abhängig. Die Korrelation zwischen Spendenaktivität und Umsatzwachstumspotenzial (Kundenzufriedenheit ist das Proxy für Umsatzwachstum, ermittelt am Beispiel von US-amerikanischen Firmen) trägt am effektivsten in den Consumer-product-Sektoren Einzelhandel und Finanzen und Banken zum Umsatzwachstum bei. Firmen, deren Primärkunden Regierungen oder andere Unternehmen sind, können kein Umsatzwachstum durch Spendenprogramme erwarten (Lev et al.

2008, S. 186). Unternehmerische Philanthropie in Form von Spendenprogrammen resultiert dann in Umsatzwachstum, wenn die Kunden als sensibel eingestuft werden, d. h. im Business-to-Customer(B2C)-Bereich.

Die Ergebnisse der Literaturrecherche im Bereich Soziales unterstützen somit die These, dass insbesondere die Mitarbeiter_innenmotivation ein geschäftsmodellunabhängiges Nachhaltigkeitsthema und die Voraussetzung für die Umsetzung von Nachhaltigkeit im Unternehmen ist. Insbesondere für KMU hat die Motivation der Mitarbeiter_innen einen besonderen Stellenwert, um erfolgreich am Markt zu bestehen.

6.3.2 Wichtigkeit von Stakeholder-Management

Die zunehmende Bedeutung der unterschiedlichen Nachhaltigkeitsthemen und die damit verbundenen immateriellen Unternehmenswerte wie beispielsweise Reputation, Markenvertrauen, Kundenbindung, Mitarbeiter_innenmotivation oder Behördenbeziehungen führen dazu, dass Unternehmen die Wechselbeziehungen und Abhängigkeitsverhältnisse zwischen sich und ihren Stakeholdern kennen und pflegen müssen, um einen langfristigen Ertrag zu realisieren (Hillman und Keim 2001). Nach Clarkson (1995, S. 107) hängen Überleben und die anhaltende Profitabilität des Unternehmens von dessen Fähigkeit ab, wirtschaftliche und gesellschaftliche Belange so zu vereinen, dass die Verteilung von Werten und Wohlstand ausreicht, um sicherzustellen, dass jeder Primär-Stakeholder als Teil des dem Unternehmen zugehörigen Stakeholder-Systems bestehen bleibt. Eine Organisation kann somit als eine Reihe von Wechselbeziehungen und Abhängigkeitsverhältnissen zwischen den primären Akteuren gesehen werden (Evan und Freeman 1988; Greenley und Foxall 1997; Hill und Jones 1992; Kotter und Heskett 1992).

Eine gelebte Kultur der nachhaltigen Unternehmensführung beinhaltet ein aktives Stakeholder-Management (Freeman et al. 2004) und stärkt durch die Offenlegung sowohl materieller und als auch immaterieller Unternehmenswerte die Fähigkeit des Unternehmens zur langfristigen Leistungserbringung (Eccles et al. 2011). Die Entstehung eines entsprechenden Wertschöpfungsbeitrags belegen verschiedene empirische Studien (Godfrey et al. 2008; Hillman und Keim 2001).

Die Ergebnisse der Literaturrecherche im Bereich Stakeholder-Management unterstützen somit die These, dass das Verständnis der Bedürfnisse der Anspruchsgruppen und auch deren Priorisierung gleichzeitig ein geschäftsmodellunabhängiges Nachhaltigkeitsthema und die Voraussetzung für die Auswahl der wesentlichen Nachhaltigkeitsthemen sind. Gerade KMU sind mit der Vielzahl der Stakeholder oftmals überfordert und ignorieren deshalb die Wesentlichkeit der Thematik.

6.3.3 These zur Relevanz von Nachhaltigkeitsthemen für Geschäftsmodelle

Die Ergebnisse der Literaturrecherche lassen den Schluss zu, dass es Nachhaltigkeitsthemen gibt, die unabhängig vom Geschäftsmodell für die meisten Unternehmen einen signifikant positiven Beitrag zur Wertschöpfung leisten und dass es Nachhaltigkeitsthemen gibt, die abhängig vom Geschäftsmodell einen signifikant positiven Beitrag zur Wertschöpfung leisten.

Die Literaturrecherche hat ergeben, dass folgende Nachhaltigkeitsthemen im Hinblick auf das Potenzial zur Wertschöpfung für jedes Unternehmen unabhängig vom Unternehmenskontext und Geschäftsmodell von hoher Relevanz sind

- die sozialen Nachhaltigkeitsthemen
  - Mitarbeiter_innenmotivation
- die Governance-Themen
  - Engagement der Geschäftsleitung bzw. des Vorstands und
  - Fähigkeit zur guten Nachhaltigkeitsberichterstattung

Zudem ergab die Literaturrecherche, dass erfolgreich nachhaltige Firmen einen gezielten und strukturierten Dialog mit Anspruchs- und Interessengruppen (Stakeholder-Engagement) unterhielten. Dagegen ergab die Untersuchung, dass insbesondere die Wichtigkeit von ökologischen Nachhaltigkeitsthemen grundsätzlich vom jeweiligen Geschäftsmodell und -sektor abhängig ist; z. B. hat Material- und Ressourceneffizienz im industriellen Sektor eine höhere Relevanz als beispielsweise im Dienstleistungssektor.

Weiterhin ist die Relevanz bestimmter sozialen Themen wie beispielsweise Arbeitssicherheit und Gesundheitsschutz, Menschenrechte, Kinderarbeit und Arbeitsbedingungen, Diversität und Chancengleichheit, Verbraucherschutz, Beziehungen zu Gemeinden und Corporate-Citizenship und Lieferkettenmanagement (Kinderarbeit und Arbeitsbedingungen) sowie bestimmter Governance-Themen (z. B. wettbewerbswidrige Praktiken, Korruption und Bestechung) abhängig vom jeweiligen Geschäftsmodell. Hier kann eine Priorisierung anhand des jeweiligen Geschäftsmodells und der Marktsituation erfolgen.

Ein Aspekt dieses Forschungsprojekts betrifft die potenzielle positive Wirkung bestimmter Nachhaltigkeitsthemen an sich. In welchem Maß sie zu einer tatsächlichen Wertschöpfung beitragen können, ist nach der Recherche in erster Linie von den Voraussetzungen innerhalb des Unternehmens abhängig. Dies führt zu der zweiten These, dass die identifizierten geschäftsmodellunabhängigen Nachhaltigkeitsthemen die Grundlage für die erfolgreiche Umsetzung der geschäftsmodellabhängigen Nachhaltigkeitsthemen bildet. In Abb. 6.1 sind die aufgestellten Thesen grafisch dargestellt.

Die aufgestellten Thesen stützen den Ansatz einer SMM zur Identifizierung geeigneter Maßnahmen, da je nach Reifegrad in der Umsetzung der jeweiligen Themen innerhalb des Unternehmens die korrespondierenden Maßnahmen entsprechend gut oder schlecht umzusetzen sind. Dies erlaubt eine Priorisierung der Maßnahmen und gewährleistet eine

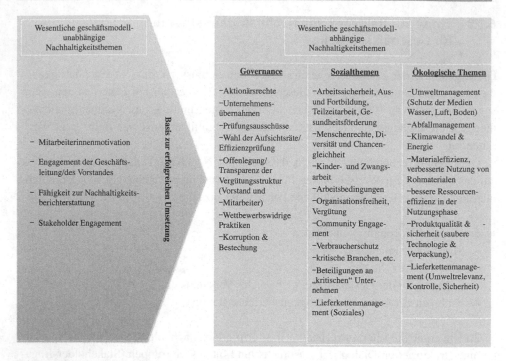

Abb. 6.1 Grafische Darstellung der Thesen

zielführende und effektive Vorgehensweise, was im Rahmen der Fallstudie detaillierte Betrachtung findet.

6.4 Sustainability-maturity-Modelle

Generell hat die Reifegradbetrachtung („maturity level assessment") innerhalb einer Organisation zum Ziel, sowohl ein effizientes Management von Prozessen und Ressourcen zu gewährleisten als auch sicherzustellen, dass die zur erwarteten Leistungserfüllung notwendigen Ressourcen identifiziert und aufgetan werden. Der Aufbau existierender Sustainability-maturity-Modelle fußt mehrheitlich auf dem Capability-maturity-Modell bzw. der Capability-maturity-Modellintegration (CMM bzw. CMMI) der Carnegie Mellon University, einem Reifegradmodell, das seinen Einsatz in der Beurteilung und Verbesserung der (Software-)Prozessqualität findet und dem fünf aufeinanderfolgende Maturity-Level (Reifestufen) zugrunde liegen (Olson et al. 1994; Humphrey 1999; Dymond 2002), wobei die Anforderung an die Qualität mit jeder Stufe steigen. Der Leitgedanke des CMM ist, dass die Qualität von Produkten und Dienstleistungen in direktem Zusammenhang mit der Qualität der jeweiligen zugrunde liegenden Prozesse steht (Cagnin et al. 2011). Die Hauptmerkmale der fünf CMM-maturity-Level nach Olson et al. (1994) und Cagnin et al. (2011) sind im Folgenden zusammengefasst.

1. „Initial" (beginnend): Es existieren keine Prozesse; Kosten, Zeiten und Qualität sind nicht vorhersehbar; Erfolge sind an individuelle Kompetenzen und Fähigkeiten gekoppelt und nicht an Prozessstrukturen. Fähigkeiten sind somit Eigenschaften der Personen und nicht der Organisation.

2. „Repeatable" (wiederholbar): Grundlegende Prozesse existieren. Die Durchführung und Planung neuer Projekte basiert auf Erfahrungen mit vergleichbaren, bereits durchgeführten Projekten. Zeiten, Kosten und Qualität sind halbwegs kontrollierbar, unterliegen teilweise jedoch Schwankungen. Verbesserungspotenziale umfassen die Unterstützung zur Einhaltung von Richtlinienkonformität, das Management von Produktkonfiguration, das Lieferantenmanagement, die Planung und Steuerung von Projekten sowie das Anforderungsmanagement.

3. „Defined" (definiert): Prozesse sind etabliert und definiert; sie basieren auf einem unternehmensweiten Verständnis von Aktivitäten und Verantwortlichkeiten. Zeiten und Kosten sind meist vorhersehbar. Qualität ist teilweise schwankend. Verbesserungspotenziale umfassen die Kommunikation zwischen Organisationseinheiten, unternehmensweite Schulungen, Qualitätsüberwachung und Prozessverbesserungsinfrastruktur.

4. „Managed" (gesteuert): Prozess- und Produktmanagementansatz mit Zielvorgabe, Messung und Überwachung der Zielerfüllung und quantitative Prozesssteuerung wurden imitiert. Zeiten, Kosten und Qualität sind zuverlässig vorhersehbar. Verbesserungspotenziale umfassen die Ermittlung von Ausgangswerten zur Prozesssteuerung und Etablierung quantitativer Managementparameter.

5. „Optimizing" (optimierend): Change-Management-Ansatz mit Fokus auf Prozessverbesserung. Die Organisation konzentriert sich auf die Beseitigung der Ursachen von Fehlern und den Einsatz und die Bewertung von Verbesserungsmaßnahmen. Innovationen und Best-practice-Ansätze werden in die gesamte Organisation übertragen.

Existierende Sustainability-maturity-Modelle transferieren die in zusammengefassten CMM-maturity-Levels auf Themen der Nachhaltigkeit in einer Organisation (Müller und Pfleger 2014; Cagnin et al. 2011; Baumgartner und Ebner 2010). Um die Unternehmenstätigkeiten im Unternehmenskontext als Ganzes zu verstehen, unterstützen in existierenden Sustainability-maturity-Modellen unterschiedliche Rahmenwerke die Identifizierung der Kernaktivitäten des Unternehmens. Dazu gehören z. B. „Porter's value chain" (1985), „Osterwalder und Pigneur's (2010) business model canvas", Komponenten eines Geschäftsmodells nach Bach et al. (2011), Wertschöpfungsnetzwerke nach Bach et al. (2011) oder auch die 55 Business-Model-Patterns, die von Gassmann et al. (2014) identifiziert wurden.

6.4.1 Aufbau der hier vorgestellten Sustainability-maturity-Matrix

Die im Folgenden in Tab. 6.3 und 6.4 vorgestellte SMM hat zum Ziel, die Komplexität der Nachhaltigkeitsthematik sinnvoll zu reduzieren und durch Priorisierung der Themen den Zugang zur Nachhaltigkeitsthematik insbesondere für KMU zu erleichtern und den KMU zu ermöglichen, die Wertschöpfungspotenziale durch Nachhaltigkeitsaktivitäten bestmöglich auszuschöpfen. Die Sustainability-maturity-Matrix basiert auf der in Abb. 6.1 dargestellten Unterteilung zwischen Nachhaltigkeitsthemen, die unabhängig (Tab. 6.3), und beispielhaften Nachhaltigkeitsthemen, die abhängig vom Unternehmenskontext sind (Tab. 6.4). Dargestellt ist in der horizontalen Ebene der jeweilige Reifegrad (erste Zeile), dem für das jeweilige Nachhaltigkeitsthema in der vertikalen Ebene (erste Reihe) eine Beschreibung des Reifegrads zugeordnet ist. Unternehmen können sich somit innerhalb der SMM positionieren.

Durch die Priorisierung im Hinblick auf ihr jeweiliges Wertschöpfungspotenzial werden je nach Maturity-Level des Unternehmens Maßnahmen aufgezeigt, die die Wertschöpfungsfähigkeit erhöhen.

Fallstudie – Mittleres Textilunternehmen in Hessen
Ziel der Fallstudie ist die erste Validierung von Forschungsthesen und die Erprobung der auf den Forschungsthesen aufbauenden SMM. Vor dem Hintergrund, effizient wertschöpfende Maßnahmen zu ergreifen, findet anhand der Positionierung des KMU innerhalb der SMM eine Identifizierung der wesentlichen Maßnahmen statt.

Auf Bitten des an der Fallstudie beteiligten KMU wird der Name aus Wettbewerbsgründen anonym gehalten. Das betrachtete Unternehmen ist aus der Consumer-products-Branche, hat den Firmensitz in Deutschland und etwa 25 Mio. € Umsatz im Jahr 2014. Das Geschäftsmodell des Unternehmens basiert auf In-House-Design mit ausgelagerter Produktion in China, Taiwan, Bangladesch und der Türkei.

Zur Ermittlung des Reifegrads bei der Umsetzung der geschäftsmodellunabhängigen und geschäftsmodellabhängigen Nachhaltigkeitsaspekte wurde eine zweistufige Vorgehensweise gewählt.

1. Zunächst wurden anhand der Analyse des Geschäftsmodells, des Markts und der wesentlichen Geldströme die vorrangigen geschäftsmodellabhängigen Nachhaltigkeitsthemen abgeleitet.
2. Dann wurde der Ist-Zustand für den Reifegrad der geschäftsmodellunabhängigen und geschäftsmodellabhängigen Nachhaltigkeitsaspekte durch
   a. Online-Befragung der Mitarbeiter_innen,
   b. Tiefeninterviews mit der Geschäftsleitung und ausgewählten Abteilungsleitern sowie
   c. Analyse der vorhandenen Prozesse zur Dokumentation und Erfassung von Nachhaltigkeitsthemen erfasst.

Tab. 6.3 Sustainability-maturity-Matrix für geschäftsmodellunabhängige Nachhaltigkeitsaspekte

KMU-relevante Nachhaltigkeitsbereiche – unabhängig vom Geschäftsmodell		1 – „Initial" (beginnend)	2 – „Repeatable" (wiederholbar)	3 – „Defined" (definiert)	4 – „Integriert" – „Managed" (gesteuert)	5 – „Optimizing" (optimierend)
„Governance": Engagement der Geschäftsleitung	Unterstützung	Keine Unterstützung von Nachhaltigkeitsaktivitäten durch die Geschäftsleitung (Cagnin et al. 2011, S. 15)	Informelle Unterstützung der Geschäftsleitung (Cagnin et al. 2011, S. 15)	Formelle Unterstützung Budgets werden zur Verfügung gestellt	Maßnahmen werden proaktiv von der Geschäftsleitung unterstützt	
	Mehrwert/Fokus	Nachhaltigkeitsaktivitäten werden isoliert betrachtet Mehrwert von Nachhaltigkeit wird nicht erkannt (Cagnin et al. 2011, S. 15)	Mehrwert von Nachhaltigkeit wird auf Geschäftsleitungsebene wahrgenommen	Geschäftsleitung erkennt den Mehrwert von Nachhaltigkeit (Baumgartner und Ebner 2010, S. 84)	Geschäftsleitung sieht Nachhaltigkeit als Erfolgsfaktor Maßnahmen werden vorangetrieben (Cagnin et al. 2011, S. 15)	Erfolg kann zunehmend monetär gemessen werden (Global Reporting Initiative G4 PartII 2015)
	Erfolg	Erfolg von Nachhaltigkeitsaktivitäten hängt vom individuellen Engagement der Mitarbeiter_innen ab (Cagnin et al. 2011, S. 15)	Bereits durchgeführte Nachhaltigkeitsprojekte werden wiederholt (Cagnin et al. 2011, S. 7) Es bilden sich Teams auf Mitarbeiter_innenebene, die die Projekte umsetzen	Organisatorische Strukturen entstehen, Verantwortlichkeiten und Bereiche werden definiert (Cagnin et al. 2011, S. 8)	Organisatorische Strukturen für die Umsetzung von Nachhaltigkeitsprojekten sind etabliert Potenziale in neuen Märkten entstehen aufgrund von Nachhaltigkeitsaktivitäten (Cagnin et al. 2011, S. 8)	Die gesamte Organisation lebt nachhaltiges Handeln und Denken (kollektives Verständnis) Infrastruktur zur Umsetzung von Maßnahmen ist vorhanden (Cagnin et al. 2011, S. 10)

Tab. 6.3 (Fortsetzung)

		1 – „Initial" (beginnend)	2 – „Repeatable" (wiederholbar)	3 – „Defined" (definiert)	4 – „Integriert" – „Managed" (gesteuert)	5 – „Optimizing" (optimierend)
KMU-relevante Nachhaltigkeitsbereiche – unabhängig vom Geschäftsmodell	Strategische Einbindung	Keine strategische Einbindung der Thematik (Cagnin et al. 2011, S. 7)	Keine strategische Einbindung der Thematik (Cagnin et al. 2011, S. 7)	Etablierte Maßnahmen, jedoch unabhängig vom Geschäftsmodell (The Integrated Reporting Journey 2014)	Strategische Integration auf Geschäftsmodellebene (The Integrated Reporting Journey 2014)	Ziele und Maßnahmen werden festgelegt Mechanismen zur Zielerfassung sind vorhanden Nachhaltigkeitsfaktoren sind Teil der Vergütungsstruktur (Baumgartner und Ebner 2010, S. 84)
„Governance" – Fähigkeit zur Nachhaltigkeitsberichterstattung	Berichtsumfang, Ziele, Zielerfassung und Berichtsform	Nachhaltigkeitsthemen werden im Jahresbericht und in der Unternehmenskommunikation nicht berücksichtigt Es gibt keine Nachhaltigkeitsbericht (Baumgartner und Ebner 2010, S. 82)	Wenige Nachhaltigkeitsthemen werden in der Unternehmenskommunikation oder im Nachhaltigkeitsbericht adressiert Es gibt keine Zielvorgaben Mechanismen zur Zielerfassung sind nicht vorhanden (Baumgartner und Ebner 2010, S. 82)	Wesentliche Nachhaltigkeitsthemen sind durch das Unternehmen identifiziert und in der Unternehmenskommunikation adressiert Es gibt einen Nachhaltigkeitsbericht Ziele wurden noch nicht identifiziert (Baumgartner und Ebner 2010, S. 82)	Wesentliche Nachhaltigkeitsthemen sind durch das Unternehmen und dessen Stakeholder identifiziert und in der Unternehmenskommunikation adressiert Es gibt einen Nachhaltigkeitsbericht Ziele und Maßnahmen wurden identifiziert und werden kommuniziert (Baumgartner und Ebner 2010, S. 82)	Wesentliche und allgemeine Nachhaltigkeitsthemen sind durch das Unternehmen und dessen Stakeholder identifiziert und in der Unternehmenskommunikation adressiert Es gibt einen integrierten Nachhaltigkeitsbericht Ziele, Maßnahmen und Leistungsindikatoren sind im Einklang mit finanziellen Leistungsindikatoren identifiziert und werden kommuniziert (The Integrated Reporting Journey 2014)

Tab. 6.3 (Fortsetzung)

KMU-relevante Nachhaltigkeitsbereiche – unabhängig vom Geschäftsmodell		1 – „Initial" (beginnend)	2 – „Repeatable" (wiederholbar)	3 – „Defined" (definiert)	4 – „Integriert" – „Managed" (gesteuert)	5 – „Optimizing" (optimierend)
	Kommunikationswege	Minimale Kommunikationswege und -prozesse sind vorhanden (Baumgartner und Ebner 2010, S. 82)	Kommunikationswege und -prozesse sind projektbezogen, z. B. Spendenprojekt	Kommunikationswege und -prozesse sind etabliert und umfassend (Baumgartner und Ebner 2010, S. 82)	Kommunikation ist im Dialog mit den Stakeholdern (Global Reporting Initiative G4 PartII 2015; Baumgartner und Ebner 2010, S. 82)	Kommunikation ist im Dialog mit den Stakeholdern Feedback-Strukturen sind etabliert und werden genutzt (Baumgartner und Ebner 2010, S. 82)
Soziales – Mitarbeiterzufriedenheit und -motivation	Teamstruktur	Umfeld von individuellem Wettbewerb Kein eigenverantwortliches Handeln innerhalb der Organisation Kein Identifikationsgefühl mit der Organisation („sense of ownership")	Struktur einzelner Teams ohne Fokus auf kollektive Leistung Ansätze von Kooperation zwischen den Individuen zur Einbindung der Thematik (Cagnin et al. 2011, S. 8)	Kooperation zwischen unabhängigen Teams Informelle Trainings (Cagnin et al. 2011, S. 8)	Teamarbeit, Bonussysteme (Baumgartner und Ebner 2010, S. 82) Dialog und lernende Organisation	Gemeinsame Vision (Cagnin et al. 2011, S. 10) Eigenständige interdisziplinäre Teamarbeit Partizipation
	Aufgaben	Aufgaben werden verdrängt oder aufgeschoben (Hersey 1992)	Nur die nötigsten Aufgaben werden erledigt (Hersey 1992)	Aufgaben werden gern erledigt Mitarbeiter_innen haben Freude an der Umsetzung (Hersey 1992)	Aufgaben werden mit Begeisterung erledigt (Hersey 1992)	Proaktives Verbessern bestehender Prozesse

Tab. 6.3 (Fortsetzung)

KMU-relevante Nachhaltigkeitsbereiche – unabhängig vom Geschäftsmodell		1 – „Initial" (beginnend)	2 – „Repeatable" (wiederholbar)	3 – „Defined" (definiert)	4 – „Integriert" – „Managed" (gesteuert)	5 – „Optimizing" (optimierend)
Stakeholder-Engagement	Kommunikation, Antrieb	Wesentliche Stakeholder sind identifiziert Partnerschaften und Dialog sind angetrieben durch Funktionalität und Preis (Cagnin et al. 2011, S. 15) Strukturen sind hierarchisch	Partnerschaften mit Primär-Stakeholdern sind angetrieben durch Qualität, Funktionalität und Preis (Cagnin et al. 2011, S. 15) Strukturen sind hierarchisch	Primär- und Sekundär-Stakeholder sind identifiziert Partnerschaften mit Primär-Stakeholdern basieren teilweise auf gemeinsamen Werten und sind dennoch angetrieben durch Qualität, Funktionalität und Preis Strukturen sind partnerschaftlich	Strukturierter und aktiver Stakeholder-Dialog Präventives Konfliktmanagement Partnerschaften basieren auf gemeinsamen Werten (Cagnin et al. 2011, S. 10)	Vertrauensbasierter Umgang mit Stakeholdern Werte und Mission sind gemeinsam definiert (Cagnin et al. 2011, S. 10)

KMU kleine und mittelständische Unternehmen

Tab. 6.4 Sustainability-maturity-Matrix für geschäftsmodellabhängige Nachhaltigkeitsaspekte

KMU-relevante Nachhaltigkeitsbereiche – unabhängig vom Geschäftsmodell	1 – „Initial" (beginnend)	2 – „Repeatable" (wiederholbar)	3 – „Defined" (definiert)	4 – „Integriert" – „Managed" (gesteuert)	5 – „Optimizing" (optimierend)
Soziales – Arbeitssicherheit und Gesundheitsschutz	Rechtskonformität mit nationalen Gesetzen und Vorschriften in Bezug auf Arbeitssicherheit und Gesundheitsschutz (Baumgartner und Ebner 2010, S. 84)	Ziele für wesentliche Arbeitssicherheitsbereiche (z. B. Vermeidung von Todesfällen) Reaktives Verhalten der Organisation in Bezug auf gefährliche Situationen (Baumgartner und Ebner 2010, S. 82)	Organisationsweiter Verhaltenskodex in Bezug auf Arbeitssicherheit existiert Definition von Zielen für Arbeitssicherheit und Gesundheitsschutz Maßnahmen werden proaktiv umgesetzt (Baumgartner und Ebner 2010, S. 82)	Systematische und strukturierte Umsetzung von Maßnahmen und Trainings innerhalb der Organisation	Kultureller Wandel innerhalb der Organisation Arbeitssicherheit und Gesundheitsschutz haben sehr hohe Priorität Einhaltung von Zielen ist Teil der Vergütungsstruktur Systematische und strukturierte Umsetzung von Maßnahmen und Trainings innerhalb der Organisation und der Lieferkette (Baumgartner und Ebner 2010, S. 82)
Soziales – Kinderarbeit und Arbeitsbedingungen	Rechtskonformität mit nationalen Gesetzen und Vorschriften in Bezug auf Kinderarbeit und Arbeitsbedingungen Kein organisationsübergreifender Verhaltenskodex (Baumgartner und Ebner 2010, S. 83)	Grundsatzregeln in Teilbereichen der Organisation sind definiert (Baumgartner und Ebner 2010, S. 83)	Definition eines organisationsübergreifenden Verhaltenskodex (Baumgartner und Ebner 2010, S. 83)	Einführung externer Auditierung zur Überprüfung des Verhaltenskodex	„Ethical sourcing" Partizipation in Initiativen und Vereinigungen Einführung externer Auditierung zur Überprüfung der Umsetzung des Verhaltenskodex innerhalb der Lieferkette

Tab. 6.4 (Fortsetzung)

KMU-relevante Nachhaltigkeitsbereiche – unabhängig vom Geschäftsmodell	1 – „Initial" (beginnend)	2 – „Repeatable" (wiederholbar)	3 – „Defined" (definiert)	4 – „Integriert" – „Managed" (gesteuert)	5 – „Optimizing" (optimierend)
Soziales – Beziehungen zu Gemeinden und Corporate-Citizenship	Keine Corporate-citizenship-Aktivitäten Beziehungen zur Gemeinde sind organisatorischer Natur	Einzelne Corporate-citizenship-Projekte werden gefördert Keine strategische Einbindung der Corporate-citizenship-Aktivitäten in das Geschäftsmodell (Baumgartner und Ebner 2010, S. 85)	Strukturierte Corporate-citizenship-Projekte, jedoch unabhängig vom Geschäftsmodell (Baumgartner und Ebner 2010, S. 85)	Strategische Integration von Corporate-citizenship-Aktivitäten auf Geschäftsmodellebene	Strategische Zusammenarbeit mit Corporate-citizenship-Partnern zur Umsetzung neuer Corporate-citizenship-Projekte
Soziales – Lieferkettenmanagement (Kinderarbeit und Arbeitsbedingungen, Mindestlohn)	Belange in Bezug auf die Umsetzung von Sozialkriterien in der Lieferkette werden nicht berücksichtigt	Definition von Sozialstandards für die Lieferkette	Einhaltung von Sozialstandards ist Teil der Lieferantenauswahl	Einführung externer Auditierung zur Überprüfung der Umsetzung der Sozialstandards	Aktive Zusammenarbeit mit der Lieferkette zur Gewährleistung der Sozialstandards
Ökologisch – Umweltmanagement (Emissionen in Wasser, Luft und Boden)	Rechtskonformität mit nationalen Gesetzen und Vorschriften in Bezug auf das Abfallmanagement (Baumgartner und Ebner 2010, S. 83)	Ziele zur Reduktion wesentlicher Emissionen sind gesetzt Kontaminationsmanagement für Boden und Wasser existiert (Baumgartner und Ebner 2010, S. 83)	Einführung von Umweltmanagementsystemen Definition von Emissionszielen	Systematische und strukturierte Umsetzung von Maßnahmen zur Emissionsreduktion und Trainings innerhalb der Organisation (Baumgartner und Ebner 2010, S. 83) Neue emissionsarme Technologien werden eingesetzt	Förderung von Zero-Emission-Ansätzen (Baumgartner und Ebner 2010, S. 83) Kreislaufführung Einhaltung von Zielen ist Teil der Vergütungsstruktur

Tab. 6.4 (Fortsetzung)

KMU-relevante Nachhaltigkeitsbereiche – unabhängig vom Geschäftsmodell	1 – „Initial" (beginnend)	2 – „Repeatable" (wiederholbar)	3 – „Defined" (definiert)	4 – „Integriert" – „Managed" (gesteuert)	5 – „Optimizing" (optimierend)
Ökologisch – Klimawandel und Energie	Rechtskonformität mit nationalen Gesetzen und Vorschriften in Bezug auf Klimawandel und Energie Maßnahmen zur Energieeinsparung werden betrachtet, aber aus Kostengründen (Amortisationszeiten) verworfen	Maßnahmen zur Energieeinsparung werden punktuell umgesetzt	Ziele zur Reduktion wesentlicher CO_2-Emissionen sind gesetzt und Investitionen zur Umsetzung von Maßnahmen werden getätigt (Global Reporting Initiative G4 PartII 2015)	Systematische und strukturierte Umsetzung von Maßnahmen zur Reduktion von CO_2-Emissionen innerhalb der Organisation (Global Reporting Initiative G4 PartII 2015)	Systematische und strukturierte Umsetzung von Maßnahmen zur Reduktion von CO_2-Emissionen innerhalb der Organisation und Lieferkette
Ökologisch – Abfallmanagement	Rechtskonformität mit nationalen Gesetzen und Vorschriften in Bezug auf Abfallmanagement (Baumgartner und Ebner 2010, S. 83)	Ziele zur Reduktion von gefährlichen Abfällen im Produktionszyklus (Baumgartner und Ebner 2010, S. 83)	Substitution von Stoffen aus denen gefährliche Abfälle entstehen Ziele für die Reduktion von anderen Abfällen	Systematische und strukturierte Umsetzung von Maßnahmen zur Abfallreduktion und Trainings innerhalb der Organisation	Förderung von Zero-Abfall-Ansätzen Kreislaufführung Einhaltung von Zielen ist Teil der Vergütungsstruktur (Baumgartner und Ebner 2010, S. 83)

Tab. 6.4 (Fortsetzung)

KMU-relevante Nachhaltigkeitsbereiche – unabhängig vom Geschäftsmodell	1 – „Initial" (beginnend)	2 – „Repeatable" (wiederholbar)	3 – „Defined" (definiert)	4 – „Integriert" – „Managed" (gesteuert)	5 – „Optimizing" (optimierend)
Ökologisch – Produktqualität und -sicherheit (saubere Technologie und Verpackung)	Rechtskonformität mit nationalen Gesetzen und Vorschriften in Bezug auf Produktqualität. Ökologische Produktverbesserung wird nicht berücksichtigt (Baumgartner und Ebner 2010, S. 83)	Erste Ansätze zur Verbesserung der ökologischen Produktqualität. Keine Lebenszyklusanalysen der Produkte	Erste Lebenszyklusanalysen von Produkten. Reduktion/Substitution von Verpackungsmaterial. Definition von Emissionszielen für bestimmte Produkte in der Nutzungsphase	Systematische Analyse der Produkte und Prozesse mit dem Ziel, die ökologische Produktqualität zu verbessern. Umsetzung geeigneter Maßnahmen (Baumgartner und Ebner 2010, S. 83)	Förderung von Maßnahmen zur ökologischen Produktverbesserung innerhalb der Lieferkette
Ökologisch – Lieferkettenmanagement (Umweltrelevanz, Kontrolle, Sicherheit)	Belange in Bezug auf die Umsetzung von Umweltkriterien in der Lieferkette werden nicht berücksichtigt	Definition von Umweltstandards für die Lieferkette	Einhaltung von Umweltstandards ist Teil der Lieferantenauswahl	Einführung externer Auditierung zur Überprüfung der Umsetzung der Umweltstandards	Aktive Zusammenarbeit mit der Lieferkette, um Umweltstandards zu gewährleisten. Ständige Verbesserung zur Reduktion von Emissionen

KMU kleine und mittelständische Unternehmen

Tab. 6.5 Maturity-Level geschäftsmodellunabhängiger Nachhaltigkeitsthemen

Nachhaltig-keitsthema	Umsetzung	Level (1–5)
Engagement der Geschäftsleitung	Nachhaltigkeitsaktivitäten werden formell und proaktiv unterstützt. Budgets werden zur Verfügung gestellt (Level 4) Die Geschäftsleitung sieht Nachhaltigkeit als Erfolgsfaktor und agiert als Treiber für die Umsetzung von Maßnahmen (Level 4) Organisatorische Strukturen sind in der Entstehung. Verantwortlichkeiten und Bereiche sind teilweise definiert (Level 3–4) Etablierte Maßnahmen, z. B. Verwendung nachhaltiger Materialien, systematische Suche nach innovativen nachhaltigen Materialien, beziehen sich auf einige Produkte, sind jedoch noch nicht im gesamten Geschäftsmodell integriert (Level 3) Potenziale in neuen Märkten entstehen aufgrund von Nachhaltigkeitsaktivitäten (Level 4)	3–4/5
Fähigkeit zur Nachhaltig-keitsberichter-stattung	Wesentliche Nachhaltigkeitsthemen sind durch das Unternehmen identifiziert und in der Unternehmenskommunikation intern (zweimal im Jahr über Mitarbeiter_innenversammlung) und extern (über Website) adressiert (Level 3) Kommunikationswege und -prozesse sind projektbezogen, z. B. stellt das Unternehmen den Mitarbeiter_innen Zeit für regionale Nachhaltigkeitsprojekte zur Verfügung (Level 2) Es gibt keinen Nachhaltigkeitsbericht. Es gibt keine Zieldefinition	2–3
Mitarbeiter_innenmotivation	Kooperation zwischen unabhängigen Teams; formelle Trainings Stark ausgeprägte Teamarbeit; Bonussystem für alle Mitarbeiter_innen; regelmäßige Trainings der Mitarbeiter_innen finden statt Aufgaben werden gern erledigt. Mitarbeiter_innen haben Freude und Begeisterung an der Umsetzung und sind zufrieden mit ihrem Lohn und Entwicklungsmöglichkeiten und gehen motiviert ihren Aufgaben nach Die Mitarbeiter_innen bemängeln teilweise fehlende Prozesse zur effektiven Umsetzung von Aufgaben	4
Stakeholder-Engagement	Primär- und Sekundär-Stakeholder sind identifiziert: Kunden, Mitarbeiter_innen, Lieferanten und Region bzw. Gemeinden Partnerschaften mit Primär-Stakeholdern basieren teilweise auf gemeinsamen Werten, insbesondere bei langjährigen Lieferanten, und sind dennoch angetrieben durch Qualität, Funktionalität und Preis Strukturen sind teils partnerschaftlich, teils hierarchisch Es werden proaktiv regionale Nachhaltigkeitsprojekte gesponsert	2–3

Die Ergebnisse der Bestimmung des Ist-Zustands sind in Tab. 6.5 und 6.6 dargestellt.

Die wesentlichen geschäftsmodellabhängigen Nachhaltigkeitsthemen wurden anhand der zuvor geschilderten Vorgehensweise wie folgt identifiziert:

- Produktqualität und -sicherheit und ökologische Produktverbesserung
- Lieferkettenmanagement (Umwelt und Soziales – Kinderarbeit und Arbeitsbedingungen, Mindestlohn)

Tab. 6.6 Maturity-Level geschäftsmodellabhängiger Nachhaltigkeitsthemen

Nachhaltigkeits-thema	Umsetzung	Level (1–5)
Produktqualität und -sicherheit und ökologische Produktverbesserung	Alle Produkte sind auf Verbrauchersicherheit getestet. Tests werden systematisch durchgeführt. Verbraucher werden über gesundheits- und umweltrelevante Themen in Kenntnis gesetzt. Rücknahme von Produkten ist gut organisiert, Beschwerdemanagement wird systematisch durchgeführt (Level 4) Für bestimmte Produktgruppen wird gezielt nachhaltiges Design implementiert. Die Identifizierung und Auswahl nachhaltiger Materialien wird systematisch durchgeführt – ökologische Wirksamkeit wurde jedoch noch nicht verifiziert (keine Produkt-Lebenszyklus-Analysen; Level 3)	4/3
Lieferketten-management (Umwelt und Soziales – Kinderarbeit und Arbeitsbedingungen, Mindestlohn)	Lieferanten werden meist sorgsam ausgewählt und besucht Lieferantenauditierung findet statt, jedoch werden Sozialthemen teilweise betrachtet, Umweltthemen nicht	2

Die Ist-Zustand-Bestimmung verdeutlicht, dass sich die Umsetzung der Nachhaltigkeitsthemen nicht eindeutig einem Reifegrad zuordnen lässt, sondern die jeweiligen Unterthemen einen unterschiedlichen Stand in der Umsetzung haben. Das Thema Engagement der Geschäftsleitung und die dazugehörigen Unterthemen sind mehrheitlich dem höchsten Reifegrad zuzuordnen. Zudem ist auch die Mitarbeiter_innenmotivation mit Reifegrad 4 als hoch einzustufen. Es fällt auf, dass Nachhaltigkeitsbereiche (z. B. Definition von Verantwortlichkeiten, Fähigkeit zur Nachhaltigkeitsberichterstattung und Lieferkettenmanagement), deren Reifegraderfüllung überwiegend vom Vorhandensein entsprechender Prozesse abhängt, am wenigsten umgesetzt sind. Insbesondere die Umsetzung des Nachhaltigkeitsthemas Fähigkeit zur Nachhaltigkeitsberichterstattung hängt vom Vorhandensein entsprechender Prozesse ab.

Die aufgrund der Analyse abgeleiteten Maßnahmen und deren Beitrag zur Wertschöpfung und den UN-SDG sind im Folgenden zusammengefasst:

- Stakeholder-Engagement:
  - Maßnahme: Durchführung einer Stakeholder-Befragung zur gemeinsamen Definition wesentlicher Nachhaltigkeitsthemen
  - Ergebnis/Beitrag zur Wertschöpfung: Verbesserung des Stakeholder-Dialogs, Verifizierung der vorausgewählten Nachhaltigkeitsthemen, Schaffung der Grundlage zur Nachhaltigkeitsberichterstattung
- Produktqualität und -sicherheit und ökologische Produktverbesserung:
  - Maßnahmen: (1) Ermittlung des CO_2- und Wasser-Fußabdrucks für nachhaltig beworbene Produktreihen; (2) Verifizierung der vermuteten ökologischen Vorteile der

als nachhaltig beworbenen Produkte mithilfe ökologischer Beurteilung (LCA) mit dem Ergebnis, dass die Verwendung von nachhaltigen Materialien (z. B. Recyclingmaterial oder nachwachsende Rohstoffe) und die Langlebigkeit im Design die größten ökologischen Vorteile schaffen.

- Ergebnis/Beitrag zur Wertschöpfung: Stärkung des Markenwerts, Verwendung nachhaltiger Materialien (Recyclingmaterialien) auch für andere Produktsegmente, Einführung einer gezielten Eco-Design-Strategie für das Produktdesign
- Beitrag zu UN-SDG: langfristige Reduzierung von CO_2- und Wasseremissionen in den Produkten; Reduzierung der Konsumaktivitäten durch langlebige Produkte
- Lieferkettenmanagement (Umwelt und Soziales – Kinderarbeit, Arbeitsbedingungen, Mindestlohn):
  - Maßnahmen: (1) Erweiterung der Lieferantenauditierung um die Themenfelder Soziales und Einhaltung von Umweltbedingungen; (2) Unterstützung der Lieferanten bei der Umsetzung von Sozial- und Umweltthemen; (3) Erfüllung von Sozial- und Umweltthemen werden Teil der Auswahlkriterien für neue Lieferanten
  - Ergebnis/Beitrag zur Wertschöpfung: Stärkung des Vertrauensverhältnisses zu den Lieferanten
  - Beitrag zu UN-SDG: Verbesserung der Arbeitsbedingungen und Entlohnung, Beitrag zum gesamtgesellschaftlichen Zusammenhalt

Die Fallbeispielerprobung hat den Aufbau der SMM mit den zugrundeliegenden Thesen geschäftsmodellunabhängiger und geschäftsmodellabhängiger Nachhaltigkeitsthemen zunächst gestützt. Allerdings waren die Voraussetzungen, geprägt durch das Engagement der Geschäftsleitung für das Thema Nachhaltigkeit, sehr günstig.

Die Analyse des Ist-Zustands und die ergriffenen Maßnahmen bilden die Grundlage zur Stärkung der Fähigkeit des Unternehmens zur Nachhaltigkeitsberichterstattung. Zudem werden die für die Berichterstattung notwendigen Inhalte konkretisiert. Im nächsten Schritt plant das Unternehmen, konkrete Ziele für die Bereiche ökologische Produktverbesserung und Lieferkettenmanagement festzulegen.

Für das im Fallbeispiel analysierte Geschäftsmodell haben insbesondere die Umsetzung der geschäftsmodellabhängigen Nachhaltigkeitsthemen ökologische Produktverbesserung (d. h. Verwendung von Recyclingmaterialien und nachwachsenden Rohstoffen sowie die Erhöhung der Langlebigkeit) und die Verbesserung von Umwelt- und Sozialbedingungen in der Lieferkette das Potenzial, einen direkten Beitrag zu den UN-SDG Klimawandel, gesamtgesellschaftlicher Zusammenhalt, Ressourcenverbrauch, Reduzierung des Konsumverhaltens und Verbesserung der Arbeitsbedingungen zu leisten und indirekt auch zur SDG Armutsbekämpfung beizutragen.

Die Fallbeispielerprobung zeigt die wechselseitige Abhängigkeit zwischen den Nachhaltigkeitsthemen auf. So sind beispielsweise die Themen Mitarbeiter_innenmotivation und Stakeholder-Engagement eng verwoben. Es ist davon auszugehen, dass die Erhöhung des Reifegrads in einem Themenbereich auch zur Erhöhung des Reifegrads in anderen Themenbereichen führt. Vor diesem Hintergrund verdeutlicht die Fallbeispielerprobung, dass auch unter sehr guten Voraussetzungen in Bezug auf die moralische Unterstützung (beispielsweise durch ein starkes Engagement der Geschäftsleitung) das Vorhandensein robuster und etablierter Prozesse wesentlich ist, um hohe Reifegradebenen für alle als relevant erachteten Nachhaltigkeitsthemen zu erlangen. Eine erfolgreiche Umsetzung von Nachhaltigkeit hängt somit von der moralischen Unterstützung, dem Vorhandensein von robusten und wirksamen Prozessen und der Auswahl der wesentlichen geschäftsmodell-abhängigen Inhalte ab.

6.5 Fazit und Forschungsausblick

Gemessen an der Wirtschaftskraft von KMU, könnte deren Beitrag zur Umsetzung der UN-SGD groß sein, vorausgesetzt KMU haben die richtigen Werkzeuge, um Hemmnisse abzubauen und gezielt wirksame Maßnahmen zu identifizieren und umzusetzen. Die in diesem Beitrag beschriebene Differenzierung zwischen geschäftsmodellunabhängigen und geschäftsmodellabhängigen Nachhaltigkeitsthemen und die darauf aufbauende SMM könnte ein solches Werkzeug sein. Die Erprobung in unterschiedlichen Unternehmens-kontexten, d. h. in Unternehmen mit anderen Geschäftsmodellen und/oder Reifegraden wird zeigen, ob es ein praktikables Werkzeug für KMU ist, das den Zugang zur Nach-haltigkeitsthematik erleichtern und dadurch bei der Umsetzung gezielt wertschöpfender Maßnahmen unterstützen kann.

Die Aktualität der in diesem Beitrag diskutierten Thematik spiegelt sich auch in dem am 11. März 2016 vom Bundesministerium der Justiz und für Verbraucherschutz (BMJV) veröffentlichte Referentenentwurf der EU-Richtlinien 2013/34/EU und 2014/95/EU zur Berichterstattung nichtfinanzieller Leistungsindikatoren (CSR-Richtlinie-Umsetzungsge-setz: Bundesministerium der Justiz und für Verbraucherschutz 2016) wieder, der Unter-nehmen bestimmter Größe und Gesellschaftsform ab dem Geschäftsjahr 2017 verpflichtet, nichtfinanzielle Kennzahlen zu berichten. Gemäß dem CSR-Richtlinie-Umsetzungsgesetz (Bundesministerium der Justiz und für Verbraucherschutz 2016) müssen Unternehmen im Hinblick auf bestimmte Nachhaltigkeitsthemen künftig ihr Geschäftsmodell, die ver-folgte Unternehmensstrategie, die erzielten Ergebnisse, die damit verbundenen Risiken sowie die wichtigsten relevanten nichtfinanziellen Leistungsindikatoren angeben. Vor die-sem Hintergrund kann die in diesem Beitrag beschriebene Differenzierung zwischen ge-schäftsmodellunabhängigen und geschäftsmodellabhängigen Nachhaltigkeitsthemen ein Baustein zur praktikablen Umsetzung der Thematik sein.

In Anbetracht der Tatsache, dass auch KMU, die nicht direkt von der gesetzlichen Berichtspflicht betroffen sind, zunehmend mit CSR-Anforderungen belangt werden, da diese oftmals in der Lieferkette größerer Unternehmen eingebunden sind (UPJ 2015), sind praktische Werkzeuge für KMU im Umgang mit der Thematik umso notwendiger.

Um den Zugang für KMU weiter zu erleichtern, gilt es die SMM bei KMU mit un-terschiedlichen Voraussetzungen und in unterschiedlichen Branchen zu erproben und zu validieren, um gegebenenfalls analog den Leitlinien der Global Reporting Initiative G4

Part I (2015), branchenspezifische Besonderheiten zu identifizieren und gezielte Maßnahmen abzuleiten.

Des Weiteren sollten sich Forschungsthemen der Zukunft mit der systematischen Verknüpfung finanzieller und nichtfinanzieller Leistungsindikatoren befassen, um Wege zu identifizieren, den monetären Wertschöpfungsbeitrag abzuleiten; letztendlich können KMU nur so überzeugt werden, Nachhaltigkeit umzusetzen.

Literatur

Bach N, Buchholz W, Eichler B (2011) Geschäftsmodelle für Wertschöpfungsnetzwerke. http://www.db-thueringen.de/servlets/DerivateServlet/Derivate-20133/ilm1-2010200064.pdf. Zugegriffen: 30. Januar 2016

Baillie R (2012) Why the cloud is sustainability's silver lining. http://www.renewableenergyworld.com/articles/print/volume-15/issue-3/solar-energy/big-data-goes-green.html. Zugegriffen: 22. April 2016

Baumgartner RJ, Ebner D (2010) Corporate sustainability strategies: sustainability profiles and maturity levels. https://www.researchgate.net/publication/227650865_Corporate_Sustainability_Strategies_Sustainability_Profiles_and_Maturity_Levels. Zugegriffen: 30. November 2015

Bundesministerium der Justiz und für Verbraucherschutz (2016) CSR-Richtlinie-Umsetzungsgesetz. https://www.bmjv.de/SharedDocs/Gesetzgebungsverfahren/Dokumente/RefE_CSR-Richtlinie-Umsetzungsgesetz.pdf?__blob=publicationFile&v=1. Zugegriffen: 24. April 2016

Bundesministerium für Wirtschaft und Energie – BMWI (2014) Wirtschaftsmotor Mittelstand – Zahlen und Fakten zu den deutschen KMU. https://www.bmwi.de/BMWi/Redaktion/PDF/W/wirtschaftsmotor-mittelstand-zahlen-und-fakten-zu-den-deutschen-kmu,property=pdf,bereich=bmwi2012,sprache=de,rwb=true.pdf. Zugegriffen: 30. Januar 2016

Cagnin CH, Loveridge D, Butler J (2011) Business sustainability maturity model. Corporate responsibility research conference, United Kingdom: University of Leeds. http://www.crrconference.org/Previous_conferences/downloads/cagnin.pdf. Zugegriffen: 11. Dezember 2015

Clarkson MBE (1995) A stakeholder framework for analyzing and evaluating corporate performance. Acad Manag Rev 20(1):92–117

Cohen MA, Fenn SA, Konar S (1997) Environmental and financial performance: are they related? https://www.researchgate.net/publication/251170815_Environmental_and_Financial_Performance_Are_They_Related. Zugegriffen: 12. März 2013

Donaldson T, Preston LE (1995) The stakeholder theory of the corporation: concepts, evidence, and implications. Acad Manag Rev 20(1):65–91

Dymond KM (2002) CMM Handbuch. Das Capability Maturity Model für Software. Springer, Berlin

Eccles RG, Ioannou I, Serafeim G (2011) The impact of a corporate culture of sustainability on corporate behavior and performance. Harvard business school working paper 12-035. http://hbswk.hbs.edu/item/the-impact-of-corporate-sustainability-on-organizational-process-and-performance. Zugegriffen: 11. Juni 2012

Edmans A (2010) Does the stock market fully value intangibles? Employee satisfaction and equity prices. J financ econ 101:621–640

Evan WM, Freeman RE (1988) A stakeholder theory of the modern corporation: kantian capitalism. Ethical Theory Bus 3:97–106

Freeman RE, Wicks AC, Parmar B (2004) Stakeholder theory and "the corporate objective revisited". Organization Science 15(3):364–369

Gassmann O, Frankenberg K, Csik M (2014) Geschäftsmodelle entwickeln: 55 innovative Konzepte mit dem St. Galler Business Model Navigator, 2. Aufl. Carl Hanser Verlag GmbH & Co. KG. ISBN 978-3446451759

Global Reporting Initiative – GRI – G4 Part I (2015) Leitlinien zur Nachhaltigkeitsberichterstattung, Part I. https://www.globalreporting.org/resourcelibrary/German-G4-Part-One.pdf. Zugegriffen: 11. November 2015

Global Reporting Initiative – GRI – G4 Part II (2015) Leitlinien zur Nachhaltigkeitsberichterstattung, Part II. https://www.globalreporting.org/resourcelibrary/German-G4-Part-Two.pdf. Zugegriffen: 11. November 2015

Godfrey PC, Merrill CB, Hansen JM (2008) The relationship between corporate social responsibility and shareholder value: an empirical test of the risk management hypothesis. Strateg Manag J 30:425–445

Goedkoop M, Halen C van, Riele H te, Rommens P (1999) Product Service Systems, Ecological and Economic Basics. http://teclim.ufba.br/jsf/indicadores/holan%20Product%20Service%20Systems%20main%20report.pdf. Zugegriffen: 12. April 2017

Greenley GE, Foxall GR (1997) Multiple stakeholder orientation in U.K. Companies and the implications for company performance. J Manag Stud 34:259–284

Hardtke A, Weiß D, Irmler I, Lössl S (2014) Gesellschaftliche Verantwortung von Unternehmen Eine Orientierungshilfe für Kernthemen und Handlungsfelder des Leitfadens DIN ISO 26000, Bundesministerium für Umwelt, Naturschutz, Bau und Reaktorsicherheit (BMUB) Referat Öffentlichkeitsarbeit. http://www.bmub.bund.de/fileadmin/Daten_BMU/Pools/Broschueren/csr_iso26000_broschuere_bf.pdf. Zugegriffen: 20. März 2016

Hauser F, Schubert A, Aicher M (2008) Unternehmenskultur, Arbeitsqualität und Mitarbeiterengagement in den Unternehmen in Deutschland. Forschungsbericht 371. Bundesministeriums für Arbeit und Soziales, Berlin

Hersey P (1992) Situatives Führen, die anderen 59 Minuten. Moderne Industrie, Landsberg

Hill CWL, Jones TM (1992) Stakeholder-agency theory. J Manag Stud 29(2):131–154

Hillman AJ, Keim GD (2001) Stakeholder management, and social issues: what' the bottom line? Strateg Manag J 22(2):125–139

Holliday C, Schmidheiny S, Whatts P (2002) Walking the talk – the business case for sustainable development. Berrett-Koehler Publishers, San Francisco

Humphrey WS (1999) Managing technical people. innovation, teamwork and the software process, 5. Aufl. Addison-Wesley, Reading

Jo H, Harjoto MA (2011) Corporate governance and firm value: the impact of corporate social responsibility. J Bus Ethics 103(3):351–383

Kotter JP, Heskett JL (1992) Corporate culture and performance. The Free Press, New York

Laszlo C (2008) Sustainable value how the world's leading companies are doing well by doing good. Greenleaf Publishing, Sheffield

Lev B, Retrovits C, Radhakrishnan S (2008) Is doing good for you? How corporate charitable contributions enhance revenue growth. Strateg Manag J 31:182–200

Little A (2003) The business case for sustainability. http://www.adlittle.de/uploads/tx_extthoughtleadership/ADL_Business_Case_for_Corporate_Responsibility.pdf. Zugegriffen: 10. Oktober 2014

MacGillivray A, Martens H, Rüdiger K, Vilanova M, Zollo M, Begley P, Zadek S (2006) Responsible competitiveness in Europe – executive summary enhancing European competitiveness through corporate responsibility. http://www.accountability.org/images/content/1/0/101/responsiblecompetitivenessineurope-summary.pdf. Zugegriffen: 21. März 2014

Mason C, Simmons J (2014) Embedding corporate social responsibility in corporate governance approach. J Bus Ethics 119(1):77–86

Moskowitz M (1972) Choosing socially responsible stocks. Bus Soc Rev 1:71–75

Müller AL, Pfleger R (2014) Business transformation towards sustainability. Bus Res 7(2):313–350

Murphy CJ (2002) The profitable correlation: between environmental and financial performance: a review of the research. Light Green Advisors Inc, Seattle

OECD (2007) Enhancing the role of SMes in global value chains. OECD global conference in tokyo. https://www.oecd.org/cfe/smes/38774814.pdf. Zugegriffen: 14. März 2014

Olson TG, Reizer NR, Over JW (1994) A software Process framework for the SEI Capability Maturity Model. (CMU/SEI-94-HB-01). Software Engineering Institute. Carnegie Mellon University, Pittsburgh

Osterwalder A, Pigneur Y (2010) Business model generation – a handbook for visionaries, game changers and challengers. John Wiley & Sons, Hoboken

Plinke E (2008) Nachhaltigkeit und Aktienperformance – alte und neue Erkenntnisse zu einem Dauerbrenner. www.sarasin.ch/internet/performancestudie_2008-2.pdf. Zugegriffen: 06. Juni 2013

Pohle G, Hittner J (2008) Attaining sustainable growth through corporate social responsibility. IBM institute for business value. http://www-935.ibm.com/services/au/gbs/pdf/csr_re.pdf. Zugegriffen: 06. Juni 2013

Porter ME (1985) Competitive advantage: creating and sustaining superior performance. Simon & Schuster, New York

Porter ME, Kramer MR (2011) Creating shared value, rethinking capitalism. Harv Bus Rev 89(1/2):62–77

Schaltegger S, Synnestved T (2002) The forgotten link between "green" and ecomomic success. https://www.leuphana.de/fileadmin/user_upload/Forschungseinrichtungen/csm/files/Arbeitsberichte_etc/00-9downloadversion.pdf. Zugegriffen: 06. Juni 2013

Spitzeck H, Hansen EG (2010) Stakeholder governance: how stakeholders influence corporate decision making. Corp Gov 10(4):378–391

The Integrated Reporting Journey (2014) http://integratedreporting.org/wp-content/uploads/2015/07/The-Integrated-Reporting-journey-the-inside-story.pdf. Zugegriffen: 09. September 2015

Tsoutsoura M (2004) Corporate social responsibility and financial performance. Haas school of business university of California at Berkeley. http://responsiblebusiness-new.haas.berkeley.edu/documents/FinalPaperonCSR_PDFII.pdf. Zugegriffen: 06. Juni 2013

Turban DB, Greening DW (1997) Corporate social performance and organizational attractiveness to prospective employees. Acad Manag J 40:658–672

UPJ (2015) Stellungnahme des UPJ e.V. zum Referentenentwurf des Bundesministeriums der Justiz und für Verbraucherschutz. Entwurf eines Gesetzes zur Stärkung der nichtfinanziellen Berichterstattung der Unternehmen in ihren Lage- und Konzernberichten. http://www.

upj.de/fileadmin/user_upload/MAIN-dateien/Aktuelles/Nachrichten/upj_stellungnahme_
referentenentwurfbmjv.pdf. Zugegriffen: 20. April 2016

Williams ES (2010) Governance, regulation and financial crime prevention. Opening remarks by mr
Ewart S Williams, governor of the Central Bank of Trinidad and Tobago, at the 2010 regional
forum "Governance, Regulation and Financial Crime Prevention". Port-of-Spain. http://www.
bis.org/review/r101209e.pdf. Zugegriffen: 10. November 2013

Woetzel J, Madgavkar A, Ellingrud K, Labaye E, Devillard S, Kutcher E, Manyika J, Dobbs
R, Krishnan M (2007) Women matter – the business and economic case for gender diversity, how advancing women's equality can add $12 trillion to global growth. McKin-
seys & Company Research 2007. http://www.mckinsey.com/global-themes/employment-and-
growth/how-advancing-womens-equality-can-add-12-trillion-to-global-growth. Zugegriffen:
13. April 2014

Sustainable-Governance für die Sustainable-Development-Goals

Institutionelle Innovationen für die große Transformation

Edgar Göll

7.1 Überblick und Auswertung ausgewählter bisheriger Stellungnahmen und Studien zu Governance-Aspekten der Sustainable-Development-Goals

Die im Rahmen der Millennium-Development-Goals (MDG) und ihrer Bilanz sowie der langjährigen Diskussionen über die Sustainable-Development-Goals (SDG) zeigte sich, dass eine deutliche und wirkungsvolle Richtungsveränderung der bisherigen nicht nachhaltigen Entwicklung noch nicht erfolgt ist. Angesichts der Klimakatastrophe, der sozioökonomischen Polarisierung und weiterer destruktiver Trends sind hier die maßgeblichen Akteure zu innovativem zukunftsorientiertem Handeln gefordert. Es gilt, bisherige Fehlentwicklungspfade zu verlassen und umzusteuern. Zahlreiche Ansätze hierfür zeichnen sich erfreulicherweise bereits ab, so auch in der Bundesrepublik Deutschland.

In sehr unterschiedlichen und vielfältigen Nachhaltigkeitsaktivitäten auf allen föderalen Ebenen haben in Deutschland während der letzten eineinhalb Jahrzehnte zu einer recht weiten Verbreitung des Leitbilds zur nachhaltigen Entwicklung und entsprechenden Verhaltensweisen und Politiken beigetragen. Die dominanten gesellschaftlichen und politischen Trends stehen dem jedoch meist noch immer entgegen. Nachhaltigkeit ist trotz zahlreicher positiver Ansätze noch immer nicht im Mainstream angekommen und es bedarf dazu dringend starker Impulse und zusätzlicher Unterstützung sowie eines effektiveren Vorgehens der Institutionen und der diesbezüglichen Forschung.

Zahlreiche Phänomene und Studien deuten darauf hin, dass heutiges Regierungshandeln aus verschiedenen Gründen an Grenzen stößt und immer komplizierter und voraussetzungsvoller wird. Es ist offensichtlich, dass Politik und andere Akteure mit gesellschaftlicher Steuerung überfordert sind, dass die diesbezügliche Unzufriedenheit in der

E. Göll (✉)
IZT – Institut für Zukunftsstudien und Technologiebewertung
Berlin, Deutschland
E-Mail: e.goell@izt.de

© Springer-Verlag GmbH Deutschland 2017
W. Leal Filho (Hrsg.), *Innovation in der Nachhaltigkeitsforschung*,
Theorie und Praxis der Nachhaltigkeit, DOI 10.1007/978-3-662-54359-7_7

Bevölkerung zunimmt und sich in Schlagworten wie Parteienverdrossenheit oder Phänomenen wie Protestwählern und sinkender Wahlbeteiligung manifestiert. Zugleich wachsen
die absehbaren Herausforderungen für Politik und „governance" sowohl in quantitativer
als auch in qualitativer Hinsicht (z. B. Klimawandel, demographischer Wandel, Globalisierung, „global change", nachhaltige Entwicklung).

Die Grundprinzipien und institutionellen Grundmuster heutiger westlicher repräsenta-
tiv-demokratischer Strukturen, Institutionen und Arrangements haben sich im Zuge sozial-
ökonomischer und politischer Auseinandersetzungen vor über 200 Jahren herausgebildet.
Ihre konkrete Ausgestaltung war pfad- und kontextabhängig und hat zahlreiche Formen
angenommen, deren Details im Lauf der Zeit verändert wurden. Heute erscheint es für viele Menschen, als sei es immer so gewesen, und als könne es nicht anders sein. Doch die
gesellschaftlichen, die ökologischen und sogar die geothermischen Verhältnisse sind im
Wandel begriffen. Entscheidungsträger sind heute vor ganz immense Herausforderungen
gestellt, die mit denen der beginnenden Neuzeit kaum zu vergleichen sind.

Aktuelle Expertisen über Nachhaltigkeitspolitik und die Aufgaben staatlicher Institutionen kommen insgesamt zu einhelligen Einschätzungen. Demnach sind die Strukturen und Verfahren einer zur Durchsetzung nachhaltiger Entwicklung erforderlichen „governance" unzureichend. So heißt es in einem Artikel von Heinrichs und Laws (2014,
S. 2636): „The empirical results show that 22 years after Agenda 21 was adopted by the
German government, there is still no (sufficient) systematic and institutionalized inter-
locking of policy fields fostered by structures and processes aiming at promoting sustainable development. The declarative national sustainability strategy of Germany, which has
been in place since 2002, has not been adequately mirrored in institutional transforma-
tions" (s. auch Gesang 2014; Stigson et al. 2013; Steurer und Trattnigg 2010; Göll und
Thio 2008). Diese Einschätzungen sind im Kontext allgemeiner Bestandsaufnahmen über
den Zustand westlicher demokratischer Systeme einzuordnen, die aus unterschiedlichen
Perspektiven ebenfalls zu bedenklichen Einschätzungen kommen und daran anknüpfend
Innovationen erörtern und anregen (siehe z. B. Bertelsmann Stiftung 2013; Schneidewind
und Zahrnt 2013; Stigson et al. 2013).

Crouch (2008) zeigt, wie die Politik ihre eigene Entpolitisierung und Selbstentmach-
tung vorantreibt, indem sie immer mehr genuin politische Kompetenzbereiche auslagert:
„Wenn Regierungen immer mehr Bereiche privatisieren, führt dies keinesfalls zu dem
Verschwinden der staatlichen Macht, von dem Liberale oder Anarchisten immer geträumt
haben, vielmehr konzentriert sich diese Macht in der inneren Ellipse: einem kompakten
Kern, dessen Mitglieder vorwiegend mit ebenbürtigen Eliten in der Wirtschaft Umgang
pflegen." Weiter führt er aus: „Es gibt jedoch einen irreduziblen Kernbereich, der das
Wesen nationaler, kapitalistisch verfasster Demokratien ausmacht und nicht an private
Firmen verscherbelt werden kann [...]. Dieser Kernbereich wird immer kleiner, je weiter die Privatisierung voranschreitet, doch er kann nicht eliminiert werden, ohne dass die
Begriffe Staat und Demokratie jede Bedeutung verlieren" (s. auch Streeck 2013; APuZ
2011; Dahn 2013). Angesichts zahlreicher nicht nachhaltiger Trends kann künftig von
einer wachsenden Kluft bzw. Spannung zwischen teilweise existenziellen Herausforde-

rungen und Krisen einerseits und den hinsichtlich Quantität und Qualität unzureichenden staatlichen Handlungskapazitäten und Governance-Fähigkeiten andererseits ausgegangen werden.

Nach Einschätzung zahlreicher Experten spielt Nachhaltigkeit zum Beispiel im Alltagsgeschäft des Regierens eine recht geringe Rolle und wird meist nur symbolisch behandelt. Der Zuschnitt der politischen Institutionen in industriell-kapitalistischen Gesellschaften ist mitverantwortlich dafür, dass wirtschaftliche, gesellschaftliche und ökologische Fehlentwicklungen nur unzureichend korrigiert bzw. nicht in Richtung einer nachhaltigen Entwicklung gelenkt wurden und werden. Die bisherigen Umsteuerungsversuche waren wegen des für Nachhaltigkeit typischen Bedarfs an integrativen Problemlösungen im Sinn einer Transformation weit weniger erfolgreich als erwartet bzw. erforderlich. Eingeschliffene Verhaltensweisen, strukturelle Hemmnisse und systemische Trägheiten sind offenbar nur schwer zu beeinflussen, während sich gleichzeitig die Problemlagen weiter zuspitzen (Schellnhuber 2015; aus sozialwissenschaftlicher Perspektive Reißig 2012).

In den Industrieländern steht nun die Ausbalancierung von Interessen und Einflussfaktoren an, deren geographische und zeitliche Dimensionen die bisherigen Steuerungsmöglichkeiten offensichtlich übersteigen (Schöne und von Blumenthal 2009; WFC 2010). Das zeigt sich exemplarisch bei der Energiewende, der Verkehrswende und der Landwirtschaftswende. Traditionelle Institutionen und institutionelle Arrangements besitzen aufgrund einiger mächtiger Interessen ein großes Beharrungsvermögen. Damit verbunden offenbaren die meisten der dort beschäftigten Entscheidungsträger ein großes Maß an mangelndem Bewusstsein über die systemischen Herausforderungen und sie weisen ein großes Maß an Trägheit auf – was auch für Mitarbeiter_innen in jenen politisch-administrativen Institutionen zutrifft. Kurzfristigkeit und Reagieren auf akute und von mächtigen Interessen artikulierte Problemlagen haben ebenfalls hemmende Wirkung. Zudem sind der Personalabbau der letzten Jahrzehnte und die unzureichenden Kapazitäten ein weiteres Hindernis für eine bessere nachhaltige Politik.

Der dringend erforderliche Innovationssprung zur Nachhaltigkeit wird noch deutlicher durch die Agenda 2030 und ihre SDG. Vor allem SDG 16 ist hier im Fokus: „Friedliche und inklusive Gesellschaften im Sinne einer nachhaltigen Entwicklung fördern, allen Menschen Zugang zur Justiz ermöglichen und effektive, rechenschaftspflichtige und inklusive Institutionen auf allen Ebenen aufbauen." Von den zehn zugeordneten „targets" thematisieren zwei ganz explizit Institutionalisierungsfragen (UNSC 2015):

- Target 16.6: „Develop effective, accountable and transparent institutions at all levels"
- Target 16.7: „Ensure responsive, inclusive, participatory and representative decision-making at all levels"

In jenem Dokument werden auch „policies" für weitere komplizierte, schwierige und persistente Herausforderungen und Aufgaben anvisiert, wie z. B. Target 16.4: „By 2030, significantly reduce illicit financial and arms flows, strengthen the recovery and return of stolen assets and combat all forms of organized crime."

Angesichts solcher ambitionierter und dringlicher Aufgaben sind sowohl die politische Wahrnehmung, Verinnerlichung als auch die zügige Umsetzung von Nachhaltigkeitsprinzipien von höchster Bedeutung. Auf absehbare Zeit sind die Prinzipien und Ziele autoritativ durch die Agenda 2030 definiert und ihre Realisierung gefordert. Dies stellt extreme Herausforderungen für die traditionellen Verfahren und die bisherige arbeitsteilige Organisation von Governance-Systemen dar (Meuleman und in 't Veld 2009; RNE 2013, 2015, Göll 2004).

7.2 Funktionen, Potenziale und Grenzen traditioneller Institutionen wie Parlamente, Ministerien, Parteien

Die Demokratie hat viele große Vorzüge und Stärken. Langfristigkeit und Nachhaltigkeit gehören bislang nicht dazu. Dem kann man institutionell abhelfen (Ernst Ulrich von Weizsäcker, MdB a. D.).

In der Bundesrepublik Deutschland wurde von der Bundesregierung die Nationale Strategie für eine nachhaltige Entwicklung im Jahr 2002 verabschiedet, nachdem bereits in mehreren Kommunen und Regionen Aktivitäten für eine nachhaltige Entwicklung praktiziert worden waren. In dieser Strategie werden vier übergreifende Leitlinien hervorgehoben: Generationengerechtigkeit, Lebensqualität, sozialer Zusammenhalt und internationale Verantwortung. Durch 21 Indikatorenbereiche sowie diesen zugeordnete Indikatoren bzw. Ziele werden ein längerfristiger Zeithorizont eröffnet und Anforderungen an die verschiedenen Politikbereiche definiert. Darüber hinaus dienen die Indikatoren dem Monitoring und der Erfolgskontrolle der Umsetzung der Nachhaltigkeitsstrategie sowie für deren Weiterentwicklung. Die Umsetzung der Strategie wurde bisher in Fortschrittsberichten der Bundesregierung sowie in Indikatorenberichten des Statistischen Bundesamts dokumentiert. Seit der Verabschiedung der Nachhaltigkeitsstrategie wurden verschiedene institutionelle und prozedurale Neuerungen auf den Weg gebracht, um den selbstgesetzten Zielen nachhaltiger Entwicklung näher zu kommen. Viele der geschaffenen Gremien und Verfahren haben die „governance" für Nachhaltigkeit verbessert.

Auch in vielen anderen Staaten sind neue Gremien, Verfahren und Formen der Institutionalisierung von Nachhaltigkeit geschaffen worden. Hierzu gehören Nachhaltigkeitsräte, Staatssekretärsausschüsse („green cabinet"), ressortübergreifende Nachhaltigkeitsstrategien, der Aufbau spezialisierter wissenschaftlicher Einrichtungen, die Einsetzung von Untersuchungskommissionen (Enqueten) und die Etablierung von Dialogprozessen zwischen Politik, Wirtschaft und Gesellschaft. Diese Umorientierung – und die dazu erforderliche Stärkung von Kompetenzen und Kapazitäten für langfristige und ressortübergreifende Politikformulierung – wurde seit den 1990er-Jahren vorangetrieben und hat ansatzweise zu neuen Formen von Nachhaltigkeitspolitik („sustainability governance") geführt.

Diese politischen Innovationen wurden in mehreren Studien empirisch untersucht. Dabei zeigte sich, dass in den meisten Fällen sowohl die Initiative als auch die Entwicklung von Nachhaltigkeitspolitik im Wesentlichen von der jeweiligen Exekutive ausging (Göll und Thio 2008). Neue administrative Strukturen und Institutionen entstanden also v. a. auf der Ebene von Regierungen und Ministerien. Die Rolle der Parlamente war demgegenüber eher reaktiv, begleitend und unterstützend (Petermann und Poetzsch 2012). Ein weltweites Novum stellt hier jedoch seit einem Jahrzehnt der Parlamentarische Beirat für nachhaltige Entwicklung (PBNE) dar.

Aufgrund sehr begrenzter Ressourcen und Kapazitäten wurden einige der ihm gestellten Anforderungen nur unzureichend bewältigt. Angesichts der zukünftig zu erledigenden Aufgaben erscheint eine deutliche Erhöhung der personellen und finanziellen Kapazitäten daher dringend geboten. Weitere Schritte wären seine bessere Verankerung in der Geschäftsordnung des Bundestags, z. B. hinsichtlich der obligatorischen Gesetzesfolgenabschätzung und der Begleitung der deutschen und der europäischen Nachhaltigkeitsstrategie, und eine verbindliche Grundlage für die Befassung der federführenden Ausschüsse mit den an sie gerichteten Stellungnahmen des PBNE. Insofern der Bundestag als Fraktionenparlament bezeichnet wird, sollte auch die Gestaltungsmacht der Fraktionen in der Nachhaltigkeitspolitik genutzt werden, z. B. durch eine deutliche Ausweitung der Kapazitäten für dieses Politikfeld in allen Fraktionen sowie ressortübergreifenden Arbeitszusammenhängen zum Themenkomplex, wie z. B. Arbeitskreise, Projektgruppen und Taskforces. Mit solchen Gremien bekämen die Fraktionen zugleich die Chance, mit dem Zukunftsthema Nachhaltigkeit initiativ in ihre Parteien hineinzuwirken (Göll 2004; Göll und Thio 2008; Petermann und Poetzsch 2012).

Insgesamt zeigt sich, dass Volksvertretungen auf allen Ebenen und in allen Staaten noch in viel zu geringem Maß an der dringend erforderlichen Umsteuerung in Richtung nachhaltige Entwicklung beteiligt sind. Zahlreiche parlamentsbezogene Empfehlungen bestätigen die von der Interparlamentarischen Union bereits 2002 formulierte Proklamation: „As members of parliament, we consider it our foremost duty to strengthen governance by reforming its institutions, including parliaments and decision-making processes to meet the imperative of sustainable development. We recognise the unique role of parliamentarians in scrutinising, monitoring and holding national governments to account of the implementation of international agreements" (IPU 2002).

Trotz der oben ausschnittweise dargestellten institutionellen Innovationen und Verbesserungen sind manche Nachhaltigkeitsziele nur unzureichend oder gar nicht erreicht worden. Analysen wie die des „peer review" kommen zu der Einschätzung, dass es der deutschen Nachhaltigkeitspolitik an einem zusammenhängenden Agieren mangelt, an einem „grand design" und an einer Wirkung in der gesellschaftlichen Breite (Stigson et al. 2009, 2013).

In Anbetracht der insgesamt unzureichenden Effekte der vielfältigen Nachhaltigkeitsaktivitäten verweist z. B. auch der Wissenschaftliche Beirat für globale Umweltfragen (WBGU) in seiner vielbeachteten Stellungnahme *Pioniere bitte übernehmen* auf die Vorreiterrolle von Pionieren sowohl auf politischer als auch auf zivilgesellschaftlicher Ebene (WBGU 2012): „Nach Ansicht des WBGU werden jetzt Allianzen zwischen Pionierstaaten, Allianzen zwischen Städten, das Engagement von Bürgern, Wirtschaft und Wissenschaft, der Vorreitergeist von Pionieren des Wandels sowie Beispiele für erfolgreiche Projekte der Veränderung in Richtung Nachhaltigkeit immer wichtiger." Hieraus lässt sich folgern, dass einerseits die Politik auf allen Ebenen dringend ihrer Verantwortung gerecht werden und die Weichen für eine nachhaltige Entwicklung stellen muss. Auf der anderen Seite gewinnt hierbei die Zivilgesellschaft weiter an Bedeutung, da aufgrund unzureichender Fortschritte auf politischer Ebene innovatives bürgerschaftliches Engagement gefragt ist und ein spürbarer Veränderungsdruck aufgebaut werden muss.

Auf Ebene der Bundesländer wurden hier wichtige Schritte unternommen. So wurden in mehreren Bundesländern Netzwerke und Koordinatorenstellen auf Landesebene aktiv, die mit qualifizierten und hoch motivierten Personen besetzt sind, und die Kommunen in ihren Nachhaltigkeitsbemühungen mit Beratung, Erfahrungsaustausch, Kampagnen etc. aktiv unterstützen und vernetzen. Diese koordinierenden Einrichtungen werden mit unterschiedlicher Intensität vom jeweiligen Bundesland gefördert und haben in Relation zu ihren Kapazitäten einen unterschiedlich großen Aktionsradius. Die organisatorische Basis bilden z. B. in Thüringen das Nachhaltigkeitszentrum Thüringen und in Nordrhein-Westfalen (NRW) v. a. die Landesarbeitsgemeinschaft NRW e. V. In Bayern hatte die frühere landesweite Servicestelle Komma21-Bayern diese Rolle inne, während nach deren Schließung das heutige Netzwerk Nachhaltige Bürgerkommune nur einen deutlich kleineren Teil der Aktivitäten abdecken kann.

Für die regionale Ebene wird gerade eine besondere Förderung gestartet: Der Rat für Nachhaltigkeit wird mit Bundesmitteln insgesamt vier Regionale Netzstellen Nachhaltigkeitsstrategien (RENN) von 2016 bis 2020 fördern. Die Ziele der RENN bestehen darin, Aktivitäten in der Zivilgesellschaft mit Bezug zu den Nachhaltigkeitsstrategien des Bunds und der Regionen künftig besser zu vernetzen. Damit soll u. a. Deutschlands Beitrag zur Umsetzung der Agenda 2030 der Vereinten Nationen (UN) für nachhaltige Entwicklung mit ihren globalen Zielen für nachhaltige Entwicklung unterstützt werden. Insbesondere Aktivitäten aus der Breite der Gesellschaft sollen stärker aufeinander bezogen werden, da sie derzeit häufig parallel und ohne Kenntnis voneinander stattfinden, zugleich aber einen hohen Stellenwert bei der gesellschaftlichen Verankerung von Nachhaltigkeitsstrategien auf allen Ebenen in Deutschland und eine Vielzahl von Akteuren haben. In der Beschreibung des Rats für Nachhaltige Entwicklung (RNE) heißt es hierzu: „Die vier RENN sollen an bestehende Einrichtungen, die bereits zum Thema Nachhaltigkeit arbeiten, anknüpfen und deren Wirkung erweitern. Sie sollen die Vernetzung länderübergreifend gestalten und zusammen möglichst das gesamte Bundesgebiet abdecken. Die RENN sollen mit Blick auf die Reichweite der Vernetzung, der Einbindung der verschiedenen Akteure, der Themen und Schwerpunkte sowie möglichst der Kommunikationsmethoden einen Mehrwert schaffen. Es ist daher erforderlich, dass die RENN aktiv untereinander kooperieren. Sie werden dabei unterstützt von einer Leitstelle, die beim Rat für Nachhaltige Entwicklung (RNE) in Berlin angesiedelt sein wird. Diese übernimmt die Gesamtkoordination, unterstützt bei der inhaltlichen Zusammenarbeit, kümmert sich um eine gemeinsame Außendarstellung, trägt zur erhöhten Wahrnehmung der Arbeitsergebnisse auf Bundesebene bei und leistet bei Bedarf Unterstützung für konkrete Projekte der einzelnen RENN vor

Ort. Sie übernimmt zudem die Federführung bei der Erstellung übergreifender Berichte."
(siehe https://www.nachhaltigkeitsrat.de/renn-netzwerk/)

Für die wichtige kommunale Ebene nachhaltiger Politiken und Aktivitäten lässt sich
ebenfalls resümieren, dass trotz mancher Erfolge noch v. a. strukturelle Veränderungen
anstehen – nachdem in manchen Kommunen die „low-hanging fruits" bereits erreicht
worden sind (Nolting und Göll 2012, 2014). Die anstehenden Herausforderungen sind immens; einige Beispiele dafür werden im aktuellen Jahresgutachten des WBGU genannt.
Als „ausgewählte Kernempfehlungen für urbane Transformationsfelder" werden u. a. vorgeschlagen (WBGU 2016):

- „Kreislaufwirtschaft in den Städten etablieren, nicht nur etwa bei Elektroschrott, sondern auch beispielsweise im Baurecht durch Vorschriften zur Rückbaubarkeit und Re-
  cyclingfähigkeit von Gebäuden.
- Eine sektorübergreifende Perspektive für die Stadtgesundheit entwickeln, die die Bekämpfung von Stressoren und Umweltschutz mit dem Erhalt und Ausbau gesunder
  urbaner Lebensräume verbindet.
- Die städtische Flächennutzung an eine Gemeinwohlverträglichkeitsprüfung binden und
  Immobilienspekulation eindämmen.
- Einrichtung eines Max-Planck-Instituts für urbane Transformation, um die Forschung
  zum Thema weiter voranzutreiben sowie Einrichtung globaler urbaner Reallabore."

Also auch auf der kommunalen Ebene zeichnet sich ab, dass noch manche Innovation auch in institutioneller Hinsicht zu tätigen ist, dass es dafür vielfältige Anregungen
und Ideen gibt, die es gilt zu prüfen, auszuprobieren und umzusetzen, sollten sie sich als
sinnvoll und zielführend erweisen.

Noch schwieriger dürfte es werden, kulturelle Muster und politisch-kulturelle Gewohn-
heiten zu überwinden. Hierzu sei an eine Beobachtung und Einschätzung von Benjamin
Barber erinnert, die auf den ersten Blick beispielsweise auf den Konsumbereich verweist,
darüber hinaus aber für viele andere Bereiche menschlichen Verhaltens gelten dürfte (Barber 2003, S. 9): „In Afrika gibt es eine Affenfalle, eine kleine Kiste, die im Boden verankert wird, eine stabile Kiste und sie hat ein kleines Loch. Es wird eine große Nuss
hineingelegt und der Affe greift hinein, greift die Nuss und versucht wieder rauszukom-
men, aber er kommt nicht raus, außer wenn er die Nuss loslässt. Wenn er die Nuss loslieẞe,
käme er sofort raus. Aber die Falle funktioniert perfekt. Er wird Tage oder Wochen spä-
ter gefunden, manchmal ist er sogar tot, weil er die Nuss nicht losgelassen hat. Für mich
ist das die perfekte Metapher für den modernen kaufenden Menschen, den Konsumenten. Es gibt keine Handschellen um unsere Handgelenke, die uns an das Einkaufszentrum
ketten, heute halten wir unsere Ketten fest und wollen sie nicht loslassen. Der Zwang
wird von unten nach oben, nicht von oben nach unten ausgeübt. Es gibt keine Gewehre,
keine Gitterstäbe. Aber ist dies weniger oder mehr ‚Gefängnis' als die alten Gefängnisse
der totalitären Staaten? In einem Sinn ist es bestimmt weniger ‚Gefängnis', aber in einem anderen Sinn ist es viel gefährlicher, weil die alten Gefängnisse nicht die Illusion der

Freiheit vermittelten, die neuen Gefängnisse hingegen schon. Und deswegen bekämpft sie niemand, denn sie lassen uns nicht glauben, dass sie uns die Freiheit nehmen, vielmehr geben sie uns den Eindruck, dass sie die Essenz unserer Freiheit sind."

Dieses einfache Verhaltensmuster spielt offensichtlich auch bei der Umsteuerung in eine nachhaltige Entwicklung eine Rolle. Im Kontext menschlicher Gemeinschaften und Gesellschaften ist dies selbstverständlich noch etwas komplexer, doch Studien wie die des Sozialpsychologen Harald Welzer bestätigen gewisse Beharrungseffekte auf individueller Ebene durchaus (Welzer 2011). Zusätzlich offenbaren viele Entscheidungsträger in Politik und Gesellschaft noch immer ein überraschend hohes Maß an mangelndem Bewusstsein über die immensen Herausforderungen in Bezug auf Nachhaltigkeit. Zwar existieren zahlreiche Ansätze zu individuellen Lernprozessen (Esders 2011), doch die Trägheiten und Widerstände sind recht wirkungsmächtig. Gleiches gilt auch für die meisten bisherigen Institutionen und institutionellen Arrangements: Sie besitzen aufgrund ihrer Pfadabhängigkeit, den Logiken der politischen Arena im liberalen politisch-administrativen System sowie einiger mächtiger Interessen ein großes Beharrungsvermögen. Dies zeigt sich am PBNE im Bundestag, wo durch konstruktive Zusammenarbeit der Abgeordneten häufig vorwärtsweisende, Nachhaltigkeit stärkende Empfehlungen entstehen, die dann aber im weiteren parlamentarischen Verlauf durch andere Prioritäten der Fraktionsführungen keine Mehrheiten finden. Hinzu kommt als Hemmnis ein grundsätzliches politisches Muster in Bezug auf wesentliche Neuerungen, das bereits Machiavelli beschrieben hat (Machiavelli 1961, S. 54 f.): „Nichts ist so schwierig zu betreiben, so unsicher im Hinblick auf Erfolg und so gefährlich in der Durchführung als die Vornahme von Neuerung. [Der Fürst] hat hierbei alle die zu Feinden, für welche die alte Ordnung vorteilhaft ist, und findet nur laue Verteidiger an denen, welchen die neue Vorteile bringen könnte. Diese Lauheit erklärt sich teils aus der Furcht vor den Gegnern, die die Gesetze auf ihrer Seite haben, teils aus dem Misstrauen der Menschen, die an das Neue nur glauben, wenn es eine lange Erfahrung für sich hat."

7.3   Innovative Ansätze für eine „sustainable governance"

Die Realisierung von politischen Innovationen und die Etablierung neuer Institutionen für eine nachhaltige Entwicklung ist allerdings ambitioniert, denn heute dominieren institutionelle Pfadabhängigkeiten, kulturelle Leitbilder und soziale Prozesse, die eine Abkehr von den nicht zukunftsfähigen Trends erschweren. Das zeigt sich deutlich bei den Überlegungen zur Erreichung einer Phase des Postwachstums. Insbesondere Unternehmensstrukturen mit ihrem Fokus auf Verdrängungswettbewerb, gemessen in Quartalsberichten, und Politik mit kurzen Wahlzyklen im medial inszenierten Parteienkampf machen Langzeitfokus und strukturelle Transformationen zu unwahrscheinlichen Ausnahmen: Kurzfristige Kosten für Shareholder, Kunden, Lobbyklientel oder Wähler bedrohen die eigene Zukunftsfähigkeit. Auch systemische Muster wie der sog. Zwang zu Kapitalverwertung und Kapitalakkumulation, zu Expansion und Profitmaximierung sind wirkungsmächtig und zugleich unmerklich in unsere westlichen Gesellschaften mit ihren Institutionen und auch in ihre Kultur eingebaut.

Umso wichtiger werden daher zukunftsorientierte Beispiele neuer oder veränderter innovativer Gremien und Verfahren. Denn diese ermöglichen aufgeschlossenen und engagierten Personen und Gruppen in unterschiedlichen Institutionen, das eine oder andere Element oder gar ein ganzes Konzept auszuprobieren. Mit derartigen Innovationen könnte auch jeweils ein Beitrag dazu geleistet werden, sich dem Konzept des „sustainability governance" zu nähern, das im Kontext der Transformationsforschung erörtert wird. In einem Dokument zu diesem Themenkomplex wird beispielsweise konstatiert (Constanza 2007; ähnlich auch Loorbach 2007): „[. . .] the interrelated and increasingly integrated system of formal and informal rules, rule-making systems, and actor-networks at all levels of human society (from local to global) that are set up to steer societies towards preventing, mitigating, and adapting to global and local environmental change and, in particular, earth system transformation, within the normative context of sustainable development".

Bisher kann im Bereich der Governance-Praxis von einer verwalteten Nachhaltigkeit gesprochen werden, die aber sollte in proaktiver Hinsicht durch eine „regierte Governance für nachhaltige Entwicklung" überwunden werden, „ein normativ aufgeladenes, anspruchs- und voraussetzungsvolles Reformkonzept zur Art und Weise, wie politische Entscheidungen getroffen werden" (Steurer und Trattnigg 2010, S. 264; s. auch Heinrichs und Laws 2014; Gesang 2014; Göll 2011).

Die zentralen Akteure in diesem Themenfeld sind die staatlichen Institutionen und Gremien auf allen föderalen Ebenen (primär aus Exekutive und Verwaltung), in diesem Sinn wirken auch die politischen und politiknahen Arbeits- und Diskussionszusammenhänge. Aufgrund der Betroffenheit so gut wie aller gesellschaftlicher Bereiche und Milieus spielen gesellschaftliche Interessenkonstellationen und Machtverhältnisse eine große Rolle.

Aufgrund der Kompliziertheit des Themenfelds „governance" und dessen Relevanz, der teilweise polarisierten Positionen und den entsprechenden Akteurskonstellationen ist die Durchsetzung institutioneller Innovationen sehr voraussetzungsvoll. Damit zusammenhängend mangelt es bei Entscheidungsträgern häufig am Willen zur Umsetzung in politische und wirtschaftliche Felder, was durch die Aversion gegenüber starker öffentlicher Kontrollierbarkeit bzw. Furcht vor Wettbewerbsnachteilen gegenüber Konkurrenten erklärbar ist. Hier existieren systemimmanente Konflikte, die künftig zunehmen dürften, insbesondere bei akuten Krisen, wie dem Ausfall wichtiger Infrastrukturen (TAB 2010).

Die Schnittstellen von Staat und Politik zu Akteuren der Wirtschaft, Wissenschaft und Zivilgesellschaft sind sehr groß, da hier viel Expertise zu nachhaltigkeitsrelevanten Themen vorhanden ist. Beispielhaft können hier das Umweltbundesamt, der WBGU und der Sachverständigenrat für Umweltfragen, das Wuppertal Institut und das Institut für ökologische Wirtschaftsforschung, der Intergovernmental Panel on Climate Change, die Organisation für wirtschaftliche Zusammenarbeit und Entwicklung (OECD), politische Stiftungen sowie zahlreiche weitere wissenschaftliche und zivilgesellschaftliche Institutionen genannt werden. Was sich als neuer Lösungsansatz abzeichnet, ist die zunehmende

Verbreitung von Aktivitäten zu „governance foresight" in einige Ministerien und anderen Institutionen.

In den westlichen liberalen Demokratien lassen sich parallel zu den oben genannten Nachhaltigkeitsschritten und den vielfältigen Privatisierungs- und Konzentrationsprozessen in der Wirtschaft auch Tendenzen einer Transformation der öffentlichen Verwaltung beobachten, die Elemente von Selbstregulierung aufweisen. Gesellschaft wird dabei nicht mehr nur als Objekt und Bürde des Regierens angesehen, sondern als potenzielle Ressource, die für eine effiziente, effektive und demokratische „governance" aktiviert werden kann. Aus dem markt- und gesellschaftlichen Geschehen entlehnte Verfahrensweisen werden in Regierungshandeln einbezogen, wie z. B. Anreiz- und Motivationsinstrumente, und dies könnte auf einen Wandel der politischen Kultur hinweisen (Sørensen und Triantafillou 2009).

Institutionelle Innovationen für eine bessere „governance", die explizit hin zu einer nachhaltigen Transformation führen sollen, knüpfen an früher bereits diskutierte Ideen in den Politikwissenschaften an und werden in jüngster Zeit wieder aufgegriffen. Dies geschieht, wie eingangs bereits skizziert, vor dem Hintergrund, dass Parteien- und Politikerverdrossenheit in unseren modernen Gesellschaften verbreitet und ein Indiz für ungelöste Herausforderungen von historischem Ausmaß für das Regierungshandeln und die Steuerung heutiger Gesellschaften sind. Politik wird überfordert, denn die Verhältnisse werden immer komplizierter, der Wandel immer schneller, die Konkurrenz unerbittlicher und angemessene Entscheidungen und Maßnahmen voraussetzungsvoller. Zugleich ist die Erwartungshaltung hoch, dass Probleme schnell gelöst werden, dass Fortschritt und Wachstum reibungslos weitergehen, dass unsere lebensweltlichen, auch die akademischen Komfortzonen durch irgendwelche Weltrettungsmaßnahmen nicht gestört werden. Der Entscheidungsdruck steigt und resultiert aus multiplen Krisentrends wie Klimawandel, sozioökonomische Polarisierung, technologische Dynamik, Kriege, Migration, demographischer Wandel, Umweltverschmutzung, Ressourcenverbrauch, Artensterben.

Die Grundprinzipien und institutionellen Grundmuster heutiger westlicher Politik haben sich im Zug sozial-ökonomischer und politischer Auseinandersetzungen vor über 200 Jahren herausgebildet. Sie sind offensichtlich nicht mehr zeitgemäß, geschweige denn zukunftsfähig (Gesang 2014, S. 11): „Warum brauchen unsere Demokratien einen Zukunftscheck? Weil wir so nicht mehr lange weiterkommen." Es herrscht die „Diktatur des Jetzt", wie der Klimaforscher Schellnhuber sagt (Schellnhuber 2015).

Ein Modellvorschlag besteht darin, einen „ökologischen Rat" einzurichten als „ein Konsultativorgan mit verbindlicher Einmischungsfähigkeit" (Stein 2014, S. 61). Dabei wird deutlich, dass solche neuen Institutionen in förderliche institutionelle Arrangements eingebettet sein müssen, und dass sie auch eine bewusste Bürgerschaft voraussetzen bzw. diese fördern. Dies berichtet exemplarisch auch Sandor Fülöp, der jahrelang das Amt des Parlamentsbeauftragten für zukünftige Generationen in Ungarn ausübte, das durch zivilgesellschaftlichen Druck geschaffen wurde. Mit seinen 34 Mitarbeitern ging er Beschwerden aus der Gesellschaft nach, gab Stellungnahmen zu ausgewählten Gesetzesentwürfen ab und führte bzw. unterstützte Forschungsprojekte. Von der Orban-Regierung wurden 2012 die Mittel gekürzt und Fülöp ist nicht mehr im Amt. Gleichwohl wird dieses Beispiel weltweit diskutiert und gibt Anregungen für ähnliche zukunftsbezogene Gremien.

Ein ähnlich ausgerichtetes Modell ist das Amt einer Ombudsperson für zukünftige Generationen, das v. a. die Funktion haben würde, Gesetzgebung, politische Förderprogramme, Infrastrukturmaßnahmen und Technologieprojekte von Regierung und Privatwirtschaft auf deren Effekte für künftige Generationen hin abzuschätzen (Göpel 2014, S. 47–63).

Speziell für den Deutschen Bundestag gibt es zahlreiche Anregungen, die über die oben erwähnten hinausgehen, wie beispielsweise für ein eigenes Nachhaltigkeitsmanagement im Bundestag. Auch eine Stärkung der Zukunftsvorbereitung durch systematische Durchführung und Nutzung von Szenarien und Roadmaps, was besonders hilfreich sein dürfte für die Nachhaltigkeitspolitik, wird erwogen. Des Weiteren könnte der Schritt von der Gesetzes- zur Politikfolgenabschätzung vollzogen werden. Dieses Verfahren der parlamentarischen Nachhaltigkeitsprüfung durch den PBNE ist international vorbildlich; es wird derzeit vom PBNE im Zug einer Klausurtagung geprüft und die bisher gemachten Erfahrungen sollen evaluiert werden. Auf Basis dieser Einschätzung wird das Verfahren sicherlich weiter optimiert und verfeinert. Sollte sich dieser Ansatz prinzipiell bewähren, wäre dessen Erweiterung zu einer Politikfolgenabschätzung sinnvoll. Damit würden nicht nur Gesetze in Bezug auf Nachhaltigkeit geprüft, sondern auch andere (mehr oder weniger große) Programme und Maßnahmen der Bundesregierung (s. hierzu Kanatschnig und Schmutz 2004).

Mit solchen parlamentarischen Innovationen könnte auch die Nachhaltigkeitsstrategie unterstützt werden, die im Bundestag und seinen Ausschüssen intensiver als in der Vergangenheit verhandelt werden sollte. Eine konkrete Aufgabe könnte darin bestehen, den turnusmäßig vorgelegten und publizierten Indikatorenbericht des Statistischen Bundesamts v. a. in inhaltlicher Hinsicht ausführlich zu erörtern – innerhalb der Fachausschüsse aber auch durch angemessene öffentlichkeitswirksame Veranstaltungsformen (Plenardebatte, Konferenz mit „green cabinet", RNE, Ländervertreter_innen, Wissenschaften und zivilgesellschaftlichen Akteuren inklusive Wirtschaft).

Der langjährige Direktor des Deutschen Bundestags, Prof. Wolfgang Zeh erfuhr ein starkes Interesse anderer Staaten, insbesondere aus Osteuropa und Afrika am deutschen Parlamentarismus. Dies könnte auch für das Themenfeld Nachhaltigkeitspolitik und dessen Bearbeitung im Bundestag genutzt werden. Die Erfahrung zeige, dass Lernen und Adaptieren zwischen Staaten stattfinde (Zeh 2009, S. 83): „Im Gegenteil zeigt die Geschichte der Ausbreitung des Parlamentarismus, dass Länder unterschiedlicher Entwicklungsstandards und unterschiedlicher politischer Traditionen voneinander gelernt, attraktiv erscheinende Beispiele übernommen und Strukturen nachgebildet haben, wenn auch meist in abgewandelten Versionen und Teilstücken, die an die gegebenen Bedingungen angepasst werden mussten." Hier ist insbesondere die Verknüpfung des Bundestags sowohl mit dem EU-Parlament als auch mit den nationalen Parlamenten der EU-Staaten zu unterstreichen. Sie wird teilweise praktiziert (insbesondere auch über den European Environmental Advisory Councils), könnte aber weiter ausgebaut werden, insbesondere gegenüber dem Europäischen Parlament. Aber auch die globale Nord-Süd-Kooperation wäre zu stärken. Sowohl die Ausgestaltung parlamentarischer Tätigkeit als auch die Aktivitäten in Sachen nachhaltige Entwicklung sind v. a. in zahlreichen Staaten des „globalen Südens" recht rudimentär. Daher erscheint es als wichtige Option, dass erfahrene und anerkannte Parlamente wie der Deutsche Bundestag die Kommunikation, Kooperation und den Know-how-Transfer mit solchen Parlamenten intensivieren. Womöglich ließen sich hier Aktivitäten anregen, flankieren bzw. durchführen mit der Deutschen Gesellschaft für Internationale Zusammenarbeit (GIZ, vormals GTZ, InWent, DED etc.). Hierfür sollten auch die einschlägigen Erfahrungen und Materialien z. B. der Inter-Parlamentarian-Union (IPU) genutzt werden (z. B. IPU 2002, 2009; Beetham 2006).

Weitere konkrete institutionelle Innovationen, die bisherige Strukturen westlicher Regierungssysteme deutlich verändern würden und teilweise schon lange Zeit zur Diskussion stehen, sind beispielsweise:

- Dritte Kammer: Der Politikwissenschaftler Mohssen Massarat schlägt die Einrichtung einer Dritten Kammer neben dem Bundesrat und dem Bundestag vor, in der Mitglieder von Nichtregierungsorganisationen (NGO) oder Neuer Sozialer Bewegungen tätig sein sollen. Dadurch erweitern sich die zivilgesellschaftlichen Handlungsspielräume. Die Mitglieder werden durch das Bundesparlament gewählt und in zwei inhaltlich bezogene Räte (Krieg und Frieden; Umwelt und Entwicklung) eingesetzt und mit Initiativ-, Mitwirkungs- und Einspruchsrechten ausgestattet (Gehrs 2006, S. 228 ff.).
- Besonders qualifizierte Zukunftsräte: Der Ansatz von Dieter S. Lutz sieht die Einrichtung einer Institution mit freier Entscheidungsfindung und Autorität wie das Bundesverfassungsgericht vor, die mit Vetorechten ausgestattet ist und durch Wahlen legitimiert wird. Der Zuständigkeitsbereich liegt bei existenziellen Fragen der Menschen und der Menschheit. Die Zukunftsräte, die auf Landesebene angesiedelt sind und bei Landtagswahlen gewählt werden, werden für acht Jahre gewählt und haben keine Option zur Wiederwahl, was ihre Unabhängigkeit und Selbstständigkeit gewährleistet. Mitglieder sind hochqualifizierte Fachkräfte, die von Forschungsinstituten und NGO nominiert werden (Gehrs 2006, S. 231 ff.).
- Hierarchisch gegliederter Parlamentarismus: Nach Johannes Heinrichs sieht dieses Modell eine Neuordnung der Legislative durch die Einrichtung von vier Parlamenten für vier Systemebenen vor, die in einem hierarchischen Verhältnis zueinander stehen und die unabhängig voneinander alle vier Jahre gewählt werden. Auf oberster Ebene befindet sich das Grundwerteparlament, gefolgt vom Kulturparlament (Bildung, Künste, Zuwanderung etc.), Politikparlament (Verkehrs-, Außen- und Sicherheitspolitik, Zivil- u. Strafrecht) und auf unterster Ebene das Wirtschaftsparlament. Entscheidungen der unteren Ebenen müssen entsprechend der hierarchischen Ordnung die Entscheidungen und Gesetze der übergeordneten Einheiten einbeziehen (Gehrs 2006, S. 235 ff.).
- Nachhaltigkeitszeugnis für Politiker_innen: Die Einführung eines Nachhaltigkeitszeugnisses für Politiker_innen wie z. B. Abgeordnete des Bundestags verfolgt die

Idee, dass mit Ende einer Amtsperiode oder wann immer ein/e politische/r Entscheidungsträger_in seine Position wechselt, Resümee gezogen wird über dessen/deren Entscheidungen und Handlungen und deren Auswirkungen auf eine nachhaltige Entwicklung. Damit wird gleichzeitig ein Nachhaltigkeits-Status-quo für die Nachfolger_innen gezogen.

- Jugendparlament: Die Jugendlichen von heute sind zentrale Schlüsselakteur_innen für die Umsetzung einer nachhaltigen Entwicklung. Es erscheint daher wichtig, Kindern Werte der Nachhaltigkeit in der Erziehung zu vermitteln und diese vorzuleben. Die häufig benannte Politikverdrossenheit der Jugend ist zumeist nicht im wirklichen Desinteresse, sondern im Mangel an Information, Gehörtwerden und Mitsprachemöglichkeit begründet. Dem kann die Installierung von Jugendparlamenten und Jugendgemeinderäten entgegenwirken, die Jugendlichen die Möglichkeit geben, konkret an der Gestaltung ihrer Lebenswelt und Zukunft mitzuwirken. Die Jugendlichen werden somit frühzeitig in die Lage versetzt, Demokratie zu erfahren und reflektiertes Handeln zu lernen.
- Mindestens genauso wichtig wie die Einrichtung von Jugendparlamenten ist, dass die Ideen von Jugendlichen, die sich z. B. zur Gestaltung einer nachhaltigen Entwicklung herausbilden, auch ernst genommen und von der Politik tatsächlich aufgegriffen werden.

Ambitioniertere institutionelle Innovationen für eine Transformation in Richtung nachhaltiger Entwicklung scheinen angesichts der heutigen Lage erforderlich, doch ihre Durchsetzungsmöglichkeiten gleichermaßen gering. Sie wären Elemente einer längerfristig orientierten Gestaltung von Nachhaltigkeitspolitik und Nachhaltigkeitsinstitutionen und könnten dazu dienen, über den Tag hinaus zu denken und sich auch utopisch anmutenden Perspektiven und Optionen zu öffnen – um dann im Rückschluss auf die jeweiligen Gegebenheiten und den Möglichkeitsraum zu prüfen, ob und inwiefern die ein oder andere Idee gegebenenfalls in veränderter und angepasster Form genutzt werden könnte. Dazu ist ein umfangreicher mentaler und kultureller Wandel vonnöten (Haderlapp und Trattnigg 2013). Für die Umsetzung sollten einige Grundvoraussetzungen gegeben sein bzw. geschaffen und entwickelt werden, die sich nicht nur auf politisch-institutionelle Faktoren beziehen, sondern auch die psychologische und kulturelle Ebene betreffen. Hier geht es v. a. um die Einstellung und das Bewusstsein der zentralen Handlungsträger, denn Institutionen werden durch Individuen gebildet, reproduziert und schließlich auch innoviert.

Nachhaltigkeit im Rahmen der bestehenden Entscheidungsstrukturen ist deshalb nicht nur durch Korrekturen und Reformen am institutionellen Gefüge zu stärken, sondern auch dadurch, dass die entscheidenden Akteure deutlicher als bisher von Zielvorstellungen und Werten der Nachhaltigkeit geleitet werden (Niessen 2007, S. 271; Kristof 2010). Hierzu wäre die Forschung noch zu intensivieren, z. B. mit der Fragestellung: Unter welchen individuellen, strukturellen und situativen Bedingungen werden innovative Institutionsveränderungen vorgenommen? Welche „change coalitions" sind dafür erforderlich? Hier sollte an den oben erwähnten, weitergehenden Konzepten und Vorschlägen angeknüpft werden, denn bisherige Institutionen und Institutionengefüge konnten die Nichtnachhaltigkeit noch nicht überwinden helfen.

7.4   Schlussfolgerungen

Die weltweite Einigung auf Ziele („goals" und „targets") einer nachhaltigen Entwicklung im Rahmen der Agenda 2030 in der UN dürfte dem mühevollen Prozess der Realisierung des Zielhorizonts Nachhaltigkeit neuen Schub verleihen. Das lässt sich bei zahlreichen Akteuren und Institutionen in der Bundesrepublik Deutschland beobachten. Hier kommt zeitlich noch der Ausarbeitungsprozess am nächsten Fortschrittsbericht der Bundesregierung über die Nachhaltigkeitsstrategie hinzu, in dem die Frage der Umsetzung der SDG eine gewichtige Rolle spielen dürfte.

Wie in den Ausführungen oben dargelegt worden ist, ist die Realisierung einer nachhaltigen Entwicklung und, damit auch zusammenhängend, der Agenda 2030 und der SDG auf relevante Akteure, effektive institutionelle Arrangements und förderliche Kontexte sowie aufgeschlossene und reflektierte Individuen an. Für die notwendige Transformation ist eine angemessene und evidenzbasierte „governance" erforderlich, an der es jedoch noch immer mangelt, weil diverse Wachstumstrends, Ressourcenverbräuche, soziale Polarisierungen etc. weiter zunehmen.

Seit dem UN-Erdgipfel 1992 in Rio de Janeiro wurden in Bezug auf die Durchsetzung und Gestaltung von Nachhaltigkeit allerdings vielfältige neue Ansätze ausprobiert und Erfahrungen gesammelt, die nun für die Umsetzung der UN-Nachhaltigkeitsziele genutzt werden können. In Deutschland sind hierzu Studien zu Governance-Aspekten von Nachhaltigkeit und SDG vorgelegt worden, die wiederum an praktischen Modellen und institutionellen Innovationen anknüpften. Dabei zeigt sich, dass manche dieser neuen Institutionen, beispielsweise auf lokaler Ebene im Zug der Lokale-Agenda21-Bewegung, auf Bundesebene mit dem RNE oder auch im Bundestag mit dem PBNE höchst interessante und relevante Akteure entstanden sind. Sie spielen in ihren jeweiligen Bereichen die Rolle von Promotoren für Nachhaltigkeit. Gleichwohl ist festzustellen, dass viele jener Institutionen unzureichend ausgestattet waren und sind. Dies gilt vornehmlich für die Akteure auf kommunaler Ebene, die von mehreren Bundesländern jedoch zeitweise gut unterstützt worden sind. Insgesamt sind die Funktionen und Potenziale in Anbetracht der immensen und akuten Herausforderungen wie beispielsweise Klimakatastrophe noch zu sehr begrenzt. Vor allem traditionelle Institutionen wie Parlamente, Ministerien, Parteien und Verbände haben sich noch sehr unzureichend auf diese komplexen Herausforderungen eingestellt.

Daher sind weitgehende Veränderungen und Innovationen innerhalb z. B. der politischen Institutionen sowie der institutionellen Arrangements erforderlich. Schon seit vielen Jahren werden zur Modernisierung und zum Effektivieren des politisch-administrativen Systems Reformvorschläge eingebracht, die jedoch, wenn überhaupt, nur sehr zögerlich und selektiv berücksichtigt und umgesetzt werden. Hier wäre zumindest eine Stärkung bestehender Institutionen hinsichtlich personeller und finanzieller Ressourcen, also Ausbau der Kapazitäten, vonnöten. Darüber hinaus sind auch Verbesserungen ihrer Kompetenzen und ihrer Einflussmöglichkeiten auf Politikformulierung, Entscheidung und z. B. Monitoring erforderlich. Für eine „sustainability governance" werden hier mehrere auch weitergehende institutionelle Anregungen vorgestellt, wie beispielsweise eine Dritte Kammer oder Ombudspersonen. Dabei wird deutlich, dass mit starken Innovationen für eine nachhaltige Entwicklung nicht nur die Institutionen gefordert sind, sondern selbstverständlich die in ihnen tätigen Personen. Von ihnen wird eine Umorientierung verlangt.

Ein wesentliches Forschungsdesiderat stellt sich genau an dem hier konstatierten Engpass der angemessenen Integration von Nachhaltigkeitsprinzipien in den politischen Prozess sowie die Verwaltungen, also in die politisch-administrativen Strukturen und Verfahren. Obwohl zu diesem Themenfeld zahlreiche Studien vorliegen, scheint es immer noch unklar, weshalb der exorbitante Reformstau in Richtung „sustainable governance" besteht, wie er überwunden werden kann und wie also die mannigfachen Trägheiten der verschiedenen Institutionen, Personen und institutionellen Arrangements schneller und zielgerichteter abgebaut werden können. Die neuen Herausforderungen können mit alten Institutionen offensichtlich nicht bewältigt werden.

Literatur

APuZ – Aus Politik und Zeitgeschichte (2011) Postdemokratie? Ausgabe Nr. 1–2/2011, 03. Januar 2011

Barber B (2003) End of Democracy? How privatisation corrupts res publica. Vortrag auf dem Kongress Philosophy meets Politics, Kulturforum der SPD, Berlin, 31. Oktober 2003. SPD, Berlin

Beetham D (2006) Parliament and democracy in the twenty-first century. A guide to good practice. Inter-Parliamentary Union, Geneva

Bertelsmann Stiftung (Hrsg) (2013) Erfolgreiche Strategien für eine nachhaltige Zukunft. Reinhard Mohn Preis 2013. Bertelsmann, Gütersloh

Constanza R (2007) Lisbon principles of sustainable governance. In: Cleveland CJ (Hrsg) Encyclopaedia of earth. Environmental Information Coalition, National Council for Science and the Environment, Washington D.C. (Published in Encyclopaedia of the Earth August 9, 2007)

Crouch C (2008) Postdemokratie. Suhrkamp, Frankfurt am Main

Dahn D (2013) Wir sind der Staat! Warum Volk sein nicht genügt. Rowohlt, Hamburg

Esders E (2011) Nachhaltig denken und handeln: Coaching für Politiker. Vandenhoeck & Ruprecht, Göttingen

Gehrs H (2006) Defizite des politischen Systems und Alternativen auf dem Weg zur Nachhaltigen Entwicklung am Beispiel der Bundesrepublik Deutschland. Dissertation. Universität Osnabrück, Fachbereich Sozialwissenschaften, Osnabrück

Gesang B (Hrsg) (2014) „Kann Demokratie Nachhaltigkeit?". Springer, Heidelberg

Göll E (2004) Nachhaltigkeit als Herausforderung für Parlamente. Z Parlamentsfr 1:18–30

Göll E (2011) Governance-Modelle der Zukunft? Kritische Bestandsaufnahme von Utopien gesell-schaftlicher Steuerung. Reihe S:Z:D Arbeitspapiere. Praxis der Robert-Jungk-Stiftung, Salzburg

Göll E, Thio SL (2008) Institutions for a sustainable development – experiences from EU-countries. Environ Dev Sustain 10(1):69–88

Göpel M (2014) Ombudspersonen für zukünftige Generationen: Diktatoren oder Bürgervertreter? In: Gesang B (Hrsg) Kann Demokratie Nachhaltigkeit? Springer VS, Heidelberg, S 89–108

Haderlapp T, Trattnigg R (2013) Zukunftsfähigkeit ist eine Frage der Kultur. Hemmnisse, Wider-sprüche und Gelingensfaktoren des kulturellen Wandels. oekom, München

Heinrichs H, Laws N (2014) "Sustainability state" in the making? Institutionalization of sustain-ability in German federal policy making. Sustainability 6:2623–2641

Inter-Parliamentary Union IPU (2002) Toward sustainability: implementing agenda 21. Parliamen-tary declaration on the occasion of the world summit on sustainable development, Johannesburg 2002. http://www.ipu.org/splz-e/Jbrg02/final.pdf. Zugegriffen: 23. September 2011

Inter-Parliamentary Union IPU (2009) Activities of the inter-parliamentary union in 2008. IPU, Geneva

Kanatschnig D, Schmutz P (2004) Institutionelle Innovationsstrategien – 60 Ideen zur Initiierung und Umsetzung eines nachhaltigen Strukturwandels. Unter Mitarbeit des Bundesministeriums für Verkehr, Innovation und Technologie. Österreichisches Institut für Nachhaltige Entwick-lung. Berichte aus Energie- und Umweltforschung 26

Kristof K (2010) Models of Change. Einführung und Verbreitung sozialer Innovationen und gesell-schaftlicher Veränderungen in transdisziplinärer Perspektive. Vdf, Zürich

Loorbach D (2007) Governance for sustainability. Sustain Sci Pract Policy 3(2):1–4. http://sspp.proquest.com/archives/vol3iss2/TOC.html

Machiavelli N (1961) Der Fürst. Reclam junior, Stuttgart

Meuleman L, in 't Veld RJ (2009) Sustainable development and the governance of long-term decisi-ons (preliminary studies and background studies, number V.17). RMNO (Advisory Council for Spatial Planning, Nature and the Environment), Den Haag

Niessen F (2007) Nachhaltigkeit, Kapitalismus und Demokratie. Über die politischen und ökonomi-schen Realisierungsbedingungen einer nachhaltigen Entwicklung. Dissertationsschrift. RWTH Aachen

Nolting K, Göll E (2012) Bestandsaufnahme und Zukunftsperspektiven lokaler Nachhaltigkeitspro-zesse in Deutschland. Abschlussbericht im Auftrag des Umweltbundesamts. UBA, Dessau, Berlin

Nolting K, Göll E (2014) Lokale Nachhaltigkeitsprozesse in Deutschland. Ökol Wirtsch 29(2):36–41

Petermann T, Poetzsch M (2012) Nachhaltigkeit und Parlamente. Bilanz und Perspektiven „Rio +20". TAB-Arbeitsbericht Nr. 155, TAB – Büro für Technikfolgenabschätzung beim Deut-schen Bundestag, Berlin. http://www.tab-beim-bundestag.de/de/pdf/publikationen/berichte/TAB-Arbeitsbericht-ab155.pdf. Zugegriffen: 18. Mai 2016

Reißig R (2012) Transformation – ein spezifischer Typ sozialen Wandels. Ein analytischer und sozialtheoretischer Entwurf. In: Brie M (Hrsg) Futuring. Perspektiven der Transformation im Kapitalismus über ihn hinaus. Westfälisches Dampfboot, Münster, S 50–100

RNE – Rat für Nachhaltige Entwicklung (2013) Für einen neuen Aufbruch in der Nachhaltigkeits-politik. Stellungnahme zum Bericht des Peer Review 2013 Sustainability – Made in Germany. RNE, Berlin

RNE – Rat für Nachhaltige Entwicklung (2015) Deutsche Nachhaltigkeits-Architektur und SDGs. Stellungnahme des Herrn BM Peter Altmaier. RNE, Berlin

Schellnhuber HJ (2015) Selbstverbrennung. Die fatale Dreiecksbeziehung zwischen Klima, Mensch und Kohlenstoff. Bertelsmann, München

Schneidewind U, Zahrnt A (2013) Damit gutes Leben einfacher wird. Perspektiven einer Suffizienzpolitik. oekom, München

Schöne H, von Blumenthal J (Hrsg) (2009) Parlamentarismusforschung in Deutschland. Nomos, Baden-Baden

Sørensen E, Triantafillou P (Hrsg) (2009) The politics of self-governance. Ashgate, Surrey

Stein T (2014) Zum Problem der Zukunftsfähigkeit der Demokratie. In: Gesang B (Hrsg) Kann Demokratie Nachhaltigkeit? Springer VS, Heidelberg, S 47–63

Steurer R, Trattnigg R (2010) Nachhaltigkeit regieren: Eine Bilanz zu Governance-Prinzipien und -Praktiken. oekom, München

Stigson B, Babu SP, Bordewijk J, O'Donnell P, Haavisto P, Morgan J, Osborn D (2009) Peer Review der deutschen Nachhaltigkeitspolitik. Im Auftrag der Bundesregierung erarbeitet durch ein internationales Expertengremium unter Leitung von Björn Stigson. Koordiniert vom Rat für Nachhaltige Entwicklung. Berlin. http://www.nachhaltigkeitsrat.de/uploads/media/RNE_Peer_ Review_Report_November_2009_03.pdf. Zugegriffen: 18. Mai 2016

Stigson B, Babu SP, Bordewijk J, Haavisto P, Morgan J, Moosa V (2013) Sustainability – made in Germany. The second review by a group of international peers, commissioned by the German federal chancellery

Streeck W (2013) Gekaufte Zeit. Die vertagte Krise des demokratischen Kapitalismus. Suhrkamp, Berlin

TAB – Büro für Technikfolgen-Abschätzung beim Deutschen Bundestag (2010) Gefährdung und Verletzbarkeit moderner Gesellschaften – am Beispiel eines großräumigen Ausfalls der Stromversorgung, Arbeitsbericht Nr. 141, Berlin. https://www.tab-beim-bundestag.de/de/pdf/ publikationen/berichte/TAB-Arbeitsbericht-ab141.pdf. Zugegriffen: 18. Mai 2016

UNSC – Bureau of the United Nations Statistical Commission (2015) Technical report on the process of the development of an indicator framework for the goals and targets of the post-2015 development agenda – working draft. New York City. https://sustainabledevelopment.un. org/content/documents/6754Technical%20report%20of%20the%20UNSC%20Bureau%20 %28final%29.pdf. Zugegriffen: 18. Mai 2016

WBGU – Wissenschaftlicher Beirat der Bundesregierung Globale Umweltveränderungen (2012) Presseerklärung zum Rio+20-Gipfel „Pioniere bitte übernehmen!". http://www.wbgu.de/presse-termine/presseerklaerungen/2012-06-22-presseerklaerung. Zugegriffen: 18. Mai 2016

WBGU – Wissenschaftlicher Beirat der Bundesregierung Globale Umweltveränderungen (2016) Der Umzug der Menschheit: Die transformative Kraft der Städte. Berlin. http://www.wbgu.de/ hauptgutachten/hg-2016-urbanisierung/. Zugegriffen: 18. Mai 2016

Welzer H (2011) Mentale Infrastrukturen. Wie das Wachstum in die Welt und in die Seelen kam. Schriftenreihe Ökologie, Bd. 14. Heinrich-Böll-Stiftung, Berlin

WFC – World Future Council (2010) Guarding our Future. How to include future generations in policy making. Author: Maja Göpel. Hamburg. http://www.futurejustice.org/wp-content/uploads/2013/04/Ombudspersons_for_Future_Generations_Broshure_WFC.pdf. Zugegriffen: 18. Mai 2016

Zeh W (2009) Parlamentarische Strukturen als Exportartikel. Ein Essay über Chancen und Grenzen der Beratung in Demokratisierungsprozessen. In: Schöne H, von Blumenthal J (Hrsg) Parlamentarismusforschung in Deutschland. Ergebnisse und Perspektiven 40 Jahre nach Erscheinen von Gerhard Löwenbergs Standardwerk zum Deutschen Bundestag. Nomos, Baden-Baden, S 77–92

Die normative Ordnung der service-dominierten Logik für ein komplexes Wertnetzwerk – ein innovativer Weg zu mehr Nachhaltigkeit?

8

Johannes Hogg, Kai-Michael Griese und Kim Werner

8.1 Einführung

In einem vielbeachteten Gutachten des Wissenschaftlichen Beirats der Bundesregierung (WBGU) im Jahr 2011 wird ein notwendiger Transformationsprozess zu einer klimafreundlicheren Gesellschaft angemahnt (WBGU 2011). Im Jahr 2014 wird diese Forderung im Sondergutachten Klimaschutz als Weltbürgerbewegung aktualisiert (WB-GU 2014). Studien verdeutlichen, dass viele Unternehmen in den letzten Jahren diesem geforderten Transformationsprozess nur sehr langsam und einseitig nachgehen. Danach sind nachhaltige Verhaltensweisen scheinbar nur dann relevant, wenn sie dem Unternehmen einen strategischen Wettbewerbsvorteil ermöglichen (Corporate Responsibility Index 2013). Werte und Normen von Unternehmensvertretern sowie deren gesellschaftlich verantwortungsvolles Handeln, verändern sich nur sehr strategisch. Das mag u. a. daran liegen, dass in der Vergangenheit primär technische Innovationen, z. B. effizientere Motoren, im Mittelpunkt standen, um den Transformationsprozess zu unterstützen und weniger die Veränderung von Einstellungen und Verhalten der Individuen (Stengel 2011). In den letzten Jahren haben jedoch soziale Innovationen (z. B. Sharing-Economy) mit dem Ziel an Bedeutung gewonnen, die Ressourceneffizienz zu erhöhen. Ergänzend zeigen sich

J. Hogg (✉)
Hochschule Fresenius
Alte Rabenstr. 2, 20148 Hamburg, Deutschland
E-Mail: johannes.hogg@hs-fresenius.de

K.-M. Griese · K. Werner
Hochschule Osnabrück
Caprivistraße 30a, 49076 Osnabrück, Deutschland
E-Mail: griese@wi.hs-osnabrueck.de

K. Werner
E-Mail: k.werner@hs-osnabrueck.de

© Springer-Verlag GmbH Deutschland 2017
W. Leal Filho (Hrsg.), *Innovation in der Nachhaltigkeitsforschung*,
Theorie und Praxis der Nachhaltigkeit, DOI 10.1007/978-3-662-54359-7_8

vielfältige Potenziale, wie sich gesellschaftliche Veränderungen durch innovative Formen der Kooperation, z. B. Reallabore, voranbringen lassen.

Vor diesem Hintergrund ist es das Ziel dieses Beitrags, der Frage nachzugehen, warum das von Elkington (1997) begründete Triple-bottom-line(TBL)-Konzept, das die aktuelle Nachhaltigkeitsdiskussion bei Unternehmen dominiert (Kenning 2015, S. 3; Chabowski et al. 2011; Bansal 2005), nicht die erhoffte Wirkung im Hinblick auf den geforderten Transformationsprozess entfaltet. Anschließend wird der Ansatz der servicedominierten Logik (SDL) als wirkungsvolle soziale Erweiterung und Innovation des bestehenden TBL-Konzepts diskutiert.

8.2 Das Triple-bottom-line-Konzept

Das TBL-Konzept wurde 1997 von John Elkington in dem Manifest *Cannibals with Forks. The Triple Bottom Line of 21st century* vertiefend beschrieben. Vorüberlegungen wurden von Elkington bereits 1994 publiziert (Elkington 1994). Ein Literaturüberblick über die Historie des Konzepts findet sich z. B. bei Adams et al. (2004), Sridhar (2011) und Alhaddi (2015). Elkington (1997, S. 73) unterteilt eine nachhaltige Unternehmensführung, die er in seinem Buch im Rahmen eines „sustainable capitalism" umschreibt, in eine ökologische, eine soziale und eine ökonomische Dimension. Die Dimensionen sollen in der operativen Planung und dem einhergehenden Entscheidungsprozess im Unternehmen die Akteure unterstützen, ihre Entscheidungen stärker auf eine nachhaltige Entwicklung auszurichten (Dalal-Clayton und Sadler 2005; Hubbard 2009).

Die ökologische Dimension des TBL-Konzepts beinhaltet den Schutz der natürlichen Ressourcen. Das nachhaltige Wirtschaften eines Unternehmens bedeutet demnach, die natürlichen Lebensgrundlagen nur in dem Maß zu beanspruchen, wie sich diese über einen bestimmten Zeitraum regenerieren können. Dazu zählt z. B. die Verringerung des Ressourcenverbrauchs, die Reduktion von CO_2-Emissionen oder die Minimierung des Müllaufkommens. Die soziale Dimension umfasst die Sicherstellung der sozialen Gerechtigkeit. Für Unternehmen bedeutet das eine intensive Auseinandersetzung mit ihrer gesellschaftlichen Verantwortung. Beispielhaft seien das Engagement für das Gemeinwesen, z. B. durch Unterstützung sozialer Projekte, sowie die Offenheit für die sozialen und kulturellen Bedürfnisse aller durch den Wertschaffungsprozess betroffenen Akteure, z. B. durch Arbeitszeitausgleich und Gleichstellung, genannt. Im Mittelpunkt der ökonomischen Dimension steht die langfristige Sicherung des ökonomischen Erfolgs eines Unternehmens. Dazu zählt z. B. eine effektive und effiziente Wirtschaftsweise. Darüber hinaus beinhaltet die Dimension die ökonomische Verantwortung gegenüber externen Anspruchsgruppen. Im Zentrum steht dabei die Schaffung eines angemessenen Lebensstandards, z. B. durch faire Entlohnung der Mitarbeiter_innen und Lieferanten. Der normative Charakter des Drei-Säulen-Modells entsteht durch die Anforderung, die drei Dimensionen gleichrangig zu behandeln (Corsten und Roth 2012). Vor dem Hintergrund des Leitbildes einer nachhaltigen Entwicklung sollen Unternehmen ihren wirtschaftlichen Erfolg bei gleichzeitiger Wahrung von Umwelt- und Sozialverträglichkeit ermöglichen (Drengner und Griese 2016).

Seit der Entwicklung des Ansatzes im Jahr 1997 ist eine Vielzahl von Veröffentlichungen entstanden, die sich insbesondere auf Basis von Indikatoren mit der Implementierung des Konzepts im Unternehmen beschäftigen (Adams et al. 2004). Während der intensiven Verbreitung des Konzepts haben sich im Lauf der letzten Jahre einige Publikationen kritisch mit dem Ansatz beschäftigt. Die folgenden Ausführungen fassen die zentralen Kritikpunkte am TBL-Konzept zusammen (Brown et al. 2006; Moneva et al. 2006, S. 121; Dunne 2007; Hacking und Guthrie 2008; Milne und Gray 2012; Emrich 2015, S. 10).

Ein Kritikpunkt bezieht sich auf die willkürliche Einteilung in die drei Sphären, ökologisch, ökonomisch und sozial (Emrich 2015). Hacking und Guthrie (2008, S. 77) beschreiben diesen Versuch mit „explaining the composition of the cake by cutting it into thinner slices". Diese Unterteilung unterstellt zum einen eine gewisse Unabhängigkeit der Teilsysteme. Das Beispiel Klimawandel (ökologische Dimension) und dessen Auswirkung auf die Kosten für Unternehmen bzw. die ökonomische Dimension (z. B. Risky Business Projects 2014) unterstreicht jedoch, dass das nicht der Fall ist. Zum anderen kann der Eindruck entstehen, dass Schwerpunkte in einem Teilsystem automatisch zulasten oder zugunsten eines oder zweier anderer Teilsysteme gehen können (Wright et al. 2002). Insgesamt lässt das TBL-Konzept eine systemische Sichtweise auf die Unternehmensrealität vermissen (Sridhar 2011, S. 50 f.).

Ferner ergibt sich weitere Kritik an der Tatsache, dass die Ausgestaltung der drei Dimensionen gegenüber Stakeholdern in hohem Maß abhängig von individuellen Wertvorstellungen einer Kultur ist. Das TBL-Konzept ist jedoch eher auf eine gewisse Anzahl an Indikatoren zur Bestimmung der drei Dimensionen und nicht auf die Vermittlung von Werten und Normen ausgerichtet (Moneva et al. 2006, S. 135). Letztere ist jedoch notwendig, um den Transformationsprozess auf kultureller Ebene zu fördern (Emrich 2015, S. 12). Untersuchungen von Norman und MacDonald (2004, S. 243) zeigen, dass das TBL-Konzept innengerichtet im Unternehmen nicht in der Lage ist, Werte und Normen bei Mitarbeitern für eine nachhaltige Entwicklung zu verändern. Stattdessen wird trotz Integration des TBL-Konzepts im Unternehmen oft weiterhin *business as usual* praktiziert.

Darüber hinaus bestehen zwischen den Dimensionen grundlegende Zielkonflikte, die es für Unternehmen schwer machen, gleichberechtige Ziele zu formulieren (Norman und MacDonald 2004, S. 260; Milne und Gray 2012, S. 17). Die Frage nach der Gewichtung der Ziele ist bis heute umstritten. Gründe dafür ergeben sich auch hier aus den kulturbedingten Wertevorstellungen der Unternehmen, die Diskussionen über eine nachhaltige Entwicklung von Unternehmen auf der sozialen Ebene erschweren (Brown et al. 2006). Da zudem keine klaren Vorschläge für einen konkreten Zielmix der drei Dimensionen vorliegen, wirkt der Gestaltungsrahmen des TBL-Konzepts beliebig und kann auf jede Situation angewendet werden (Hacking und Guthrie 2008, S. 86).

Des Weiteren erscheint es problematisch, dass viele Unternehmen das TBL-Konzept als Struktur für die Corporate-Social-Responsibility(CSR)-Kommunikation gegenüber ihren Stakeholdern nutzen, um ihre Reputation zu verbessern (Sridhar 2012a, S. 69, 2012b,

S. 312). Es ist fraglich, ob damit wirklich inhaltlich die Verantwortung eines Unternehmens zum Ausdruck kommt (Lober et al. 1997, S. 68; Brown et al. 2006), da wichtige Aspekte eines Unternehmens, z. B. die Kultur, nur begrenzt berücksichtigt werden. Ferner zeigen Studien, dass Unternehmen, die Nachhaltigkeitsberichte aufbauend auf dem TBL-Konzept erstellen, sich nicht zwangsläufig auch verantwortlicher verhalten (Moneva et al. 2006, S. 134). Die Nachhaltigkeitsberichte orientieren sich i. d. R. an der *Global Reporting Initiative* (GRI), die als Nichtregierungsorganisation Standards für die Entwicklung von Nachhaltigkeitsberichten zur Verfügung stellen (GRI 2016). Milne und Gray (2012) konstatieren, dass das TBL-Konzept in Verbindung mit der Global-Reporting-Guideline in manchen Fällen sogar dazu führen kann, dass Unternehmen sich weniger nachhaltig verhalten.

Da das TBL-Konzept ein sehr allgemein formuliertes Konzept darstellt, besteht zudem die immanente Gefahr, dass es als Instrument zum *CSR-Washing* (zum Begriff CSR-Washing s. Pope und Wæraas 2015, S. 2) genutzt wird. Dabei weist ein Unternehmen in seiner externen Markenkommunikation eigene ökonomische, ökologische und soziale Leistungen aus, die es nicht in dem behaupteten Ausmaß erbringt (Schilizzi 2002, S. 24). Verschiedene Untersuchungen haben gezeigt, dass immer mehr Unternehmen die GRI im Unternehmen anwenden, der Grad an Kompromissbereitschaft mit den Annahmen der nachhaltigen Entwicklung jedoch gering ist (Moneva et al. 2006, S. 134). Daher muss kritisch gefragt werden, ob das TBL-Konzept, gerade im Hinblick auf die CSR-Kommunikation, den Unternehmen sogar die Fähigkeit nimmt, eine nachhaltige Entwicklung auf der institutionellen Ebene grundsätzlich zu implementieren (Milne und Gray 2012, S. 24).

Ein weiterer Kritikpunkt adressiert die Probleme der Operationalisierung und Interpretation der einzelnen Indikatoren und die Vergleichbarkeit mit anderen Dimensionen. Vielfältige Berichte wie z. B. *The Ecological Wealth of Nations* (Global Footprint Network 2010) oder der *World Wide Fund's Living Planet Report* (World Wildlife Fund 2014) legen die Vermutung nahe, dass eine große Menge an Informationen über die einzelnen Dimensionen bereits vorliegen. Allerdings ist die Interpretation der Daten und der Ableitung von Empfehlungen für das Unternehmen äußerst schwierig (Milne und Gray 2012, S. 15). So ist es z. B. für ein Unternehmen i. d. R. nicht leistbar, das Schaffen von 1000 Arbeitsplätzen in einer Region in Deutschland mit dem globalen Anstieg von CO_2-Emissionen zu vergleichen bzw. die Daten angemessen zu interpretieren.

Zusammenfassend werden in Tab. 8.1 die Defizite des TBL-Konzepts dargestellt.

Abschließend lässt sich konstatieren, dass das TBL-Konzept mit vielen Schwächen behaftet ist. Dazu zählt insbesondere die mangelnde Wirkung auf die individuellen Wertvorstellungen (normative Ordnung) der Mitarbeiter im Unternehmen. Dadurch wird die Förderung des Transformationsprozesses eingeschränkt und in einigen Bereichen sogar behindert. Insofern erscheint das TBL-Konzept zwar geeignet, vielfältige Informationen über ökonomische, ökologische und soziale Aspekte der Unternehmensführung auf Basis von Indikatoren darzustellen, jedoch scheinen diese Informationen nur wenig Einfluss auf das tatsächliche Verhalten der Unternehmen zu haben und folglich eine begrenzte Anschlussfähigkeit zu besitzen.

Tab. 8.1 Überblick über die Defizite des Triple-bottom-line-Konzepts

Defizitkategorie	Kurzbeschreibung
Systematische/architektonische Defizite	– Willkürliche Einteilung in drei Sphären – Impliziert die Unabhängigkeit der Teilsysteme – Impliziert, dass Schwerpunkte in einem Teilsystem zulasten oder zugunsten anderer Teilsysteme gehen
Normative Defizite	– Das Triple-bottom-line-Konzept ist nicht auf die Vermittlung von Werten und Normen ausgerichtet
Defizite bei der Zielformulierung	– Zielkonflikte zwischen den Dimensionen (z. B. Gewichtung) – Keine klaren Vorschläge für einen konkreten Zielmix
Übertragbarkeit auf Unternehmen	– Wichtige Aspekte eines Unternehmens werden nur begrenzt berücksichtigt (z. B. Kultur)
Gefahr *CSR-Washing*	– Gefahr der einseitigen Nutzung zur Reputationsverbesserung – Erschwert die Implementierung einer nachhaltigen Entwicklung auf institutioneller Ebene
Defizite der Operationalisierung	– Erschwerte Interpretation der Daten und der Ableitung von Empfehlungen für das Unternehmen

8.3 Die servicedominierte Logik und die Chance zur normativen Ordnung eines komplexen Wertnetzwerks für mehr Nachhaltigkeit

In diesem Abschnitt wird aufgezeigt, dass mithilfe der SDL das Funktionieren einer normativen Ordnung in einem komplexen Wertnetzwerk konzeptionell abgebildet werden kann. Ausgehend von dem vorab beschriebenen TBL-Konzept wird die Verbesserungswürdigkeit einer normativen Ordnung für dieses Konzept beschrieben. Hierfür wird der Begriff einer normativen Ordnung in einem sozialen Raum, z. B. in einer Organisation, einem Markt oder einem sozialen System, erklärt. Anschließend werden die Grundsätze der SDL vorgestellt. Dabei wird insbesondere auf die Prämissen eingegangen, die für die Einbindung einer normativen Ordnung relevant sind. Die Austauschprozesse der SDL auf der Mikroebene, der Mesoebene (Einbindung von Ressourcen in einem gemeinsamen Raum der Wertschaffung) und Makroebene sind ebenfalls Gegenstand der Analyse. Abschließend erfolgt eine Betrachtung des TBL-Konzepts unter Erweiterung des normativen Ansatzes der SDL.

Verbesserung der normativen Ordnung für ein innovatives Nachhaltigkeitskonzept
Elkington forderte einen normativen Ansatz, der eine breite Auswahl an Stakeholdern sowie viele interdisziplinäre Felder wie Regierungs- und Steuerpolitik, Technologie- und Wirtschaftsentwicklung, Arbeits- und Sicherheitspolitik, aber auch Berichtswesen von Unternehmen etc. einbindet. Die Entwicklung eines solchen normativen Ansatzes für eine nachhaltige Entwicklung beschreibt er als eine zentrale Herausforderung für das 21. Jahrhundert (Elkington 2004, S. 16). Laczniak und Kennedy (2011, S. 249) identifizierten

bei ihrer Untersuchung der bekanntesten *„global codes of ethic"*, wie beispielsweise die *Guidelines for Multinational Corporations* der Organisation für wirtschaftliche Zusammenarbeit und Entwicklung (OECD), der *Global Compact for Corporations* der Vereinten Nationen (UN) und das *Statement of Ethics der American Marketing Association* (AMA), drei globale Supernormen: Stakeholder-Orientierung, Nachhaltigkeit und die rechtliche und ethische Compliance.

Die Stakeholder-Orientierung besagt, dass typischerweise mehrere interne und externe Anspruchsgruppen (Stakeholder) vom Wirken eines Unternehmens betroffen sind und daher bei Unternehmensentscheidungen berücksichtigt werden müssen. Nachhaltigkeit im Rahmen des Unternehmenskonzepts entwickelt sich kontinuierlich und integriert wirtschaftliches Handeln mit dem Schutz der Umwelt und der Verbesserung von sozialen Standards. Die rechtliche und ethische Compliance beinhaltet die Konformität des Handelns (Laczniak und Kennedy 2011, S. 252). Nachhaltige Organisationen befassen sich mit der Integration von ökologischen und sozialen Ressourcen. Es geht weniger darum, die externen Effekte bei der Schaffung von Werten zu nutzen, sondern die externen Kosten, die von anderen Akteuren getragen werden, zu berücksichtigen (Peñaloza und Mish 2011, S. 13). Dieser Ressourcenansatz geht weit über den Stakeholder-Ansatz hinaus, weil er neben Personen und Gruppen, die das Erreichen der Unternehmensziele beeinflussen oder selbst beeinflusst werden (Freeman 1984, S. 46; Mitchell et al. 1997, S. 854) auch öffentliche, private und Marktressourcen berücksichtigt (Lusch und Vargo 2014, S. 74 f.). Die nachhaltige Entwicklung ist von ihrem Grundgedanken aus eher ein Anliegen der Gemeinschaft denn des Individuums (Pelletier 2010, S. 1893). Für die Vermittlung bedarf es einer normativen Ordnung auf die im Folgenden eingegangen wird.

Normative Ordnung im sozialen Raum
Jede Organisation besitzt – wie alle sozialen Systeme – eine Kultur. Diese Kultur besteht aus Glaubenssätzen, Normen und Werten und beeinflusst das kollaborative, menschliche Verhalten (Norman 2007, S. 217). Normen sind etablierte Verhaltensstandards, deren Einhaltung und Pflege von der Gesellschaft und/oder einer Organisation erwartet werden (American Marketing Association 2016). Bei der Analyse der Konzepte, der Organisation und der Erbringungssysteme von Serviceorganisationen zeigen sich gemeinsame Muster von Kultur und dominierenden Ideen. Werden diese Muster abstrahiert (Abb. 8.1), ist erkennbar, dass die Unternehmenskultur und die normativen Leitsätze eine zentrale Rolle spielen (Norman 2007, S. 217).

Die normative Ordnung (definiert als Konstrukt aus Normen und Werten) legitimiert die Grundstruktur einer Gesellschaft (Forst und Günther 2010, S. 7). Dies umfasst die Entwicklung einer Ordnung des Handelns und des Denkens mit dem Fokus auf die internen Perspektiven, Prozesse, Prozeduren und Auseinandersetzungen. Forst und Günther sehen normative Ordnungen als Rechtfertigungsordnungen. Sie „dienen entsprechend der Rechtfertigung von sozialen Regeln, Normen und Institutionen; sie begründen Ansprüche auf Herrschaft und eine bestimmte Verteilung von Gütern und Lebenschancen" (Forst und Günther 2010, S. 2). Dies inkludiert den Aspekt der Verteilungsgerechtigkeit, der für die

Abb. 8.1 Normative Leitlinien
als Erfolgsfaktor eines Service-
Management-Systems. (In
Anlehnung an Norman 2007,
S. 217)

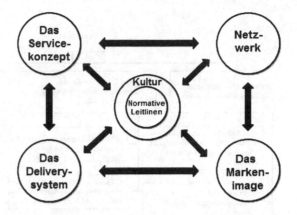

Evaluation eines Systems essenziell ist (Laczniak und Kennedy 2011, S. 254). Ob eine Verteilung als gerecht empfunden wird, hängt von den jeweiligen Standards der Fairness ab, anhand derer eine Gemeinschaft Gewinn und Lasten verteilt (Laczniak und Murphy 2008, S. 5). Um eine ungleiche Verteilung von physischen und mentalen Ressourcen zu vermeiden, ist der Austausch unter Systemteilnehmern notwendig. Dieser Austausch zum gegenseitigen Nutzen erfordert die Entwicklung von sozialen Verträgen und komplexen sozialen Führungssystemen (Lusch und Vargo 2014, S. 58). Eine normative Ordnung bildet sich kontextuell und zeitlich situiert, um politische und soziale Verhältnisse zu rechtfertigen. Auch die Normen sind in kulturelle, ökonomische, politische, kommunikative und psychologische Kontexte eingebettet (Forst und Günther 2010, S. 7). Diese Einbettung ermöglicht die Herausbildung von pluralistischen Gemeinschaften, in denen mehrere (teils inkompatible) Sichtweisen existieren und gleichrangig zulässig sind. Veranschaulichen lässt sich dieser Gedanke an dem Beispiel, dass es nicht den einen richtigen Weg gibt, ein Kind zu erziehen oder eine Klasse zu unterrichten, obschon es definitiv falsche Wege gibt, dies zu tun. Die Frage hierbei, ob Pluralismus und Objektivität miteinander kompatibel sind, ist nicht nur von akademischem Interesse. Multiple Sichtweisen in eine gemeinsame Kultur einzubauen, ist zudem eine wichtige gesellschaftspolitische Herausforderung (Lynch 1998, S. 1).

Einführung in die servicedominierte Logik
Der SDL lagen ursprünglich acht Prämissen zugrunde (Vargo und Lusch 2004, S. 4 ff.). In ihrer Weiterentwicklung auf zehn Prämissen wurden Netzwerkaspekte und komplexe Servicesysteme auf der Makroebene inkludiert (Vargo und Lusch 2008, S. 3). Die zehn Prämissen lassen sich, wie in Abb. 8.2 dargestellt, in vier Axiome und sechs Grundprämissen gliedern (Lusch und Vargo 2014, S. 53).

Axiom und Grundprämisse P1 der SDL lautet: Service ist die Basis allen Austauschs. Der gegenseitige Austausch unter zwei Marktakteuren ist notwendig, weil die physikalischen und mentalen Fähigkeiten unter den Marktakteuren ungleich verteilt sind, was wiederum zur Spezialisierung der Marktakteure führt. Dieser Austausch zum gegensei-

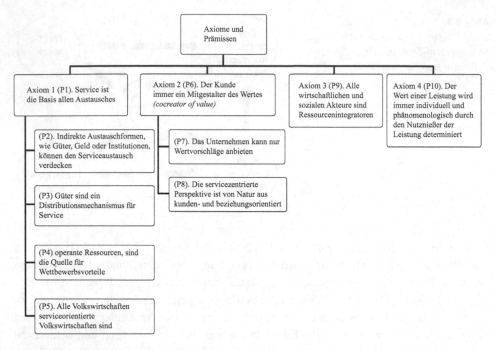

Abb. 8.2 Axiome und Prämissen der servicedominierten Logik. (In Anlehnung an Lusch und Vargo 2014, S. 54)

tigen Nutzen erfordert die Entwicklung von sozialen Verträgen zwischen den Akteuren sowie komplexe soziale Führungssysteme (Lusch und Vargo 2014, S. 58). Diesem Axiom untergeordnet sind die Prämissen P2–P5. Prämisse P2 besagt, dass indirekte Austauschformen wie beispielsweise Güter, Geld oder Institutionen den Serviceaustausch verdecken können. Prämisse P3 lautet: Güter sind ein Distributionsmechanismus für Service. Güter liefern nicht nur einen Service, sondern befriedigen Bedürfnisse jenseits dieser Funktionalität, beispielsweise Wertschätzung, Prestige und Status (Lusch und Vargo 2014, S. 64). Prämisse P4 stellt operante Ressourcen, also Ressourcen, die eine bestimmte Wirkungsweise in sich haben (wie beispielsweise Wissen und Fähigkeiten), als Quelle für Wettbewerbsvorteile dar. Die Prämisse P5 konstatiert schließlich, dass alle Volkswirtschaften serviceorientierte Volkswirtschaften sind. Dies lässt sich aus der ersten Prämisse ableiten.

Axiom 2 und Prämisse P6 besagen, dass der Kunde immer ein Mitgestalter des Werts („cocreator of value") ist. Nur durch die Fähigkeit des Akteurs Kunde, einen Service nutzen zu können, diesen zu warten und auf seine einzigartigen Bedürfnisse, Nutzungssituationen und sein Verhalten anzupassen, entsteht ein Wert („value in use"). Der Akteur Kunde ist selten isoliert, sondern Teil eines Netzwerks mit anderen menschlichen Akteuren, die mit weiteren Ressourcen verbunden sind (Lusch und Vargo 2014, S. 70 f.). Hier entsteht der Wert im Kontext („value in context"). Der Netzwerkgedanke ist für unsere Bewertung wichtig und wird in Prämisse P9 weiterentwickelt. Prämisse P7 lautet: Das Unternehmen kann keine Werte liefern, es kann nur Wertvorschläge anbieten. Hiermit soll veranschaulicht werden, dass der Wert nicht vom Unternehmen produziert und zu anderen Akteuren, wie dem Kunden, geliefert und dort verbraucht wird. Der Wertvorschlag kann als Einladung verstanden werden, sich an der gemeinsamen Wertschaffung zu beteiligen (Lusch und Vargo 2014, S. 71). Dies ist eine Abwendung von dem der Stakeholder-Theorie anhaftenden Firmenfokus. Die Prämisse P8 konstatiert, dass die servicezentrierte Perspektive von Natur aus kunden- und beziehungsorientiert ist. Der Wert wird, wie in Axiom 2 beschrieben, gemeinschaftlich zwischen den beiden Akteuren geschaffen.

Axiom 3 und Prämisse P9 besagen, dass alle wirtschaftlichen und sozialen Akteure Ressourcenintegratoren sind. Es setzt voraus, dass die Beziehung zwischen den zwei Ressourcenintegratoren gemeinschaftlich, interaktiv und gegenseitig unterstützend ist und die reziproken Rollen der Wertschaffung entfaltet. Wie in Abb. 8.3 dargestellt, sind die Ressourcenintegratoren Marktakteure, die mit anderen auf dem Markt erhältlichen, öffentlichen oder privaten Ressourcen in einem Netzwerk verbunden sind (Lusch und Vargo 2014, S. 74). Auf der Unternehmensseite können das z. B. Eigner, Finanziers, öffentliche Administration, Infrastruktur, Zulieferer, öffentliche Ordnung etc. sein. Auf der Kundenseite sind es beispielsweise Familie, Freunde, Arbeitskollegen, Glaubens- und Wertegemeinschaften.

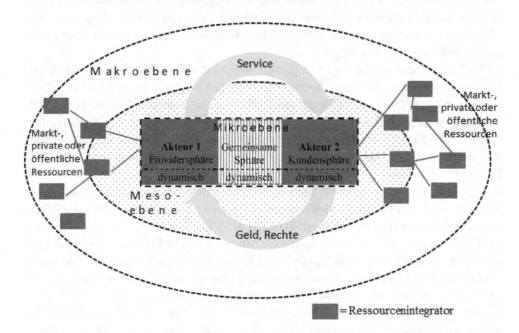

Abb. 8.3 Austausch durch Ressourcenintegration und gemeinschaftliche Wertschaffung auf Mikro-, Meso- und Makroebene. (In Anlehnung an Lusch und Vargo 2014, S. 75 und 171; Grönroos und Voima 2013, S. 141)

Die für die gemeinschaftliche Wertschaffung benötigte dynamische Sphäre (Abb. 8.3, Rechteck) lässt sich dreiteilen:

- In der Providersphäre bietet das Unternehmen als Wertschaffungsanbieter und Unterstützer einen Vorschlag zur möglichen Wertschaffung an.
- In der gemeinschaftlichen Sphäre findet die gemeinschaftliche Wertschaffung und Ressourcenintegration zwischen den beiden Akteuren statt (Grönroos und Voima 2013, S. 134). Die gemeinschaftliche Sphäre muss für beide Akteure zugänglich sein, einen Dialog ermöglichen, Werkzeuge und Wissen für beide Akteure bereitstellen, um das Nutzen-Risiko-Verhältnis eigenständig beurteilen zu können und darüber hinaus transparent zu sein (Prahalad und Ramaswamy 2004, S. 9).
- In der Kundensphäre ist der Kunde ein eigenständiger Ressourcenintegrator. Hier kann der Kunde unabhängig vom Unternehmen Wert mit den von ihm erhaltenen Ressourcen schaffen (Grönroos und Voima 2013, S. 141).

Diese unabhängige, vielfältige Form der Wertschaffung mit dem jeweils herrschenden zeitlichen, räumlichen, physischen und sozialen Kundenkontext (Epp und Price 2011, S. 36) führt zu Axiom 4 und der Prämisse P10 der SDL: Der Wert einer Leistung wird immer individuell und phänomenologisch durch den Nutznießer bestimmt. Jeder Fall des Serviceaustauschs findet in einem anderen Kontext statt und die Verfügbarkeit, Integration oder der Nutzen ändert sich durch eine veränderte Kombination der Ressourcen und Akteure im gemeinsamen Raum (Abb. 8.3, inneres gepunktetes Oval) der Wertschaffung (Lusch und Vargo 2014, S. 78).

Nach dieser Einführung wird nun geprüft, welche Prämissen der SDL für die Abbildung einer normativen Ordnung herangezogen werden können. Laczniak (2006, S. 297) qualifiziert als Ausgangspunkt für die gesellschaftliche und ethische Bewertung der SDL die Prämissen P3, P4, P6 und P8 von den ehemals acht Prämissen. Die SDL ist implizit normativ und kann Unternehmen anregen, Standards für ethisches Verhalten und soziales Wohlergehen einzuführen (Lusch und Vargo 2006, S. 407). Als normative Leitlinien für Unternehmen gelten die Transparenz, die Wahrheitsliebe, die Offenlegung von Informationen für den Austauschprozess, die Langzeitperspektive der Kundenbeziehungen, der Fokus auf den Vertrieb von Serviceabläufen sowie das Investieren in spezialisierte Fähigkeiten und Wissen (Lusch und Vargo 2006, S. 415). Der besondere Fokus der SDL auf Beziehungen und den reziproken Austausch von Wissen und Kompetenzen bei der gemeinsamen Wertschaffung regt Firmen verstärkt an, sich an den Werten ihrer Kunden zu orientieren. In solch einem relationalen und kundenbezogenen Kontext bietet die SDL eine Prämisse für eine ethische Unternehmensführung (Williams und Aitken 2011, S. 452). Darüber hinaus bietet die SDL unter Hinzunahme der Prämisse P9 (alle wirtschaftlichen und sozialen Akteure sind Ressourcenintegratoren) die Rechtfertigung für die Bildung von Institutionen und Strukturen auf einer Netzwerkebene und ein hohes Potenzial an Anschlussfähigkeit.

Servicedominierte Logik und nachhaltige Entwicklung

Die SDL betont die Tragfähigkeit eines Systems. Hierfür sind ökonomischer Erfolg sowie Ausdauer und Anpassungsfähigkeit wichtig (Vargo und Lusch 2006, S. 50; Lusch und Vargo 2014, S. 196). Der ökonomische und der soziale Aspekt können Auswirkungen auf die ökologische Dimension haben. So stellt sich die SDL umweltfreundlicher als die güterdominierte Logik dar. Durch die Betrachtung des gesamten Serviceablaufs statt nur der Güter hat die SDL einen sog. *Total-Cost-of-Ownership*-Ansatz im Fokus und kann somit ganzheitlicher auch die Betriebs- und Entsorgungskosten mit einkalkulieren (Lusch und Vargo 2006, S. 416). Der soziale Aspekt der Verteilungsgerechtigkeit zielt darauf, die natürlichen Lebensgrundlagen zu schonen und für zukünftige Generationen zu erhalten (Laczniak und Murphy 2008; Laczniak und Santos 2011).

Aus der Soziologie stammt die Überlegung, individuelle Prozesse (Mikro) in dem Kontext zu einem übergeordneten System wie Kapitalismus oder Staat (Makro) zu sehen (Gerstein 1987, S. 108). Bronfenbrenner unterscheidet in dem von ihm entwickelten sozialökonomischen Ansatz vier Ebenen (Mikro, Meso, Exo, Makro) und eine zeitliche Struktur (Chronosysteme), um den Einfluss unterschiedlicher Lebensbereiche für die Entwicklungspsychologie zu betrachten (Ackermann 2012, S. 37). Lusch und Vargo (2014, S. 94) analysieren komplexe Systeme und Transaktionen auf der Mikro-, der Meso- und der Makroebene.

- Mikroebene: Der Austauschprozess beginnt mit einer Akteur-zu-Akteur-Wechselbeziehung. Zwei Ressourcenintegratoren (Akteure) tauschen Kompetenzen mit dem Ziel aus, einen gewünschten Service vom jeweils anderen zu erhalten. In diesem Prozess wird ein Gebrauchswert („value in use") kreiert. Eine nachhaltige Entwicklung hat auf dieser Ebene Relevanz in Bezug auf die Erwartungen der Akteure, die Markenführung, Authentizität und als Differenzierung gegenüber alternativen Wertangeboten.
- Mesoebene: Aufbauend auf einer servicezentrierten Sicht, die gleichzeitig kundenorientiert und relational ist (s. Prämisse P8), bedeutet dies, dass der Serviceaustausch nicht isoliert zwischen den beiden Akteuren stattfindet, sondern verbunden ist in einem komplexen Netz aus wertschaffenden Beziehungen mit externen Ressourcen. Die Akteure kombinieren hierbei private, öffentliche oder Marktressourcen. Der Wert wird im Kontext mit den Netzwerkakteuren im jeweiligen Raum geschaffen (Chandler und Vargo 2011; Löbler und Hahn 2013). Ein Wertnetzwerk ist ein spontanes Wahrnehmen und Antworten hauptsächlich locker gekoppelter wertevorschlagender, sozialer und wirtschaftlicher Akteure in einer räumlichen und zeitlichen Struktur, die miteinander durch Institutionen und Technologie interagieren, um gemeinschaftlich Wert zu kreieren (Lusch et al. 2010, S. 20). Dieses Hochheben auf eine übergeordnete Ebene, d. h. die Betrachtung des Kontexts, führt zur Sichtweise eines Raums der Wertschaffung, ein typisches Merkmal der SDL. Beispielhaft lassen sich Geschäftsgebaren und Gepflogenheiten einer Branche oder von Marken-Communities mit ihren Wertvorstellungen und ihrem Bewusstsein beobachten (Lusch und Vargo 2014, S. 180). Auf der Mesoebene werden durch Innovation getriebene Verhaltensänderungen sichtbar. So ha-

ben Digitalisierung und Internet dazu geführt, dass sich das Verhalten, die Regeln und die Kommunikation unter Akteuren verändern. Die Strukturen tauchen hier spontan auf, verändern sich oder verschwinden wieder (Lusch und Vargo 2014, S. 170). In diesem Raum wird Zusammengehörigkeit vs. Trennung innerhalb des Akteur-zu-Akteur-Netzwerks zu einem zentralen Thema. So stellt sich die Frage, wo die Grenzen eines Unternehmens sind (Lusch und Vargo 2014, S. 147), da jeder Akteur im Netzwerk in einem System von sozialen Normen, Werten und einem kulturellen Hintergrund eingebettet ist. Wie stark sind beispielsweise die Auswirkungen auf die Marke eines Unternehmens, wenn einer seiner Zulieferer gegen soziale Standards oder Umweltauflagen verstößt oder in wirtschaftliche Schwierigkeiten gerät und dies die Erfüllung seiner Verpflichtungen gefährdet? Die SDL erweitert und verbreitet die Sicht eines Unternehmens und bindet auch indirekte ökonomisch und sozial Beteiligte ein (Lusch und Vargo 2014, S. 148). Innerhalb des Raums der gemeinsamen Wertschaffung hat das Unternehmen zumindest teilweise Kontrolle über die Erlebnisumwelt und den Teil des Netzwerks, den es aufbaut, um das Erlebnis zu ermöglichen (Abb. 8.3, linker Teil). Für den Raum müssen Unternehmen in zwei Bereiche investieren: in die Infrastruktur für die Interaktion und in den Führungsprozess (Prahalad und Ramaswamy 2004, S. 11). Nur wenn ein Unternehmen innerhalb seines Wertnetzwerks genug Führung und Macht hat, gewinnt es auch Einfluss auf weiter entfernte Akteure. Lusch und Vargo (2014, S. 149) nennen das den Welleneffekt eines Fokusakteurs im Netzwerk.

- Makroebene: Wird die Perspektive vom gemeinsamen Raum für Wertbeschaffung um eine weitere Ebene erhöht, führt dies zur Makroebene des Wertnetzes. Die Teilnehmer in dem Netzwerk entwickeln soziale Praktiken, die Regeln, Prozeduren und Methoden für Meinungsbildung und Handeln aufstellen (Lusch und Vargo 2014, S. 137). Mit der Berücksichtigung dieser sozialen Praktiken ermöglicht die SDL eine „governance" für die Nachhaltigkeit in dem Netzwerk der gemeinsamen Wertschaffung. Die sozialen Praktiken können differenziert werden in gegenständlich (z. B. Kommunikation), normierend (z. B. Konventionen, soziale Normen und Gesetze, Standards und Muster) und integrative Praktiken. Integrative Praktiken sind komplexere Tätigkeitsensembles, wie sie für besondere Bereiche des Soziallebens bestimmend sind (Lusch und Vargo 2014, S. 174). Dazu gehört die breite Auswahl an Austauschpraktiken wie z. B. Preisverhandlungen, Kreditvergabe, Werbung oder Teilen. Das Netzwerkkonzept der SDL erfasst einen Großteil dieser Komplexität und bietet die Einbindung dieser Praktiken an (Lusch und Vargo 2014, S. 139). Das Konzept bietet darüber hinaus ein besseres Verständnis für den Austausch und die Abläufe zwischen den Akteuren. Im Gegensatz zu den dynamischen Strukturen auf der Mesoebene sind die Strukturen auf der Makroeben starrer, stabiler und weniger stark Schwankungen ausgeliefert (Lusch und Vargo 2014, S. 170). Das Servicesystem ist ein verhältnismäßig geschlossenes, selbstangepasstes System von Akteuren, die verbunden sind durch eine geteilte institutionalisierte Logik und wechselseitige Wertschaffung durch Serviceaustausch (Lusch und Vargo 2014, S. 161; Wieland et al. 2012, S. 18). Zwei Elemente des Servicesystems werden vor dem

Hintergrund einer nachhaltigen Entwicklung tiefer betrachtet, die Selbstanpassung und die geteilte institutionalisierte Logik:

- Selbstanpassung: Die Akteure haben in ihrer Rolle als Ressourcenintegrator zu einem gewissen Grad eine Wirkung, die es ihnen erlaubt, das Servicesystem zu gestalten. Akteure können jedoch durch die bestehende Struktur des Servicesystems auch eingeengt sein. Ein Servicesystem hat eine eingebaute Fähigkeit, sich selbst anzupassen. Ein Austausch zwischen Akteur 1 und Akteur verändert nicht nur die Akteure 1 und 2, sondern beeinflusst auch die anderen Akteure. Akteure, die eine gute Wahrnehmung haben, schnell lernen, sich gut entwickeln und effektiv auf andere Akteure antworten, sind existenzfähiger (Lusch und Vargo 2014, S. 164; Myllykangas et al. 2011, S. 70).
- Geteilte institutionalisierte Logik: Servicesysteme brauchen geteilte institutionalisierte Logik, um den Austauschprozess untereinander zu koordinieren. Die geteilten institutionalisierten Logiken entwickeln sich aus den sozialen Praktiken, die schon bei den Wertnetzwerken zu beobachten sind und denen noch regelnde Prinzipien, Werte und Normen hinzugefügt werden. Herausforderung für ein globales Servicesystem sind die vielen beteiligten Kulturen, die die regelnden Prinzipien mischen und uneins werden lassen. Das kann eine geteilte institutionalisierte Logik erschweren und sich überschneidende oder sich widersprechende Logiken schaffen (Lusch und Vargo 2014, S. 166).

Zusammenfassend lassen sich die im ersten Abschnitt beschriebenen Kritiken mit den hier erarbeiteten Vorteilen der SDL darstellen. In Tab. 8.2 wird dies unter Benennung der jeweiligen Ebenen veranschaulicht.

8.4   Zusammenfassung und Ausblick

In der unternehmerischen Praxis dominiert noch immer das TBL-Konzept von Elkington aus dem Jahr 1997. Im Hinblick auf die Unterstützung des Transformationsprozesses zu einer nachhaltigen Wirtschaft zeigt dieses Konzept jedoch vielfältige Schwächen. Während das Konzept zwar einen positiven Einfluss auf die Stakeholder-Beziehungen besitzt, so scheint es nur begrenzt in der Lage, das Verhalten der Stakeholder im Sinn eines nachhaltigen Wirtschaftens zu verändern.

Die SDL betrachtet alle wirtschaftlichen und sozialen Akteure als Ressourcenintegratoren. Dadurch eignet sie sich, komplexe, netzwerkzentrische Austauschprozesse abzubilden und zu erklären. Es wurden die Prämissen der SDL identifiziert, die sich für die Erklärung einer besseren Anschlussfähigkeit der normativen Ansätze eignen. Die SDL erweitert und verbreitert die Sicht eines Unternehmens und bindet auch indirekte Beteiligte ein. Basierend auf dem TBL-Konzept stellt die Integration der SDL einen erweiterten Ansatz dar, um ein komplexes Servicesysteme auf drei Ebenen holistischer zu analysieren. Mit der Berücksichtigung sozialer Praktiken ermöglicht die SDL eine *„governance"* für die Nachhaltigkeit im Netzwerk der gemeinsamen Wertschaffung. Dies bietet Ansatzpunkte, um CSR-Washing zu vermeiden. Die in Tab. 8.2 beschriebenen Vorteile der Erweiterung des TBL-Ansatzes durch die SDL bieten wertvolle Anknüpfungspunkte für zukünftige Untersuchungen. In diesem Zusammenhang könnte die interdisziplinäre Forschung auf der Meso- und Makroebene konzeptionell und empirisch vertieft werden. Für die Zukunft scheinen die intensivere Betrachtung der Mesoebene und ihre Rolle für mehr Nachhaltigkeit von besonderem Interesse, um die Verhaltensnormen und ihre Wirkung besser zu verstehen.

Tab. 8.2 Betrachtung des Triple-bottom-line-Konzepts mit der Erweiterung des normativen Ansatzes der servicedominierten Logik

Defizit-kategorie	Kurzbeschreibung	Vorteile der Erweiterung durch die servicedominierte Logik
Sphären-unterteilung	Willkürliche Einteilung in drei Sphären Impliziert die Unabhängigkeit der Teilsysteme Impliziert, dass Schwerpunkte in einem Teilsystem zulasten oder zugunsten anderer Teilsysteme gehen	Die servicedominierte Logik erlaubt die ergänzende Betrachtung des Serviceaustauschs (Mikroebene) und die Ressourcenintegration über das ganze Wertnetzwerk (Meso- und Makroebene) und ermöglicht eine Verbindung der drei Sphären
Vermittlung	Das Triple-bottom-line-Konzept kann die Vermittlung von Werten und Normen nicht gewährleisten	Kann spontan auftauchende Gepflogenheiten und Verhaltensnormen auf der Mesoebene und dauerhaft, starre wertgeprägte Regeln auf der Makroebene (Leitfäden, Gesetze, Normen) integrieren
Zielformulierung	Zielkonflikte zwischen den Dimensionen, z. B. Gewichtung Keine klaren Vorstellungen für einen konkreten Zielmix	Zielkonflikte werden im Kontext betrachtet, unter holistischen Aspekten und gemeinsam mit den Stakeholdern beurteilt
Vollständigkeit	Wichtige Aspekte eines Unternehmens werden nur begrenzt berücksichtigt, z. B. Kultur	Netzwerkansatz ergänzt „governance" und soziale Praktiken (Makroebene)
CSR-Washing	Gefahr der einseitigen Nutzung zur Reputationsverbesserung Erschwert die Implementierung einer nachhaltigen Entwicklung auf institutioneller Ebene	Kollaborative, langfristige, partnerschaftliche Beziehung zwischen den Akteuren, mit offenem, transparenterem Informationsaustausch
Interpretation	Erschwerte Dateninterpretation und Empfehlungsableitung für das Unternehmen	

Literatur

Ackermann E (2012) Emergent mindsets in the digital age: what places for people on the go? New media ecology/new genres of engagement. In: Voyatzaki M, Spiridonidis C, Oungrinis K, Liapi M (Hrsg) Rethinking the human in technology driven architecture. Charis Ltd, Thessaloniki, S 29–40

Adams C, Geoffrey F, Webber W (2004) Triple bottom line: a review of the literature. In: Henriques A, Richardson J (Hrsg) The triple bottom line: does it all add up?. Earthscan, New York, S 17–25

Alhaddi H (2015) Triple bottom line and sustainability: a literature review. Bus Manag Stud 1(2):6–10

American Marketing Association (2016) Statement of ethics. https://archive.ama.org/archive/AboutAMA/Pages/StatementofEthics.aspx. Zugegriffen: 17. März 2016

Bansal P (2005) Evolving sustainably: a longitudinal study of corporate sustainable development. Strateg Manag J 26(3):197–218

Brown D, Dillard J, Marshall S (2006) Triple bottom line: a business metaphor for a social construct. Document de Treball 06/2, Universitat Autònoma de Barcelona. http://www.recercat.cat/bitstream/handle/2072/2223/UABDT06-2.pdf?sequence=1. Zugegriffen: 16. März 2016

Chabowski BR, Mena JA, Gonzales-Padron TL (2011) The structure of sustainability research in marketing, 1958–2008: a basis for future research opportunities. J Acad Mark Sci 39(1):55–70

Chandler JC, Vargo SL (2011) Contextualization and value-in-context: how context frames exchange. Mark Theory 11(1):35–49

Corporate Responsibility Index (2013) Bertelsmann Stiftung. http://www.bertelsmann-stiftung.de/cps/rde/xbcr/SID B4E51409 BAFD9C9E/bst/xcms_bst_dms_40093__2.pdf. Zugegriffen: 09. September 2014

Corsten H, Roth S (2012) Nachhaltigkeit als integriertes Konzept. In: Corsten H, Roth S (Hrsg) Nachhaltigkeit: Unternehmerisches Handeln in globaler Verantwortung. Gabler, Wiesbaden, S 1–13

Dalal-Clayton B, Sadler B (2005) Strategic environmental assessment: a sourcebook and reference guide to international experience. Earthscan, London

Drengner J, Griese K-M (2016) Nachhaltige Veranstaltungen statt „Green Meetings“: Eine empirische Studie zur Bedeutung der ökologischen, sozialen und ökonomischen Dimension der Nachhaltigkeit aus Sicht von Veranstaltungsstätten. In: Große-Ophoff M (Hrsg) Nachhaltiges Veranstaltungsmanagement: Green Meetings als Zukunftsprojekt für die Veranstaltungsbranche. oekom, München, S 121–134

Dunne S (2007) What is corporate responsibility now? Ephemera 7(2):372–380

Elkington J (1994) Towards the sustainable corporation: win-win-win business strategies for sustainable development. Calif Manage Rev 36(2):90–100

Elkington J (1997) Cannibals with forks: the triple bottom line of 21st century. Capstone Publishing Ltd., Oxford

Elkington J (2004) Enter the triple bottom line. In: Henriques A, Richardson J (Hrsg) The triple bottom line: does it all add up?. Earthscan, London, S 1–16

Emrich C (2015) Nachhaltigkeits-Marketing-Management: Konzept, Strategien, Beispiele. de Gruyter Oldenbourg, Berlin

Epp AM, Price LL (2011) Designing solutions around customer network identity goals. J Mark 75(2):36–54

Forst R, Günther K (2010) Die Herausbildung normativer Ordnungen: Zur Idee eines interdisziplinären Forschungsprogramms. In: Forst R, Günther K (Hrsg) Die Herausbildung normativer Ordnungen. Campus, Frankfurtam Main, S 11–30

Freeman RE (1984) Strategic management: a stakeholder approach. Pitman, Boston

Gerstein DR (1987) To unpack micro and macro: link small with large and part with whole. In: Alexander JC, Giesen B, Münch R, Smelser NJ (Hrsg) The micro-macro link. University of California Press, Berkley, S 86–111

Global Footprint Network (2010) The ecological wealth of nations. http://www.footprintnetwork. org/en/index.php/GFN/page/ecological_wealth_of_nations_en. Zugegriffen: 01. März 2016

GRI – Global Reporting Initiative (2016) GRI standards and reporting. https://www.globalreporting. org/Pages/default.aspx. Zugegriffen: 31. März 2016

Grönroos C, Voima P (2013) Critical service logic: making sense of value creation and co-creation. J Acad Mark Sci 41:133–150

Hacking R, Guthrie P (2008) A framework for clarifying the meaning of triple bottom-line, integrated, and sustainability assessment. Environ Impact Assess Rev 28:73–89

Hubbard G (2009) Measuring organizational performance: beyond the triple bottom line. Bus Strategy Environ 19:177–191

Kenning P (2015) Sustainable Marketing: Definition und begriffliche Abgrenzung. In: Meffert H, Kenning P, Kirchgeorg M (Hrsg) Sustainable Marketing Management. Grundlagen und Cases. Springer, Gabler, Wiesbaden, S 3–20

Laczniak GR, Murphy P (2008) Distributive justice: pressing questions, emerging directions, and the promise of rawlsian analysis. J Macromark 28(1):5–11

Laczniak GR (2006) Some societal and ethical dimensions of the service-dominant logic perspective of marketing. In: Lusch RF, Vargo SL (Hrsg) The service-dominant logic of marketing: dialog, debate, and directions. M. E. Sharpe, New York, S 279–295

Laczniak GR, Kennedy AM (2011) Hyper norms: searching for a global code of conduct. J Macromark 31(3):245–256

Laczniak GR, Santos NJC (2011) The integrative justice model for marketing to the poor: an extension of S-D logic to distributive justice and macromarketing. J Macromark 31(2):135–147

Lober DJ, Bynum D, Campbell E, Jacques M (1997) The 100 plus corporate environmental report study: a survey of an evolving environmental management tool. Bus Strategy Environ 6:57–73

Löbler H, Hahn M (2013) Measuring value-in-context from a service-dominant logic's perspective. Rev Mark Res 10:255–282

Lusch RF, Vargo SL (2006) Service-dominant logic as a foundation for a general theory. In: Lusch RF, Vargo SL (Hrsg) The service-dominant logic of marketing: dialog, debate, and directions. M. E. Sharpe, New York, S 406–320

Lusch RF, Vargo SL (2014) Service-dominant logic: premises, perspectives, possibilities. Cambridge University Press, Cambridge

Lusch RF, Vargo SL, Tanniru M (2010) Service, value networks and learning. J Acad Mark Sci 38:19–31

Lynch MP (1998) Truth in context: an essay on pluralism and objectivity. Massachusetts Institute of Technology, Boston

Milne MJ, Gray R (2012) W(h)ither ecology? The triple bottom line, the global reporting initiative, and corporate sustainability reporting. J Bus Ethics 118(1):13–29

Mitchell RK, Agle BR, Wood DJ (1997) Toward a theory of stakeholder identification and salience: defining the principle of who and what really counts. Acad Manag Rev 22(4):853–886

Moneva JM, Archel P, Correa C (2006) GRI and the camouflaging of corporate unsustainability. Account Forum 30:121–137

Myllykangas P, Kujala J, Lehtimäki H (2011) Analyzing the essence of stakeholder relationships: what do we need in addition to power, legitimacy, and urgency? J Bus Ethics 96:65–72

Norman R (2007) Service management strategy and leadership in service business. John Wiley & Sons, Chichester

Norman W, MacDonald C (2004) Getting to the bottom of the "triple bottom line". Bus Ethics Q 14(2):243–262

Pelletier N (2010) Environmental sustainability as the first principle of distributive justice: towards an ecological communitarian normative foundation for ecological. Ecol Econ 69:1887–1894

Peñaloza L, Mish J (2011) The nature and processes of market co-creation in triple bottom line firms: leveraging insights from consumer culture theory and service dominant logic. Mark Theory 11(1):9–34

Pope S, Wæraas A (2015) CSR-washing is rare: a conceptual framework, literature review, and critique. J Bus Ethics 1:1–21

Prahalad CK, Ramaswamy V (2004) Co-creation experiences: the next practice in value creation. J Interact Mark 18(3):5–15

Risky Business Projects (2014) A climate risk assessment for the United States. http://riskybusiness.org/site/assets/uploads/2015/09/RiskyBusiness_Report_WEB_09_08_14.pdf. Zugegriffen: 31. März 2016

Schilizzi S (2002) Triple bottom line accounting: how serious is it? Connections. http://citeseerx.ist.psu.edu/viewdoc/download?doi=10.1.1.479.8357&rep=rep1&type=pdf#page=24. Zugegriffen: 12. März 2016

Sridhar K (2011) A multi-dimensional criticism of the triple bottom line reporting approach. Int J Bus Gov Ethics 6(1):49–67

Sridhar K (2012a) The Relationship between the adoption of triple bottom line and enhanced corporate reputation and legitimacy. Corp Reput Rev 15(2):69–87

Sridhar K (2012b) Corporate conceptions of triple bottom line reporting: an empirical analysis into the signs and symbols driving this fashionable framework. Soc Responsib J 8(3):312–326

Stengel O (2011) Suffizienz. Die Konsumgesellschaft in der ökologischen Krise. In: Wuppertaler Schriften zur Forschung für eine nachhaltige Entwicklung, Bd. 1. oekom, München

Vargo SL, Lusch RF (2004) Evolving to a new dominant logic for marketing. J Mark 68:1–17

Vargo SL, Lusch RF (2006) Service-dominant logic: What it is, what it is not, what it might be. In: Lusch RF, Vargo SL (Hrsg) The service-dominant logic of marketing: dialog, debate, and directions. M. E. Sharpe, New York, S 43–56

Vargo SL, Lusch RF (2008) Service-dominant logic: continuing the evolution. J Acad Mark Sci 36:1–10

WBGU – Wissenschaftlicher Beirat der Bundesregierung Globale Umweltveränderungen (2011) Welt im Wandel: Gesellschaftsvertrag für eine Große Transformation. Berlin. http://www.wbgu.

de/fileadmin/templates/dateien/veroeffentlichungen/hauptgutachten/jg2011/wbgu_jg2011.pdf. Zugegriffen: 02. Januar 2016

WBGU – Wissenschaftlicher Beirat der Bundesregierung Globale Umweltveränderungen (2014) Klimaschutz als Weltbürgerbewegung. Berlin. http://www.wbgu.de/fileadmin/templates/dateien/veroeffentlichungen/sondergutachten/sn2014/wbgu_sg2014.pdf. Zugegriffen: 02. Januar 2016

Wieland H, Polese F, Vargo SL, Lusch RF (2012) Toward a service (eco) systems perspective on value creation. Int J Serv Sci Manag Eng Technol 3(3):12–25

Williams J, Aitken R (2011) The service-dominant logic of marketing and marketing ethics. J Bus Ethics 102:439–454

World Wildlife Fund (2014) Living planet report 2014. http://www.worldwildlife.org/pages/living-planet-report-2014. Zugegriffen: 01. März 2016

Wright PA, Alward G, Colby JL, Hoekstra TW, Tegler B, Turner M (2002) Monitoring for forest management unit scale sustainability: The Local Unit Criteria and Indicators Development (LUCID) test. USDA Forest Service, Inventory and Monitoring Institute, Fort Collins

Nachhaltigkeitsforschung in einer transzendenten Entwicklung des Hochschulsystems – ein Ordnungsangebot für Innovativität

9

Georg Müller-Christ

9.1 Ordnung in Entwicklungsprozessen

Die deutsche Hochschullandschaft stellt sich grob vereinfacht folgendermaßen dar: Etwa 400 Hochschulen ringen um nationale und internationale Sichtbarkeit aufgrund sehr unterschiedlicher Motive. Die Privathochschulen positionieren sich in Nischen, um zahlungsfähigen Studierenden ein besonderes Lehrangebot zu machen und ringen dabei mit den Anforderungen, auch durch Forschung nach hohen Qualitätsmaßstäben einen Platz neben den staatlichen Hochschulen ergattern zu dürfen. Fachhochschulen strecken sich nach den Forschungsräumen der Universitäten und stehen vor der großen Aufgabe, trotz intensiver Lehrtätigkeit ohne akademischen Mittelbau ebenfalls durch Forschung wahrgenommen zu werden. Und Universitäten sind im Wettbewerbsmodus gefangen und versuchen laufend, Unterschiede zueinander zu generieren, um Profil in der Forschungslandschaft zu gewinnen. Für alle Institutionen in der Hochschullandschaft ist es zurzeit bedeutsamer, sich über Forschung zu profilieren denn über gute Lehre. In diese Tendenz hinein versuchte erst die UN-Dekade Bildung für Nachhaltige Entwicklung (2005–2014) und nun ein passendes UN-Weltaktionsprogramm, Hochschulen dazu zu bewegen, Nachhaltigkeit zum Thema von Forschung, Lehre und Betrieb zu machen (DUK 2016).

Dieser Wandel soll dann in einer Hochschulwelt stattfinden, die sich von der Tendenz her als wenig flexibles Expertensystem mit erheblicher Beharrungstendenz sowie ständiger Selbstvergewisserung und Selbstbewertung zeigt und sich nur dann bewegt, wenn neue gesetzliche Vorgaben, wie beispielsweise die Einrichtung eines europäischen Hochschulraum, oder finanzielle Förderungen winken.

Was fällt Hochschulen aus der jetzigen Position heraus so schwer?

G. Müller-Christ (✉)
Fachgebiet Nachhaltiges Management, Universität Bremen
Wilhelm-Herbst-Str. 12, 28359 Bremen, Deutschland
E-Mail: gmc@uni-bremen.de

© Springer-Verlag GmbH Deutschland 2017
W. Leal Filho (Hrsg.), *Innovation in der Nachhaltigkeitsforschung*,
Theorie und Praxis der Nachhaltigkeit, DOI 10.1007/978-3-662-54359-7_9

1. Der Blick ist auf Exzellenz durch Intensivierung gerichtet, sozusagen in die Tiefe der Disziplinen. Der Blick in die Tiefe müsste ergänzt werden durch einen Blick auf das ganze System: die Einbettung der Hochschulen in ein modernes Gesellschaftssystem, das dringend mehr Nachhaltigkeit braucht. Den Hochschulen in ihrer ausdifferenzierten Expertenstruktur fällt es schwer, gemeinsame Bühnen der Forschenden und Lehrenden zu schaffen, die das Ganze in den Blick nehmen.

2. Die Konzentration ist auf Bestandssicherung mit möglichst wenigen Veränderungen in Struktur und Prozess gerichtet. Die Hochschulverwaltungen sichern mit viel Aufwand die regelkonforme Verwendung der öffentlichen Mittel, die Forschenden ringen in der Welt des Wettbewerbs um Forschungsgelder nach interner Bedeutung in der „scientific community" und Studierende suchen zeitgemäßes Handlungswissen und bekommen immer noch viel zu häufig bewährte Lieblingstheorien der Lehrenden in klassischer Frontalsituation geboten.

3. Die Narrative um die Freiheit von Forschung und Lehre sollen letztlich verhindern, dass das Hochschulsystem von außen gezwungen werden kann, ganz bestimmte wünschenswerte Inhalte in Forschung und Lehre zu behandeln. Diese Debatte um die im Grundgesetz geschützte Freiheit wird noch viel zu sehr als eine Sicherungsdebatte des Verständnisses geführt, frei von Vorgaben zu sein, um wissenschaftliche Kreativität und Autonomie aufrechtzuhalten. Die Lesart, dass auch Wissenschaft frei darin ist, sich für bestimmte gesellschaftsrelevante Themen wie Nachhaltigkeit zu entscheiden, kommt zu selten vor.

Diese holzschnittartige Skizzierung des Hochschulsystems hinterlässt erst einmal einen frustrierenden Eindruck über seine Wandlungsfähigkeit. Dieser Eindruck ist umso frustrierender, wenn man davon ausgeht, dass Wandel bedeutet, ein völlig neues System zu schaffen, das bestehende System sich aber intensiv wehrt. Hoffnung macht die Verwendung empirisch bestätigter logischer Entwicklungsphasen, die letztlich erklären können, welche nächste Phase ansteht und wo das Bestehende seinen Platz behält.

Zumeist werden wünschenswerte Entwicklungen im Modus der Weg-von-Hin-zu-Bewegung beschrieben: Es gilt einen nicht wünschenswerten Zustand zu verlassen und einen neuen Ort aufzusuchen, den Ort des wünschenswerten Zustands. Für das deutsche Hochschulsystem lässt sich dieser Modus mit Blick auf Nachhaltigkeit folgendermaßen umschreiben: Wir brauchen

- eine Forschung, die sich weg von der disziplinspezifischen Tiefenbohrung empirischer Forschung hin zu einer transdisziplinären Forschung mit offenen Grenzen zwischen Wissenschaft und Praxis bewegt;
- eine akademische Lehre, die sich von einer senderorientierten Wissensübertragung hin zu einer studierendenzentrierten Kompetenzorientierung bewegt;
- einen Betrieb von Hochschulen, der sich weg von einem budgetorientierten, energieintensiven Facility-Management hin zu einer klimaneutralen Zurverfügungstellung

von Forschungs- und Lehrinfrastruktur bewegt (Schneidewind und Singer-Brodowski 2013).

9.1.1 Der Ordnungsbeitrag von Entwicklungslogiken

Während ein Großteil der Diskussionen um eine Entwicklung des Hochschulsystems binär arbeitet, mithin einen nicht wünschenswerten Zustand des Systems ablösen will durch einen wünschenswerten im Sinn der oben erwähnten Weg-von-Hin-zu-Argumentation, gibt es erst wenige Ansätze, die mit Entwicklungsgesetzmäßigkeiten arbeiten. Gemeint ist damit die Beobachtung, dass nicht irgendein Ist-Zustand durch einen wie auch immer definierten Soll-Zustand überwunden wird, sondern dass jede Entwicklung einer Logik folgt. Hintergrund dieser Logik ist die Bewältigung von Komplexität: Alle Systeme sind einer gewissen Umweltkomplexität ausgesetzt, auf die sie sich mehr oder weniger stimmig ausrichten können und die sie durch ihr Handeln permanent steigern. Zunehmende Komplexität braucht dann einen Entwicklungsschritt, der es ermöglicht, mehr Außenkomplexität zu bewältigen. Anders ausgedrückt folgt die Logik der Entwicklung von Mensch, Institution und Gesellschaft ausgehend von einem Empfinden von Einheit über eine lange Phase der Ausdifferenzierung der Wirkungen des Handelns hinein in eine Phase der Reintegration; in dieser Phase können alle Unterschiede in ihren Widersprüchlichkeiten insgesamt in den Blick genommen werden und eine neue Einheit auf einem höheren Niveau entstehen, die sich dann wieder ausdifferenziert.

Ein anderes Muster statt der Denklogik der Weg-von-Hin-zu-Entwicklung ist eine transzendente Entwicklung. Mit diesem Muster arbeitet der Ansatz der „spiral dynamics", mit dem Beck und Cowan (2013) aufbauend auf den Erkenntnissen von Clare W. Graves Entwicklung als Fortschreiten einer transzendenten Veränderung von Wertesystemen, Problemlösungsmodi oder Bewusstseinsstufen umschreiben. Jede Phase ist zum einen ein stimmiges Ganzes in seiner Logik und zugleich Teil einer nächsten Phase. Die umfassendere Phase schließt die Logik der vorangegangen Stufe ein und transzendiert auf ein höheres Niveau, indem das Neue hinzugefügt wird. Die Entwicklungslogik ließe sich dann im Gegensatz zur Weg-von-Hin-zu-Bewegung als eine kumulative Anreicherung verstehen: Das Bestehende in seiner bewährten Form plus das Neue werden zum Bewährten, das sich wieder um Neues anreichert, das dann zum Bewährten wird, das sich wiederum um das dann Neue anreichert usw. Aus einem Nacheinander verschiedener Zustände wird eine Gleichzeitigkeit zahlreicher Zustände und damit ein Zustand großer Komplexität.

9.1.2 Die Entwicklungslogik des Hochschulsystems von 1.0 zu 4.0

Die einzelnen Entwicklungsstufen können nachfolgend nur kurz skizziert werden. Sie sollen zum einen die Logik der Entwicklung nachvollziehbar machen, zum andern Lust darauf machen, dass sich die Leser_innen intensiver mit der Entwicklungslogik beschäftigen. Die nachfolgenden Ausführungen basieren auf den Konzepten von Scharmer (2009, S. 445 ff.) sowie Scharmer und Käufer (2014), auf der Aneignung von „spiral dynamics" (Beck und Cowan 2013) und auf eigenen Bildern, Konzepten und Erfahrungen, die ich in den letzten Jahren im Kontext des Engagements für ein nachhaltigeres Hochschulsystem gesammelt habe.

Scharmer nennt seine Unterscheidung eine Landkarte für den evolutionären Weg von Schlüsselinstitutionen und gesellschaftlichen Systemen für ihre institutionelle Transformation zur Fähigkeit, Zukunft gemeinsam und abgestimmt gestalten zu können (Scharmer und Käufer 2014, S. 40). Die vier Phasen nennen Scharmer und Käufer folgendermaßen:

- traditionelles System,
- egozentriertes System,
- Stakeholder-System und
- Ökosystem.

Die Bezeichnungen für die ersten beiden Stufen werden hier übernommen, die für die oberen beiden Stufen angepasst. Die inhaltlichen Zuordnungen zu den Phasen erfolgen erfahrungsgeleitet aus dem eigenen Blick auf das Hochschulsystems.

Die Entwicklungslogik von 1.0 zu 4.0 lässt sich folgendermaßen skizzieren: Zuerst bildet ein System seinen Kern oder seine Wesenseinheit aus, die als 1.0-Form im Lauf der Zeit feste Strukturen annimmt und sich traditionalisiert. Mit zunehmender Komplexität, die das System selbst mitschafft, konzentriert sich das System noch stärker auf seine eigenen Bedürfnisse und versucht durch noch mehr Egozentrismus, also den Blick nach innen auf die eigene Logik, die Komplexität zu bewältigen und den Bestand zu sichern. Je stärker der Druck von außen auf das System wird, desto mehr ist es letztlich doch darauf angewiesen, sich mit seiner Umwelt dialogisch auseinanderzusetzen. Aus der unspezifischen Umwelt werden konkrete Stakeholder, mithin Anspruchsgruppen, die die Haupt- und Nebenwirkungen des Systems erhalten oder aushalten müssen. Wenn der Dialog zur bewährten Form der Aushandlung der gewünschten Wirkungen des Systems wird, kann der nächste Schritt erfolgen: die gemeinsame kokreative Schaffung eines stabilen und integralen Gesamtsystems.

Die nachfolgende Skizzierung der Entwicklung des Hochschulsystems ist bewusst überspitzt dargestellt, um die Unterschiede zu verdeutlichen. Es soll keine Hochschule oder keine Disziplin fest mit einer Stufe verbunden werden, gleichwohl finden sich die verschiedenen Phasen in den Disziplinen und Institutionen. Zudem wird vereinfachend in die drei Subsysteme von Forschung, Lehre und Betrieb der Hochschule unterschieden; eine Unterscheidung, die historisch gesehen nur auf Universitäten passt (Tab. 9.1). Fachhochschulen sehen sich erst seit Beginn dieses Jahrhunderts vermehrt mit der Anforderung konfrontiert, neben der Lehre auch Forschung betreiben zu müssen.

Tab. 9.1 Entwicklung des Hochschulsystems von 1.0 zu 4.0

Phase	Lehre	Forschung	Betrieb
1.0 – Traditionelles System; hierarchiebetont	Der Wissenschaftler liest seine Bücher vor	Bestätigung von Dogmen Aufbau von Disziplinen	Aufbau von Palästen des Wissens
2.0 – Egozentrisches System; wettbewerbsorientiert	Ergebnisorientierte Vermittlung nicht reflexiven Wissens Aufbau von projektorientierter Vermittlung	Rationalisierung des Erkenntnisprozesses Inszenierung von Interdisziplinarität Analytische Problemfundierung	Schneller Zuwachs an funktionalen Gebäuden noch ohne Energiebewusstsein Kontrolle der Geldflüsse
3.0 – Dialogisches System; verhandlungsorientiert	Kompetenzorientierte Vermittlung von selbstreflexivem Wissen	Transdisziplinarität Lösungsorientierung durch neue Formen des Dialogs Aktionsforschung	Hochschule als Ort der Begegnung Virtuelle Lern- und Dialogbühnen Klimaneutralität
4.0 – Integrales System; kokreativ	Intensionsbasierte Vermittlung von selbsttranszendierendem Wissen Kokreative Gestaltung	Kollektive Kreativität nutzend Globale Aktionsforschungshochschule	Quellen von physischer und kreativer Energie für das ganze Umfeld

Das traditionelle Hochschulsystem 1.0

Im Begriff der Vorlesung lebt das traditionelle Hochschulsystem. Der Ordinarius als erklärte Autorität liest den Studierenden seine Erkenntnisse vor. Diese Erkenntnisse sind entweder dogmatische Erklärungen der Welt oder Ergebnisse eigener naturwissenschaftlicher Forschung. Lehren heißt im Wesentlichen ein Fass zu füllen, wobei der Inhalt durch den Lehrenden allein bestimmt wird und die Lernenden angehalten werden, das Wissen ohne eigene Reflexionen zu übernehmen. In der Forschung geht es weitgehend darum, die eigene Disziplin zu behaupten und durch den Erklärungsgegenstand oder die Erkenntnismethoden von anderen Disziplinen abzugrenzen. Wissenschaft beginnt sich auszudifferenzieren.

Wenn es ein Nachhaltigkeitsverständnis in diesem System gibt, dann äußert es sich vielleicht am ehesten in den klassizistischen Bauten der alten Universitäten, die mit ihrer Palasterscheinung eine Dauerhaftigkeit des ontologischen Wissens materialisieren.

Das egozentrierte Hochschulsystem 2.0

Je mehr Hochschulen es gibt, desto größer wird die Notwendigkeit sich zu unterscheiden. In den letzten Jahren fördert die deutsche Bildungspolitik diese Unterscheidung durch die Exzellenzinitiative, die deutsche Universitäten international sichtbarer machen soll und damit ihre Zugehörigkeit zur globalen Spitzenforschung ausweist. Diese Zugehörigkeit ist letztlich auch wieder eine Unterscheidung von den nicht sichtbaren, gewöhnlichen Hochschulen.

Aber auch innerhalb der Hochschulen auf der Ebene der Unterscheidungen von Fakultäten, Fachbereichen oder Fächern wirkt die Ausdifferenzierung, um sich Vorteile in der Mittelzuwendung zu verschaffen. Das System wird aufgrund seiner Größe zunehmend über wettbewerbliche Anreize geführt, das Geld reicht nicht gleichermaßen für alle aus, um gute Forschungs- und Lehrbedingungen zu schaffen, sodass Unterfinanzierung zum Leit- oder Leidbegriff derjenigen wird, denen es nicht gelingt, ein unterscheidbares förderwürdiges Profil zu entwickeln.

Da die Unterscheidung der Einrichtungen über die Forschung läuft, die Anreizsysteme auf diese Unterscheidung ausgerichtet sind, muss es eine Lehrverpflichtung geben, die intern kontrolliert wird. Aus dem Ordinarius werden akademische Expert_innen, die Wissen testgesteuert an eine beständig wachsende Anzahl Studierender vermitteln und sich immer wieder entscheiden müssen, ob sie ihre Zeit in die Qualitätssteigerung der Lehre investieren oder in neue und zusätzliche Forschungsprojekte. Beides ist zeitlich nahezu unmöglich. Aufgrund von Kapazitätsengpässen in der Lehre bleibt das vermittelte Wissen unreflektiert – zumindest in Grundlagenveranstaltungen vieler Studiengänge werde große Mengen vorgegebener Wissensbestände der Vergangenheit immer noch quasi vorgelesen.

Der Betrieb der Hochschulen ist im Wesentlichen damit beschäftigt, den Ausbau der Hochschulen materiell zu gestalten, neue Gebäude oder einen ganz neuen Campus zu bauen und die Verwendung der staatlichen Mittel und der Mittel der Forschungsförderungen zu kontrollieren. Nachhaltigkeit in dieser Entwicklungsphase ist für viele Hochschulen national und international v. a. das Thema „greening the campus". Sowohl die Klimadebatte als auch die Finanznot treiben Hochschulen an, Energieeffizienz des Betriebs zu einem wichtigen Thema zu machen.

Das egozentrierte Hochschulsystem öffnet sich für die nächste Stufe u. a. durch die Themen der Interdisziplinarität von Forschungsprojekten und -institutionen sowie die Aufnahme des Projektstudiums in der Form von Seminaren.

Das dialogische Hochschulsystem 3.0
In der Phase 3.0 beginnt die Reintegration der ausdifferenzierten Hochschullandschaft. Universitäten kooperieren mit Fachhochschulen, Forschungsprojekte werden als disziplinübergreifende Schwerpunkte formuliert, Studiengänge werden interdisziplinär, Diversität das große Thema des Miteinanders von Studierenden, Lehrenden und Verwaltungsmitarbeiter_innen, „social learning" wird erfunden und Gesellschaftsverantwortung sowie Bildung für nachhaltige Entwicklung zu einer großen Herausforderung. Die hartnäckigsten Grenzen, die überwunden und aufgelöst werden, sind zum einen die Grenze zwischen Wissenschaft und Praxis: Transdisziplinarität soll die Brücke über diesen Graben bauen; zum anderen soll in der Lehre der Graben zwischen Wissensfokussierung und Kompetenzorientierung überwunden werden durch studierendenzentrierte Lehr-Lern-Arrangements. Zum dritten soll der Graben zwischen Forschung und Lehre durch neue Formen des forschungsorientierten Lernens geschlossen werden.

Mit all diesen Konzepten befinden sich die meisten Hochschulen in Deutschland im Stadium der Aufwärtsstreckung in das dialogische, oder wie Scharmer es genannt hat, in das stakeholder-zentrierte Hochschulsystem: Es gilt, in allen Bereichen der Hochschule mehr Rücksicht auf die Beteiligten des Systems zu nehmen und deren Ansprüche zu berücksichtigen. Verhandlung und Dialog werden zum neuen Modus der Aushandlung der akademischen Prozesse. Damit verändern sich auch die räumlichen Anforderungen an Hochschulen: Die immer noch notwendige Vermittlung von Grundlagenwissen kann aus den Hörsälen über E-Learning direkt auf die Schreibtische der Studierenden verlegt werden: Sie greifen raum- und zeitunabhängig über Lernvideos auf dieses Wissen zu, organisieren sich selbstständig kleine Arbeitsgruppen und melden sich nach Bedarf zur Prüfung „on demand" in einem Testcenter an. Die Begegnungen in den Räumlichkeiten der Hochschule werden von Lehrenden und Studierenden für innovative Lehr-Lern-Arrangements zur Kompetenzentwicklung genutzt. Aus Hörsälen werden Dialogräume, aus Wissensvermittlung wird Selbstreflexion von Wissen und seiner Bedeutung für Handlung, aus Lehrenden werden mitlernende Lernberater_innen, aus Klausuren werden Portfolioprüfungen und damit wird aus Fremdbewertung eine Art Selbstbeobachtung von Kompetenzgewinn.

Das integrale Hochschulsystem 4.0
Die Stufe 4.0 erfordert den weitestgehenden Wandel von allen Beteiligten und ist für die meisten Hochschulen noch nicht in Sicht. Nachdem in der dialogischen Phase Prozesse und Strukturen des akademischen Systems neu ausgehandelt worden sind, findet nun eine Weiterentwicklung in der Zuwendung zur Erforschung und Vermittlung komplexer und zukunftsoffener Sachverhalte statt. Im integralen Hochschulsystem ist das bis dahin maximal bekannte Integrationspotenzial verwirklicht. Dies äußert sich v. a. darin, dass die Grenzen und Unterschiede nur noch intentionsbasiert existieren. Alle Beteiligten am Hochschulsystem wissen, dass ihre Erkenntnis- und Vermittlungsmöglichkeiten nicht allein von ihren kognitiven Fähigkeiten abhängen, sondern von ihrer gesamten Körperintelligenz. Um Komplexität und emergierende Zukünfte zu erfassen und verstehen zu können, werden Phasen der meditativen Praktiken („presencing") genauso selbstverständlich eingesetzt wie Intuition als Erkenntnismethode endlich anerkannt ist. Damit ist es dann möglich, über alle Grenzen hinweg Hochschulen zu fokalen Systemen kokreativer Zukunftsgestaltung zu machen: Die Welt wird nicht länger unterteilt in erkennende Subjekte und zu erkennende Objekte oder zu gestaltende Prozesse. Wissen kann überall entstehen und kann von jedem vermittelt werden. Das Wikipedia-System ist für alle der Normalfall und wissenschaftliche Fragestellungen werden im Internet allen zur Lösung oder zur Mitwirkung an der Lösung angeboten. Scharmer nennt dies eine globale Aktionsforschungshochschule (Scharmer und Käufer 2014), Schneidewind eine Bürgeruniversität (Schneidewind 2014).

9.1.3   Eine holistische, transzendente Entwicklung als Maßstab

Die Entwicklungsphasen des Hochschulsystems von der Stufe 1.0 zur Stufe 4.0 sugge-
rieren leicht die Vorstellung, dass jede Phase die vorangegangene vollständig überwindet,
alles zurücklässt und zu einem neuen Ganzen wird. Dieses Denkmuster wurde oben schon
als Weg-von-hin-zu-Entwicklungslogik umschrieben. Hochschulen befinden sich in dieser
Logik in der einen oder der anderen Phase oder gestalten gerade die Übergänge zwischen
den Phasen, in denen das Neue sich bereits zeigt, das Alte aber noch maßgeblich die Prozesse steuert.

Ein anderes Muster statt der Denklogik der Weg-von-hin-zu-Entwicklung ist eine transzendente Entwicklung. Jedes System ist zum einen ein stimmiges Ganzes in seiner Logik
und zugleich Teil eines übergeordneten Systems. Die umfassendere Phase umschließt die
Logik der vorangegangen Stufe und transzendiert auf ein höheres Niveau, indem das Neue
hinzugefügt wird. Die Entwicklungslogik ließe sich dann im Gegensatz zur Weg-von-hin-
zu-Bewegung als eine kumulative Anreicherung verstehen: Das Bestehende in seiner bewährten Form plus das Neue plus das Neue plus das Neue. Es entwickeln sich holistische,
ineinander geschachtelte Systeme, so wie ein Atom Teil eines Moleküls ist, dieses wiederum Teil eines Blatts ist, das wiederum Teil eines Baums ist, der wiederum Teil eines
Waldes ist usw.

Von den Entwicklungstheoretiker_innen wird der Begriff der Transzendenz vielleicht
deshalb gern genommen, weil das Neue, das sich emergierende der nächsten Entwick-
lungsstufe noch nicht immanent ist, sondern es jenseits der Erfahrungen der meisten Beteiligten und außerhalb ihrer Sinneswahrnehmung liegt. Einige Menschen haben schon eine
Vorstellung davon entwickeln können, wie das System auf der nächsten Stufe aussehen
könnte, sie übersteigen („transcendere") oder transzendieren die jetzige Erfahrungswelt
der meisten anderen Beteiligten und haben die schwierige Aufgabe, das Emergierende,
das Neue oder das Entstehende in die Erfahrungswelt der anderen zu übersetzen und sie
damit auszuweiten. Eine Möglichkeit, in bestehende Erfahrungswelten Neues zu integrieren, entsteht durch Narrative. Gelungene und häufig gehörte Erzählungen erweitern den
Möglichkeitsraum und machen das Neue selbstverständlich. Aus diesem Grund sind Narrative für Systeme im Übergang auch so wichtig.

In der Abb. 9.1 ist das Hochschulsystem holistisch dargestellt. Es soll damit verbildlicht
werden, dass auch in einem Hochschulsystem 4.0 immer noch Teile eines Hochschulsystems 1.0 enthalten sind und dort vermutlich auch Sinn machen: Es wird immer wieder
Situationen geben, in denen der/die Einzelne überlegene Wissensbestände gewinnbringend für alle vortragen und einbringen kann, einzelne Disziplinen Quantensprünge des
Wissens machen oder führend in einem Forschungsprozess sind. Gleichwohl müssen sich
alle immer wieder auch im Ringen um Bedeutung und knappe Mittel einer Wettbewerbs-
logik stellen, um die besten Wissenschaftler_innen mit ihren Projekten in Forschung und
Lehre ausfindig zu machen. Die Elemente der Phase 1.0 und 2.0 stehen aber nicht mehr im
Vordergrund, dialogische Verfahren gewinnen in 3.0 an Bedeutung und werden die Hochschulen in den nächsten Jahren prägen. Die Phase 4.0 ist nicht zwangsläufig eine Phase,

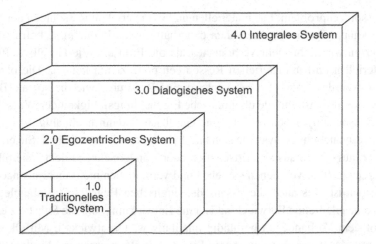

Abb. 9.1 Transzendente Entwicklung des Hochschulsystems

die in einer Hochschule angelegt werden muss; in einer dialogischen Welt kann das Neue auch an ganz anderen Orten oder in anderen Welten entstehen und von dort aus in das Hochschulsystem wandern. Auf jeden Fall sind bislang einzelne Akteure und Akteurinnen in Hochschulen dabei, den Beteiligten die emergierenden Erfahrungsräume einer 3.0-Hochschulwelt näher zu bringen. Nachhaltigkeitsberichte von Hochschulen können übrigens ganz im Sinn dieser dialogischen Phase interpretiert werden: Hochschulen legen dar, wie und in welchem Ausmaß sie Rücksicht auf die Diversität ihres Umfelds nehmen und wie sie die Dialogräume über ihre Grenzen hinweg gestalten. Für viele ist dies das Wesen einer nachhaltigen Hochschule (Liebscher und Müller-Christ 2016).

9.2 Eine Landkarte der Nachhaltigkeitsforschung

Die Unterscheidungen der vier Phasen des Hochschulsystems sollen aufzeigen, dass nicht alle Hochschulen den gleichen Entwicklungsstand haben und daher auch die gleiche Art von Wandel in Richtung Nachhaltigkeit brauchen. Nun lautet die Grundfrage dieses Buchs: Wie innovativ ist die Nachhaltigkeitsforschung in Deutschland? Diese Frage kann nicht absolut beantwortet werden. Das Ziel dieses Beitrags ist es, den Innovationsraum für Nachhaltigkeitsforschung aufzuzeigen, um einzelne Projekte und Ideen stimmig einsortieren zu können.

Um dies zu ermöglichen, soll in aller Kürze skizziert werden, welches Problem Nachhaltigkeitsforschung lösen muss. Dies in wenigen Sätzen zu umreißen, ist sicherlich mutig. Ich gehe davon aus, dass der Begriff der Nachhaltigkeit für die Lösung zwei sehr unterschiedlicher, aber eng miteinander verbundener Probleme verwendet wird (Müller-Christ 2014a).

1. Das Ressourcenproblem: Die materiellen und immateriellen Ressourcen der Welt sind absolut knapp. Damit wir Menschen dauerhaft unsere Bedürfnisse befriedigen können, dürfen wir nicht mehr verbrauchen als die Erde und die Gesellschaftssysteme an materiellen und immateriellen Ressourcen produzieren können. Die ökologische Tragfähigkeit der Erde ist dabei genauso eine Ressource wie die soziale Belastbarkeit der Gesellschaft und die ökonomische Entwicklungsfähigkeit der Wirtschaft. Aus dieser Ressourcenperspektive lebt eine Gesellschaft dann nachhaltig, wenn alle ressourcenverbrauchenden Systeme sich haushaltsökonomisch verhalten: Sie erhalten die Substanz, aus der heraus sie wirtschaften oder – anders ausgedrückt – sie pflegen die Ressourcenquellen, von denen sie leben und verbrauchen nicht mehr als nachkommt. Im Übrigen ist dies auch die Essenz des englischen Begriffs „sustainable development"; eine erhaltende Entwicklung ist eine Entwicklung, die die Substanz erhält und sich mit dem Vorhandenen beständig qualitativ weiterentwickelt. Mit Ökoeffizienz, mithin mit einem immer sparsameren Einsatz von Ressourcen pro Produkt- und Nutzeneinheit lässt sich diese Entwicklung nicht erreichen, Ökoeffizienz verlangsamt nur den Anstieg des Ressourcenverbrauchs und führt nicht dazu, dass auch nur eine Einheit Ressource regeneriert wird. Gleichwohl reduziert ein sparsamer Einsatz von Ressourcen deren Reproduktionsnotwendigkeit, sodass Ökoeffizienz eine wichtige Bedeutung hat.

2. Das Nebenwirkungsproblem: In vielen Diskussionen wird Nachhaltigkeit mit Verantwortung gleichgesetzt und Corporate Social Responsibility (CSR) wird als Begriff wahrscheinlich häufiger verwendet als nachhaltiges Management. Der Verantwortungsbegriff verweist deutlich auf das zu lösende Problem: Alle wirtschaftenden Einheiten sollen auf die Haupt- und Nebenwirkungen ihres Handelns angemessen antworten. In einer vollen Gesellschaft, in der sehr viele Institutionen und Unternehmen ihre Zwecke (ihre beabsichtigten Hauptwirkungen) erreichen wollen, potenzieren sich die Nebenwirkungen auf Mensch und Natur. Menschliche Gesundheit und Klimaschutz sind in diesem Kontext die großen Themen. Schwieriger, aber ähnlich gravierend, ist die Problematik der unbeabsichtigten Umverteilung von Kapital und Vermögen. Die jetzige Logik der erwerbswirtschaftlichen Wirtschaftsweise führt dazu, dass große Kapitalbestände überproportional auf Kosten kleiner Bestände wachsen und damit immer weniger Menschen übermäßig reich werden. Die Lösung des Verantwortungsproblems liegt vielfach in einer veränderten moralischen Haltung, in der Menschen und Institutionen bereit sind, die Nebenwirkungen ihres Handelns zu reparieren oder auszugleichen bis hin zu der Haltung, auf Hauptwirkungen zu verzichten, die nicht ohne erhebliche Nebenwirkungen zu erzielen wären.

Während es in der Ressourcenperspektive um einen rationalen, substanzerhaltenden Umgang mit materiellen und immateriellen Ressourcen geht, geht es in der Nebenwirkungsperspektive um einen normativen Ansatz: Menschen auf allen Ebenen von Gesellschaft müssen sich Normen dafür setzen, welche Haupt- und welche Nebenwirkungen sie mit ihren Handlungen akzeptieren möchten. Die Forschungsrichtungen für diese beiden

Nachhaltigkeitsursachen folgen sehr unterschiedlicher Logiken. Darauf wird im nächsten Abschnitt Bezug genommen.

Bislang wird noch zu wenig berücksichtigt, dass eine Forschungseinrichtung, die Nachhaltigkeitsforschung betreiben will, selbst nach Nachhaltigkeitskriterien arbeiten sollte. Dies scheint insbesondere im Übergang vom egozentrierten zum dialogischen Hochschulsystem eine unerlässliche Herausforderung zu sein: Eine Einrichtung kann das komplexe Zusammenwirken von Ressourceneinsatz und Nebenwirkungen nur gehaltvoll erforschen, wenn es sich der noch zu thematisierenden Widersprüchlichkeit auch im eigenen Handeln selbst stellt: Nachhaltigkeitsbezogene Selbstreflexivität ist die Voraussetzung, Nachhaltigkeit auf der Ebene 3.0 und 4.0 erforschen zu können.

In Abb. 9.2 ist die Gleichzeitigkeit von Forschung für Nachhaltigkeit und Nachhaltigkeit in der Forschung skizziert. Die oben entwickelte transzendente Entwicklungslogik ist in dieser Abbildung in der Form des Pluszeichens eingearbeitet. Die erste Addition der Ökoeffizienz rekurriert auf das Verständnis von Nachhaltigkeit als Postulat, Ressourcen sparsamer zu verwenden, ein Verständnis, das in Wissenschaft und Politik vorherrscht, weil es anschlussfähig an betriebswirtschaftliche Rationalisierungsideen und ingenieurwissenschaftliche Technologieentwicklungsideen ist. Material- und Energieeinsparungen laufen Hand in Hand mit Kostenreduzierungen. Damit wird jedoch nur eine Hälfte der Ressourcenlogik bedient, der Haushaltsgedanke bleibt noch außen vor, weil so gut wie alle relativen Ressourceneinsparungen durch Wachstumseffekte wieder kompensiert werden

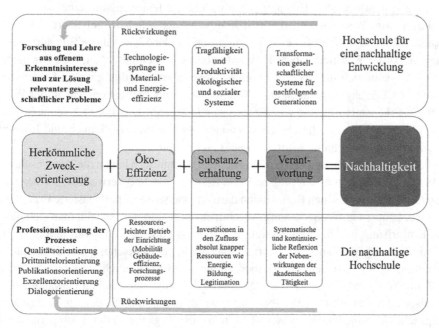

Abb. 9.2 Nachhaltigkeit und Forschungseinrichtungen – ein Ordnungsangebot. (In Anlehnung an Müller-Christ 2014b, S. 45)

(Rebound-Effekt). Ökoeffizienz mit Nachhaltigkeit gleichzusetzen wurde an anderer Stelle als ein geringes Ambitionsniveau für Nachhaltigkeit bezeichnet (Müller-Christ 2014a).

Eine Hochschule orientiert sich dann sichtbar an Nachhaltigkeit, wenn sie nicht allein Forschung und Lehre für Nachhaltigkeit betreibt, sondern sich auch selbst um einen ökoeffizienten Forschungs- und Lehrbetrieb kümmert, ihren eigenen Zufluss an materiellen und immateriellen Ressourcen sehr viel genauer in den Blick nimmt (Substanzerhaltung) sowie die Nebenwirkungen aller ihrer Tätigkeiten auf Mensch und Natur reflektieren kann (Verantwortung).

9.3   Entwicklungsphasen von Erkenntnisprozessen

Bevor die Frage nach dem Maßstab für die Innovativität der Nachhaltigkeitsforschung beantwortet werden kann, gilt es nun noch eine weitere Unterscheidung zu treffen. Wie verändert sich das Design von Forschung, wenn es sich mit den Phasen der Entwicklung des Hochschulsystems an die zunehmende Komplexität anpasst? Letztlich macht Wissenschaft nur dann wirkliche Fortschritte, wenn sie auch die für selbstverständlich gehaltenen Wahrheiten infrage stellt. Dieser Prozess des Infragestellens geht einher mit einem Wechsel der Positionierung als Beobachter von Realität.

Die Aufgabe von Forschung ist es, neue Erkenntnisse zu produzieren. Diese Erkenntnisse haben nun unterschiedliche Voraussetzungen, je nachdem in welcher Phase sich das Hochschulsystem befindet. Erkenntnistheoretische Reflexionen sind eine wichtige Metaerzählung von Wissenschaft, die sich immer wieder selbst vergewissert, wie sie auf welchem Wege zu welcher Erkenntnis kommt und welche Nähe diese Erkenntnisse zum Bezugspunkt der Wahrheit haben. Es wurde oben schon eingeschätzt, dass das deutsche Hochschulsystem sich im Übergang vom egozentrierten zum dialogischen System befindet. Dieser Übergang muss auch eine Weiterentwicklung beinhalten, was in der Wissenschaft als Erkenntnis gilt und wie diese zustande kommt. Die Tab. 9.2 versucht in sehr vereinfachender Form, zahlreiche Diskussionen um Wissenschaftlichkeit und Erkenntnis zu verdichten und anschaulich auf den Punkt zu bringen.

Wissenschaftstheorie und epistemologische Betrachtungen haben die Wissenschaft immer begleitet. Dort, wo es um pragmatische Erkenntnisse und verwertbares Wissen geht, haben diese philosophischen Reflexionen darüber, wie wissenschaftsbasierte Erkenntnisse entstehen, keine so große Bedeutung. Vereinfacht angenommen, scheint man sich hier auf einen Empirismus im Hochschulsystem 2.0 geeinigt zu haben. Die Vermutung ist naheliegend, dass es gerade auch die Internationalisierung der Forschung und damit auch das internationale Reviewsystem ein Momentum gewesen ist, Realität empirisch zu vermessen. Schließlich sind die empirischen Methoden in ihrem statistischen Gewand und ihrer Formelsprache akulturell verwendbar und bewertbar. Die Sprache der Empirie ist zurzeit die Sprache des globalen Wissenschaftssystems, die Zugänge zu den hoch gerankten Publikationsmedien ermöglicht.

Tab. 9.2 Entwicklung von Erkenntnisprozessen

	1.0 – Traditionelles System	2.0 – Egozentrisches System	3.0 – Dialogisches System	4.0 – Integrales System
Neu hinzukommende Erkenntnisquelle	Deduktion	Induktion	Abduktion	Intuition
Neu hinzukommendes Erkenntnisziel	Die absolute Ordnung der Realität	Die relative der Ordnung der Wirklichkeit	Die verbindende Ordnung der Wirklichkeit	Die kokreative Ordnung der Wirklichkeit
Neu hinzukommendes Erkenntnisdesign	Führender Ontologismus weniger Disziplinen „Erkenntnis setzen"	Führender Empirismus vieler Disziplinen „Realität messen"	Führende Hermeneutik vieler Disziplinen „Wirklichkeit verstehen"	Selbsterkenntnis als Zugang zum Ganzen „Die Welt in sich finden"
Wechsel des Beobachterstandpunkts	Die Beobachter_innen schauen wertfrei und neutral auf ein Objekt und erkennen dieses so wie andere es auch erkennen würden	Die Beobachter_innen verändern mit der Beobachtung das zu Beobachtende „Wirklich wird konstruiert"	Die Beobachter_innen begeben sich zwischen das zu Beobachtende „Wirklichkeit wird ausgehandelt"	Es gibt keine Trennung von Beobachter_innen und Beobachtetem Subjekt und Objekt verschmelzen
Haltung der Erkenntnissuchenden	Wir können die Welt in ihrem Sosein erfassen	Jede Erkenntnis gilt so lange, bis sie widerlegt ist	Das Neue lässt sich selten aus dem Bestehenden ableiten	Zugang zu den Feldern des Wissens sichert neue Erkenntnisse
Neue blinde Flecken im Erkenntnisprozess	Positivismus: Was man nicht messen kann, gibt es nicht	Soziale Phänomene, die sich mit empirischen Methoden nicht erfassen lassen, gibt es nicht	Was der Bewusstseinsstand der Erkenntnissuchenden nicht wahrnimmt, gibt es nicht	Diesen blinden Fleck kennen wir noch nicht

Im dialogischen Hochschulsystem 3.0 wird die kulturell und disziplinär geprägte Dialogfähigkeit wieder zu einer Gelingensbedingung des Verstehens, der Hermeneutik. Da zum Dialog immer zwei Partner_innen gehören, treten Mensch und Institution als Kulturträger wieder deutlicher in den Vordergrund: Nur was der Bewusstseinsstand von Mensch und Institution wahrnehmen kann, kann auch ausgehandelt werden. Und dieser Bewusstseinsstand im Sinn eines Sich-selbst-Bewissens entwickelt sich in der Neuformierung von Beobachter_in, dem zu Beobachtenden und der Art des Beobachtungsprozesses. Objektivität als wissenschaftliches Gütekriterium verliert dabei erheblich an Bedeutung, vor allen Dingen dann, wenn neben Deduktion und Induktion als Akte der Schlussfolgerung nun auch Abduktion (Reichartz 2013) und Intuition als Erkenntnisquellen zugelassen und aktiv gefördert werden (Müller-Christ 2016). Wirklich neue Erkenntnis und kokreatives Gestalten von Zukunft brauchen den Geistesblitz (Abduktion) und die Eingebung (Intuition), die sich jedoch der logischen Nachvollziehbarkeit und der Wiederholbarkeit entziehen. Die Gütekriterien quantitativer Forschung – Reliabilität, Validität und Objektivität – werden im integralen Hochschulsystem 4.0 ergänzt um Visualität, Nützlichkeit und Plausibilität. Vielleicht ist dann das gemeinsame Bild als Forschungsergebnis ein entscheidenderes Wahrheitskriterium als der argumentative oder experimentelle Beweis oder Beleg.

9.4   Wann ist Nachhaltigkeitsforschung innovativ?

Die nachfolgenden Ausführungen sollten nicht in der Form verstanden werden, dass es sich um eine Darstellung von schlechter oder rückständiger Forschung handelt. Die Aussage lautet vielmehr: Jedes System produziert Erkenntnisse auf dem Bewusstseinsniveau, auf dem es gerade steht. Oder anders ausgedrückt: Die Qualität eines Interventionsvorschlags in die Gestaltung der Welt ist eng verbunden mit dem Bewusstseinszustand des Intervenierenden (Scharmer 2009). Das deutsche Hochschulsystem arbeitet vermutlich zum größten Teil auf der Ebene des egozentrierten Systems 2.0. Indikator für diese Verortung ist die Dominanz der empirischen Forschung, eben auch in der Förderung der Nachhaltigkeitsforschung. Die meisten Projekte, die Nachhaltigkeit als Gegenstand haben, beschäftigen sich mit der Beschreibung der ökologischen und sozialen Probleme der Welt. Diese Problembeschreibungen sind sehr wichtig und die Debatte um den Klimawandel zeigt, wie entscheidend es für das gesellschaftliche Agenda-Setting ist, wissenschaftliche Beweise zu liefern.

Um die transzendente Erweiterung des Hochschulsystems von der Stufe 2.0 auf die Stufe 3.0 in Bezug auf die Nachhaltigkeitsforschung nachvollziehbarer zu machen (Tab. 9.3), wird im Folgenden Nachhaltigkeitsforschung auf der Stufe 2.0 beschrieben und im Weiteren die Kriterien für die Stufe 3.0 abgeleitet. Diese Darstellung erfolgt auf Basis einer plakativen Vereinfachung, wohl wissend, dass man damit den einzelnen Disziplinen und den beteiligten Wissenschaftler_innen nicht wirklich gerecht werden kann. Vielleicht wird durch dieses rhetorische Mittel die Unterscheidung aber deutlicher.

- Naturwissenschaften erforschen den Zustand der Natur: Wie wirken künstliche Stoffeinträge auf das Klima, auf die Meere, auf die Böden und die Luft? Wie verändern diese Stoffeinträge die natürliche Tragfähigkeit von Ökosystemen? Der Horizont der Forschung erweitert sich vom lokalen Ökosystem auf das Großsystem Erde, indem das Zusammenspiel von Biosphäre, Hydrosphäre, Anthroposphäre, Atmosphäre und Geosphäre erforscht wird. Forscher_innen arbeiten weltweit zusammen, um den Datenpool deutlich zu vergrößern und Auswertungen über mögliche Kausalitäten in verschiedenen Studien zu vergleichen. Technologische Entwicklungen für die Datenerhebung ermöglichen immer größere und detaillierte Messverfahren und treiben die Kosten für diese Art von Forschung in die Höhe. Komplexe Forschungsinfrastrukturen schließen somit sowohl Großgeräte wie Teilchenbeschleuniger, Teleskope und Forschungsschif-

Tab. 9.3 Die Ergänzung der bewährten Nachhaltigkeitsforschung um innovative Aspekte eines Hochschulsystems 3.0 und 4.0

	Bewährte Nachhaltigkeitsforschung		Innovative Nachhaltigkeitsforschung	
	1.0	2.0	3.0	4.0
Sich erweiternde Ressourcenperspektive	Ressourcen-knappheit gibt es nicht Die Welt ist voll von unerschlossenen materiellen Ressourcenquellen	Materielle und immaterielle Ressourcen sind absolut knapp und müssen deshalb sehr sparsam eingesetzt werden	Ein haushälterischer Umgang mit materiellen und immateriellen Ressourcen muss sozial ausgehandelt werden	Der Geist produziert unendliche immaterielle Ressourcen
Lösungsräume der Ressourcenperspektive	Materielle Ressourcenzugänge finden und sichern (Rohstoffe, Energie) Immaterielle Ressourcen entstehen wie selbstverständlich durch die Gesellschaft	Technologiesprünge für einen effizienten Rohstoff- und Energieeinsatz Tragfähigkeitsprobleme von Natur und Gesellschaft messen und bewerten	Substanzerhaltung durch Kapazitätssteuerungen und Kreislaufsysteme Neuabstimmung von Ressourcen- und Geldströmen	Neue immaterielle Ressourcenquellen für Kreativität finden Materielle Bedürfnisse werden materiell befriedigt, immaterielle Bedürfnisse immateriell
Sich erweiternde Nebenwirkungsperspektive	Nebenwirkungen auf Mensch und Natur werden mit Blick auf die Fortschrittsperspektive toleriert	Nebenwirkungen kausal erfassen und rechtliche Zuordnungen schaffen (Verursacherprinzip)	Widersprüche und Trade-offs zwischen Haupt- und Nebenwirkungen sind der Normalfall	Wenn Dualität aufgehoben werden kann, gibt es keine Nebenwirkungen mehr
Lösungsräume der Nebenwirkungsperspektive	Eine intensivere Verfolgung der Hauptwirkungen reduziert die Nebenwirkungen?	Nebenwirkungen können durch technische, ökonomische und juristische Konzepte vollständig vermieden oder repariert werden, was die Hauptwirkungen stärkt (Win-win-Lösungen?)	Das Zusammenspiel von Haupt- und Nebenwirkungen wird beschrieben, die Trade-offs offengelegt und ihre Bewältigung ausgehandelt Hauptwirkungen können sich ändern	Wirtschaft und Gesellschaft werden als grenzüberschreitende Kooperationssysteme entworfen, die nebenwirkungsarm funktionieren

Tab. 9.3 (Fortsetzung)

	Bewährte Nachhaltigkeitsforschung		Innovative Nachhaltigkeitsforschung	
	1.0	2.0	3.0	4.0
Einbindung der Wissenschaftler_innen	Es-Perspektive „Wir finden alle Erklärungen und Lösungen."	Es-Perspektive „Da draußen gibt es Nachhaltigkeitsprobleme, die wir beschreiben und erklären."	Du-Perspektive „Du und du neben mir haben ein Nachhaltigkeitsproblem; ich helfe euch, es zu sehen."	Ich-Perspektive „Ich bin als Wissenschaftler_in Teil des Problems und Teil der Lösung. Wenn ich mich entwickle, trage ich zur integralen Entwicklung bei."

fe als auch Rechner- und Dateninfrastrukturen ebenso wie Sammlungen, Archive und andere Wissensressourcen ein (BMBF 2014). Ziel dieser Forschung ist es, ökologische Prozesse datengestützt erklären zu können.

- Ingenieurwissenschaften erforschen neue Technologien. Die Trennung zwischen nachhaltigkeitsorientierter Forschung und herkömmlicher Technologieentwicklung ist sehr schwierig. Fast jede weiterentwickelte Technologie arbeitet mit neuen Funktionen und zugleich ressourcen- und energieeffizienter. Neue Technologien erschließen neue Märkte, ein Großteil der Forschungsförderung 2.0 geht daher in Technologien, die neue Märkte und damit neue Einkommensmöglichkeiten für Wirtschaft und Staat erschließen.

- Wirtschaftswissenschaftliche Forschung im Modus 2.0 erfindet die „green economy": Bestehende Produkte und Produktionsprozesse werden im Sinn einer Win-win-Lösung dann energie- und rohstoffeffizienter gestaltet, wenn dabei zugleich die Kosten gesenkt oder die Erträge erhöht werden können. Der Optimierungsgedanke von Kosten und Finanzstrukturen steht sowohl in der Betriebswirtschafts- als auch in der Volkswirtschaftslehre deutlich im Vordergrund und es geht darum, mit ressourcenleichteren und nebenwirkungsärmeren Produktionsprozessen und Produkten das Wachstum von Unternehmen und Volkswirtschaften anzutreiben. Dem Rebound-Effekt, der beschreibt, dass jede relative Ressourceneinsparung pro Produkteinheit durch Wachstumsprozesse wieder überkompensiert wird, steht die Wirtschaftswissenschaft beinah hilflos gegenüber.

- Sozialwissenschaften einschließlich der Psychologie versuchen, das Verhalten von Individuen und Gesellschaften empirisch zu erfassen und zu verstehen. In Bezug auf Nachhaltigkeit scheinen die Themen Konsum und soziale Innovationen im Vordergrund zu stehen. Das Neue wird weitgehend in innovativen Ansätzen, Konzepten und Beispielen in der wirtschaftlichen Realität gesucht und beobachtet. Die Rekonstruktion eines sozialen Geschehens außerhalb des Wissenschaftssystems ist das Ziel der Sozialwissenschaften, nicht die gemeinsame Entwicklung nachhaltigerer Handlungsweisen.

Gleichwohl existiert bereits eine Debatte um die Weiterentwicklung des Systems auf die Ebene 3.0. Stellvertretend hierfür sei an dieser Stelle das Projekt Forschungswende erwähnt, das das Anliegen trägt, transdisziplinäre Forschung zum Normalfall von Hochschulen zu machen (Forschungswende 2016). In diesem Ansatz gewinnt der dialogische Ansatz erste Konturen, um dann aber festzustellen, dass die Dialogbereitschaft eines egozentrierten Hochschulsystems für seine eigene Weiterentwicklung noch nicht sehr ausgeprägt ist.

Drei Kriterien für eine innovative Nachhaltigkeitsforschung als Ergebnis dieser Argumentation sind in der Tab. 9.3 inbegriffen. Sie werden im Weiteren kurz erläutert.

1. Die sich erweiternde Ressourcenperspektive. Mit materiellen Ressourcen haushalten bedeutet, in einem gewählten Zeithorizont nicht mehr Ressourcen einzusetzen als in dieser Zeit neu entstehen können. In einer Welt, in der die fossilen und anorganischen Rohstoffe und Energiequellen absehbar versiegen, ist die absolut begrenzte Produktionsfähigkeit der Natur für natürliche und nachwachsende Rohstoffe und Energiequellen der Bezugspunkt für wirtschaftliches Handeln. In einer Welt, in der immaterielle Ressourcen wie Bildung, Vertrauen, Rechtssicherheit und Legitimation immer bedeutungsvoller werden, ist die Produktionslogik der Gesellschaft für diese Ressourcen der zweite Bezugspunkt des Handelns. Nachhaltigkeitsforschung ist dann passend zum Modus 3.0 und somit innovativ, wenn sie das Wachstumsthema von Volks- und Betriebswirtschaften hinterfragt, die Verknüpfung von Finanz- und Ressourcenströmen neu denken will und dazu beiträgt, die materiellen Ressourcenströme der Welt zu reduzieren, zu enttoxifizieren und dann im Kreislauf zu führen. Innovativ ist es auch, für die immateriellen Ressourcenströme der Welt ein Bewusstsein zu schaffen, diese zu visualisieren und in ihrem Wirkungspotenzial beschreibbar und steuerbar zu machen.
2. Die Vermeidung von Nebenwirkungen. Handlungstheoretisch sind Nebenwirkungen der Normalfall menschlichen Handelns in einer komplexen Gesellschaft. Aus der Nachhaltigkeitssicht interessieren v. a. die Nebenwirkungen, die die materiellen und immateriellen Ressourcenquellen von Wirtschaft und Gesellschaft negativ beeinflussen und somit mit der sich erweiternden Ressourcenperspektive verbunden sind. Innovativ ist eine Nachhaltigkeitsforschung dann, wenn sie die volle Spannung der Widersprüchlichkeit zwischen Haupt- und Nebenwirkungen des wirtschaftlichen Handelns offen hält und als Lösungsraum zugrunde legt: Dilemmata, Widersprüche und Unvereinbarkeiten sind nicht lösbar, sondern nur bewältigbar. Dies bedeutet, dass die Forschungsdesigns widerspruchssensibel angelegt sind und damit Lösungen erlaubt sind, die die Dilemmata beschreiben, die Trade-offs offenlegen und neue Aushandlungsformen der Beteiligten entwickeln. In dieser Perspektive stehen auch alle bisherigen Hauptwirkungen des Wirtschafts- und Gesellschaftssystem auf dem Prüfstand der Ressourcenverträglichkeit und können mit Blick auf eine nachhaltigere Ressourcenperspektive auch geändert werden: Zwecke des Handelns stehen zur Disposition. Diese Bereitschaft erfordert auch eine entsprechende Ambiguitätstoleranz und einen kosmozentrierten Bewusstseinsstand von den Forschenden.

3. Die Persönlichkeit des Forschenden. Eine nachhaltige Entwicklung der Welt setzt eine Persönlichkeitsentwicklung der Forschenden voraus. Im Modus 1.0 und 2.0 ver-
   schwindet die Person des Forschenden ganz hinter anerkannten Methoden und Denk-
   schulen. Autor_innen kommen mit ihren Persönlichkeiten in den Forschungsergebnissen nicht vor. Sie beschreiben objektiv die Welt da draußen und andere würden
   es ähnlich tun. Im Modus 3.0 und 4.0 gehen die Forschenden aus der Es-Perspektive
   (es gibt etwas außerhalb von mir, das ich erforsche) in die Du-Perspektive und dann
   in die Ich-Perspektive. Der Unterschied ist groß: In der Du-Perspektive begeben sich
   Forscher_innen auf die Augenhöhe des Gegenübers und stellen sich als Person in Beziehung zum Gegenüber. Damit legen sie auch offen, welchen Bewusstseinsstand und
   welche Lösungsräume sie selbst bevorzugen. Forschende können nur Lösungen innerhalb von Spannungsfeldern suchen, wenn sie selbst als Person diese Spannungsfelder
   aushalten können und ihnen nicht unbewusst ausweichen. Im Modus 3.0 ist eine deutliche Steigerung der Ambiguitätstoleranz der Forschenden eine Grundvoraussetzung,
   um den Lösungsraum 3.0 füllen zu können. Für den Übergang zum Modus 4.0 spielt
   die Bewusstseinsstufe der Forschenden eine noch größere Rolle, da der Blick auf das
   ganze globale Geschehen in seiner Komplexität auch neue Erkenntnisformen benötigt
   wie beispielsweise Achtsamkeit und Intuition.

9.5   Fazit

Ziel dieses Beitrags ist es, in essayistischer Weise den Entwicklungsraum des Hochschulsystems aufzuspannen, um einen Unterschied zwischen bewährter und innovativer
Nachhaltigkeitsforschung erklären zu können. Zu diesem Zweck wurden die transzendenten Entwicklungsphasen des Hochschulsystems von der Phase 1.0 in die Phase 4.0
auf Basis des Ansatzes von Scharmer sowie Beck und Cowan erläutert. Die durch Nachhaltigkeitsforschung zu lösenden Probleme wurden verdichtet auf die Notwendigkeit, ein
rationales haushälterisches Ressourcenmanagement zu entwickeln sowie ein normatives
Aushandeln von Haupt- und Nebenwirkungen des Wirtschaftens zu gestalten.

Das jetzige Hochschulsystem befindet sich weitgehend auf der Ebene des egozentrierten Systems. Erkennen kann man dies in der Nachhaltigkeitsforschung auch daran, dass
das System nicht sehr intensiv daran interessiert ist, seine Forschungsergebnisse außerhalb
des eigenen Systems zu verbreiten. Zahlreiche Erkenntnisse aus geförderten Forschungsprojekten werden in wissenschaftlichen Publikationen und Abschlussberichten abgelegt,
die auf einen Imagegewinn innerhalb des Systems ausgerichtet sind und wenig Wirkung
nach außen zeigen. Das gilt auch dann, wenn im Forschungsprojekt Praxispartner integriert waren. Genau aus diesem Grund ist die Forschungsförderung auch zunehmend an
dem „impact" ihres Mitteleinsatzes interessiert und sucht neue Formen der Kommunikation von Forschungsergebnissen in die Gesellschaft hinein.

Aus der hier aufgezeigten Entwicklungslogik der Systeme stellt sich indes die Frage, ob
die Gesellschaft, der sich das Nachhaltigkeitsthema eher im Modus 3.0 zeigt, Resonanz er-

zeugt für Forschungsergebnisse, die im Modus 2.0 erzeugt wurden. Gleichwohl zeigt sich in den neueren Forschungsprojekten eine sog. Aufwärtsstreckung einzelner Subsysteme. Damit ist im Sinn von „spiral dynamics" gemeint, dass die dominierende Denkweise der Forschenden auf der Ebene 2.0 bleibt, sie jedoch die Themen aus 3.0 aufnehmen und auf ihrer Ebene versuchen zu lösen. Indikatoren dafür zeigen sich beispielsweise in den ersten Erfahrungen der transdisziplinären Forschung, die versucht auf Augenhöhe mit Praxis-partner_innen zu arbeiten, an der Übersetzung von Widersprüchen und Dilemmata in 3.0 in eine Konfliktrhetorik, die 2.0 lösen will und an Kooperationsthemen, die sich 3.0 als Trade-off Bewältigung braucht, sie aber in 2.0 für eine Win-win-Lösung eingesetzt werden.

Zusammenfassend lautet die Herausforderung einer innovativen Nachhaltigkeitsfor-schung: Transformation von Wirtschaft und Gesellschaft setzt eine Transformation des Hochschulsystems mindestens auf die Stufe 3.0 voraus, die wiederum durch eine Selbst-transformation der Forschenden und Lehrenden begleitet und angestoßen werden muss.

Literatur

Beck DE, Cowan CC (2013) Spiral dynamics. Leadership, Werte und Wandel. Kamphausen, Biele-feld

BMBF – Bundesministeriums für Bildung und Forschung (2014) Bundesbericht Forschung und Innovation 2014. https://www.bmbf.de/pub/bufi_2014.pdf. Zugegriffen: 25. April 2016

DUK – Deutsche UNESCO-Kommission (2016) BNE-Portal der Deutschen UNESCO-Kommission. http://www.bne-portal.de/. Zugegriffen: 22. April 2016

Forschungswende (2016) Zivilgesellschaftliche Plattform Forschungswende. http://www.forschungswende.de/. Zugegriffen: 25. April 2016

Liebscher AK, Müller-Christ G (2016) Vom Nachhaltigkeitskodex für Unternehmen zum Nach-haltigkeitskodex für Hochschulen – Unterschiede, Gemeinsamkeiten, Herausforderungen. In: Grothe A (Hrsg) Unternehmerische Nachhaltigkeitsbewertung. Erich Schmidt, Berlin, S 171–195

Müller-Christ G (2014a) Nachhaltiges Management. Einführung in die Ressourcenorientierung und widersprüchliche Managementrationalitäten, 2. Aufl. utb, Baden Baden

Müller-Christ G (2014b) Nachhaltigkeit in Forschung und Forschungseinrichtungen. Ein Ordnungs-angebot. In: Müller MM, Hemmer I, Trappe M (Hrsg) Nachhaltigkeit neu denken. Rio+X: Impulse für Bildung und Wissenschaft. oekom, München, S 35–47

Müller-Christ G (2016) Systemaufstellungen als Instrument der qualitativen Sozialforschung. Vier, vielleicht neue Unterscheidungen aus der Sicht der Wissenschaft. In: Weber G, Rosselet C (Hrsg) Praxis der Organisationsaufstellungen, 2. Aufl. (Im Erscheinen)

Reichartz J (2013) Die Abduktion in der qualitativen Sozialforschung. Springer, Heidelberg

Scharmer CO (2009) Theorie U: Von der Zukunft her führen. Carl-Auer, Heidelberg

Scharmer CO, Käufer K (2014) Von der Zukunft her führen. Theorie U in der Praxis. Carl-Auer, Heidelberg

Schneidewind U (2014) Von der nachhaltigen zur transformativen Hochschule. Perspektiven einer „True University Sustainability". UmweltWirtschaftsForum 22(4):221–225

Schneidewind U, Singer-Brodowski M (2013) Transformative Wissenschaft. Klimawandel im deutschen Wissenschafts- und Hochschulsystem. Metropolis, Marburg

Marktimpulse für Verbraucherprodukte ohne problematische Inhaltsstoffe

10

Julian Schenten, Martin Führ und Kilian Bizer

10.1 Problemstellung

„Nachhaltige Konsum- und Produktionsmuster sicherstellen" („Ensure sustainable consumption and production patterns") – so lautet die Überschrift zum 12. „sustainable development goal" (SDG) der UN-Agenda 2030, die 193 Staats- und Regierungschefs in der Generalversammlung der Vereinten Nationen am 25. September 2015 angenommen haben. Zu den vereinbarten Zielvorgaben zählt auch, durch Chemikalien ausgelöste nachteilige Auswirkungen auf die menschliche Gesundheit und die Umwelt bis 2020 auf ein Mindestmaß zu beschränken sowie bis 2030 sicherzustellen, „dass die Menschen überall über einschlägige Informationen und das Bewusstsein für nachhaltige Entwicklung" verfügen (Zielvorgaben 12.4 und 12.8 UN-Agenda 2030).

Bereits in der Folge der UN-Konferenz für Umwelt und Entwicklung (UNCED) im Jahr 1992 hat die UN-Kommission für Nachhaltige Entwicklung folgende Arbeitsdefinition für „sustainable consumption" offiziell angenommen (UNEP und Consumers International 2004, S. 9):

J. Schenten (✉) · M. Führ
Sonderforschungsgruppe Institutionenanalyse – sofia, Hochschule Darmstadt
Haardtring 100, 64295 Darmstadt, Deutschland
E-Mail: schenten@sofia-darmstadt.de

M. Führ
E-Mail: fuehr@sofia-darmstadt.de

K. Bizer
Sonderforschungsgruppe Institutionenanalyse – sofia, Volkswirtschaftliches Institut für Mittelstand und Handwerk an der Universität Göttingen, Georg-August Universität Göttingen
Platz der Göttinger Sieben 3, 37073 Göttingen, Deutschland
E-Mail: bizer@wiwi.uni-goettingen.de

© Springer-Verlag GmbH Deutschland 2017
W. Leal Filho (Hrsg.), *Innovation in der Nachhaltigkeitsforschung*,
Theorie und Praxis der Nachhaltigkeit, DOI 10.1007/978-3-662-54359-7_10

The use of services and related products which respond to basic needs and bring a better quality of life while minimising the use of natural resources and toxic materials as well as the emissions of waste and pollutants over the life cycle so as not to jeopardise the needs of future generations.

Danach verzichten nachhaltige Produkte auf den Einsatz toxischer Stoffe und die Freisetzung von Schadstoffen. Bei der Beurteilung, welche Stoffe als toxisch oder schädlich anzusehen sind, ist der ebenfalls im internationalen Recht niedergelegte – besonders aber im EU-Recht operationalisierte – Grundsatz der Vorsorge zu beachten. Betroffen sein können danach auch Stoffe, bezüglich derer lediglich Hinweise auf eine toxische Wirkung vorliegen, ohne dass diese sich abschließend bewerten ließe (Sands und Peel 2012, S. 217 ff.). Stoffe, die nachweislich ein toxisches oder ökotoxisches Gefährdungspotenzial aufweisen, aber auch solche Stoffe, bei denen begründete Anhaltspunkte für eine Besorgnis bestehen, jedoch eine vollständige wissenschaftliche Gewissheit über das Gefährdungspotenzial nicht gegeben ist (so Grundsatz 15 UN-Rio-Erklärung über Umwelt und Entwicklung), fasst der vorliegende Beitrag unter dem Begriff der problematischen Stoffe zusammen.

Problematische Stoffe in Produkten stellen besondere Herausforderungen an die von SDG 12 angestrebte Sicherheit und Transparenz; das zeigen etwa internationale Aktivitäten auf der Ebene des Strategic Approach to International Chemicals Management (SAICM 2015) sowie auch das siebte Umweltaktionsprogramm der Europäischen Union (s. Anhang Tz. 54 lit. d, Zif. v zu Beschluss Nr. 1386/2013/EU). Eine im Auftrag des Umweltbundesamts erstellte Liste enthält etwa 800 Stoffe mit beispielsweise krebserzeugenden, erbgutverändernden, fortpflanzungsgefährdenden oder umwelttoxischen Eigenschaften, die allein in den Produktkategorien Spielzeug, Elektro- und Elektronikgeräte sowie Boden- und Wandbeläge enthalten sein können, unter gesundheits- sowie umweltbezogenen Gesichtspunkten jedoch nicht vorkommen sollten (Kalberlah et al. 2011, S. 19 ff.). Die Fülle an problematischen Stoffen und Möglichkeiten, diese in Produkten anzuwenden, macht deutlich, dass staatliches imperatives Handeln, das v. a. auf spezifische Ge- und Verbote setzt, allein nicht ausreicht, die Zielsetzung aus SDG 12 im Hinblick auf Chemikalien in Produkten zu erreichen. Entscheidend sind vielmehr hinreichende Impulse, die das Innovationsverhalten der Akteure entlang der Wertschöpfungskette so beeinflussen, dass sich Produkte ohne problematische Inhaltsstoffe am Markt durchsetzen.

Ein alternativer Ansatz zielt daher darauf ab, problematische Inhaltsstoffe von Produkten transparent zu machen. Ist zu erwarten, dass Verbraucher_innen ihr Kaufverhalten verstärkt danach ausrichten, welche Stoffe in den konsumierten Produkten enthalten sind, reagiert der Handel, indem er sein Angebot anpasst. Daraus entstehen marktvermittelte Impulse, die „upstream" entlang der Wertschöpfungskette Substitutionsanreize bei den Produkt- und auch bei den Stoffproduzenten freisetzen.

Als milderes Mittel gegenüber einer direkten hoheitlichen Intervention erfreut sich ein solcher Ansatz einer erhöhten Akzeptanz bei allen Akteuren. Zudem setzt dieser Ansatz nicht mehr voraus, dass aufgeklärt rationale Verbraucher_innen in großer Zahl bewusst nachhaltigkeitsorientierte Kaufentscheidungen treffen. Vielmehr – so eine Hypothese – reicht es aus, wenn Hersteller und Handel damit rechnen, dass eine kritische Masse von Konsumenten_innen eine andere Kaufentscheidung fällt, sodass die am Markt tätigen Wettbewerber einen Rückgang ihres Marktanteils erleiden. Befürchtet ein Wettbewerber derartige Verluste, wird er dies antizipieren und sein Produktportfolio umstellen. Größere Transparenz kann zudem zu Reputationsverlusten führen, die die Hersteller zu Anpassungsmaßnahmen veranlassen.

Ein entsprechendes Anreizsystem kann sich jedoch nur dann voll entfalten, wenn ein Brückenschlag vollzogen ist, der die aus wissenschaftlichen oder regulatorischen Kontexten stammenden Informationen zu problematischen Stoff- und Produkteigenschaften überhaupt erst für die Verbraucher_innen erschließt. Ansatzpunkte hierfür liefert die europäische Chemikalienverordnung REACH. Diese soll ausweislich ihrer Erwägungsgründe 4 und 6 zu den chemikalienpolitischen Zielen beitragen, die auch SDG 12.4 verfolgt. Materiell-rechtlich verpflichtet REACH die Industrie, sicherzustellen, dass Chemikalien nur so auf den Markt gelangen, dass sie „die menschliche Gesundheit und die Umwelt nicht nachteilig beeinflussen" (Art. 1 Abs. 3 REACH); die Verordnung beruht zudem auf dem Grundsatz der Vorsorge. Zu diesem Zweck etabliert sie ein Regelungssystem, das ordnungsrechtliche Instrumente, wie insbesondere die Registrierungspflicht bezüglich Stoffen, durch Mechanismen ergänzt, die über stoffbezogene Transparenz gegenüber professionellen Abnehmern, aber auch gegenüber privaten Konsumenten_innen Marktimpulse freisetzen sollen (Führ 2011a; Bizer 2011).

Bislang hemmen allerdings spezifische Handlungs- und Kommunikationsbarrieren eine optimale Entfaltung dieser transparenzinduzierten Marktimpulse (Abschn. 10.3). Ziel des Vorhabens[1] ist es, zu institutionellen Innovationen beizutragen, die diese Hemmnisse abbauen.

Zentrale Forschungsfragen lauten:

- Wie lässt sich sicherstellen, dass die durch REACH gesammelten Informationen über problematische Stoffeigenschaften für die Verbraucher_innen fruchtbar gemacht werden können?
- Inwieweit lassen sich Hemmnisse (z. B. Transaktionskosten, aber auch kognitive Grenzen oder eingefahrene Verhaltensmuster) aufseiten der Verbraucher_innen etwa durch Instrumente senken, die direkt im Moment der Kaufentscheidung zum Tragen kommen?
- Inwieweit müssen die Verbraucher_innen von ihren Informationsmöglichkeiten Gebrauch machen, damit eine Verhaltensänderung aufseiten der Akteure in der Stoffwertschöpfungskette eintritt?

---

[1] Das Forschungsprojekt „Konsumverhalten und Innovationen zur nachhaltigen Chemie (KInChem) – am Beispiel von Produkten mit problematischen Inhaltsstoffen" wird in einem Verbund der Hochschule Darmstadt und der Universität Göttingen bearbeitet und gefördert durch Mittel des BMBF (SÖF-Fördermaßnahme Nachhaltiges Wirtschaften). Siehe http://sofia-darmstadt.de/kinchem.html (Zugegriffen: 08. März 2016).

- Wie ist REACH gegebenenfalls zu verändern oder über spezifische institutionelle Arrangements zu ergänzen, um die Informationsbereitstellung entlang der Wertschöpfungskette zu verbessern und Zugangshemmnisse der Verbraucher_innen effektiv zu senken?

Das Vorhaben identifiziert dazu verschiedene Informations- und Kommunikationsinstrumente, die geeignet scheinen, die Hemmnisse im Status quo zu überwinden (Abschn. 10.4). Sodann begleitet das Vorhaben die Akteure auf dem Weg zur Umsetzung (zumindest aber bis zur Erprobung) der Instrumente und evaluiert sie mithilfe eines breiten Spektrums sozialwissenschaftlicher Methoden, um anschließend Gestaltungsoptionen für das REACH-System und dessen institutionellen Kontext zu entwickeln (Abschn. 10.5). Die Gestaltungsoptionen zielen darauf ab, das Innovationsverhalten der Akteure entlang der Wertschöpfungskette so zu beeinflussen, dass sich Produkte ohne problematische Inhaltsstoffe am Markt durchsetzen, um auf diese Weise einen Beitrag zu SDG 12 zu leisten.

Der nachfolgende Abschn. 10.2 erläutert zunächst den theoretischen und methodischen Ansatz des Vorhabens.

10.2 Institutionenanalytisches Vorgehen

Der theoretische Ansatz des Vorhabens folgt der institutionenökonomischen erweiterten Perspektive auf die individuellen Anreize und Hemmnisse. Maßgeblich hierfür sind neben den individuellen Präferenzen auch die spezifischen Wahrnehmungsraster und Handlungsroutinen der Akteure; hinzu kommen die Impulse, wie sie sich etwa aus staatlichen Steuerungsansätzen und den in diesem Rahmen möglichen Interaktionen zwischen den Marktteilnehmern ergeben. Das Vorhaben nutzt den ursprünglich wirtschaftswissenschaftlichen Ausgangspunkt der Governance-Debatte auf der betrieblichen Ebene (Coase 1937). Es verknüpft die übergreifende Diskussion um geeignete Regulierungsansätze für staatliches Handeln auf den verschiedenen Ebenen politischer Entscheidung (Benz und Dose 2004; Benz 2004; Schuppert 2006; Schuppert und Zürn 2008) mit dem verhaltenswissenschaftlichen Ansatz der „behavioural governance" (Bizer und Gubaydullina 2009, S. 20).

Als übergreifende Methode dient dabei die interdisziplinäre Institutionenanalyse (Bizer und Führ 2014; Bizer und Gubaydullina 2007, S. 44 ff.). Sie erlaubt es, Gestaltungsoptionen zu untersuchen, um die Handlungs- und Kommunikationsbarrieren im Status quo abzubauen. Weil die Regelungen in REACH, ebenso wie diese flankierende außerrechtliche Instrumente, darauf abzielen, das Verhalten von Menschen zu beeinflussen, stellt die Analyse das Verhalten der Akteure in den Mittelpunkt – wie dies etwa auch die EU-Leitlinien für „better regulation" empfehlen (European Commission 2015, S. 20 ff.; dazu: Purnhagen und Feindt 2015). Zu diesem Zweck integriert die Institutionenanalyse die Verhaltensannahmen des Homo oeconomicus institutionalis (hoi), demzufolge unterschiedliche normative, aber auch gesellschaftliche Regeln sowie weitere Einflüsse (Institutionen) auf die Akteure einwirken und deren Entscheidungen sowie damit verknüpfte Handlungen beeinflussen. Über eine Stufenheuristik macht der hoi die Anreize und Hemmnisse von Akteuren sowie die zu erwartenden Verhaltensbeiträge systematisch und auf nachvollziehbare Weise einer Analyse zugänglich. Dabei nutzt die Heuristik den Homo oeconomicus als analytischen Ausgangspunkt, berücksichtigt aber, dass die darin getroffenen Annahmen oftmals das Verhalten nur ungenügend erklären und somit ergänzungsbedürftig sind. Auf Basis der Befunde lassen sich im letzten Schritt Gestaltungsalternativen für ein responsiv angepasstes institutionelles Design entwickeln, das stärker zu nachhaltigen Produktions- und Konsummustern beiträgt (Bizer et al. 2002).

Ein zentrales Merkmal der Institutionenanalyse ist dabei ihre empirische Orientierung; hierzu bedient sie sich aus dem gesamten Spektrum der empirischen Sozialwissenschaften.

10.3   Stoffrecht als Bewältigungsansatz mit Hemmnissen

Die Verordnung (EG) Nr. 1907/2006 zur Registrierung, Bewertung, Zulassung und Beschränkung chemischer Stoffe (REACH) strukturiert, unterstützt durch die komplementäre Verordnung (EG) Nr. 1272/2008 über die Einstufung, Kennzeichnung und Verpackung von Stoffen und Gemischen, eine der Vermarktung vorgelagerte systematische Sammlung und Bewertung von Stoffinformationen durch die Hersteller und Anwender von Stoffen. Daneben eröffnet sie Eingriffsmöglichkeiten für staatliche Akteure, um die Inverkehrgabe bestimmter problematischer Stoffe einzuschränken (Führ 2011a).

Zugleich enthält das REACH-System Elemente, die einen Beitrag dazu leisten könnten, die normativen Herausforderungen eines stärker an den Kriterien nachhaltiger Entwicklung ausgerichteten Konsums anzugehen. So sind Erzeugnisproduzenten und -importeure gemäß Art. 1 Abs. 3 Satz 1 REACH verpflichtet, nur solche Produkte in Verkehr zu bringen und zu verwenden, die die menschliche Gesundheit oder die Umwelt mit Blick auf die darin enthaltenen Stoffe nicht nachteilig beeinflussen. Darin besteht eine zentrale Voraussetzung für nachhaltigen Konsum. Hierzu werden die stoff- und anwendungsbezogenen Daten benötigt, die über REACH generiert werden. Spezielle Pflichten bestehen zudem im Hinblick auf Erzeugnisse, die besonders besorgniserregende Stoffe („substances of very high concern" [SVHC]) enthalten. So stattet REACH Konsumenten_innen mit einem Auskunftsanspruch hinsichtlich SVHC in Erzeugnissen aus, den diese gegenüber dem Lieferanten eines Erzeugnisses geltend machen können. Damit unterstützt die Verordnung bewusste Kaufentscheidungen in Richtung auf Produkte, die insoweit nachhaltig sind, als sie diese problematischen Stoffe nicht enthalten. Alle relevanten SVHC zu identifizieren sowie – u. a. über das erzeugnisbezogene Auskunftsrecht – zu regulieren, stellt zugleich einen bedeutsamen Beitrag von REACH zu SDG 12.4 dar (in diesem Sinn: European Commission 2013, S. 119).

10.3.1 Generierung von Wissen zu problematischen Stoffeigenschaften

Gemäß dem Ohne-Daten-kein-Markt-Grundsatz aus Art. 5 ff. REACH sind Stoffe, die in Mengen ab einer Tonne pro Jahr im Europäischen Wirtschaftsraum (EWR) hergestellt oder dorthin importiert werden, bei der Europäischen Chemikalienagentur (ECHA) zu registrieren (Führ 2011b). Das i. d. R. vom Stoffhersteller oder Importeur einzureichende Registrierungsdossier muss alle physikalisch-chemischen, toxikologischen und ökotoxikologischen Informationen enthalten, die für den Registranten relevant sind und ihm zur Verfügung stehen, zumindest aber einen bestimmten nach Mengenbändern gestaffelten Mindestsatz an Standarddaten – selbst wenn die hierfür notwendigen Informationen neu zu beschaffen sind (Art. 10 lit.a, 12 und Anhänge VI–XI REACH). REACH erweitert daher wesentlich den Datenbestand zu den problematischen Eigenschaften (Gefährdungspotenzial) von Stoffen. Darüber hinaus enthält das Registrierungsdossier bei Stoffmengen oberhalb von zehn Jahrestonnen einen Stoffsicherheitsbericht, der die stoffbezogenen Angaben zum Gefährdungspotenzial in Beziehung setzt zur Exposition des Stoffs und auf dieser Grundlage die Risiken im gesamten stofflichen Lebensweg sowie die erforderlichen Maßnahmen zur angemessenen Beherrschung dieser Risiken dokumentiert (Art. 10 lit.b, 14 und Anhang I REACH). Mithin generiert das REACH-System stoffbezogenes Wissen, das zugleich eine zentrale Voraussetzung für eine nachhaltige Chemie darstellt. Wesentliche Teile des Dossiers macht die ECHA zudem in einer online verfügbaren Datenbank kostenfrei öffentlich zugänglich (Art. 77 Abs. 2 lit. e, 119 REACH). Anfang März 2016 waren dort bereits umfangreiche Daten zu 13.876 Stoffen aus 53.237 Registrierungsdossiers zu finden.[2]

10.3.2 SVHC und Auskunftsanspruch bezüglich Erzeugnisse

Gemäß Art. 55 REACH will die Verordnung sicherstellen, dass „die von besonders besorgniserregenden Stoffen [SVHC] ausgehenden Risiken ausreichend beherrscht werden und dass diese Stoffe schrittweise durch geeignete Alternativstoffe oder -technologien ersetzt werden." Das Regelwerk etabliert daher ein formalisiertes Verfahren zur hoheitlichen Identifizierung von SVHC. Für Produzenten und Lieferanten von Erzeugnissen mit SVHC gelten spezifische Melde- und Informationspflichten, u. a. gegenüber Verbrauchern. Außerdem ist jeder SVHC zugleich auch Kandidat für eine Aufnahme in Anhang XIV REACH – dort gelistete SVHC dürfen grundsätzlich nur in Verkehr gebracht werden, wenn eine individuell zu beantragende Zulassung durch die Europäische Kommission dies gestattet (Hermann und Ingerowski 2011). Der SVHC-Status kündigt mithin weitreichende Vermarktungseinschränkungen an und zielt auch darauf ab, ökonomische Anreize bei den Herstellern und professionellen Anwendern der Stoffe zu schaffen (Bizer 2011).

---

[2] Siehe   http://echa.europa.eu/de/information-on-chemicals/registered-substances   (Zugegriffen: 02. März 2016).

Der SVHC-Status eines Stoffs knüpft an dessen Gefährdungspotenzial an. REACH Art. 57 lit. a–f definiert die einschlägigen Kriterien zur Ermittlung der besonders besorgniserregenden Stoffe (Führ und Schenten 2015, S. 43 ff.). Hierzu zählen bestimmte kanzerogene (lit. a), keimzellmutagene (lit. b) oder reproduktionstoxische Eigenschaften (lit. c) sowie persistente, bioakkumulierbare und toxische (PBT; lit. d) und sehr persistente und sehr bioakkumulierbare Merkmale (vPvB; lit. e). Ein Auffangtatbestand in Art. 57 lit. f öffnet das Zulassungsregime zudem für weitere Stoffklassen wie etwa endokrine Disruptoren, bezüglich derer zum Zeitpunkt des Verordnungserlasses noch keine geeigneten Bewertungskriterien für die Besorgnis erhältlich waren. Die Liste der SVHC wird laufend aktualisiert; im April 2017 enthält sie bereits 173 Einträge.[3]

Potenziale im Hinblick auf nachhaltigen Konsum ergeben sich besonders aus den Informationspflichten bezüglich SVHC in Erzeugnissen und den daraus folgenden Substitutionsanreizen für die Produzenten von Erzeugnissen. Dieser Begriff bezieht sich im Wesentlichen auf alle Produkte, bei denen es sich nicht um Stoffe oder Gemische handelt (Art. 3 Nr. 3 REACH). Folglich fallen die meisten Gebrauchsprodukte, auch solche, die in privaten Haushalten zum Einsatz kommen, z. B. Möbel, Textilien, Spielzeug, DVDs, Bücher und elektronische Geräte unter den Erzeugnisbegriff (ECHA 2015, S. 11).

Enthält ein Erzeugnis einen SVHC zu einem Masseanteil von mehr als 0,1 %, gewährt Art. 33 Abs. 2 REACH Verbraucher_innen einen Auskunftsanspruch gegenüber dem Lieferanten des Erzeugnisses. Dieser hat die ihm vorliegenden, für eine sichere Verwendung des Erzeugnisses ausreichenden Informationen zur Verfügung zu stellen, gibt aber mindestens den Namen des betreffenden Stoffs an. Gemäß Art. 33 Abs. 2 UAbs. 2 sind Verbraucher_innen die jeweiligen Informationen binnen 45 Tagen nach Eingang des Ersuchens kostenlos zur Verfügung zu stellen. Dabei stehen Verbraucher_innen oftmals zahlreiche Ansprechpartner zur Verfügung, da REACH in Art. 3 Nr. 33 den Lieferant eines Erzeugnisses definiert als dessen Produzent oder Importeur, Händler oder jeden anderen Akteur der Lieferkette, der das Erzeugnis in Verkehr bringt.

Die Frage, ob sich die Anteilsschwelle aus Art. 33 Abs. 2 REACH bei aus mehreren Teilen zusammengesetzten Erzeugnissen auf die Konzentration je Komponente bezieht oder auf das gesamte Erzeugnis, war stark umstritten. Im September 2015 stellte der Europäische Gerichtshof jedoch klar, dass sich der Wert von 0,1 Masseprozent sowohl auf das komplexe Erzeugnis (z. B. Jacke) als auch auf dessen Komponenten (Knöpfe derselben Jacke) beziehen kann (EuGH, Urt. v. 10.09.2015, Rs. C-106/14, Rn. 50; hierzu Beer und Tietjen 2016).

10.3.3   Hemmnisse: Handlungs- und Kommunikationsbarrieren

Hemmnisse auf unterschiedlichen Ebenen hindern bislang eine optimale Entfaltung der genannten REACH-Mechanismen mit Blick auf das Ziel eines nachhaltigen Konsums.

---

[3] Siehe http://echa.europa.eu/web/guest/candidate-list-table (Zugegriffen: 27. April 2017).

Die Registrierungsdaten zu Stoffen schaffen die Grundlage sowohl für das Pflichten-programm der Hersteller und Anwender im Rahmen der angemessenen Risikobeherr-schung als auch für die Beurteilung behördlicher Akteure, ob hoheitliche Maßnahmen des Risikomanagements zu erlassen sind. So sind für die Identifizierung von SVHC laut Anhang XV REACH „alle relevanten Informationen aus den Registrierungsdossiers zu be-rücksichtigen; weitere verfügbare Informationen können verwendet werden." Ein Großteil der Stoffdaten wurde allerdings von der Industrie selbst erstellt. Aus Sicht der Unter-nehmen können Angaben zum Gefährdungspotenzial von Stoffen und deren Risiken im Registrierungsdossier aber die eigenen Handlungsmöglichkeiten einengen (Führ et al. 2006, S. 70; Fleurke und Somsen 2011, S. 357). Entsprechend werfen erste Erhebun-gen – sowohl seitens der ECHA (ECHA 2016) als auch der Mitgliedstaaten (Springer et al. 2015) – Fragen hinsichtlich der Validität der (öko)toxikologischen Daten auf.

Auch das Auskunftsrecht für Verbraucher_innen nach Art. 33 Abs. 2 REACH weist Schwächen auf. Denn der Lieferant ist nicht verpflichtet, Angaben betreffend der spezifi-schen Risiken eines Erzeugnisses zu machen und die Antwortfrist von 45 Tagen hemmt den Nutzen dieser Information für die Kaufentscheidung von Verbrauchern. Weiterhin existiert für Stoffe in Erzeugnissen – anders als für bestimmte Stoffe als solche und in Ge-mischen, für die ein Sicherheitsdatenblatt zu erstellen ist (Art. 31 f, Anhang II REACH) – kein standardisiertes Kommunikationsformat; oftmals fehlt es daher schon am notwendi-gen Informationsfluss in der Lieferkette und die Qualität der mitgeteilten Informationen zur sicheren Verwendung variiert. Zudem hat der Lieferant seine Pflicht bereits erfüllt, wenn er lediglich den Namen des Stoffs mitteilt, der in dem Erzeugnis enthalten ist. Dem-gegenüber sind Lieferanten nicht explizit verpflichtet, die Abwesenheit von SVHC zu kommunizieren, sodass eine ausbleibende Antwort Verbraucher_innen im Unklaren dar-über lässt, ob das fragliche Erzeugnis SVHC zu einem Masseanteil von mehr als 0,1 % nicht enthält oder ob der Lieferant entgegen seiner Verpflichtung das Auskunftsersuchen nicht (zutreffend) bearbeitet hat.

Entsprechend sind die ersten Daten zur Anwendung der Norm ernüchternd. Soweit be-kannt, stammen nur wenige der Anfragen nach Art. 33 Abs. 2 REACH überhaupt von Verbrauchern (Postle et al. 2012, S. 96; CSES 2012, S. 11). Umwelt- und Verbraucher-schutzorganisationen hingegen machen von dem Auskunftsrecht Gebrauch und zeigen, dass angefragte Unternehmen oftmals verspätet, nur unzureichend oder gar nicht ihren In-formationspflichten nachkommen (Vengels 2010; BEUC 2011, S. 12 ff.). Zudem belegen Stichproben im nationalen Vollzug zur stofflichen Zusammensetzung von Erzeugnissen Verstöße gegen die Informationspflichten aus Art. 33 REACH (Wursthorn und Adebahr 2013). Diese Befunde deuten darauf hin, dass die Wirtschaftsteilnehmer oftmals nicht die sich aus REACH ergebenden Marktchancen nutzen, indem sie etwa Kundenwünsche nach sicheren Produkten über Transparenz und Verzicht auf SVHC erfüllen sowie diesbezüg-lich eine Vorreiterrolle einnehmen und sich somit von Wettbewerben abgrenzen.

Zusammengefasst hemmen Handlungs- und Kommunikationsbarrieren auf drei Ebenen (Abb. 10.1) die stoffrechtlichen Bewältigungsansätze, mit denen sich ein Beitrag zum nachhaltigen Konsum erzielen ließe:

1. Verbraucher_innen erhalten Informationen über SVHC in Erzeugnissen oftmals nicht, jedenfalls aber nicht rechtzeitig für den spezifischen Handlungskontext der Kaufsituation.
2. Erzeugnisproduzenten und der Handel nehmen nicht die Marktchancen wahr, die ein Verzicht auf SVHC ermöglichen kann.
3. Es bestehen Zweifel an der Validität der toxikologischen und ökotoxikologischen Datengrundlage für die Klassifizierung von SVHC – mit Auswirkungen auf die Ebenen 1 und 2.

Somit bestehen ebenfalls Potenziale, die mit REACH einhergehenden Chancen für nachhaltigen Konsum besser zu nutzen. Hierfür bietet es sich an, den Verbrauchern Informationen über SVHC in Erzeugnissen in geeigneter Weise z. B. direkt am Point of Sale zur Verfügung zu stellen. Dabei ist zu beachten, dass Konsumenten_innen diese Information nur dann in ihre Kaufentscheidungen einfließen lassen dürften, wenn sie der Datenquelle vertrauen, woraus sich Anforderungen an die Qualitätssicherung der im REACH-Kontext gesammelten Daten ergeben. Diese Qualitätssicherung ist zudem auch deshalb relevant, weil die Identifizierung von potenziellen SVHC im Wesentlichen auf Basis der REACH-Daten erfolgt. Darüber hinaus sind Wege zu finden, die Marktchancen von Produkten ohne SVHC für Unternehmen besser sichtbar machen und damit Anreize für ein entsprechendes Produktdesign setzen.

Erforderlich ist daher, den REACH-Kontext über geeignete Instrumente zu ergänzen, die die identifizierten Handlungs- und Kommunikationsbarrieren auf allen Ebenen adressieren.

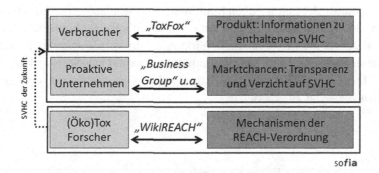

Abb. 10.1 Handlungs- und Kommunikationsebenen mit Instrumenten, um Hemmnisse zu überwinden

10.4   Informations- und Kommunikationsinstrumente

Zahlreiche Instrumente stehen zur Verfügung, mit denen sich die in Abschn. 10.3.3 identifizierten Hemmnisse im Status quo adressieren ließen, darunter etwa das EU-Umweltzeichen, das auch die Anwesenheit von SVHC in Produkten betrifft (Art. 6 Verordnung (EG) Nr. 66/2010) oder Onlineformulare, die Auskunftsersuchen nach Art. 33 Abs. 2 REACH erleichtern.[4]

Besonders aussichtsreich erscheint allerdings eine Kombination folgender Instrumente (Abb. 10.1):

- nutzerfreundliche mobile Anwendungen für Verbraucher, wie sie bereits vom Bund für Umwelt und Naturschutz Deutschland (BUND) erprobt werden, die über problematische Stoffe in Produkten informieren;
- spezifische Kooperationsformen von Unternehmen für Innovationen in Richtung eines nachhaltigen Konsums, wie sie ChemSec entwickelt hat;
- ein partizipatives Wiki-Konzept für glaubwürdige Daten zu problematischen Stoffen nach dem Vorbild der Wissensplattform WikiPharma, die von Forschern an der Universität Stockholm betrieben wird.

10.4.1   Nutzerfreundliche mobile Anwendung für Verbraucher_innen

Beim ToxFox des BUND handelt es sich um eine kostenfreie Anwendung für Smartphones. Installiert man diese auf dem Mobiltelefon und scannt den Barcode (die Anwendung unterstützt den GS1-Standard) von Kosmetikprodukten (Definition in Art. 2 Abs. 1 lit. a Verordnung (EG) Nr. 1223/2009 über kosmetische Mittel), so informiert der ToxFox den Nutzer unmittelbar, ob bestimmte problematische Stoffe in dem Produkt enthalten sind. Dabei handelt es sich vor allem um potenziell hormonell wirksame Stoffe („endocrine disrupting chemicals" [EDC]), deren Anwendung in kosmetischen Mitteln unter bestimmten Bedingungen zwar rechtlich zulässig ist, die sich aber zugleich auf einer Prioritätenliste der Europäischen Kommission mit stoffbezogenen Forschungsbedarfen[5] finden. Präziser macht der ToxFox Angaben bezüglich einer konkreten Auswahl der prioritären EDC, für die sich hormonelle Wirkungen bereits in Tierversuchen nachweisen ließen (Häuser und Vengels 2013, S. 9). Enthält ein Produkt laut Scanergebnis einen solchen Stoff, bietet der ToxFox die zusätzliche Funktion an, automatisch eine „Protest-E-Mail" an den Hersteller zu generieren.

---

[4] Siehe z. B. http://www.REACH-info.de/auskunftsrecht.htm (Zugegriffen: 26. Februar 2016).
[5] Siehe http://ec.europa.eu/environment/chemicals/endocrine/strategy/substances_en.htm#priority_list (Zugegriffen: 01. März 2016).

Bis Februar 2016 wurde der ToxFox bereits 560.000-mal heruntergeladen;[6] im März war fast die Millionengrenze erreicht. Nach einigen erfolglosen Ansätzen gelang es dem BUND nach eigener Aussage erst mit diesem Point-of-Sale-Informationsinstrument, die Konsumentenwahrnehmung auf problematische Inhaltsstoffe von Alltagsprodukten zu richten. Diese Aufmerksamkeit nutzt der Verband und erweitert den Gegenstand des Tox-Fox um die Stoffgruppe der SVHC in REACH-Erzeugnissen. Das Vorhaben begleitet und unterstützt diese Fortentwicklung.

Durch die Möglichkeit, den Strichcode eines Produkts mit dem Mobiltelefon zu lesen, ließen sich aus Verbraucherperspektive Transaktionskosten bezüglich der Anfrage nach Art. 33 Abs. 2 REACH sparen. Zudem zielt die Erweiterung des ToxFox darauf ab, die Informationen unmittelbar bereitzustellen – im Gegensatz zur gesetzlich festgelegten Antwortfrist der Hersteller von 45 Tagen. Die Datenquellen, um dies leisten zu können, sind allerdings noch zu erschließen. Während für kosmetische Produkte eine Kennzeichnungspflicht der Inhaltsstoffe besteht (Art. 19 VO (EG) Nr. 1223/2009), auf deren Angaben der ToxFox – unterstützt durch eine elektronische Datenbank – im Hinblick auf die enthaltenen EDC zurückgreifen kann, existiert für SVHC in Erzeugnissen kein vergleichbarer Mechanismus. Hier besteht die Aufgabe also zunächst darin, eine Datenbank mit den entsprechenden Angaben aufzubauen. Diesbezüglich verfolgt der BUND zwei Strategien: Antworten der Unternehmen auf SVHC-Anfragen der ToxFox-Nutzer werden in der Datenbank gespeichert, stehen somit für künftige Anfragen zur Verfügung. Zugleich spricht der Verband Produkthersteller und sonstige Erzeugnislieferanten an, die ihre produktbezogenen Angaben direkt in der Datenbank hinterlegen können.

10.4.2 Innovationsprozesse durch Kooperation anstoßen

Unternehmen erkennen oftmals nicht oder nicht in vollem Umfang die Potenziale von an nachhaltiger Entwicklung orientierten Geschäftsmodellen. Hinzu kommt, dass sich oftmals erst im Zusammenwirken mehrerer Akteure jenes kreative Moment entwickelt, das für die Erschließung der Nachhaltigkeitspotenziale notwendig ist.

Das internationale Chemikalien-Sekretariat ChemSec, eine Nichtregierungsorganisation mit Sitz im schwedischen Göteborg, hat es sich daher u. a. zur Aufgabe gemacht, im Rahmen der ChemSec-Business-Group Unternehmen zusammenzubringen, für die sich aus den REACH-Mechanismen besondere unternehmerische Chancen ergeben. Im März 2016 zählt die Business-Group 11 Unternehmen zu ihren Mitgliedern, darunter Adidas, Coop, Dell und IKEA.[7] Diese verbindet das Ziel eines progressiven Chemikalienmanagements, das sich z. B. durch überobligatorisches Engagement auszeichnet. Hierin

---

[6] Siehe http://www.bund.net/themen_und_projekte/chemie/toxfox_der_kosmetikcheck/ (Zugegriffen: 26. Februar 2016).
[7] Siehe http://chemsec.org/what-we-do/business-dialogue/chemsec-business-group/participants (Zugegriffen: 01. März 2016).

erblicken die Unternehmen Marktchancen – alle Mitglieder befinden sich in der Wertschöpfungskette nahe am Endverbraucher. In der Business-Group diskutieren sie u. a. Best Practices, mithilfe derer es gelingen kann, problematische Stoffe in Produkten durch sichere Alternativen zu substituieren (ChemSec 2014). Im Zentrum der Aufmerksamkeit stehen dabei etwa auch (zukünftige) SVHC. Da die Mitglieder unterschiedlichen Wirtschaftssektoren entstammen, sie mithin weniger in wettbewerblichen Verhältnissen zueinander stehen, entsteht in der Business-Group ein offener Austausch, der es den Unternehmen ermöglicht, das eigene Chemikalienmanagement kontinuierlich zu verbessern.

Ein weiteres alle Business-Group-Mitglieder einendes Merkmal besteht darin, dass sie in spezifischen Segmenten jeweils eine marktführende Rolle einnehmen. Sie verfügen daher über andere Handlungsmöglichkeiten als etwa das Gros der kleinen und mittleren Unternehmen (KMU), ein progressives Chemikalienmanagement umzusetzen. Unmittelbar mit den vorhandenen Möglichkeiten und Fähigkeiten verknüpft ist aber auch die Motivation von KMU für entsprechende progressive Zielsetzungen (Ashford 2000). Vor diesem Hintergrund ist mit dem Textile Guide[8] ein weiteres Instrument aus dem ChemSec-Repertoire in den Blick zu nehmen. Dieses unterstützt Unternehmen aus der mittelständig geprägten Textilbranche dabei, problematische Stoffe in der eigenen Lieferkette zu identifizieren und durch geeignete Alternativen zu substituieren. Zu diesem Zweck ist erforderlich, dass Akteure auf den verschiedenen Stufen ein und derselben Lieferkette zusammenarbeiten. Entsprechende Kooperationsformen untersucht das Vorhaben am Beispiel der textilen Lieferkette.[9]

10.4.3 Partizipative Wissensplattform für glaubwürdige Stoffdaten

Das Vertrauen der Verbraucher_innen in die Informationstools und ihre Bereitschaft, am Aufbau der erforderlichen Datenbank mitzuwirken, sowie die Bereitschaft der Wirtschaftsteilnehmer, für Innovationsprozesse in Richtung nachhaltiger Chemie zu kooperieren, hängt ab von der Glaubwürdigkeit der Klassifizierung der problematischen Stoffe. Diese beruht unter REACH für den Großteil der Stoffe auf Daten, die von der Industrie selbst erstellt wurden. Gleichzeitig gibt es aber in öffentlichen Einrichtungen, etwa an Universitäten und anderen öffentlich geförderten Forschungsorganisationen eine Vielzahl an (öko)toxikologischen Befunden, die bislang nicht systematisch mit den von der Industrie übermittelten Informationen in der Datenbank der ECHA in Beziehung gesetzt werden (Ågerstrand 2012).

Vor diesem Hintergrund hat die Society of Environmental Toxicology and Chemistry (SETAC) im Mai 2013 auf ihrer europäischen Jahrestagung in Glasgow Wege disku-

---

[8] Siehe http://textileguide.chemsec.org/ (Zugegriffen: 01. März 2016).

[9] Siehe hierzu auch das von der Hochschule Darmstadt mit Praxispartnern aus der textilen Lieferkette durchgeführte und mit DBU-Mitteln geförderte Forschungsprojekt „Marktchancen für ‚nachhaltige Chemie' durch die REACH-Verordnung" unter http://sofia-darmstadt.de/marktchancen.html (Zugegriffen: 08. März 2016).

tiert, die Lücke zwischen öffentlich geförderter Forschung und den von der Industrie im Rahmen von REACH genutzten toxikologischen Daten zu schließen.[10] Eine der dort diskutierten institutionellen Innovationen wird im Rahmen des Vorhabens weiter konkretisiert und in Kooperation mit der Forschungsgruppe Regulatorische Toxikologie an der Universität Stockholm auch erprobt. Es handelt sich dabei um die Erweiterung des bislang auf die Umweltwirkungen von Arzneimitteln beschränkten WikiPharma (Molander et al. 2009) auf Industriechemikalien unter REACH (WikiREACH). Damit wird Forschern auf der ganzen Welt die niedrigschwellige Möglichkeit gegeben, ihre Resultate zu einzelnen Stoffen zusammenzuführen. Für die Registranten aus der Industrie ergibt sich daraus ein Impuls, eine Aktualisierung des Registrierungsdossiers in Angriff zu nehmen. Die für den Vollzug von REACH zuständigen öffentlichen Stellen (ECHA und die Behörden der Mitgliedstaaten), aber auch die interessierte Öffentlichkeit erhalten darüber hinaus einen auf Einzelstoffe fokussierten Zugang zu aktuellen Forschungsdaten, was die (gegebenenfalls erneute) Evaluierung der eingereichten Dossiers erleichtert und damit weitere Impulse zur Verbesserung der Datenqualität vermittelt.

10.5   Empirische Wirkungsanalyse und Fortentwicklung des institutionellen Kontexts

Je Instrument erfolgt eine Wirkungsanalyse, einschließlich einer Analyse der Anreize und Hemmnisse der jeweils maßgeblichen Akteure auf der verhaltenstheoretischen Basis des *hoi* (Bizer und Führ 2014, S. 11 ff.). Dies erfordert eine valide, empirisch fundierte Datenbasis. Um diese zu generieren, sind aufgrund der abweichenden Architekturen und Funktionsweisen der Instrumente unterschiedliche Methoden anzuwenden.

Eine Google-Analytics-Schnittstelle im ToxFox ermöglicht die Auswertungen anonymer Nutzungsdaten. Aus den Angaben, welche Produkte Nutzer wann scannen, wie häufig Nutzer auf im ToxFox hinterlegte weiterführende Informationen zu Stoffen zugreifen, an welche Produkte und Hersteller sie automatische Protest-E-Mails senden etc. lassen sich Erkenntnisse über das Nutzungsverhalten der Anwender gewinnen. Eine quantitative Befragung der Nutzer substanziiert die Anreiz- und Hemmnisanalyse.

Zudem ermöglichen die Befunde der Datenanalyse, Produktlieferanten zu identifizieren, bei denen Verhaltensänderungen aufgrund der Nutzung des ToxFox durch Konsumenten_innen wahrscheinlich sind. Zu diesem Zweck lassen sich zudem auch die Reaktionen der Unternehmen auf die Protest-E-Mails auswerten. Identifizierte Anhaltspunkte für mögliche Verhaltensänderungen gilt es anschließend über qualitative Methoden bei den Unternehmen zu überprüfen.

Für die Wirkungsanalyse der Business-Group ist sowohl die Perspektive von ChemSec als auch die Perspektive der Mitgliedsunternehmen zu beachten. Beides lässt sich qualitativ ermitteln. Geplant ist zudem eine beobachtende Teilnahme an einem der jährlich

---

[10] Siehe http://globe.setac.org/2013/july/closing-the-gap.html (Zugegriffen: 02. März 2016).

stattfindenden Treffen der Business-Group. Welche Möglichkeiten der ChemSec Textile Guide bietet, wird auf Workshops mit Vertretern aus der Textilindustrie diskutiert. Zudem erfolgen Tests des Instruments im Rahmen von Webinars mit Textilunternehmen.

Um die Wirkung von WikiPharma beurteilen zu können, kommt es erneut auf die Einschätzung der Entwickler der Datenbank und seiner Anwender an. Zur Nutzung des Instruments lässt sich auf Statistiken zum Datenverkehr zurückgreifen. Zudem sind Verweise zu WikiPharma in der wissenschaftlichen Literatur oder etwa in der behördlichen Praxis zu beachten.

Die Ergebnisse der Wirkungsanalyse im Status quo dienen dazu, die Instrumente zu optimieren und im Hinblick auf die Zielsetzungen aus SDG 12 und aus REACH fortzuentwickeln. Die Wirkung dieser Gestaltungsalternativen gilt es ebenfalls empirisch abzuschätzen. Hinweise auf die Auswirkung einer Gestaltungsoption oder gegebenenfalls Kombinationen mehrerer Alternativen auf den Markt lassen sich dabei etwa mithilfe von Planspielen („simulation games") generieren, die einen realen Handlungskontext in einer Spielsituation abbilden (Herz und Blätte 2000, S. 3). Für den Test konkreter Regelungsalternativen kann man Daten auch in Laborexperimenten, die mehr Kontrolle über Störfaktoren und interne Validität ermöglichen, sowie Feldexperimenten, die mehr externe Validität versprechen, gewinnen (Krohn et al. 2005).

10.6 Schlussfolgerung

Will man entsprechend der Zielsetzung aus SDG 12 bis 2030 nachhaltige Konsum- und Produktionsmuster sicherstellen, bedarf es Verhaltensänderungen sowohl aufseiten der Verbraucher_innen als auch aufseiten der Akteure in Industrie und Handel. Erforderlich sind wirksame Anreizmechanismen für diese Akteure, die eine Marktdurchsetzung von Produkten ohne problematische Inhaltsstoffe begünstigen. Hierfür stellt das Instrumentarium der EU-Chemikalienverordnung REACH wichtige Ansatzpunkte bereit. Deren optimale Entfaltung ist jedoch durch Handlungs- und Kommunikationsbarrieren auf mehreren Ebenen gehemmt. Das Vorhaben zielt daher darauf ab, diese Hemmnisse über Anpassungen der institutionellen Arrangements abzubauen. Zu diesem Zweck werden in Kooperation mit verschiedenen Praxisakteuren die von diesen entwickelten Informations- und Kommunikationsinstrumente untersucht und gegebenenfalls weiterentwickelt. Dabei beinhaltet das Vorhaben ein sehr breit angelegtes „Realexperiment", an dem voraussichtlich mehrere hunderttausend Konsumenten_innen teilnehmen. Es eröffnet zudem einen strukturierten Austausch über neue toxikologische Befunde und macht diese sowohl für Bürger_innen und Behörden als auch für die Unternehmen zugänglich. Und schließlich untersucht es die Bedingungen, unter denen sich Unternehmen dazu entschließen, Strategien zu wählen, die anspruchsvoll („beyond compliance") ausgestaltet sind.

Literatur

Ågerstrand M (2012) From Science to Policy. Improving Environmental Risk Assessment and Management of Chemicals. Diss. Royal Institute of Technology, Stockholm

Ashford N (2000) An innovation-based strategy for a sustainable environment. In: Hemmelskamp J, Rennings K, Leone F (Hrsg) Innovation-oriented environmental regulation: theoretical approach and empirical analysis. Physica, Heidelberg, S 67–107

Beer I, Tietjen L (2016) EuGH stärkt Informationsrechte zu kritischen Stoffen in Erzeugnissen. Z Umwelt 2:90–95

Benz A (2004) Multilevel Governance – Governance in Mehrebenensystemen. In: Benz A, Dose N (Hrsg) Governance – Regieren in komplexen Regelsystemen. VS, Wiesbaden, S 125–146

Benz A, Dose N (Hrsg) (2004) Governance – Regieren in komplexen Regelsystemen. VS, Wiesbaden

BEUC (2011) Chemicals, companies & consumers: how much are we told? Brüssel. www.beuc.org/publications/2011-09794-01-e.pdf. Zugegriffen: 17. Mai 2016

Bizer K (2011) Ökonomische Anreize aus REACH. In: Führ M (Hrsg) Praxishandbuch REACH. Carl-Heymanns, Köln, S 34–50

Bizer K, Führ M (2014) Praktisches Vorgehen in der interdisziplinären Institutionenanalyse. Ein Kompaktleitfaden. sofia-Diskussionsbeiträge zur Institutionenanalyse. Sonderforschungsgruppe Institutionenanalyse – sofia, Hochschule Darmstadt, Darmstadt

Bizer K, Gubaydullina Z (2007) Das Verhaltensmodell der interdisziplinären Institutionenanalyse in der Gesetzesfolgenabschätzung. In: Führ M, Bizer K, Feindt PH (Hrsg) Menschenbilder und Verhaltensmodelle in der wissenschaftlichen Politikberatung – Möglichkeiten und Grenzen interdisziplinärer Verständigung. Nomos, Baden-Baden, S 37–51

Bizer K, Gubaydullina Z (2009) Zur Zukunft der Volkswirtschaftslehre. Wirtschaftsdienst 89(7):447–450

Bizer K, Führ M, Hüttig C (Hrsg) (2002) Responsive Regulierung. Beiträge zur interdisziplinären Institutionenanalyse und Gesetzesfolgenabschätzung. Mohr Siebeck, Tübingen

ChemSec (2014) ChemSec Business Group – Dialogue for Sustainable Business. Göteborg. http://chemsec.org/wp-content/uploads/2016/03/Chemsec_Business_Group_140227.pdf. Zugegriffen: 17. Mai 2016

Coase RH (1937) The Nature of the Firm. Economica 4(16):386–405

CSES (2012) Interim evaluation: functioning of the european chemical market after the introduction of REACH, final report. Centre for Strategy & Evaluation Services (CSES), Kent

ECHA (2015) Guidance on requirements for substances in articles, version 3.0. ECHA, Helsinki

ECHA (2016) Evaluation under REACH: progress report 2015. ECHA, Helsinki

European Commission (2013) General report on REACH, SWD (2013) 25. European Commission, Brüssel

European Commission (2015) Better regulation guidelines, SWD (2015) 111 fin. European Commission, Straßburg

Fleurke FM, Somsen H (2011) Precautionary regulation of chemical risk: how REACH confronts the regulatory challenges of scale, uncertainty, complexity and innovation. Common Mark Law Rev 48(2):357–393

Führ M (2011a) Einführung und Stoffbegriff. In: Führ M (Hrsg) Praxishandbuch REACH. Carl-Heymanns, Köln, S 1–33

Führ M (2011b) Pflichten in der Registrierung und Anwendungsbereich. In: Führ M (Hrsg) Praxishandbuch REACH. Carl-Heymanns, Köln, S 127–164

Führ M, Schenten J (2015) Stärkung der Regelungen für (Import-)Erzeugnisse in der Chemikalienverordnung REACH. Möglichkeiten zur Weiterentwicklung der Verordnung. UBA-Texte. UBA, Dessau-Roßlau

Führ M, Krieger N, Bizer K et al (2006) Risikominderung für Industriechemikalien nach REACH – Anforderungen an eine Arbeitshilfe für Hersteller, Importeure und Stoffanwender. UBA-Texte. UBA, Dessau

Häuser S, Vengels J (2013) Der Kosmetik-Check. BUND-Studie zu hormonell wirksamen Stoffen in Kosmetika. Berlin. http://www.bund.net/fileadmin/bundnet/publikationen/chemie/130723_bund_chemie_kosmetik_check_studie.pdf. Zugegriffen: 17. Mai 2016

Hermann A, Ingerowski JB (2011) Zulassung. In: Führ M (Hrsg) Praxishandbuch REACH. Carl-Heymanns, Köln, S 259–293

Herz D, Blätte A (2000) Einleitung. In: Herz D, Blätte A (Hrsg) Simulation und Planspiel in den Sozialwissenschaften. Eine Bestandsaufnahme der internationalen Diskussion. Lit, Münster, S 1–14

Kalberlah F, Schwarz M, Bunke D et al (2011) Karzinogene, mutagene, reproduktionstoxische (CMR) und andere problematische Stoffe in Produkten. Identifikation relevanter Stoffe und Erzeugnisse, Überprüfung durch Messungen, Regelungsbedarf im Chemikalienrecht. UBA-Texte. UBA, Dessau-Roßlau

Krohn W, Groß M, Hoffmann-Riem H (2005) Einleitung zu Realexperimente. In: Krohn W, Groß M, Hoffmann-Riem H (Hrsg) Realexperimente. Ökologische Gestaltungsprozesse in der Wissensgesellschaft. transcript, Bielefeld, S 11–26

Molander L, Ågerstrand M, Rudén C (2009) WikiPharma – a freely available, easily accessible, interactive and comprehensive database for environmental effect data for pharmaceuticals. Regul Toxicol Pharmacol 55:367–371. doi:10.1016/j.yrtph.2009.08.009

Postle M, Holmes P, Camboni M et al (2012) Assessment of the health and environmental benefits of REACH, ENV.D.3/SER/2011/0027r, final report, part B. Risk & Policy Analysts Limited, Norfolk

Purnhagen K, Feindt PH (2015) Better regulatory impact assessment: making behavioural insights work for the commission's new better regulation strategy. Eur J Risk Regul 6:361–368

SAICM (2015) Chemicals in Products Programme (Doc. SAICM/ICCM.4/10)

Sands P, Peel J (2012) Principles of international environmental law. University Press, Cambridge

Schuppert GF (Hrsg) (2006) Governance-Forschung. Vergewisserung über Stand und Entwicklungslinien. Nomos, Baden-Baden

Schuppert GF, Zürn M (Hrsg) (2008) Governance in einer sich wandelnden Welt. VS, Wiesbaden

Springer A, Herrmann H, Sittner D et al (2015) REACH compliance: data availability of REACH registration. part 1: screening of chemicals 〉 1000 tpa. UBA Texte. UBA, Dessau-Roßlau

UNEP, Consumers International (2004) Tracking progress: implementing sustainable consumption policies, 2. Aufl. UNEP, Consumers International, London, Paris

Vengels J (2010) Viele deutsche Handelsketten verstoßen gegen europäisches Recht (BUND Hintergrund-Papier). Berlin. http://www.bund.net/fileadmin/bundnet/publikationen/chemie/20100913_chemie_hintergrund_reach.pdf. Zugegriffen: 17. Mai 2016

Wursthorn S, Adebahr W (2013) Erfahrung beim Vollzug der Informationsverpflichtungen nach Artikel 33 der REACH-Verordnung. Z Stoffr 6:245–252

Transformationspsychologie für nachhaltige Entwicklung: Zur Überwindung von Hindernissen für Nachhaltigkeit im Rahmen einer psychologisch fundierten Sustainability-Science

Peter Schmuck

11.1 Denkfallen unserer Gesellschaft

Folgende Annahmen über unsere eigene psychische Natur sowie über die Gestaltung unseres Wirtschaftssystems und der Verteilungs- und Konsummuster haben nach Meinung des Autors die heute vorherrschenden Lebensmuster hervorgerufen, die derzeit nur wenig von der Gesellschaft und an den Hochschulen hinterfragt und diskutiert werden:

- Die Egofalle: Wir Menschen seien vor allem egoorientierte und wettbewerbsgetriebene Wesen.
- Die Anthropozentrismusfalle: Wir Menschen seien das höchstentwickelte Wesen der Evolution und hätten mehr Rechte als andere Lebewesen.
- Die Konsum-Glücks-Falle: Konsum mache glücklich; viel Geld ermögliche viel Konsum und mache daher besonders glücklich.
- Die Zinsfalle: Ein Geldsystem mit Zinsen sei für eine Wirtschaft notwendig.
- Die Wachstumsfalle: Andauerndes Wirtschaftswachstum sei notwendig.
- Die Ressourcenfalle: Die uns verfügbaren Ressourcen seien im Prinzip endlos.
- Die Zentralisierungsfalle: Zentralisierte Produktion sei in jedem Fall besser als verteilte.
- Die Privatbesitzfalle: Privatbesitz öffentlicher Dinge diene zu deren Erhalt.
- Die Meinungsbildungsfalle: Es sei leicht, sich eine eigene zutreffende und zielführende Meinung zu bilden.
- Die Sinnfalle: Es sei unnötig oder trivial, den Sinn des eigenen Lebens finden zu wollen.

P. Schmuck (✉)
Interdisziplinäres Zentrum für Nachhaltige Entwicklung, Universität Göttingen
Goldschmidtstr. 1, 37077 Göttingen, Deutschland
E-Mail: peterschmuck@gmx.de

© Springer-Verlag GmbH Deutschland 2017
W. Leal Filho (Hrsg.), *Innovation in der Nachhaltigkeitsforschung*,
Theorie und Praxis der Nachhaltigkeit, DOI 10.1007/978-3-662-54359-7_11

Eine genaue Beschreibung der Denkfallen und der alternativen Lösungsansätze findet sich bei Schmuck (2015). Solange diese Denkfallen nicht hinterfragt und überwunden werden, lässt sich nach Meinung des Autors nachhaltige Entwicklung nicht umsetzen. Soll nachhaltige Entwicklung ernsthaft realisiert werden, ist zunächst aufzuzeigen, inwiefern die Denkfallen im Widerspruch zur gewünschten Entwicklung – einschließlich der Sustainable-Development-Goals der Vereinten Nationen – stehen. Damit befasst sich der folgende Abschnitt des Beitrags. Die theoretische Innovation seitens der Fachwissenschaft Psychologie zur Auflösung der Widersprüche wird danach in Abschn. 11.3 vorgestellt: Sie basiert auf einem neuen Persönlichkeitsmodell, dem Kugelmodell der Persönlichkeit, das der menschlichen Natur innewohnende Potenziale für eine soziale und ökologische Verantwortlichkeit und eine entsprechenden Lebensgestaltung beschreibt. Eine psychologische These wird aufgestellt, nach der Personen, die diese Potenziale entfalten, ihr Wohlbefinden erhöhen. Daraus ergibt sich eine psychologisch fundierte Möglichkeit, nachhaltige Entwicklung künftig gezielter und effizienter als bislang zu fördern: Wenn der Nachweis gelingt, dass nachhaltige Lebensmuster nicht erst den kommenden Generationen dienlich sind, sondern bereits für uns heute lebende Menschen wohlbefindensförderlich sind, kann dies die Motivation der jetzt lebenden Generation zur Initiierung der Nachhaltigkeitstransformation steigern. Die Abschn. 11.4 und 11.5 befassen sich daher mit dem Aufzeigen der Alternativen zu den genannten Denkfallen sowie psychologischen Befunden, die das neu entwickelte Kugelmodell und die These des Zusammenhangs von sozial und ökologisch ausgerichtetem Verhalten einerseits und subjektivem Wohlbefinden andererseits stützen.

Am Ende des Beitrags wird eine Agenda für künftige psychologische Forschungsarbeiten formuliert, in der weitere Innovationen auf dem neuen Forschungsfeld der Transformationspsychologie nachhaltiger Entwicklung skizziert werden.

11.2 Die Widersprüche zur nachhaltigen Entwicklung

Im Folgenden soll skizziert werden, warum sich Lebensmuster, die auf den genannten Denkfallen beruhen, nicht mit nachhaltigen Lebensmustern in Einklang bringen lassen. Die Egofalle steht im Widerspruch zum Nachhaltigkeitsanspruch der inter- sowie intragenerationellen Gerechtigkeit, da sich egozentrierte Personen schwerlich für die Bedürfnisse anderer Personen, weder in der Gegenwart noch in der Zukunft, öffnen werden. Die Anthropozentrismusfalle widerspricht dem Interspeziesgerechtigkeitsprinzip, das in der ethischen Tradition von Albert Schweitzer allen Lebensformen prinzipiell die gleiche Lebensberechtigung zuspricht (Schweitzer 1999). Die Konsum-Glücks-Falle lässt sich nicht mit Ansprüchen an gerechtes Teilen zwischen heute lebenden und darüber hinaus auch mit künftig lebenden Menschen vereinbaren, weil in Verbindung mit der Egofalle dem Erlangen individuellen Glücks oberste Priorität zugesprochen wird, was die Konsumansprüche anderer Personen in den Hintergrund rückt. Die Zinsfalle erzwingt eine auseinanderdriftende Verteilung finanzieller Ressourcen zwischen einer Minorität von Personen, die vom Zinssystem profitieren und einer Majorität von Personen, die die Zinszahlungen zu leisten hat (Senf 2007). Aufgrund der exponentiellen Entwicklung dieser Umverteilung zugunsten der Systemprofiteure kann im Rahmen dieses Systems keine Approximierung an eine gerechte Verteilung finanzieller Ressourcen stattfinden. Die Wachstums- und die Ressourcenfalle stehen insbesondere im Widerspruch zum Anliegen der intergenerationellen Gerechtigkeit. Das jetzige Wirtschaftssystem beruht zum Großteil auf dem Verbrauch endlicher Ressourcen, was künftigen Generationen deren Nutzung unmöglich macht. Die Wachstumsfalle beschleunigt den Verbrauch weiter und potenziert damit den hier vorliegenden Widerspruch (Woynowski 2012). Die Zentralisierungsfalle löst Druck auf billige Transportoptionen aus, da der Zentralisierungsgrad von Produktionsketten proportional zum Transportaufwand ist. Diese Falle stabilisiert somit insbesondere die steigende Nachfrage nach Treibstoffen, die derzeit fast ausschließlich aus endlichen, fossilen Rohstoffen gewonnen werden. Damit wird der Anspruch der intergenerationellen Fairness bei der Verteilung von Rohstoffen verletzt sowie die Emission von Treibhausgasen weiter beschleunigt. Die Privatbesitzfalle (bezüglich öffentlicher Güter) steht per se im Widerspruch zu Fairnessansprüchen nachhaltiger Entwicklung, da sie die Benachteiligung der Besitzlosen über Generationen hinweg festschreibt. Infolge der Zinsfalle verschärft sich diese Ungerechtigkeit kontinuierlich und exponentiell (s. z. B. das aktuelle „land grabbing"). Die Meinungsbildungsfalle bedroht die demokratische Grundlage der Gesellschaft, die Voraussetzung für jegliche Transformation in Richtung nachhaltiger Entwicklung ist. Wenn wir Menschen uns wenig kritisch bezüglich der Herkunft von Nachrichten und Informationen zur Lage und zu Entwicklungen auf der Welt zeigen, besteht die Gefahr, dass substanzielle Anteile der Bevölkerung Meinungsmanipulationen zum Opfer fallen (Krüger 2013, 2016), wodurch das Korrektiv demokratischer Wahlen ausgehebelt werden kann: Fehlinformierte Menschen, die nicht über Ursachen für globale und regionale Fehlentwicklungen reflektieren und denen Alternativen und Visionen nachhaltiger Entwicklung nicht bekannt sind, laufen Gefahr, demokratischen politischen Wahlen fernzubleiben oder ihre Stimmen ethisch fragwürdigen und an nachhaltiger Entwicklung nicht interessierten Interessensgruppen zu geben. Die Sinnfalle bewirkt, dass Menschen eines konkreten Kulturkreises sich wenig Gedanken machen über die Randbedingungen der eigenen Kultur, deren Herkunft, deren Modifizierbarkeit und insbesondere über die eigene Rolle im Rahmen der kulturellen Evolution. Sie nehmen die vorgefundenen Regeln einer Kultur als gegeben hin. Substanzielle Transformationen einer Gesellschaft erfordern aber Personen, die sich im Rahmen von selbsttranszendierenden Sinnkontexten ihrer Potenziale zu einer eigenständigen Analyse gegenwärtiger Zustände bewusst sind, die auf dieser Grundlage Visionen einer gewünschten, sinnhaften (z. B. nachhaltigen und gerechten) Welt entwickeln und diese umsetzen.

Inwieweit sind wir Menschen prädestiniert, diesen Denkfallen zu folgen? Sind wir in der Lage, Alternativen zu diesen Überzeugungen zu entwickeln? Im nächsten Abschnitt wird die These entwickelt, dass die menschliche Natur Entwicklungspotenziale aufweist, die das Verlassen dieser Denkfallen möglich macht und dass die Entfaltung von Denk- und Handlungsmustern jenseits dieser Fallen sowohl die gesellschaftliche Wohlfahrt bereichert als auch dem individuellen Wohlbefinden dienlich ist.

11.3 Die psychologische These

Im Folgenden wird das Kugelmodell der Persönlichkeit kurz skizziert und eine These aus diesem Modell abgeleitet (Details dazu s. Schmuck 2013; Schmuck und Kruse 2005). Die Motivation von Menschen basiert zunächst sowohl unter ontogenetischer wie auch gattungsgeschichtlicher Perspektive auf einer Egoorientierung, die unbedingte Voraussetzung für die Fortpflanzung der Art ist. Diese Orientierung kann komplementär ergänzt werden durch eine selbsttranszendierende, die Egoorientierung einschließende soziale Orientierung. Auch diese Orientierung kann bei optimaler Entwicklung abgelöst werden durch den wiederum umfassenderen Kreis der biosphärischen Orientierung, der die soziale und die Egoorientierung einschließt. Dabei lassen sich bei allen drei Orientierungen kognitive, emotionale und spirituelle Aspekte konzipieren. Dieses zweidimensionale Bild von Entwicklung, als konzentrische, nach außen strebende Kreise in der Ebene modelliert, wird zur Kugel, wenn man eine weitere Dimension definiert, die senkrecht durch die Kreismitte verläuft (Abb. 11.1). Diese Dimension wird als Zeit- und Verantwortungsfokus bezeichnet. Solange sich dieser Fokus auf einen engen Bereich um die Gegenwart herum bewegt, eine Person also nicht viel mehr als das Gestern, Heute und Morgen für die Ausrichtung des eigenen Lebens in Betracht zieht, wird die Form eines Kreises kaum in die dritte Dimension, also zu einem voluminösen Körper hin, verändert. Auch wenn eine Person die gesamte eigene (zu erwartende) Lebenszeit für die Ausrichtung aktueller Handlungen berücksichtigt, wird der entsprechende Entwicklungsstand als sehr flache Diskusscheibe modelliert, ist also noch weit von einem potenziellen Idealzustand, der Kugelform, entfernt. Dieser potenzielle Idealzustand der Persönlichkeitsentwicklung, die Kugelform, wird dann approximiert, wenn eine Person in ausgewogener Weise ihre biographischen Wurzeln, die Wurzeln unserer Art und schließlich die allen Lebens reflektiert oder zu erspüren sucht, sich in ihren aktuellen Lebensvollzügen als Teil eines kosmischen Geschehens begreift, das sie verantwortlich mitgestaltet und genießen darf und schließlich

Abb. 11.1 Kugelmodell der Persönlichkeitsentwicklung. *1* Zeitraum nach dem eigenen Ableben, *2* Zeitspanne des eigenen Lebens, *3* Zeitraum vor der eigenen Geburt

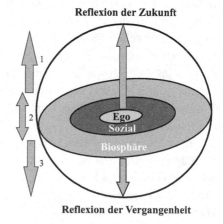

auch eine Verantwortung für künftiges Leben weit jenseits der eigenen Lebensdauer spürt und eigene Handlungen daran ausrichtet.

Wenn die Evolution das skizzierte kognitive, emotionale und spirituelle Entwicklungspotenzial in uns Menschen bereitstellt, darf man erwarten, dass Personen, die dieses Potenzial in den verschiedenen Aspekten entfalten, ein höheres Wohlbefinden aufweisen verglichen mit Personen, die nur Teile des Potenzials zur Entfaltung bringen (zur Begründung s. Schmuck 2013).

11.4 Die Alternativen

Zu jeder der genannten Denkfallen lassen sich gegenwärtig leicht Einzelpersonen und Gruppen von Menschen unterschiedlichen Organisationsgrads finden, die die Fallen zu überwinden suchen, indem sie alternative Denk- und Handlungsmuster zunächst auf gedanklicher Ebene formulieren und dann beginnen, diese Muster ins Leben zu bringen, also ihr Leben an diesen Mustern zu orientieren.

Bezogen auf die Egofalle lassen sich allerorten Initiativen und auch dauerhaft bestehende Organisationen finden, in denen sich – allein in Deutschland – viele Millionen Menschen in vielen tausend Projekten ehrenamtlich für soziale Herausforderungen engagieren (I-4). Diese Menschen haben die primäre Egoorientierung offenkundig hinter sich gelassen, da das Wohlergehen anderer Menschen für sie ein essenzielles Anliegen darstellt.

Bezüglich der Anthropozentrismusfalle kann man die weltumspannende Erdcharta-Bewegung als Beispiel dafür anführen, dass Menschen in der Lage sind, den ethischen Anthropozentrismus mit der Instrumentalisierung anderer Lebensformen für menschliches Wohlbefinden zugunsten des Respekts und der Achtung anderer Lebensformen zu überwinden (I-6).

Die Konsum-Glücks-Falle wird überwunden von zahllosen Menschen in reichen Industrieländern, die sich bewusst und freiwillig gegen einen ressourcen- und konsumintensiven Lebensstil entscheiden und stattdessen einen suffizienten, selbstgenügsamen Lebensstil anstreben und mehr oder weniger konsequent umsetzen, z. B. in der Voluntary-Simplicity-Bewegung in Nordamerika (Elgin 1993) oder der Frijluftsliv-Bewegung in Skandinavien (Scholz 2012).

Auswege aus der Zinsfalle werden gesucht und in Ansätzen praktiziert im Rahmen von Tauschringen (I-12) und regionalen Alternativwährungen (I-1). Ein Musterbeispiel für ein zinsloses Geldsystem findet sich in der österreichischen Stadt Wörgl, in der ein solches System mit großem Erfolg praktiziert worden ist (Schwarz 2007).

Die Wachstumsfalle wird von verschiedenen Wissenschaftlern seit einigen Jahren hinterfragt. Eine seit etwa fünf Jahren stark zunehmende Bewegung aus meist jungen Menschen in Deutschland engagiert sich für eine Wirtschaft ohne Wachstum (I-13; Woynowski 2012). In Österreich orientiert sich die Gemeinwohlökonomie ebenfalls an neuen ökonomischen Modellen, die ohne stetiges Wachstum auskommen (I-8; Felber 2012).

Wege aus der Ressourcenfalle sowie der Zentralisierungsfalle weisen u. a. diejenigen Menschen in unserem Land auf, die sich in den etwa 850 Energiegenossenschaften für einen Umbau der Energieversorgung weg von endlichen Ressourcen (in zentralen Nuklear- und Kohlekraftwerken) hin zur Nutzung von Solar, Wind- und Bioenergie engagieren (I-5). Diese Energie fällt in der Fläche des Landes an und wird derzeit erfolgreich dezentral, also regional organisiert (I-9). Die Privatbesitzfalle wird dort überwunden, wo Menschen Land in Gemeinschaftseigentum überführen und dann auch gemeinschaftlich nutzen (I-7).

Die Meinungsbildungsfalle wird überwunden z. B. im lösungsorientierten Journalismus, bei dem Nachrichten über positive Entwicklungen mit nachhaltiger Ausrichtung gezielt recherchiert und verbreitet werden (Krüger 2016).

Die Sinnfalle wird von all den Menschengruppen überwunden, die sich in den Dienst selbsttranszendierender Anliegen stellen, welche beispielsweise Nachhaltigkeitsvisionen zugrunde liegen. Das eigene Leben wird von solchen Menschen als sinnhaft und sinnerfüllt erlebt, weil sie ihre Lebensenergie in Vorhaben und Kontexte einfließen lassen, die das unmittelbare Lebensumfeld sowie das Zeitfenster des eigenen Lebens weit übersteigen (I-10).

11.5 Befunde psychologischer Forschung

Mit Abschn. 11.4 kann zunächst als belegt gelten, dass die Denkfallen überwindbar sind und dass die menschliche Natur das Potenzial für soziales und ökologisches Engagement aufweist. Damit scheint nachhaltige Entwicklung seitens der individuellen Potenziale der Mitglieder der menschlichen Gemeinschaft möglich zu sein. Offenkundig ist dieses Potenzial aber bislang noch nicht bei einer kritischen Menge an Personen in einer Weise entfaltet, die für eine substanzielle Nachhaltigkeitstransformation nötig ist, wie die globalen Nachhaltigkeitsindikatoren, etwa das anhaltende Artensterben (I-3), der seit Jahrzehnten ungebrochene Anstieg der Treibhausgase (I-2) oder die Verschärfung sozialer Ungleichheiten (I-4) nachdrücklich zeigen.

Deshalb sollen im Folgenden ermutigende Daten zusammengetragen werden, welche die These stützen, dass ein Engagement für Lebensmuster jenseits der genannten Denkfallen auch auf individueller Ebene mit Wohlbefindensgewinnen korreliert ist. Soziales und ökologisches Engagement, so die These, ist nicht nur auf der gesellschaftlichen Ebene sinnvoll, erforderlich und nachhaltiger Entwicklung dienlich, sondern ist auch für die einzelnen Personen, die die entsprechenden Potenziale entfalten, wohlbefindensförderlich.

In einer Reihe von Fragebogenstudien zum Zusammenhang zwischen der Art von Lebenszielen und dem selbstberichteten Wohlbefinden zeigt sich zunächst, dass Personen mit einer starken Ego- und Konsumorientierung geringere Wohlbefindenswerte aufweisen verglichen mit Personen mit stärker sozialen Lebenszielen (Schmuck und Sheldon 2001). Auf der anderen Seite zeigen Interviewstudien mit ökologisch engagierten Personen Wohlbefindensgewinne als Resultat des sich Einsetzens für die Mitwelt (Sohr 2001; Eigner 2001).

Auch Interviews mit Personen aus der Erdcharta-Bewegung zeigten, dass diese Menschen ihr Engagement als förderlich für das eigene Wohlbefinden ansehen (Bein 2008). Die aktuelle Lebensgestaltung mit einem starken Engagement für die Mitgeschöpfe des gemeinsamen Lebensraums Erde ist mit positiven Wohlbefindensurteilen korreliert und trägt offenkundig zur Lebensqualität und Zufriedenheit der Befragten bei.

Personen, die die Egoorientierung durch gezielte und dauerhafte Achtsamkeits- und Meditationsübungen zu überwinden suchen, weisen Wohlbefindenszuwächse auf. Bei regelmäßig Meditierenden verringern sich gegenüber nicht meditierenden Personen Ängste, psychosomatische Beschwerden, neurotische und depressive Symptome. Stresserleben sowie Drogenmissbrauch verringern sich signifikant. Meditation fördert auf der anderen Seite die Übernahme persönlicher Verantwortung und damit die Sinnzuschreibung bezüglich der Bedeutung des Selbst in der Welt (Klische 2006, S. 70).

Personen, die nach Überwindung der Geld-Glücks-Falle Lebensmuster im Sinn der materiellen Einfachheit anstreben und praktizieren, weisen nach mehreren Studien ein hohes Wohlbefinden als Konsequenz dieses Lebensstils auf. So zeigt eine Interview-Studie mit Frijluftsliv-Praktizierenden (Scholz 2012), dass diese Personen durchgängig als Folge ihrer Lebensweise in engem Kontakt zum Lebensraum der Natur eine Herabsetzung des Stressniveaus im Alltag, befriedigende positive Beziehungen zu anderen Menschen und damit Gewinne beim körperlichen, seelischen und sozialen Wohlbefinden berichten. Ähnliche Befunde weist eine Studie auf, in der Personen befragt wurden, die sich auf freiwilliger Basis für ein materiell einfaches Leben entschieden haben (Kissner 2005). Die Hinwendung zu diesem Lebensmuster wirkte sich für alle Befragten positiv auf das habituelle Wohlbefinden aus und bewirkte darüber hinaus eine Öffnung für persönlich erfüllende und als sinnvoll erlebte Tätigkeiten z. B. im Naturschutz, für Umweltbildung, beim Aufbau sozialer Gemeinschaften und gemeinschaftlicher Selbstversorgung mit Lebensmitteln, die wiederum positiv auf das Wohlbefinden zurückwirken. Hier scheinen selbstverstärkende Kreisläufe in Gang zu kommen, bei denen Potenzialentfaltung und Wohlbefinden auf individueller Ebene und nachhaltige Entwicklung auf gesellschaftlicher Ebene voneinander profitieren und einander gegenseitig stärken.

Eine weitere Studie, die die emotionalen Aspekte des Wohlbefindens bei materiell einfach lebenden Personen fokussierte (Gäwert 2005), kommt zu folgendem Fazit: Personen, die einen Voluntary-Simplicity-Lebensstil verfolgen, ziehen Freude, Zufriedenheit und Selbstwertgefühl aus einem innerlich reichen und emotionserfüllten Leben, das durch kreative Betätigung, Gemeinschaft mit anderen und daraus erwachsende Flow-Erfahrungen geprägt ist.

Menschen, die eine dezentrale Energieversorgung für die eigene Gemeinde geplant und umgesetzt haben, berichten eine hohe Zufriedenheit mit den neuen Anlagen. Die Hauptakteure der kommunalen Transformation berichten Gewinne für das eigene Wohlbefinden als Folge des Engagements im Umstellungsprozess (Eigner-Thiel et al. 2004; Eigner-Thiel und Schmuck 2010; Schmuck 2013). Menschen, die einen Sinn im eigenen Leben empfinden, fühlen sich wohler im Leben verglichen mit Personen, die keinen Sinn ihres Lebens fühlen, was der Wiener Psychologe Viktor Frankl in seinem Lebenswerk mit zahllosen Befunden belegt hat (Frankl 1979, 1990, 1992) und wofür die Innsbrucker Psychologin Tatjana Schnell ebenfalls viele Belege gesammelt hat (z. B. Schnell 2010).

11.6 Schlussfolgerungen und Ausblick: Agenda einer Transformationspsychologie für nachhaltige Entwicklung

Um das Potenzial der Fachdisziplin der Psychologie stärker für nachhaltige Entwicklung fruchtbar zu machen, soll das Feld möglicher künftiger psychologischer Forschung abgesteckt werden (Schmuck und Vlek 2003; Cervinka und Schmuck 2010).

1. Im Rahmen ethischer und theoretischer Reflexionen wären zunächst potenzielle, psychologisch relevante Ursachen zu analysieren, warum die Mehrzahl der Menschen derzeit nicht im Einklang mit den Erfordernissen einer nachhaltigen Entwicklung lebt und welche Faktoren nachhaltige Entwicklung ermöglichen würden. Warum sind so viele Menschen aus natürlichen Kreisläufen ausgebrochen und verbrauchen unzulässig viele Ressourcen? Warum werden politisch vereinbarte Ziele nicht erreicht? Warum scheint das Bedürfnis nach Konsum immer weiter zu wachsen? Welche Alternativen sind denkbar? Die Beantwortung dieser Fragen wird einen engen Bezug zu philosophisch-ethischen Reflexionen erfordern (z. B. Schweitzer 1999), da hier die normative Wertebasis menschlichen Verhaltens sowie deren Entwicklung und Modifizierbarkeit angesprochen wird (s. z. B. Schmuck 2000; Schmuck und Kruse 2005; Sheldon et al. 2000).
2. Im Rahmen empirischer Studien wären die entsprechenden Hypothesen aufzustellen und zu überprüfen. Grundlagenforschung dieser Art schließt die Entwicklung von Messmethoden ein, da viele der Begrifflichkeiten in der Diskussion um eine nachhaltige Entwicklung noch nicht für die Ebene des individuellen Handelns (hinreichend) operationalisiert worden sind. Zur Bearbeitung von Fragen zu nachhaltigem Konsumverhalten wurde z. B. eine Skala nachhaltiges Konsumverhalten entwickelt und auf Anwendungstauglichkeit geprüft (Cervinka et al. 2003).
3. Darüber hinaus können menschliche Verhaltensmuster untersucht werden, die bereits heute entgegen dem vorherrschenden gesellschaftlichen Trend in Überwindung der genannten Denkfallen an den Prinzipien nachhaltiger Entwicklung orientiert sind. Solche Best-Practice-Forschung kann danach fragen, welche motivierenden Bedingungen in der Person und welche Anreize in der Umwelt der Person diese Verhaltensmuster hervorrufen und aktuell bestärken. Andererseits sollte versucht werden, die langfristigen Folgen solchen Verhaltens für das Individuum noch genauer als bislang zu analysieren. Wodurch zeichnen sich Menschen aus, die der Natur höchste Wertschätzung entgegenbringen (Konsistenzstrategie), die sehr effizient mit Ressourcen umgehen (Effizienzstrategie), die bewusst und freiwillig ein Leben mit geringen materiellen Ansprüchen

führen (z. B. im Sinn von „voluntary simplicity") und damit die Suffizienzstrategie der Nachhaltigkeit verfolgen? Welche psychologischen Effekte hat solches Verhalten? Aufbauend auf entsprechenden qualitativen Studien mit Nachhaltigkeitspionieren, ehrenamtlichen Naturschützer_innen sowie Initiator_innen von Klimaschutzkampagnen (z. B. von Degenhardt 2002; Eigner und Schmuck 2002 oder Karpenstein-Machan et al. 2014) sollte im Detail analysiert werden, welche kognitiven, emotionalen, motivationalen und gegebenenfalls spirituellen Charakteristika und Prozessmerkmale sie von anderen unterscheiden.

4. Darüber hinaus können Psycholog_innen im Rahmen inter- und transdisziplinärer (Aktions-)Forschung gemeinsam mit Wissenschaftler_innen anderer Disziplinen sowie Praktiker_innen Projekte zur Demonstration von Lebensmustern nachhaltige Entwicklung im realen Lebenskontext initiieren und wissenschaftlich begleiten. Denkbar sind hier:

   a. Aktionen zur Abkehr von Technologien, die irreversible Veränderungen der Biosphäre bewirken, zugunsten von Technologien, die eher in Einklang mit natürlichen Kreisläufen stehen (Eigner-Thiel et al. 2004 für ein Beispiel im Rahmen der Konsistenzstrategie).

   b. Aktionen zur Abkehr von energie- und materialintensiven Technologien/Produkten hin zu effizienten (Effizienzstrategie).

   c. Aktionen zur Abwendung von suchtbestimmten Lebensweisen hin zur Gesundheit (Feselmayer et al. 2007) und einem Lebensstil mit geringem materiellen Anspruch (Suffizienzstrategie). Ansätze dieser Art folgen dem Vorschlag von Bronfenbrenner (1981), neben der Analyse von in einer spezifischen Region und in einer historischen Periode real vorfindbaren Verhaltensmustern auch menschliche Potenziale zum Untersuchungsgegenstand der Psychologie zu machen, indem diese Potenziale gezielt in ihrer Entfaltung begünstigt und zeitlich parallel dazu wissenschaftlich analysiert werden (vgl. den entsprechenden Göttinger Ansatz der Nachhaltigkeitswissenschaft: Schmuck 2013, 2015).

Um diese Breite an Forschungsaktivitäten entfalten zu können, scheint eine Integration der in dieser Arbeit vorgestellten, bislang meist erst partiell und ansatzweise realisierten Bausteine und innovativen Forschungsprinzipien nötig zu sein:

1. Die Einbeziehung ethischer Reflexionen in die psychologische Diskussion, um das Anliegen der nachhaltigen Entwicklung handlungswirksam zu machen.
2. Die stärkere Verbindung von Grundlagen- und Anwendungsforschung.
3. Die Einbeziehung überindividueller Betrachtungsebenen (lokal, national, global).
4. Die Berücksichtigung unterschiedlicher Strömungen innerhalb der Psychologie (z. B. der tiefenpsychologischen, behavioralen, humanistischen, kognitiven, emotionalen, transpersonalen oder der systemischen Tradition).
5. Das Verbinden qualitativ und quantitativ orientierter Forschungsmethoden.

6. Eine an konkreten, praktischen Projekten ausgerichtete enge Zusammenarbeit mit Wissenschaftler_innen anderer Disziplinen (interdisziplinäre Zusammenarbeit) sowie mit Vertreter_innen weiterer gesellschaftlicher Gruppen (wie z. B. aus Politik, Wirtschaft und Praktiker_innen vor Ort im Sinn einer transdisziplinären Zusammenarbeit).

Ein solcher Ansatz wird am Interdisziplinären Zentrum für nachhaltige Entwicklung der Universität Göttingen mit der Entwicklung von Bioenergiedörfern und weiteren Nachhaltigkeitsprojekten verfolgt (Ruppert et al. 2008; Schmuck 2013, 2014, 2015; Schmuck et al. 2013).

Internetquellen (Zugegriffen: 26. April 2016)

I-1: Alternativwährungen: http://regionetzwerk.blogspot.de/p/blog-page_22.html; www.neuesgeld.com

I-2: Anstieg der Treibhausgase: www.climatechange2013.org

I-3: Artensterben: www.artenschutz.info

I-4: Ehrenamtliches Engagement: www.betterplace.org

I-5: Energiegenossenschaften: www.genossenschaften.de/bundesgesch-ftsstelle-energiegenossenschaften

I-6: Erdcharta: www.earthcharter.org

I-7: Gemeinschaftseigentum: www.terredeliens.org, www.accesstoland.eu; www.regionalwert-ag.de, www.oekonauten-eg.de; www.bioboden.de; www.kulturland-eg.de; www.stiftung-trias.de

I-8: Gemeinwohlökonomie: www.ecogood.org

I-9: Regionale Energiewende: www.100-ee.de; www.kommunal-erneuerbar.de/de/kommunalatlas.html

I-10: Sinnforschung: www.sinnforschung.org

I-11: Soziale Ungleichheiten: www.oxfam.de/ueber-uns/publikationen/oxfam-bericht-belegt-soziale-ungleichheit-nimmt-weltweit-dramatisch

I-12: Tauschringe: www.tauschring.de

I-13: Wirtschaftswachstum: www.wachstumswende.org

Literatur

Bein J (2008) Werte, Lebensziele und Wohlbefinden im Kontext einer nachhaltigen Lebensweise. Explorative Interviews mit Engagierten der Erd-Charta Bewegung. TU Berlin, unveröffentlichte Diplomarbeit

Bronfenbrenner U (1981) Die Ökologie der menschlichen Entwicklung. Klett, Stuttgart

Cervinka R, Schmuck P (2010) Umweltpsychologie und Nachhaltigkeit. In: Linneweber V, Lantermann E, Klas E (Hrsg) Enzyklopädie der Psychologie. Band Umweltpsychologie. Hogrefe, Göttingen, S 595–641

Cervinka R, Lanmüller U, Klik K (2003) Die Nachhaltigkeit im Visier – ein Diskussionsbeitrag aus österreichischer Sicht. Ipublic 5(1):114–123

Degenhardt L (2002) Biographical analyses of sustainable lifestyle pioneers. In: Schmuck P, Schultz W (Hrsg) Psychology of sustainable development. Kluwer, Norwell, S 123–148

Eigner S (2001) The relationship between "protecting the environment" as a dominant life goal and subjective well-being. In: Schmuck P, Sheldon K (Hrsg) Life goals and well-being. Towards a positive psychology of human striving. Hogrefe, Huber, Seattle, S 182–201

Eigner S, Schmuck P (2002) Motivating collective action. Converting to sustainable energy sources in a German community. In: Schmuck P, Schultz W (Hrsg) Psychology of sustainable development. Kluwer, Norwell, S 241–256

Eigner-Thiel S, Schmuck P (2010) Gemeinschaftliches Engagement für das Bioenergiedorf Jühnde – Ergebnisse einer Längsschnittstudie zu psychologischen Auswirkungen auf die Dorfbevölkerung. Z Umweltpsychol 14:98–120

Eigner-Thiel S, Schmuck P, Lackschewitz H (2004) Kommunales Engagement für die energetische Nutzung von Biomasse: Auswirkungen auf Umweltverhalten, soziale Unterstützung, Selbstwirksamkeitserwartung und seelische Gesundheit. Umweltpsychologie 8:146–167

Elgin D (1993) Voluntary simplicity: toward a way of life that is outwardly simple, inwardly rich. New York, Quill

Felber C (2012) Gemeinwohlökonomie. Deuticke, Wien

Feselmayer S, Cervinka R, Scheibenbogen O, Kuderer M, Musalek M (2007) Gesund Wachsen: Gartentherapie und gesundheitsfördernde Projekte am Anton Proksch Institut. Newsletter der Allianz für Gesundheitsförderung in Wiener Spitälern 7:15–16

Frankl V (1979) Ärztliche Seelsorge. Deuticke, Wien

Frankl V (1990) Der leidende Mensch. Piper, München

Frankl V (1992) Die Sinnfrage in der Psychotherapie. Piper, München

Gäwert H (2005) Emotionalität bei Menschen mit einem „Voluntary Simplicity Lifestyle". TU Berlin, unveröffentlichte Diplomarbeit

Karpenstein-Machan M, Schmuck P, Wilkens I, Wüste A (2014) Die Kraft der Vision: Pioniere und Erfolgsgeschichten der regionalen Energiewende. Interdisziplinäres Zentrum für Nachhaltige Entwicklung, Göttingen. http://idee-regional.de/files/Kraft_der_Visionen_web_korr.pdf. Zugegriffen: 28. April 2017

Kissner S (2005) Wohlbefinden von Menschen mit einer „Voluntary Simplicity" Lebensweise. TU Berlin, unveröffentlichte Diplomarbeit

Klische M (2006) Transpersonale Entwicklung. Universität Duisburg-Essen, unveröffentlichte Dissertation

Krüger U (2013) Meinungsmacht. Der Einfluss von Eliten auf Leitmedien und Alpha-Journalisten – eine kritische Netzwerkanalyse. Halem, Köln

Krüger U (2016) Mainstream. Warum wir den Medien nicht mehr trauen. C.H. Beck, München

Ruppert H, Eigner-Thiel S, Girschner W, Karpenstein-Machan M, Roland V, Ruwisch V, Sauer B, Schmuck P (2008) Wege zum Bioenergiedorf – Leitfaden für eine eigenständige Strom- und

Wärmeversorgung auf Basis von Biomasse im ländlichen Raum. Fachagentur für Nachwachsende Rohstoffe, Gülzow. (Neuauflage 2011)

Schmuck P (2000) Werte in der Psychologie und Psychotherapie. Verhaltensmed Verhaltensther 21:279–295

Schmuck P (2013) The Göttingen approach of sustainability science: creating renewable energy communities in germany and testing a psychological hypothesis. Umweltpsychologie 17:119–135

Schmuck P (2014) Bioenergiedörfer in Deutschland. In: Leitschuh H, Michelsen G, Simonis UE, Sommer J, von Weizsäcker EU (Hrsg) Jahrbuch für Ökologie. Re-Naturierung. Hirzel, Stuttgart, S 88–93

Schmuck P (2015) Die Kraft der Vision. Plädoyer für eine neue Denk- und Lebenskultur. oekom Verlag, München

Schmuck P, Kruse A (2005) Entwicklung von Werthaltungen und Lebenszielen [Devolopment of values and life goals. In: Asendorpf J (Hrsg) Soziale, emotionale und Persönlichkeitsentwicklung. Enzyklopädie der Psychologie, Bd. 3. Hogrefe, Göttingen, S 191–258

Schmuck P, Sheldon K (2001) Life goals and well-being: to the frontiers of life goal research. In: Schmuck P, Sheldon K (Hrsg) Life goals and well-being. Towards a positive psychology of human striving. Hogrefe, Huber, Seattle, S 1–18

Schmuck P, Vlek C (2003) Psychologists can do much to support sustainable development. Eur Psychol 8:66–76

Schmuck P, Eigner-Thiel S, Karpenstein-Machan M, Sauer B, Roland F, Ruppert H (2013) Bioenergy villages in Germany: the history of promoting sustainable bioenergy projects within the Göttingen approach of sustainability science. In: Kappas M, Ruppert H (Hrsg) Sustainable bioenergy production: an integrated approach. Springer, Heidelberg, S 37–74

Schnell T (2010) Existential indifference. Another quality of meaning in life. J Humanist Psychol 50:351–373

Scholz D (2012) Mensch-Natur Beziehung und subjektives Wohlbefinden. Eine Interviewstudie mit Frijluftsliv-Praktizierenden. TU Berlin, unveröffentlichte Diplomarbeit

Schwarz F (2007) Das Experiment von Wörgl. Darmstadt, Synergia

Schweitzer A (1999) Die Weltanschauung der Ehrfurcht vor dem Leben. Kulturphilosophie Bd. III. C.H. Beck, München

Senf B (2007) Die blinden Flecken der Ökonomie: Wirtschaftstheorien in der Krise. Verlag für Sozioökonomie, Kiel

Sheldon K, Schmuck P, Kasser T (2000) Is Value-free Science Possible? Am Psychol 55:1152–1153

Sohr S (2001) Eco-activism and well-being: between flow and burnout. In: Schmuck P, Sheldon K (Hrsg) Life goals and well-being. Towards a positive psychology of human striving. Hogrefe, Huber, Seattle, S 202–2015

Woynowski B (2012) Wirtschaft ohne Wachstum?! Notwendigkeit und Ansätze einer Wachstumswende. Universität Freiburg, Arbeitsberichte des Instituts für Forstökonomie. www.econstor.eu/bitstream/10419/69631/1/725557583.pdf. Zugegriffen: 18. April 2016

Umnutzung von leerstehenden Industriebauten zu Energiespeichern – Eine Untersuchung am Beispiel der Silobauten

Joachim Schulze

12.1 Einleitung

Die Energiewende ist der Wegbereiter zu einer Energieversorgung, die fast vollständig auf dem Einsatz erneuerbarer Quellen basiert. Sollte dies gelingen, wäre es ein Meilenstein hin zur Dekarbonisierung und dem übergeordneten Ziel einer „fossil free future". Die Abkehr von endlichen Rohstoffen wie Kohle, Gas und Erdöl, deren Nutzung mit dem Ausstoß klimaschädlicher Emissionen verbunden ist, korrespondiert zudem mit dem Leitgedanken nachhaltiger Entwicklung: Potenziale nutzen, ohne die Möglichkeiten zukünftiger Generationen einzuschränken oder zu gefährden. Gerade die Hinwendung zu den erneuerbaren Energiequellen, die aus menschlicher Sicht unerschöpflich sind und emissionsfreie Energie liefern, ist in diesem Sinn der einzig richtige Schritt. Doch bis wir einen Anteil an erneuerbaren Energien von bis zu 60 % (BUNR et al. 2011, S. 5) erreichen, ist die gemeinsame Anstrengung von Politik, Wirtschaft und Gesellschaft gefordert. Konkrete Instrumente und einen Fahrplan, wie die Energiewende gelingen soll, benennt die Bundesregierung 2010 im Energiekonzept. Das Programm umfasst ein Paket verschiedener Maßnahmen, zu denen, neben dem Ausbau der erneuerbaren Energien, auch die Steigerung der Energieeffizienz und der Netzausbau zählen (BUNR et al. 2011, S. 7–32). Eine der Kernfragen bei der Umsetzung dieser Maßnahmen, die ursächlich mit dem Ausbau und der Einbindung der erneuerbaren Energiequellen in Verbindung steht, ist die nach der Speicherung von Energie. Sonnen- und Windenergie sind fluktuierende Quellen, weshalb ihr Ertrag nicht zu jeder Zeit und in gleicher Menge verfügbar ist. Dieser Umstand steht allerdings im Widerspruch zu der Aufgabe jeder Energieversorgung, die darin besteht, Versorgungssicherheit zu bieten. Eine Möglichkeit, dieser Problematik zu

J. Schulze (✉)
Fachbereich Architektur, Fachgebiet Entwerfen und Stadtentwicklung, TU Darmstadt
El-Lissitzky Straße 1, 64287 Darmstadt, Deutschland
E-Mail: schulze@stadt.tu-darmstadt.de

© Springer-Verlag GmbH Deutschland 2017
W. Leal Filho (Hrsg.), *Innovation in der Nachhaltigkeitsforschung*,
Theorie und Praxis der Nachhaltigkeit, DOI 10.1007/978-3-662-54359-7_12

begegnen, ist der Einsatz von Energiespeichern. Diese können in Zeiten der Überproduktion Überschüsse speichern, um damit Phasen verminderter Produktion zu überbrücken. Deren Ausbau wird explizit von der Bundesregierung gefordert. Darüber hinaus wurde die Forschungsinitiative Energiespeicher (BWMi et al. 2012) vom Bundesministerium für Wirtschaft und Energie (BWMi), Bundesministerium für Umwelt, Naturschutz und Reaktorsicherheit (BMU) und Bundesministerium für Bildung und Forschung (BMBF) ins Leben gerufen, um gezielt Projekte im Kontext der Energiespeicherung zu fördern. Der überwiegende Teil der 87 aufgeführten Projekte befasst sich mit der Neu- oder Weiterentwicklung von Speichersystemen und ihrer Einbindung ins Netz, wobei der Fokus überwiegend auf großskaligen Einheiten im Bereich mehrerer Megawattstunden liegt. Doch gerade in der Bereitstellung klein- bis mittelformatiger Speicher, die ebenfalls zum Gesamtbedarf beitragen können, gibt es noch weitestgehend unerschlossene Potenziale. Hierzu zählt die Möglichkeit, leerstehende Bauwerke umzunutzen und als Speichereinheiten einzusetzen. Dieser Ansatz bietet gegenüber dem Neubau einige Vorzüge, die auch in Hinblick auf die Nachhaltigkeitsforschung von Bedeutung sind. Allen voran ist es das Einsparen von Ressourcen, wozu Energie, Bauland und Materialien zählen, das die Nachnutzung auszeichnet und sie im Kontext des Gesamtvorhabens zur Transformation des Energieversorgungssystems als Innovation charakterisiert. Eine Referenz ist das Projekt Energiebunker, das im Rahmen der Internationalen Baustellung in Hamburg Wilhelmsburg realisiert wurde. Gegenstand ist ein Flakbunker aus dem Jahr 1943, der mit einem $2000\,m^3$ großen Wärmespeicher ausgestattet wurde und insgesamt 3000 Haushalte mit Energie versorgen kann. Die Wärmeerzeugung übernehmen ein Blockheizkraftwerk und eine solarthermische Anlage, die sich über das Dach und die Fassade des Bunkers erstreckt (Internationale Bauausstellung 2010, S. 43). Nachfolgend wird das Augenmerk vom militärischen auf den industriellen Gebäudesektor und die Speicherung von elektrischer Energie gelegt. Es geht um die Frage, ob eine vergleichbare Nachnutzung auch in dieser Konstellation möglich ist. Der industrielle Gebäudesektor ist insofern interessant, weil er von einer großen Diversität an Bauwerkstypen gekennzeichnet ist und viele Konversionsvorhaben mit der Entwicklung ehemaliger Industrieanlagen in Verbindung stehen. Das prominenteste Beispiel ist sicherlich die Rhein-Ruhr-Region, wo der Strukturwandel bis zum heutigen Tag ein hochaktuelles Thema ist. Der zweite Fokus liegt auf der Speicherung von elektrischer Energie, weil sie eine Schlüsselrolle bei der Umsetzung der Energiewende einnimmt. Sie wird benötigt, um die Einbindung von Photovoltaik- und Windkraftanlagen sicher zu stellen, die seit Jahren große Zuwachsraten verzeichnen. Darüber hinaus ist die Windkraft designiert, den zentralen Pfeiler (BUNR 2012, S. 30) unserer zukünftigen Energieversorgung zu bilden.

12.2 Generelles Vorgehen

Prinzipiell setzt sich die Untersuchung aus zwei Bausteinen zusammen: einer typologischen Eignungsprüfung und einer Fallstudie. Der erste Teil nimmt eine Potenzialanalyse des industriellen Gebäudesektors vor, die auf der Gegenüberstellung von Bauwerkstypen und Speichersystemen beruht. Es wird geprüft, ob und wenn ja, bis zu welchem Grad ein Bauwerkstyp Struktureigenschaften aufweist, die der Installation, der Funktionsweise und dem Betrieb eines Speichersystems entgegenkommen. Dabei kann es sich auch in Teilen um obligatorische Voraussetzungen handeln, die bestimmte Typen oder Systeme ausschließen. Das Resultat bildet Bauwerkstypen und das qualitative Maß ihrer Eignung ab. Daraufhin ist es möglich, diejenigen Objekte zu identifizieren, bei denen strukturelle Voraussetzungen und systemische Anforderungen die höchste Passung erreichen. Diese qualifizieren sich demnach für mögliche Konversionsvorhaben. Die Fallstudie fungiert als Stichprobe, um dieses Ergebnis anhand einer Planungsstudie zu verifizieren. Ausgewählt wird ein existierendes Referenzbauwerk, das gemäß vorheriger Prüfung und Typzugehörigkeit eine entsprechend hohe Eignung besitzt. Darüber hinaus liefert die Fallstudie einige wichtige Nebenergebnisse, wozu Erkenntnisse hinsichtlich der erzielbaren Speicherkapazität und der Leistung, der konkreten Bauausführung, der Umsetzung und des voraussichtlichen Kostenrahmens zählen.

12.3 Typologische Eignungsprüfung

12.3.1 Industrielle Bauwerkstypen

Eine Voraussetzung für die typologische Eignungsprüfung ist die Definition der relevanten Bauwerkstypen. Diese geht aus der Studie bestehender Typologien und einer Clusteranalyse hervor, einer u. a. in den Sozialwissenschaften verbreitete Methode zur Unterteilung einer großen Anzahl heterogener Objekte in möglichst homogene Gruppen. Ein einfaches Exempel sind Befragungen, bei denen die Probanden anhand der Ausprägung von Variablen wie Alter, Wohnort, Einkommen oder Ähnliches gruppiert werden (Wiedenbeck und Züll 2001, S. 1). Bei jeder Clusteranalyse sind drei Dinge zu benennen: Verfahren, Kriterien und Distanz- bzw. Ähnlichkeitsmaß. In diesem Fall wird ein hierarchisches Clusterverfahren angewendet, genauer das sog. divisive Verfahren. Es geht nicht von einzelnen nackten Objekten aus, sondern von bereits bestehenden Clustern, um diese dann in kleinere Subcluster zu spalten (Steinhauser und Langer 1977). Ausgangspunkt ist die Arbeit von Walther Henn. Er schlägt eine Industriebautypologie mit vier elementaren Typen vor (Henn 1955, S. 38), die dann auf insgesamt sechs erweitert wird: Turmbauten, Geschossbauten, Hallenbauten, Flachbauten, Behälterbauten und Sonderbauten. Anhand architektonisch/konstruktiver sowie funktional/zweckgebundener Kriterien werden diese Grundtypen sukzessiv in immer präzisere Untertypen gespalten, bis deren Eigenschaften so eng umschrieben sind, dass man sie für die zuvor beschriebene Eignungsprüfung heranziehen kann. Die genaue Zuweisung der Objekte zu den entsprechenden Typen erfolgt anhand des Distanz- bzw. Ähnlichkeitsmaßes, auf der Grundlage eines sog. Skalenniveaus. Konkret handelt es sich hierbei um nominale und ordinale Skalen. Während letztere nur unterscheiden, ob eine Eigenschaft zutrifft oder nicht, wie etwa bei der Einteilung in

Tab. 12.1 Ausschnitt Typologie Industriebau. (Eigene Darstellung)

Ebene 01	Ebene 02	Ebene 03	Ebene 04
Behälterbauten	Schüttgutbehälter	Schüttgutbehälter 1. Art	Koks-, Erz- und Kohlesilos
Geschossbauten	Flüssigkeitsbehälter		Zementklinkersilos
Hallenbauten	Gasbehälter	Schüttgutbehälter 2. Art	Zementsilos
Flachbauten			Getreidesilos
Turmbauten		Schüttgutbehälter 3. Art	Zuckersilos
Sonderbauten			Gärsilos

Flüssigkeits-, Schüttgut- und Gasbehälter, erlauben ordinale Skalen eine Rangordnung, wie es bei der Differenzierung in Schüttgutbehälter erster, zweiter, und dritter Art der Fall ist. Die Tab. 12.1 zeigt einen Ausschnitt aus der finalen Typologie, der sich auf den Schwerpunkt dieses Beitrags beschränkt, den sog. Schüttgutbehältern respektive Silobauten.

12.3.2 Speichersysteme

Die typologische Eignungsprüfung setzt neben den Bauwerkstypen auch die Kenntnis der Speichersysteme voraus. Im Rahmen dieser Abhandlung werden zwei Systeme betrachtet: Pumpspeicher und Hubspeicher. Ziel ist es, die maßgeblichen Anforderungen abzuleiten und zu benennen, die diese technisch/funktional bedingt an die Struktur eines potenziellen Bauwerks adressieren. Zu diesem Zweck ist zunächst eine Literaturrecherche erforderlich, anhand derer Funktionsweise und technischer Aufbau der Systeme erfasst werden können und es einem im Anschluss erlaubt, schrittweise, u. a. über die Unterscheidung peripherer und primärer Komponenten, auf die relevanten Anforderungen zu schließen. Diese Methode kann am besten mit dem Begriff der kriteriengeschützten Systemanalyse beschrieben werden. Die abgeleiteten Anforderungen werden dann kategorisiert und den definierten Ober- bzw. dazugehörigen Untergruppen zugeordnet. Unterschieden wird nach den Anforderungen, die das Bauwerk selber betreffen und denjenigen, die in Zusammenhang mit dessen Kontext stehen. Beim Kontext finden sich zwei Subkategorien, nämlich Flächen und Infrastruktur, beim Bauwerk vier: Dimensionen, räumliche Gliederung, Tragwerk und Konstruktion sowie Hülle.

Hub- und Pumpspeicher sind artverwandte Systeme. Beide nutzen den Hub einer Masse, um potenzielle Energie zu speichern. Beim Hubspeicher handelt es sich dabei um einen Festkörper, beim Pumpspeicher um Wasser. Hinsichtlich des technischen Reifegrads könnten sie jedoch nicht unterschiedlicher sein. Pumpspeicher sind bewährte technische Anlagen, die seit Jahrzehnten eine breite Anwendung als großformatige Energiespeicher erfahren. Projiziert man diese auf den Maßstab eines Gebäudes, wie etwa das Getreidesilo in Kap. 5, handelt es sich um einen Sondertypen, der sich in erster Linie durch die verhältnismäßig kleine Größe von realisierten Pumpspeicherkraftwerken abgrenzt (Giesecke et al. 2014). Vom Hubspeicher hingegen gibt es keine realisierte Anlage, er existiert bestenfalls als Studie auf dem Papier. Dessen Konstruktion lässt sich allerdings bis ins Detail aus der Fördertechnik respektive dem Kranbau ableiten, insbesondere dann, wenn dieser mit einer Energierückspeisung ausgestattet ist. Kurz gesagt könnte jeder Kran als Hubspeicher fungieren, insofern die Energie genutzt wird, die unweigerlich beim Herablassen des Gewichts entsteht (Rau o. J.).

Systemanforderungen

Pump- und Hubspeicher zeichnen sich durch die unterschiedliche Anzahl, Verteilung und Gewichtung von Anforderungen aus. Während es in den Kategorien Dimensionen und räumliche Gliederung Überschneidungen gibt, stellt nur die Pumpspeicherung Anforderungen an die Kategorien Tragwerk und Konstruktion, Hülle, Infrastruktur und Flächen. Eine elementare Voraussetzung, die beide Systeme betrifft und in die Kategorie Dimensionen gehört, ist eine ausreichende Gebäudehöhe. Neben der Masse fließt diese in die Ermittlung der potenziellen Energiemenge ein. Je höher das Bauwerk, umso mehr Energie kann man speichern. Die übrigen Anforderungen des Hubspeichers kulminieren in der räumlichen Gliederung. Grundvoraussetzung für das Heben und Senken der Gewichte und damit für die Funktion des Hubspeichers sind durchgängig offene, störungsfreie und im Querschnitt konsistente Vertikalvolumen. Da diese freitragend überbrückt werden, sind möglichst kurze Spannweiten anzustreben. Demzufolge sollten die Volumen auch ein hohes Maß an Schlankheit aufweisen, was bedeutet, dass die Höhe einem Vielfachen der Breite entspricht. Zuletzt gilt es noch den Aspekt der Serie zu berücksichtigen. Im Unterschied zum Pumpspeicher steigert das System Hubspeicher die Kapazität und die Leistung durch Multiplikation. Die gleiche Einheit aus Gewicht und dazugehörigem Maschinensatz wird mehrfach installiert. Ideal ist also eine Gruppe identischer oder zumindest gleichwertiger Vertikalräume. Ebenso kann es sich um ein gestrecktes Volumen konstanter Breite handeln, bei dem die Einheiten der Länge nach aufgereiht werden.

Auch der Pumpspeicher erfordert eine räumliche Gliederung analog zu der des Hubspeichers, allerdings ist sowohl die Anzahl, als auch die Schlankheit der Vertikalvolumen unerheblich. Entscheidend sind nur der Bruttorauminhalt und damit die fassbare Wassermenge, die neben der vorhandenen Höhe die erzielbare Speicherkapazität bestimmt. Als kritisch sind die Anforderungen an Tragwerk und Konstruktion zu bewerten. Die resultierende Flächenlast aus einer Wassersäule steigt mit jedem Meter um $10\,\mathrm{kN/m^2}$ an, womit schnell eine Größenordnung von $100\,\mathrm{kN/m^2}$ und mehr erreicht wird, was die üblichen Annahmen im Bauwesen deutlich übertrifft. Grundvoraussetzung zur Kompensation derartig hoher Lasten ist in jedem Fall eine Stahlbetonkonstruktion, die nachweislich zu den leistungsfähigsten Bauweisen zählt. Idealerweise ist diese als formaktives Tragwerk ausgeführt, was beispielsweise für kreis- oder eiförmige Querschnitte gilt. Aufgrund ihrer Formgebung sind sie frei von Biegemomenten, äußerst belastbar und können wesentlich schlanker ausgeführt werden. Deren Wirkung ist nicht zu unterschätzen. Auch die Beschaffenheit der Hülle spielt eine Rolle. Diese sollte einen möglichst kleinen Öffnungteil aufweisen, im günstigsten Fall sogar vollständig geschlossen sein. Zwar ist sie damit nicht wasserdicht, aber Öffnungen stellen Leckagen dar, die so oder so im Zug einer Umnutzung verschlossen werden müssten. Die Wasserdichtigkeit selber muss voraussichtlich nachträglich und durch geeignete Ertüchtigungsmaßnahmen hergestellt werden. Hierfür existieren aber bewährte Lösungen, u. a. bietet die chemische Industrie verschiedene Abdichtungsverfahren an. Als letzten Punkt sind noch die Anforderungen an den Kontext des Gebäudes respektive Flächen und Infrastruktur zu nennen. Zum Betrieb eines Pumpspeicherkraftwerks ist es zwingend notwendig, dass sich im näheren Umfeld, bestenfalls unmittelbar am Bauwerk, ein Gewässer befindet, das über ein nutzbares Fassungsvermögen verfügt. Dort muss auch genügend unbebaute Fläche existieren, um das Krafthaus des Pumpspeichers platzieren zu können, insofern es nicht im Bauwerk selbst verortet werden kann.

12.3.3 Eignung der Schüttgutbehälter

Die Schüttgutbehälter bzw. die Silobauten zählen zu den leistungsfähigsten industriellen Bauwerkstypen, da sie viele Systemanforderungen bedienen. Unterschieden werden sie nach den jeweiligen Lageransprüchen des Guts in erste, zweite und dritte Art (Hampe 1987, S. 35). Was die Hubspeicherung anbelangt, bieten einige geradezu idealtypische Voraussetzungen. Vorab ausschließen kann man die Koks-, Erz- und Kohlesilos sowie die Gärsilos. Bei Ersteren handelt es sich strenggenommen um einen Sondertyp, der mehrere kleine Behälter in einem Turm vereint; die zuletzt aufgeführten Gärsilos sind verhältnismäßig klein und selten größer als 20 m (Hampe 1991, S. 227). Für die übrigen Untertypen gilt, dass diese fast ausnahmslos einen durchgängigen, konsistenten Vertikalraum bieten, überwiegend aus Stahlbeton konstruiert sind und alle Bauwerke eine entsprechende Kapazität, also Größe, hervorbringen (Hampe 1991, S. 32). Im weiteren Vorgehen sind die Höhe, die Schlankheit sowie die Anzahl, das Format und die Verteilung der Silozellen eignungsrelevant. Die hervorstechenden Merkmale von Zementklinker-, Getreide-, Zement- und Zuckersilos gehen aus der Gegenüberstellung in Abb. 12.1 hervor.

Die Abb. 12.1 verdeutlicht, dass die Durchschnittshöhen der verschiedenen Untertypen relativ nah beieinander liegen, während die Spannbreite beim Zellendurchmesser und der resultierenden Schlankheit sehr groß ist. Die besten Voraussetzungen bieten hierbei eindeutig die Getreidesilos. Abhängig vom tatsächlich ausgeführten Zellendurchmesser könnten vereinzelt auch Zementsilos infrage kommen, durch das Raster fallen jedoch

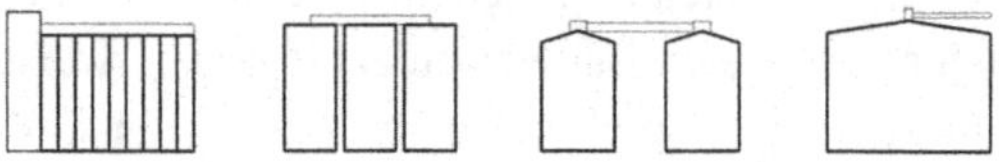

Abb. 12.1 Durchschnittliche Zellformate der Silotypen. (Eigene Darstellung; Daten nach Hampe 1991, S. 30)

	Getreide	Zement	Zementklinker	Zucker
Zellenhöhe [m]	42	48,5	45,5	45
Zellenbreite [m]	9,5	17,5	28,5	37,5
Schlankheit [-]	4,4	2,8	1,6	1,2

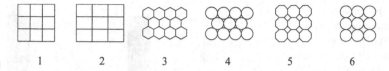

Abb. 12.2 Zellquerschnitte. (Eigene Darstellung; in Anlehnung an Schramm 1965, S. 207–208)

Zementklinker- und Zuckersilos. Schaut man im nächsten Schritt auf die Format- und Fügungsalternativen der Silozellen in Abb. 12.2, so ist die Passung bei den Varianten eins bis drei gleichdeutend hoch, während Variante vier die nächstschwächere und die Varianten fünf und sechs die schwächste Eignung besitzen. Hintergrund ist die Anforderung an die Multiplizierbarkeit des Hubspeichers, der Zellen konsistenter Größe und Formats nachfragt. Die zwischen den großen Hauptzellen befindlichen kleineren Zwickelzellen, der Varianten vier bis sechs, stehen im Widerspruch zu diesem Prinzip.

Für die Pumpspeicherung bieten Silos ähnlich gute Voraussetzungen wie für die Hubspeicherung. Einige Anforderungen decken sich, wie etwa die nach einer Mindestgröße und -höhe; in anderen Anforderungen, wie der Schlankheit oder dem Zellenformat, unterscheiden sich die Systeme allerdings. Ob schlank oder weniger schlank ist für die Funktion des Pumpspeichers irrelevant. Kleinere Zellen bedeuten allerdings mehr Wandungsquerschnitt. Bei identischen Außenabmessungen des Silos reduziert sich dadurch das Innenvolumen, womit die Speicherkapazität sinkt. Ganz unabhängig vom Querschnitt, der Höhe oder der Anzahl der Zellen, ist in diesem Zusammenhang deren statische Belastbarkeit von Interesse. Zunächst hängt diese unmittelbar mit den Eigenschaften des Siloguts zusammen, das Grundlage der ursprünglichen Bemessung war.

Wie die Wichten einiger ausgewählter Schüttgüter in Tab. 12.2 zeigen, liegen Getreide und Zucker knapp unter, Zement- und Zementklinker deutlich über dem Bezugswert von Wasser. Daraus kann man jedoch nicht unmittelbar auf die statische Eignung schließen.

Die unterschiedlichen Lastverhalten von Schüttgut- und Wassersäule bedingen eine differenziertere Betrachtung. Während der Druck aus der Wassersäule linear bis zum niedrigsten Punkt des Behälters ansteigt, verhält sich die Druckkraft aus der Schüttgutsäule im Anstieg degressiv und strebt einem Grenzwert entgegen (Schulze 2014, S. 11–15; Abb. 12.3). Die kritische Bemessungsgröße bei der Auslegung einer Silozelle ist der horizontale Druckanteil Ph_e auf die Wandung (Martens 1988, S. 71 f.), der sich beim Entleerungsvorgang einstellt. Im Gegensatz zur Wassersäule, bei der Horizontal- und Vertikaldrücke immer gleich groß sind (Martens 1988, S. 41), ist Ph_e einer Schüttgutsäule stets kleiner als die vertikal auftretende Kraft. Das Verhältnis beider zueinander wird durch

Tab. 12.2 Wichten ausgewählter Schüttgüter. (Eigene Darstellung; Daten nach Schneider 2014, S. 3.2 f.)

Wasser	Getreide	Zucker	Zement	Zementklinker
$10\,kN/m^3$	$9\,kN/m^3$	$9{,}5\,kN/m^3$	$16\,kN/m^3$	$18\,kN/m^3$

Abb. 12.3 Prinzipieller
Druckverlauf einer Wasser-
und einer Schüttgutsäule.
(Eigene Darstellung; in Anlehnung an Schulze 2014, S. 13)

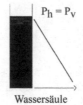
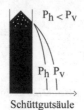

Wassersäule   Schüttgutsäule

Tab. 12.3 Horizontallastverhältnisse ausgewählter Schüttgüter. (Eigene Darstellung; Daten nach Schulze 2014, S. 11–15)

Wasser	Getreide	Zucker	Zement	Zementklinker
1,00	0,60	0,60	0,65	0,50

das sog. Horizontallastverhältnis ausgedrückt und liegt je nach Schüttgut zwischen 0,3 und 0,6 (Tab. 12.3).

Für die Belange der Pumpspeicherung ist die Silozelle also im doppelten Sinn unterbemessen: einmal durch die nicht lineare Steigung des Drucks und zum zweiten durch das ungünstige Horizontallastverhältnis. Wie groß die Unterschiede ausfallen, hängt vom

Tab. 12.4 Entleerungsdrücke Ph_e. (Eigene Darstellung; Daten nach Theimer 1966, S. 759; Hampe 1987, S. 31, 194, 213)

Weizensilo 01		Zellenhöhe (m)	42
Verschiedene		Zellendurchmesser (m)	7,8
Silovorschriften im	Schüttgutsäule	P_h bei 42 m (kN/m^2)	35
Vergleich, 1966	Wassersäule	P_h bei 42 m (kN/m^2)	420
		Faktor	5–12
Weizensilo 02		Zellenhöhe (m)	40
Silo Jeddah, 1992,		Zellendurchmesser (m)	7,3
maximaler	Schüttgutsäule	P_h bei 40 m (kN/m^2)	63
Bemessungsdruck, mit	Wassersäule	P_h bei 40 m (kN/m^2)	400
dem Zellen zur		Faktor	6
Ausführung gelangten			
Zementsilo 01		Zellenhöhe (m)	46
Berechnungsergebnis		Zellendurchmesser (m)	20
nach DIN 1055, Teil 6,	Schüttgutsäule	P_h bei 46 m (kN/m^2)	225
1964	Wassersäule	P_h bei 46 m (kN/m^2)	460
		Faktor	2
Zementsilo 02		Zellenhöhe (m)	44
Silo in Adelaide, 1980,		Zellendurchmesser (m)	28
Berechnungsergebnisse	Schüttgutsäule	P_h bei 44 m (kN/m^2)	300–425
verschiedener	Wassersäule	P_h bei 44 m (kN/m^2)	440
Silovorschriften im		Faktor	1,0–1,5
Vergleich			

Silogut ab, respektive der Wichte und dem Horizontallastverhältnis. Während Zement-
und Zementklinkersilos in etwa gleich zu beurteilen sind, rangieren die Getreidesilos
eignungstechnisch dahinter. Diese Einordnung lässt sich anhand einiger berechneter hori-
zontaler Entleerungsdrücke Ph_e aus der Praxis verifizieren (Tab. 12.4). Es ist erkennbar,
dass die geltenden Normen bzw. Vorschriften zu recht großen Bandbreiten bei den berech-
neten Werten führen können. Wie erwartet, sind die Horizontaldrücke bei den Zementsilos
größer als bei den Getreidesilos, was in erster Linie mit dem Gut, aber auch mit den unterschiedlichen Zellendurchmessern zusammenhängt. Beim Silo in Adelaide beispielsweise
ergeben die konservativen Lastannahmen sogar Drücke, die mit denen einer Wassersäule
vergleichbar sind.

Dennoch sind in den meisten Fällen statische Ertüchtigungsmaßnahmen zu ergreifen,
was im folgenden Abschnitt ausführlich behandelt wird. Offen bleiben muss die Frage
nach der erforderlichen Infrastruktur. Ob sich ein geeignetes Gewässer in Reichweite des
potenziellen Bauwerks befindet, kann auf typologischer Ebene nicht abschließend beantwortet werden. Dafür spricht die Tatsache, dass der Zugang zu einem Wasserweg eine
Möglichkeit eröffnet, große Mengen Silogut herbeizuschaffen oder abzutransportieren.

12.4 Fallstudie

12.4.1 Einleitung

Gegenstand der Fallstudie ist ein Getreidesilo (Abb. 12.4). Dem Typ nach ist es sowohl für
die Pump- als auch die Hubspeicherung geeignet, was die Stichprobe besonders ergiebig
macht. Die Lage an einem Binnenhafen erfüllt zudem das obligatorische Eignungskriteri-
um der Infrastruktur. Das Bauwerk selbst ist in Stahlbeton errichtet, hat ein Fassungsvermögen von 20.000 t und erreicht eine Höhe von etwa 52 m. Es umfasst elf Zellen mit einem
lichten Durchmesser von 6,69 m und einer Wandungsstärke von 20 cm. Der Querschnitt
der äußeren Zellen ist bis zu drei Viertel kreisförmig ausgebildet, während die Zellen im
Mitteltrakt in vier kleinere Subeinheiten geteilt sind. Seit Mitte 2014 stehen das Silo und
die dazugehörige Mühle leer. Aus Datenschutzgründen werden der genaue Standort und
der Betreiber nicht erwähnt.

12.4.2 Nutzungsvariante A: Hubspeicher

Variante A sieht die Umnutzung des Silos zu einem Hubspeicherkraftwerk vor (Abb. 12.5).
Die Höhe von 52 m zusammen mit den durchgängigen Vertikalräumen der Silozellen
stellen die entscheidenden Eignungsvoraussetzungen dar. Dreh- und Angelpunkt der Planungsstudie sind Anzahl, Auslegung und Unterbringung der Hubwerke. Zunächst bietet es
sich an, die ehemalige Verteil- und Füllebene im zwölften Obergeschoss zur Platzierung
der Maschinensätze zu nutzen (A). Zum einen hat man genügend Fläche, die mit Aus-

Abb. 12.4 Außenansicht Getreidesilo. (Eigene Darstellung)

nahme von vier Stahlbetonstützen auch störungsfrei ist, zum anderen befindet man sich
an strategisch günstiger Position, unmittelbar über den Kappen der Silozellen. Es werden
verschiedene Varianten erprobt, bei der das Gewicht der Speichereinheiten zwischen 65,
75 und 100 t variiert wird. Als Optimum hat sich ein Gewicht von 65 t erwiesen, damit
sind insgesamt 26 Hubeinheiten vorzusehen, zwei über jeder Zelle (Abb. 12.6). Als Auf-
setzfläche für die Hubgewichte dient ein Kiesbett, das durch das Verfüllen der Silokegel
hergestellt wird (B). Die Positionierung der Hubwerke zieht eine Reihe zwingender Um-
bau- bzw. Abbruchmaßnahmen nach sich. Dazu zählen der Rückbau der Silokappen (C)
und der längs verlaufenden Trennwände (C) im mittleren Silotrakt sowie der Abbruch
des bestehenden Dachs (D). Bei letzterem ist es nicht die Funktion des Hubspeichers
selbst, sondern das erstmalige Einbringen und der gegebenenfalls notwendige Austausch
der Hubwerke, die Rück- und Neubau bedingen. Das neu zu errichtende Dach wird als
Stahlkonstruktion mit einer leichten Blecheindeckung projektiert und müsste aus zuvor
genannten Gründen über die Möglichkeit zur Reversion verfügen. Die Flächen über den

Abb. 12.5 Querschnitt Silo als Hubspeicher. (Eigene Darstellung)

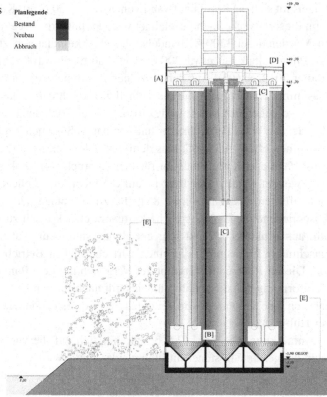

Zellen bzw. den Hubwerken sind demzufolge von der primären, d. h. irreversiblen Tragkonstruktion des Dachs ausgespart. Die Hubwerke sitzen mittig über den zugeordneten Zellenhälften und liegen auf vier Stahlträgern auf. Vorbehaltlich einer genauen statischen Bemessung werden diese überschlägig mit einer Höhe von 1 m angenommen. Die Träger spannen von Zell- zu Zellwand oder von Zell- zu Außenwand, wo sie in einer Auflagertasche Halt finden. Die gesamte Ebene ist so organisiert, dass man über Laufstege alle Einheiten zwecks Wartung, Austausch oder im Fall einer technischen Störung erreichen kann. Neben den Eingriffen am eigentlichen Silo werden weitere Abbruchmaßnahmen vorgenommen. Dazu zählen der ehemalige Verwaltungstrakt im Nordosten und die zwei leichten Anbauten an den Längsseiten (E). Beide haben für eine zukünftige Nutzung als Energiespeicher keinerlei Bewandtnis und werden daher als „disponible" eingestuft.

Speicherkapazität und Kostenschätzung

In der Ausführung als Hubspeicher beträgt die erzielbare Speicherkapazität etwa 147 kWh. Dies entspricht dem Tagesbedarf an elektrischer Energie von etwa 15 Einfamilienhäusern bzw. 15 Vier-Personen-Haushalten. Laut Kostenschätzung belaufen sich die gesamten Investitionskosten auf etwa 3,2 Mio. €. Legt man dieses auf die Kapazität von 147 kWh um, ergibt sich ein Kapitalaufwand von etwa 21.000 € pro Kilowattstunde. Ohne Zweifel kann dieser als sehr hoch bezeichnet werden, immerhin liegt das Pumpspeicherkraftwerk im Vergleich bei 3200 €, handelsübliche Akkumulatoren zur Speicherung von Strom aus Photovoltaik bei etwa 200 € (Blei-Säure) bis 1100 € (Lithiumionen; Sterner und Stadler 2014, S. 600). Aus den einzelnen Positionen geht hervor, dass die Hauptinvestitionssumme eindeutig auf die maschinellen Einrichtungen der Hubwerke zurückzuführen ist, diese generieren mit etwa 1,9 Mio. € über 70 % der Kosten. Die reinen Baukosten, also der Aufwand für Abbruch- und Umbaumaßnahmen am Bestandsgebäude, betragen zusammen etwa 730.000 €, was dem verbleibenden Anteil von 30 % entspricht. Immerhin 40 % dieser Kosten müssen für den Abbruch von Silokappen und Zwischenwänden aufgewendet werden. Der Rest ist auf die nicht unerheblichen Mengen an Baustahl zurückzuführen, insgesamt etwa 85 t, die zur Montage der Hubwerke erforderlich sind. Abschließend ist das Hubspeicherkraftwerk eher kritisch zu bewerten. Obwohl sich das Silo aus struktureller Sicht sehr gut eignet, sind es die hohen Investitionskosten für die maschinelle Einrichtung, die einen wirtschaftlichen Betrieb fragwürdig erscheinen lassen. Diesen Rückschluss erlaubt der Vergleich mit dem Pumpspeicherkraftwerk und den kleinformatigen Akkumulatoren. Dies gilt auch für den Fall, dass sich über die Baumaßnahmen eine Kostenreduktion erzielen ließe, da es bei der Hauptsumme zur Anschaffung der Hubwerke bliebe.

Anmerkung: Die Tab. 12.5 beschränkt sich auf die wichtigsten Positionen und gibt nicht die gesamte Kostenermittlung wieder. Diese wird in Anlehnung an die DIN 276 aufgestellt und umfasst die Kostengruppen 100–700. Bepreist wird nach den Fachbüchern des Baukosteninformationszentrum Deutscher Architektenkammern, kurz BKI (2013, 2014a, 2014b). Darüber hinaus werden einige Werte aus der Fachliteratur übernommen (Panatscheff 1989, S. 74–79) und in Ausnahmefällen Angaben führender Hersteller verwendet.

Tab. 12.5 Kostenschätzung Variante A: Hubspeicher. (Eigene Darstellung)

		Summe (minimal)	Summe (Durchschnitt)
Hubwerke	€	1.972.425	1.972.425
Anteil an den Gesamtkosten ohne Nebenkosten	%	79,7	72,9
Abbruchmaßnahmen	€	260.434	331.483
Anteil an den Gesamtkosten ohne Nebenkosten	%	10,0	11,5
Neubaumaßnahmen	€	241.784	398.409
Anteil an den Gesamtkosten ohne Nebenkosten	%	9,7	14,7
Nebenkosten	€	618.660	675.579
Gesamtkosten	€	3.093.303	3.377.896
Gesamtkosten mit Regionalfaktor von 0,95	€	2.938.637	3.209.001

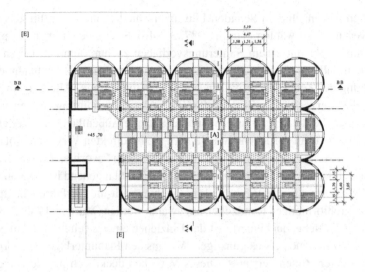

Abb. 12.6 Oberste Ebene mit Hubwerken. (Eigene Darstellung)

12.4.3 Nutzungsvariante B: Pumpspeicher

Alternativ zum Hubspeicher sieht die Variante B eine Nutzung als Pumpspeicherkraftwerk vor. Neben der Höhe sind es das Volumen und die Beschaffenheit der Silozellen, die eine Umnutzung aussichtsreich erscheinen lassen. Wie bereits in der Einleitung erwähnt, sei an dieser Stelle nochmals auf die Lage an einem stehenden Gewässer hingewiesen, womit auch der Zugang zu einer geeigneten Wasserquelle gegeben ist. Kernthema beim Umbau sind die Maßnahmen zur statischen Ertüchtigung und Abdichtung des Bestands. Die statische Leistungsfähigkeit der Silobauten wurde bereits in Abschn. 12.3.3 als Teil der typologischen Eignungsprüfung behandelt. Es hat sich gezeigt, dass Silos, wenn überhaupt, nur in Ausnahmefällen ausreichend dimensioniert sind, um dem Druck einer Wassersäule in den Zellen standzuhalten. In der Regel sind diese statisch zu verstärken. Getreidesilos, wie das Referenzobjekt dieser Fallstudie, kann man per se als ungeeignet einstufen. Im vorliegenden Fall wird daher eine Ertüchtigung der äußeren Silozellen respektive deren Umfassungswände vorgesehen (Abb. 12.8 und 12.9).

Zunächst ist das Thema nicht neu. Die Schadenshäufigkeit infolge statischen Versagens liegt bei Silobauten vergleichsweise hoch (Timm 1987, S. 145). Neben dem Grundbruch, der zu einem Totaleinsturz des Silos führen kann, gibt es eine Vielzahl dokumentierter Fälle, bei denen einzelne Zellen beschädigt wurden. Das Schadensbild reicht von Rissen und Aufplatzungen bis zum Zellbruch, bei der die Zellwand infolge der Überbelastung nachgibt (Martens 1988, S. 471–475). Je nachdem wie stark die Zellen und das Silo als Ganzes in Mitleidenschaft gezogen worden sind, ist es möglich, die aufgetretenen Schäden zu beseitigen und anschließend das Silo so weit zu ertüchtigen, dass es den vorgesehenen Belastungen zukünftig gewachsen ist.

Methodisch wird nach dem Schadensbild unterschieden, um daraufhin das geeignete Sanierungsverfahren zu wählen (Timm 1987, S. 146). Streng genommen hat man es bei der Umnutzung nicht mit einem Sanierungsvorhaben zu tun, dennoch lassen sich Parallelen zu dem Fall der unzureichenden Tragfähigkeit ziehen. Als Maßnahmen kommt die Verstärkung der Zellen in Spritz- und in Stahlbeton infrage. Alternativen, wie etwa Stahlblech, glasfaserverstärkter Kunststoff (GFK) oder Umschnürung, eignen sich nur für kreisrunde Zellen, bei letzterer muss zudem die gesamte Außenfläche der Zellen zugänglich sein. Beides trifft im vorliegenden Fall nicht zu. Im direkten Vergleich gibt es bei den beiden Optionen Spritz- und Stahlbeton keinen eindeutigen Favoriten. Einige Details sprechen allerdings für eine Ausführung in Stahlbeton. Ausschlaggebend ist die Kompatibilität mit jeder Zellenform (Timm 1987, S. 148), wohingegen die Verfahren in Spritzbeton bevorzugt bei großformatigen Rundzellen angewandt werden (Martens 1988, S. 480; Theimer 1966, S. 762). Nebenbei bemerkt ist das Einziehen einer zweiten Wand in Stahlbeton laut Kostenschätzung auch etwas günstiger. Wie aus den Planunterlagen hervorgeht, werden nur die äußeren Zellen verstärkt. Dieses Vorgehen deckt sich mit den Angaben aus der Fachliteratur (Abb. 12.7). Da die inneren Zellen beidseitig Druck erhalten, ist dieses Prinzip auch für Laien gut nachvollziehbar.

Neben der ausreichenden Tragfähigkeit muss auch die Wasserdichtigkeit der Silozellen gewährleistet sein. Referenzverfahren finden sich beim Bau und der Sanierung von Trinkwasserbehältern. Deren Abdichtungen müssen zum einen dauerhaft sein und zum anderen aus hydrologischer Sicht als unbedenklich gelten. Laut Vorgabe sind Trinkwasserbehälter in wasserundurchlässigem Beton auszuführen. Erfahrungsgemäß genügt dies jedoch nicht. Wiederkehrende Mängel bei der Ausführung resultieren in Leckagen, weshalb i. d. R. ergänzende Oberflächenbehandlungen eingesetzt werden, um die Dichtigkeit dauerhaft zu garantieren (Wilderer et al. 1992, S. 51–67). Für das Getreidesilo heißt das: Eine mögliche Ausführung in wasserundurchlässigem Beton scheidet aus. Stattdessen wird herkömmlicher Stahlbeton eingesetzt und im Anschluss mit einem geeigneten Abdichtungsverfahren behandelt. Bei den inneren Zellen kann analog vorgegangen werden, allerdings setzt dies die vorherige Reinigung der bestehenden Betonoberfläche voraus (Merkl 2005, S. 112). Bei der Wahl des konkreten Abdichtungsverfahrens geht es in erster Linie darum, welches System zuverlässig, praktikabel und angemessen erscheint und darüber hinaus aus Kostensicht zu vertreten ist. In die engere Auswahl kommen zwei Lösungen: zementgebundene Beschichtungen und kunststoffvergütete Mörtel. Diese liegen preislich bei etwa 35–60 €/m², während andere Systeme, wie etwa Folien oder Edelstahlverkleidungen, zu-

Abb. 12.7 Zellverstärkung. (Eigene Darstellung in Anlehnung an Timm 1987, S. 149)

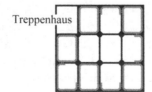

Treppenhaus

bestehende Wand

neue Wand

meist bei Preisen von 100 €/m^2 und mehr liegen (Merkl 2005, S. 132). Zementgebundene Beschichtungen werden schon seit Längerem zur Abdichtung von Trinkwasserbehältern eingesetzt. Da es vermehrt zu Schadensfällen gekommen ist, muss bei der Verarbeitung des Materials und der Vorbehandlung des Untergrunds besonders sorgfältig vorgegangen werden. Der Deutsche Verein des Gas- und Wasserfachs e. V. (DVGW) hat hierfür eigene technische Anforderungen aufgestellt (Merkl 2005, S. 111). In einem qualitativen Vergleich unterschiedlicher Abdichtungsverfahren erzielen sie aber 20 von 27 möglichen Punkten. Die Lebensdauer wird mit bis zu zehn Jahren angegeben (Merkl 2005, S. 133).

Das Krafthaus (B) des Pumpspeicherkraftwerks, in dem die maschinelle Einrichtung, d. h. Turbine, Motorgenerator und Pumpe, untergebracht ist, wird als Neubau konzipiert und unmittelbar an der Böschungskante zum Hafenbecken platziert. Die Verbindung zum Hauptbau bzw. den Silozellen stellt die Druckleitung (C) her. Um das gleichmäßige Fluten der Silozellen und einen einheitlichen Pegel zu garantieren, sind diese über Öffnungen in den aufgehenden Wänden kurzgeschlossen (D).

Speicherkapazität und Kostenschätzung

In der Ausführung als Pumpspeicher erzielt das Silo eine Speicherkapazität von etwa 1027 kWh. Dies entspricht dem Tagesbedarf an elektrischer Energie von etwa 100 Einfamilienhäusern bzw. 100 Vier-Personen-Haushalten. Was die Investitionskosten anbelangt, liegt das Pumpspeicherkraftwerk gleichauf mit dem Hubspeicher. Der wesentliche Unterschied liegt in den Kosten je gespeicherter Kilowattstunde. Bei einer Gesamtkapazität von 1027 kWh fallen hierfür etwa 3200 € an, was einem Siebtel des Hubspeichers entspricht. Das ist zwar dreimal so viel wie bei einem Batteriespeicher, man darf allerdings nicht vergessen, dass die technischen Parameter des Pumpspeichers ganz andere Zyklenzahlen und eine theoretisch unbegrenzte Laufzeit erlauben. Hinzu kommen die fast bei null liegenden Bereitschaftsverluste. Im Gegensatz zum Hubspeicher, bei dem ein wirtschaftlicher Betrieb eher unwahrscheinlich erscheint, könnte der Pumpspeicher in der vorliegenden Kapazität durchaus interessant sein. Laut Schätzung entfällt der größte Kostenanteil von 80 % auf die Maßnahmen zur Abdichtung und Ertüchtigung des Bestands. Im Gegensatz zum Hubspeicher veranschlagt die maschinelle Einrichtung, d. h. Pumpe, Turbine, Motorgenerator und Druckleitung, nur 5 % der Baukosten. Entscheidend für die Gesamtkosten ist also in erster Linie die statische Leistungsfähigkeit des Bestandsbaus und inwiefern es gelingt, die erforderlichen baulichen Maßnahmen zu optimieren. Vergleicht man die Umbaukosten mit denen einen Neubaus, die bei etwa 9.000.000 € liegen würden, so betragen diese etwa 36 % des Neubaupreises. Auch in dieser Hinsicht ist der Pumpspeicher konkurrenzfähig (Tab. 12.6).

12.4.4 Fazit und Ausblick

Das Ergebnis dieser Studie demonstriert, dass es bestimmte industrielle Bauwerkstypen wie die Silobauten gibt, die die strukturellen Voraussetzungen mitbringen, um als Ener-

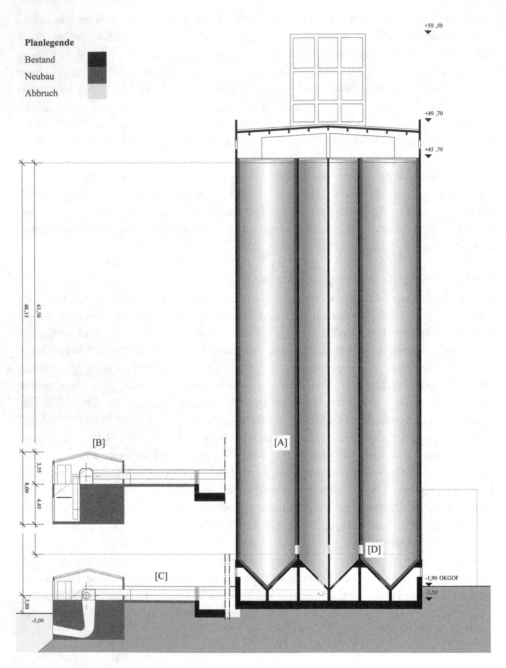

Planlegende

Bestand

Neubau

Abbruch

Abb. 12.8 Querschnitt Silo als Pumpspeicher. (Eigene Darstellung)

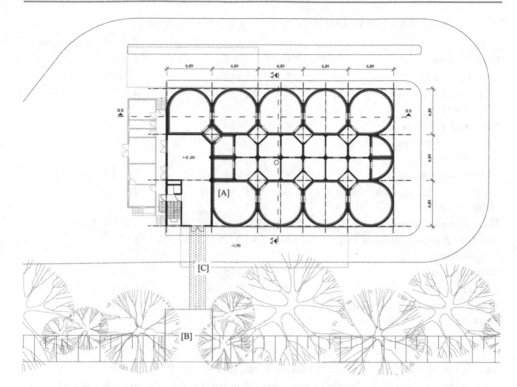

Abb. 12.9 Grundriss Silo als Pumpspeicher. (Eigene Darstellung)

giespeicher reaktiviert zu werden. Besonders aussichtsreich ist in diesem Kontext die Nachnutzung zu einem Pumpspeicherkraftwerk, bei der die Fallstudie den Nachweis erbracht hat, dass weder der erforderliche Kostenrahmen noch die notwendigen baulichen Maßnahmen im Hinblick auf eine mögliche Realisierung unvertretbar erscheinen. Obwohl das Silo mit knapp einer Megawattstunde nur einen verhältnismäßig kleinen Anteil zum gesamten Speicherbedarf wird beisteuern können, darf man den Wert einer derartigen Umnutzung aber nicht allein daran messen. Gerade im Erhalt von schützenswerter Bausubstanz liegt eine große Qualität dieses Ansatzes. Bauwerke, wie das Getreidesilo der Fallstudie, prägen das Stadtbild und sind wichtige Zeitzeugen baukulturellen Schaffens und des Wandels von der Agrar- zur Industriegesellschaft. Gut 5000 m^3 Stahlbeton wären im Fall eines Abrisses zu entsorgen und an anderer Stelle für die Errichtung eines vergleichbaren Neubaus wieder aufzuwenden. Dessen Bau würde Energie erfordern, Fläche und die Bereitstellung von Infrastruktur: alles Dinge, die im Bestand bereits vorhanden sind. Nachhaltig handeln heißt auch, die Angemessenheit der Mittel gegenüber dem voraussichtlichen Nutzen genau abzuwägen, gerade im Hinblick auf zukünftige Generationen. In diesem Sinn ist der Umbau des Silos weitaus ergiebiger, als ein vergleichbarer Neubau. Weiterführende Forschungsvorhaben könnten sich mit der quantitativen Erfassung geeigneter Bauwerke in Deutschland befassen oder Simulationen zur erfolgreichen

Tab. 12.6 Kostenschätzung Variante B: Pumpspeicher. (Eigene Darstellung)

		Summe (minimal)	Summe (Durchschnitt)
Druckleitung	€	59.066	59.066
Maschinensatz	€	63.140	63.140
Anteil an den Gesamtkosten ohne Nebenkosten	%	6,8	4,5
Neubau Krafthaus	€	69.430	76.100
Anteil an den Gesamtkosten ohne Nebenkosten	%	3,8	2,8
Abbruchmaßnahmen	€	91.236	112.459
Anteil an den Gesamtkosten ohne Nebenkosten	%	5,0	4,1
Neubaumaßnahmen	€	1.509.765	2.405.125
Anteil an den Gesamtkosten ohne Nebenkosten	%	84,2	88,5
Nebenkosten	€	448.159	678.972
Gesamtkosten	€	2.240.796	3.394.862
Gesamtkosten mit Regionalfaktor von 0,95	€	2.128.756	3.225.118

Einbindung dieser Speicherklasse in lokale Energienetze durchführen. Perspektivisch wäre mit Sicherheit auch die Realisierung eines Pilotprojekts interessant. Abgesehen davon, dass es sich um den ersten Energiespeicher in dieser Größenordnung handeln würde, bietet es die Möglichkeit, vakante Industriebauwerke mit einer innovativen, zukunftsweisenden neuen Nutzung zu belegen. Die positive Signalwirkung hätte eine Strahlkraft, die sich durchaus vom einzelnen Objekt auf Stadt und Region ausdehnen könnte.

Literatur

BKI – Baukosteninformationszentrum (2013) BKI Baukosten Positionen 2013: Statistische Kostenkennwerte Teil 3. Müller, Rudolf, Stuttgart

BKI – Baukosteninformationszentrum (2014a) BKI Baukosten Gebäude 2014: Statistische Kostenkennwerte Teil 1. Müller, Rudolf, Stuttgart

BKI – Baukosteninformationszentrum (2014b) BKI Baukosten Altbau 2014: Statistische Kostenkennwerte. Müller, Rudolf, Stuttgart

Bundesministerium für Umwelt, Naturschutz und Reaktorsicherheit (2012) Die Energiewende. Zukunft made in Germany. Bundesministerium für Umwelt, Naturschutz und Reaktorsicherheit, Berlin

Bundesministerium für Umwelt, Naturschutz und Reaktorsicherheit, Bundesministerium für Wirtschaft und Technologie (2011) Energiekonzept für eine umweltschonende, zuverlässige und bezahlbare Energieversorgung. Bundesministerium für Umwelt, Naturschutz und Reaktorsicherheit, Bundesministerium für Wirtschaft und Technologie, Berlin

Bundesministerium für Wirtschaft und Technologie, Bundesministerium für Umwelt, Naturschutz und Reaktorsicherheit, Bundesministerium für Bildung und Forschung (2012) Energiespeicher – Forschungsinitiative der Bundesregierung. http://www.forschung-energiespeicher.info. Zugegriffen: 31. Mai 2016

Giesecke J, Heimerl S, Mosonyi E (2014) Wasserkraftanlagen – Planung, Bau und Betrieb, 6. Aufl. Springer, Berlin

Hampe E (1987) Grundlagen. Silos, Bd. 1. Verlag für Bauwesen, Berlin

Hampe E (1991) Bauwerke. Silos, Bd. 2. Verlag für Bauwesen, Berlin

Henn W (1955) Planung, Entwurf, Konstruktion. Bauten der Industrie, Bd. 1. Callwey, München

Internationale Bauausstellung (2010) Energieatlas Zukunftskonzept Erneuerbares Wilhelmsburg. Jovis, Hamburg

Martens P (Hrsg) (1988) Silohandbuch. Ernst, Berlin

Merkl G (2005) Trinkwasserbehälter – Planung, Bau, Betrieb, Schutz und Instandsetzung. Oldenbourg, Oldenburg

Panatscheff C (1989) An empirical formula for the probable specific cost of pumped-storage power stations. Wasserwirtschaft 79:74–79

Rau W (o. J.). Hubspeicher nutzen die Schwerkraft. http://www.hubspeicher.de/. Zugegriffen: 20. Oktober 2016

Schneider KJ (Hrsg) (2014) Bautabellen für Architekten – Mit Berechnungshinweisen und Beispielen, 21. Aufl. Bundesanzeiger, Köln

Schramm W (1965) Lager und Speicher – für Stück- und Schüttgüter, Flüssigkeiten und Gase – Handbuch für Planung, Bau und Ausrüstung. Bauverlag, Wiesbaden

Schulze D (2014) Pulver und Schüttgüter – Fließeigenschaften und Handhabung, 3. Aufl. Springer, Berlin

Steinhauser D, Langer K (1977) Clusteranalyse – Einführung in Methoden und Verfahren der automatischen Klassifikation. de Gruyter, Berlin

Sterner M, Stadler I (2014) Energiespeicher – Bedarf, Technologien, Integration. Springer, Berlin

Theimer OF (1966) Wiederinstandsetzung beschädigter Stahlbetonsilos. Mühle Mischfuttertech 46:759–762

Timm G (1987) Sanierung von Siloanlagen aus Stahlbeton. Beton Stahlbetonbau 6:145–149

Wiedenbeck M, Züll C (2001) Klassifikation mit Clusteranalyse: Grundlegende Techniken hierarchischer und K-means-Verfahren. http://www.gesis.org/unser-angebot/publikationen/archiv/gesis-how-to/. Zugegriffen: 26. Oktober 2016

Wilderer PA, Merkl G, Borho M (Hrsg) (1992) 17. Wassertechnisches Seminar Wasserbehälter Instandhaltung – Fertigteilbauweise. o. V., München

Innovationen im Regenwassermanagement in Hamburg

13

Walter Leal Filho

13.1 Einführung

Regenwasser umfasst Wasser, das auf den Boden fällt und in Gewässer fließt, wobei es in den Boden eindringt oder sich vorübergehend an der Oberfläche sammelt und schließlich in der Atmosphäre verdunstet. Unter extremen Wetterbedingungen kann Regenwasser zu Überschwemmungen führen, die die Infrastruktur in Städten zerstören können. Des Weiteren werden Schadstoffe im Wasser aus städtischen Gebieten durch das Regenwasser weggespült und in Süßgewässer eingeleitet, wo es zu schwerwiegenden Verschmutzungen des Wassers und einer beeinträchtigten Wasserqualität kommt. Probleme aufgrund einer gestiegenen Durchströmung von Regenwasser in städtischen Gebieten entstehen durch geänderte Niederschlagsmuster, die wiederum eine Folge des Klimawandels sind, und der Ausbreitung der Flächenversiegelung in den Städten (Waldhoff et al. 2012). Aufgrund der Urbanisierung und wirtschaftlichen Entwicklung müssen natürliche Gebiete wie Wälder und Wiesen asphaltierten Oberflächen weichen, die für die Erschließung und Errichtung von Wohnungen, Straßen, Fabriken usw. benötigt werden. In Deutschland werden 122 ha Naturgebiet für solche Erschließungen genutzt, wobei 50 % der Fläche versiegelt werden (Jin 2005). Dadurch kommt es in städtischen Gebieten zu einem gestiegenen Abfluss von Regenwasser, wodurch das Überschwemmungsrisiko steigt und Süßwasser verschmutzt wird (Waldhoff et al. 2012).

Für ein nachhaltiges, städtisches Regenwassermanagement sind ganzheitliche Lösungsansätze unter Einbeziehung der verschiedenen Stakeholder aus Politik, Privatwirtschaft, Gesellschaft und Wissenschaft notwendig. Daher werden in Deutschland verschiedene Strategien verfolgt, insbesondere wenn es um Maßnahmen des dezentralen

W. Leal Filho (✉)
Faculty of Life Sciences, Hamburg University of Applied Sciences
Hamburg, Deutschland
E-Mail: walter.leal@haw-hamburg.de

© Springer-Verlag GmbH Deutschland 2017
W. Leal Filho (Hrsg.), *Innovation in der Nachhaltigkeitsforschung*,
Theorie und Praxis der Nachhaltigkeit, DOI 10.1007/978-3-662-54359-7_13

Regenwassermanagements geht. Deutschland war eines der ersten Länder, in dem eine intensive Forschung zu nachhaltigem Regenwassermanagement betrieben wurde (Jin 2005). Deutschland gehört damit zu den führenden Ländern im Bereich Innovationen und technische Entwicklungen für örtliche und dezentrale Maßnahmen des Regenwassermanagements und der Regenwassernutzung. Obwohl geringfügige Maßnahmen laut Shuster und Rhea (2013) auch nur wenig zu der Staumenge von Abflusswasser beizutragen scheinen, können sie in Einzelfällen dennoch maßgebliche Auswirkungen und hydrologische Folgen für die Stauwassermenge haben, insbesondere durch die Reduzierung der Abflussmenge und demzufolge die Senkung des Verschmutzungsgrads von Gewässern.

Die Stadt Hamburg sieht sich wie andere großstädtische Regionen weltweit auch mit einem Anstieg an asphaltierten Flächen aufgrund neuer Infrastrukturprojekte konfrontiert. Kommen noch Schwankungen bei Regenfällen und extreme Witterungsverhältnisse dazu, steigt die Wahrscheinlichkeit eines höheren Regenwasserabflusses und das Risiko für Überschwemmungen (Waldhoff et al. 2012). In die Entwicklung von innovativen Techniken und Methoden für das nachhaltige Management von städtischem Regenwasser in Hamburg wurde viel investiert. Hamburg war 1988 beispielsweise die erste deutsche Stadt, die Subventionen für die Umsetzung von Regenwasserauffangsystemen vergeben hat, nachdem die Nutzung von Regenwasser 1980 in Deutschland legalisiert wurde.

Die Ostsee ist eines der vielen Gewässer, das mit einer verschlechterten Wasserqualität aufgrund eines erhöhten Abflusses von Regenwasser in das Gewässer zu kämpfen hat. Im Einzugsgebiet der Ostsee liegen 14 europäische Länder, die jeweils eigene Richtlinien und Regularien bezüglich des Regenwassermanagements haben, was das Problem der Verschmutzung verstärkt hat. Das Projekt Baltic Flows zielt auf die Schaffung eines Rahmens für eine zukünftige Zusammenarbeit der Forschung auf dem Gebiet des Managements und der Überwachung bei der Einleitung von Regenwasser in das Einzugsgebiet der Ostsee ab, indem gemeinsame Ansätze beim Management und der Überwachung der Qualität und Quantität des eingeleiteten Regenwassers in das Ostseegebiet erarbeitet werden, um das gemeinsame Ziel des Schutzes der Ostsee vor weiterer Verschmutzung zu erreichen. Fünf Länder im Einzugsgebiet der Ostsee sind an dem Projekt beteiligt: Deutschland, Finnland, Lettland, Schweden und Estland. Hamburg ist der regionale Partner in Deutschland.

Diese Arbeit ist Teil einer Studie zur Beurteilung des Status des Regenwassermanagements in Deutschland und in Hamburg im Speziellen, da ein Teil des Projekts Baltic Flows aus dem FP7-Förderprogramm der Europäischen Union finanziert wird. Der Status des Regenwassermanagements in der Region Hamburg wird anhand einer Literaturrecherche kurz vorgestellt. Es werden allgemeine Informationen über die Region, momentan genutzte Technologien im Regenwassermanagement, Richtlinien zum Regenwassermanagement in der Region, relevante Datenbänke und Verbände, Hauptakteure in Forschung und technischer Entwicklung im Hinblick auf das städtische Regenwassermanagement, finanzielle Akteure im Regenwassermanagement und die wirtschaftliche Entwicklung in der Region im Verhältnis zum städtischen Regenwassermanagement besprochen.

13.2 Hintergrundinformationen zu Hamburg

13.2.1 Allgemeine Informationen zur Region

Nach Berlin ist Hamburg die zweitgrößte Stadt Deutschlands. Die Stadt umfasst ein Gebiet von 755 km² und hat eine Einwohnerzahl von etwa 1,8 Mio. Die Metropolregion Hamburg ist eine monozentrische Region, die aus der Kooperation der Stadt Hamburg und 19 anderen Verwaltungsbezirken und kreisfreien Städten der Bundesländer Schleswig-Holstein, Niedersachen und Mecklenburg-Vorpommern (Abb. 13.1) entstanden ist. Die Metropolregion umfasst ein Gebiet von insgesamt 26.103 km² und hat fünf Millionen Einwohner (Statistikamt Nord 2014; MRH 2014).

Die Stadt Hamburg gliedert sich in sieben Stadtbezirke mit eigener Verwaltung: Altona, Bergedorf, Eimsbüttel, Hamburg-Mitte, Hamburg-Nord, Harburg und Wandsbek (MRH 2014). Die Behörde für Stadtentwicklung und Umwelt beschäftigt sich hauptsächlich mit den Fragen des Wassermanagements (Ellis et al. 2006).

Abb. 13.1 Karte der Metropolregion Hamburg. (MRH 2014)

Hamburg liegt geographisch zwischen der Nordsee und der Ostsee. Die Stadt befindet sich am Zusammenfluss der Elbe mit der Alster und der Außenalster. Die Region kennzeichnet sich durch ein gemäßigtes Klima mit trockenen Sommermonaten. Der meiste Niederschlag fällt zwischen November und April (Consulaqua 2012).

13.2.2 Momentaner Status des städtischen Wassermanagements in Hamburg

Hamburg war die erste europäische Stadt mit einem zentralen System für die Trinkwasserversorgung und einem Abwassermanagement, das von den Gemeindebehörden betrieben und unterhalten wurde. Danach wurden die Hamburger Wasserwerke (HWW) und die Hamburger Städteentwässerung (HSE) Nachfolger dieser Behörden und sie liefern jetzt bereits seit Jahrzehnten exzellente Dienstleistungen im Bereich Wasser (Ellis et al. 2006). Im Jahr 2006 haben sich HWW und HSE zum horizontal strukturierten Unternehmen Hamburg Wasser zusammengeschlossen, dem größten kommunalen Wasserversorgungs- und Stadtentwässerungsunternehmen Deutschlands. Mit dieser Unternehmensstruktur können zahlreiche Synergieeffekte zum Wohl des Kunden genutzt werden, während die steuerlich vorgeschriebenen Unternehmensstrukturen ebenfalls eingehalten werden (Consulaqua 2012).

Wasserressourcen und Wasserversorgung in Hamburg
Die Wasserversorgung der Stadt Hamburg erfolgt ausschließlich über Grundwasser. Täglich werden von Hamburg Wasser durchschnittlich 300.000 m³ Wasser bereitgestellt (Waldhoff 2010). Aufgrund der Filterwirkung der Erde kennzeichnet sich die Grundwasserqualität im Vergleich zu dem Oberflächenwasser aus den Speicherbecken durch einen hohen Reinheitsgrad. Basierend auf Daten aus dem Jahr 2012 beträgt der Pro-Kopf-Wasserverbrauch in Hamburg 1171 pro Tag, was einen Rückgang gegenüber dem Wert von 1251 pro Kopf und Tag im Jahr 1996 bedeutet, der hauptsächlich auf die Installation von Wasserzählern in Häusern/Wohnungen, die Modernisierung von Sanitäranlagen, wassersparende Haushaltsgeräte und den bewussteren Umgang mit Trinkwasser durch die Verbraucher zurückzuführen ist (Schuetze 2013).

Herkömmliches Abwassermanagement in Hamburg
Das Abwassermanagement der Stadt Hamburg umfasst das Auffangen von Abwasser über die Kanalisation und die Aufbereitung in einer zentralen Aufbereitungsanlage (Klärwerk Köhlbrandhöft/Dradenau) sowie die Einleitung des aufbereiteten Wassers in die Elbe. Die Kanalisation besteht aus Mischkanalisation und Trennkanalisation mit einer Gesamtlänge von 5548 km. Etwa 450.000 m³ Abwasser werden täglich im zentralen Klärwerk aufbereitet (Hamburg Wasser 2014). Die gesamte Kanalisation besteht zu 77 % aus Trennkanalisation und zu 23 % aus Mischkanalisation. Das in der Mischkanalisation auf-

gefangene Regenwasser wird zusammen mit dem Abwasser der Privathaushalte und der Industrie aufbereitet und eingeleitet (Consulaqua 2012; Hamburg Wasser 2014).

Regen und Überschwemmungen

Der jährliche Niederschlag schwankt zwischen 507 und 985 mm, wobei das jährliche Mittel bei etwa 750 mm liegt (BSU 2006). Aus Oberflächenwasser besteht 8 % des Stadtgebiets, 40 % besteht aus Grünflächen und die restlichen 52 % sind Verkehrs- und Wohnflächen. Dabei sind 72 % der Flächen der Verkehrs- und Wohnflächen (280 km^2) versiegelt (Waldhoff 2009). In den letzten Jahren, insbesondere im Jahr 2011, hat Starkregen großen Sachschaden angerichtet; Menschen kamen jedoch nicht zu Schaden und die Volksgesundheit war nicht bedroht.

Die Sturmfluten in Hamburg, die seit 1750 dokumentiert werden, können in drei Phasen eingeteilt werden: Zeitraum vor 1850 mit häufigen Schäden, ruhiger Zeitraum zwischen 1855 und 1962 und ein Zeitraum mit vermehrten, aber gut beherrschten Sturmfluten seit 1962. Die große Sturmflut von 1962 verursachte schwere Schäden entlang der gesamten deutschen Nordseeküste. In Hamburg brachen viele Deiche und über 300 Menschen kamen um (CCA 2014). Im Jahr 2013 kam es zu einer Sturmflut, die höher als die Sturmflut von 1962 war, aber aufgrund der verbesserten Deichanlagen und Katastrophenschutzmaßnahmen hielt sich der Schaden in Grenzen (Brautlecht 2013).

13.3 Richtlinien und Rechtsvorschriften im städtischen Regenwassermanagement

13.3.1 Behördlicher und rechtlicher Rahmen des Wassermanagements in Deutschland

In Deutschland liegt die Verantwortung für das Wassermanagement einschließlich der regulatorischen, planerischen, strategischen und vollstreckenden Gewalt bei den zahlreichen Wasserbehörden der Bundesländer und Kommunen (Nickel et al. 2013; Moss 2004). Der behördliche Rahmen für den Schutz, die Planung und das Management der Wasserressourcen ist in die allgemeine politische, gesetzgebende und behördliche Struktur der Bundesrepublik Deutschland eingebettet. Diese kennzeichnet sich neben der Europäischen Union durch drei weitere Machtebenen: die Bundesrepublik, die Bundesländer und die Kommunen. Auf dem Gebiet des Wassermanagements kann die Bundesregierung lediglich Rahmengesetze erlassen, während die Bundesländer die Struktur und den Umfang des Wassermanagements im Rahmen der Bundesgesetze letztendlich selbst festlegen können (Kampa et al. 2003). Die Rolle der verschiedenen zuständigen Behörden und deren institutionelle Einteilung sind in Tab. 13.1 zusammengefasst.

Tab. 13.1 Rolle der verschiedenen zuständigen Behörden und deren institutionelle Einteilung. (Nach Kampa et al. 2003)

Institution	Rolle beim Wassermanagement
Bundesrepublik	Repräsentiert Deutschland auf internationaler Ebene (internationale Kommissionen, Europäischer Gerichtshof usw.) Umsetzung von Gemeinschaftsrecht Verwaltung der Bundeswasserstraßen
Zusammenarbeit zwischen Bundesrepublik und Bundesländern	Meeresschutz Überwachungsprogramme
Verträge der Bundesländer	Grenzüberschreitende Wasserversorgung, Kanalisation und Wasserressourcenmanagement
Bund/Länder-Arbeitsgemeinschaft Wasser (LAWA)	Harmonisierung und Implementierung der Gesetzgebung
Institutionen der Bundesländer	Wassermanagement und Flussgebietsmanagement
Parlamente und Regierungen der Bundesländer	Umsetzung europäischer Gesetze und der Wassergesetze der Länder
Wasserbehörden und Wasserwirtschaft	Implementierung der Rechtsvorschriften der Bundesländer Einnahme von Abwassergebühren Einnahme von Wasserentnahmegebühren Überwachung, Vollstreckung, Information
Wasserverbände	Wasserversorgung, Kanalisation und Wasserressourcenmanagement, Hochwasserschutz
Interkommunale Verbände	Wasserversorgung und Kanalisation

13.3.2 Richtlinien und Rechtsvorschriften auf europäischer Ebene

Die Europäische Wasserrahmenrichtlinie

Die Wasserrahmenrichtlinie (WRRL) der Europäischen Gemeinschaft ist die Grundlage für die meisten Richtlinien und Rechtsvorschriften der Wasserwirtschaft in den Ländern der Europäischen Union (EU 2000). Die WRRL bietet einen Rahmen für die Regulierung des Schutzes, integrierten Managements und der Nutzung der Wasserressourcen in Europa, einschließlich Flüssen, Seen, Küstengewässern und Grundwasser. Sie zielt darauf ab, die Wasserprobleme in der EU zu lösen, gibt den nationalen Regierungen der Mitgliedstaaten einen Handlungsrahmen und muss unter Mitwirkung der Bürger umgesetzt werden (Schuetze 2013).

13.3.3 Richtlinien und Rechtsvorschriften auf nationaler Ebene

Das deutsche Wasserhaushaltsgesetz

Das deutsche Wasserhaushaltsgesetz (WHG 2009) schafft einen Rahmen für die Wasserwirtschaft auf nationaler Ebene, einschließlich Grundwasserverschmutzung und -verschlechterung, städtische Abwasseraufbereitung, Umweltschutz, Hochwasserrisiken, und für gemeinschaftliche Aktionsnetzwerke, die gemeinhin als erster Schritt für die Umsetzung von Systemen angesehen werden. Das WHG trat am 01. März 2010 auf nationaler Ebene in Kraft (BMU 2010). Zusammen mit den Landeswassergesetzen definiert das WHG wasserwirtschaftliche Ziele für alle Gewässer in Deutschland, die den Bestimmungen der Wasserrahmenrichtlinie der EU entsprechen müssen.

Bezüglich des städtischen Regenwassermanagements schreibt das WHG i. d. R. vor, dass darauf geachtet werden muss, dass der natürliche hydrologische Kreislauf aufrechterhalten und ein Anstieg des Abflusses und der Abflussmenge an Regenwasser vermieden wird. Dezentrale Maßnahmen zum Regenwassermanagement wurden offiziell als die bevorzugte Methode zum Entwässerungsmanagement verabschiedet und sie sollten wenn möglich zuerst berücksichtigt und umgesetzt werden (WHG 2009). Die Deutsche Vereinigung für Wasserwirtschaft, Abwasser und Abfall (DWA) hat technische Vorschriften für die Wasserwirtschaft angenommen, die auch Teile der Planung, des Baus und der Instandhaltung von Regenwasserentwässerungssystemen sowie dezentrale Normen für die Regenwasseraufbereitung umfassen. Die entsprechenden Dokumente DWA-M 153 (DWA 2007) und DWA-A 138 (DWA 2005) enthalten technische Designspezifikationen zum Regenwassermanagement für Ingenieure, die sich mit der Rückhaltung, Versickerung und Aufbereitung von Wasser beschäftigen (Chlebek et al. 2011).

Das Bundesnaturschutzgesetz
Das Bundesnaturschutzgesetz beschreibt die Landschaftspflege als zentrales Instrument für den Erhalt von natürlichen Ressourcen und gibt Kommunen die Möglichkeit, eine Reihe von Strategien auszuarbeiten, um Spannungen zwischen Naturschutz und Städteentwicklung auszugleichen (BNatSchG 2009). Die Landschaftspflege ermöglicht es den Kommunen, eine umfangreiche Strategie zu erarbeiten, die bestens auf die Bedürfnisse der Kommune abgestimmt ist. Lokale Landschaftspläne werden auf der Grundlage von Spezifikationen in regionalen und länderspezifischen Programmen erarbeitet. Auf kommunaler Ebene unterstützen Landschaftspläne die Suche nach Ausweichstandorten und die Festlegung von Minderungsmaßnahmen und umwelttechnischen Ausgleichsmaßnahmen, die laut Umweltschutzgesetzgebung bei Auswirkungen auf oder Einschnitten in die natürliche Umgebung notwendig sind.

Das deutsche Baugesetzbuch
Es existieren Regelungen für den Bau von städtischen Regenwassermanagementsystemen (Entwässerungsanlagen) und Raumplanungsverordnungen (Baugesetzbuch; BauGB 1960). Diese Raumplanungsverordnungen sind im Baugesetzbuch festgelegt und die Raumplanung erfolgt gemäß diesen Regularien. So gibt es beispielsweise Rechtsvorschriften für die Schaffung von Grünanlagen als Ausgleichsmaßnahme und die Umsetzung von sog. Low-impact-development(LID)-Technologien.

Das deutsche Abwasserabgabengesetz

Im deutschen Abwasserabgabengesetz (AbwAG) ist das Verursacherprinzip festgelegt, d. h. dass derjenige, der für die Verschmutzung durch die Einleitung von Abwasser verantwortlich ist, eine Gebühr zahlen muss (AbwAG 2010).

Die deutsche Initiative zur nationalen Stadtentwicklungspolitik

Die deutsche Initiative zur nationalen Stadtentwicklungspolitik schafft die Grundlage für nachhaltige Stadtentwicklungsprojekte und bezieht die Öffentlichkeit durch die Etablierung von erfolgreichen Kommunikationspraktiken und die Integration verschiedener Richtlinien mit ein (BMVBS 2007). Das Projekt Jenfelder Au in Hamburg fällt beispielsweise unter diese Initiative zur nationalen Stadtentwicklung.

13.4 Momentan realisierte Maßnahmen zum städtischen Regenwassermanagement

Hamburg steht vor der Herausforderung der steigenden Flächenversiegelung durch fortschreitende Verdichtung und neue Erschließungsprojekte sowie steigenden Schwankungen bei der Regenintensität aufgrund des Klimawandels, was zusammen zu einem erhöhten Abfluss von Regenwasser und einer häufigeren Überlastung der Kanalisation führt und damit das Risiko von Überschwemmungen erhöht. Das Problem kann aufgrund wirtschaftlicher Überlegungen oder dem Mangel an Platz nicht durch die Errichtung zusätzlicher Auffangbecken in der Kanalisation gelöst werden. Durch das Überlaufen der Kanalisation wird die konzipierte Kapazität wahrscheinlich überschritten (Waldhoff et al. 2012). In der Stadt werden daher verschiedene dezentrale Maßnahmen zum Regenwassermanagement untersucht und umgesetzt. In diesem Abschnitt werden einige dieser Maßnahmen, Techniken und Konzepte für ein dezentrales, städtisches Regenwassermanagement auf kommunaler Ebene für die Region Hamburg sowie auf nationaler Ebene erläutert.

13.4.1 Maßnahmen zum städtischen Regenwassermanagement in Hamburg

Hamburg Water Cycle

Die Umsetzung des Konzepts des Hamburg Water Cycle (HWC) in der Jenfelder Au stellt eine dezentrale Maßnahme des Regenwassermanagements dar, wobei der Regenwasserabfluss von der Kanalisation getrennt ist und damit über die natürliche Umgebung durch offene Kanäle in die lokalen Gewässer abfließen kann, die als Teiche und Seen angelegt sind und somit die Attraktivität der Landschaft in diesem Wohngebiet erhöhen (Funk und Krieger 2013). Das HWC-Projekt umfasst auch die lokale Verwendung des Regenwassers zur Bewässerung von Grünflächen (Hamburg Wasser 2014).

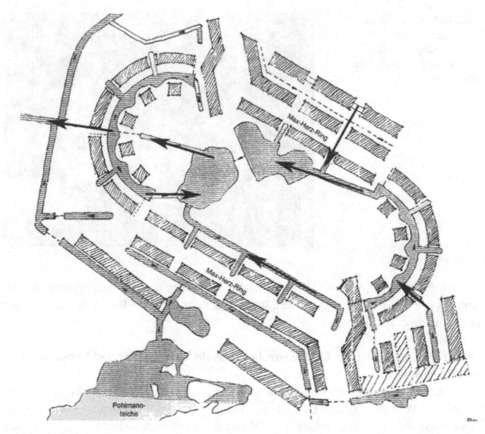

Abb. 13.2 Übersichtsplan des Entwässerungssystems. (Chlebek et al. 2011)

Projekt an der Trabrennbahn Farmsen

Dieses Projekt ist ein Beispiel für das lokale Regenwassermanagement durch den Einsatz eines offenen Entwässerungssystems in einem neu errichteten Wohngebiet. Das Regenwasser der Straßen und Dächer der Gebäude wird in einer Anlage gesammelt, die aus begrünten Rigolen, zwei Meter breiten, künstlichen Abflusskanälen und zwei Auffangbecken besteht (Abb. 13.2; Chlebek et al. 2011). Das Besondere an diesem Projekt ist der Grundriss des Bauprojekts: Er erinnert in seiner Form an die Rennbahn, die sich vorher auf dem Baugelände befunden hat. Die neuen Wohnblocks passen sich hervorragend in die Umgebung ein und die Infrastruktur des Regenwassermanagements ist ästhetisch ansprechend.

Ökologische Siedlung Allermöhe

Das Regenwassermanagement in Allermöhe umfasst u. a. Gründächer und die Regenwassergewinnung von den Dächern der Wohnhäuser und die Speicherung in unterirdischen Zisternen, sodass das Wasser für Waschmaschinen und die Bewässerung der Gärten ge-

Abb. 13.3 Verwendung
von Regenwasser für die
Bewässerung von Gärten.
(Ökologisches Leben Allermöhe e. V.)

nutzt werden kann (Abb. 13.3). Teile des Regenwassers der Siedlung werden in kleinen Becken und Gräben aufgefangen, damit das Wasser in den Boden versickern kann
(Rauschning et al. 2009).

**Multifunktionale Flächen für die vorübergehende Rückhaltung und Versickerung
von Regenwasser**

Die Nutzung von multifunktionalen Flächen als neue Strategie des Regenwassermanagements zur Verringerung des Überschwemmungsrisikos wird momentan von Hamburg
Wasser geprüft. Die Idee dahinter ist, Verkehrs-, Erholungs- oder sonstige geeignete
Stadtflächen zum Hochwasserschutz für die kurzfristige Speicherung, Rückhaltung oder
Versickerung von abfließendem Wasser zu verwenden, um Schäden durch Überschwemmungen an empfindlichen städtischen Infrastrukturen zu vermeiden (Waldhoff et al.
2012).

Grundschule Wegenkamp

Das Projekt ist das Ergebnis der Zusammenarbeit zwischen der Behörde für Stadtentwicklung und Umwelt (BSU), Hamburg Wasser und der Schulbaubehörde Hamburg im
Rahmen des sog. RISA-Projekts (Regeninfrastrukturanpassung). Das RISA-Projekt umfasst verschiedene Standorte in Hamburg. Als die Kanalisation erneuert werden sollte,
wurde die bestehende Infrastruktur der Grundschule Wegenkamp angepasst (Abb. 13.4).
Bei Starkregen kann auf dem Schulgelände Regenwasser gespeichert werden, das dann
kontrolliert in die Kanalisation eingeleitet werden kann. Im Rahmen dieses Projekts wird
Regenwasser von den Dächern gesammelt und in Rückhaltebecken gespeichert. Neben
dem Regenwassermanagement und der Reduzierung des Überschwemmungsrisikos lehrt
dieses Konzept den Schülern auch etwas über den Wasserkreislauf und die Wasserwirtschaft (BSU 2014).

Abb. 13.4 Regenwassermanagement der Grundschule
Wegenkamp. (© Arbos)

Grundschule Moorflagen

Der Ansatz ähnelt dem Projekt der Grundschule Wegenkamp. Als die Kanalisation erneuert werden musste, wurde die Infrastruktur im Rahmen des RISA-Projekts so angepasst,
dass das Regenwasser dezentral aufbereitet wird. Das Wasser von den Dächern wird in
unterirdische Versickerungsbecken geleitet. Die versiegelten Gehwege wurden so gestaltet, dass Regenwasser zu den Grünflächen geleitet wird (Abb. 13.5). Der Unterschied
zur Grundschule Wegenkamp besteht darin, dass fast keine Instandhaltung notwendig ist,
da das System nicht mit der öffentlichen Kanalisation verbunden ist (Hamburger Wasser
2014).

Sonstige Projekte

- Projekt Kleine Horst – bodennahe Sammlung und Versickerung von Regenwasser
  (BSU 2006). Als Teil des RISA-Projekts wird das Regenwasser von den Dächern der
  234 Wohneinheiten gesammelt und zu den Grünflächen geleitet. Wasser von den Geh-
  wegen wird über Rigolen und Gräben zu einem Rückhaltebecken geleitet (Hamburger
  Wasser 2014).
- Regenwassermanagement am Universitätsklinikum Hamburg-Eppendorf – Sammlung
  von Regenwasser vom Dach mit anschließender Aufbereitung in einem Speicherbecken und Einleitung des aufbereiteten Wassers in den Isebekkanal (BSU 2006).

Abb. 13.5 Regenwassermanagement der Grundschule
Moorflagen. (© Arbos)

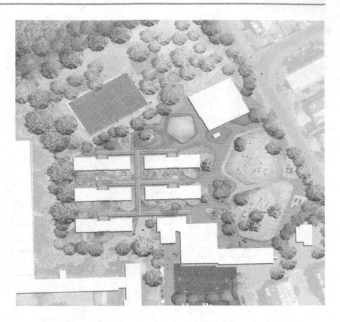

- Bodenfilter
  - Halenreie – Rückhaltebecken und nachgelagertes künstliches Sumpfgebiet zum Schutz des Naturschutzgebiets Volksdorfer Teichwiesen
  - Bornmühlenbach – Rückhaltebecken und Bodenfilter zum Schutz des Trinkwassers in Curslack
  - Ebeersreye – vertikal verlaufender Bodenfilter mit vorgelagertem Absetzbecken zur Verringerung der Schadstoffbelastung des Oberflächenwassers der Osterbek (BSU 2006).
- Lokstedt 56 – 600 Wohneinheiten in Eimsbüttel wurden mit Gründächern, Rigolen zur Versickerung des aufgefangenen Wassers von den Dächern sowie wasserdurchlässigen Pflastersteinen für Gehwege und Parkplätze ausgestattet (Hamburger Wasser 2014).

Schlussfolgerung: Potenzial für die Regenwassergewinnung in Hamburg

Hamburg ist eine wachsende Stadt mit einer sehr starken Wirtschaft und geschäftsfreund-
lichen Regelungen, die im Allgemeinen als Wirtschaftsmotor gilt. Die Stadt hat im Vergleich zu anderen Bundesländern in Deutschland die höchste Pro-Kopf-Jahreswirtschafts-
leistung und die höchste Kaufkraft (Hamburg 2014). Bei der wirtschaftlichen Entwicklung
versucht die Stadt Maßnahmen zu berücksichtigen, mit der die gute ökologische Qualität
aufrechterhalten und Ressourcen nachhaltig bewirtschaftet werden können. Die Kombination aus Wirtschaftswachstum, Lebensqualität und Umweltschutz ist das Ergebnis der
strategischen und nachhaltigen Stadtentwicklung in Hamburg.

Das Potenzial für die Regenwassergewinnung der Stadt Hamburg ist laut Schuetze
(2013) erheblich. Diese Schätzung basiert auf der Berechnung der Regenmenge in einem
bestimmten Gebiet mit spezifischen Abflusskoeffizienten. In der Studie wird davon aus-

gegangen, dass 52 % (390.000.000 m²) des Stadtgebiets mit Verkehrs- und Wohnflächen zu dem Gewinnungspotenzial beitragen. Die Fläche wird des Weiteren in die drei Bereiche nicht begrünte Dächer, versiegelter Boden und nicht versiegelter Boden eingeteilt, die jeweils eigene Abflusskoeffizienten besitzen. Die durchschnittliche Niederschlagsmenge von 714 mm wurde berücksichtigt, jedoch beträgt dieser Wert laut Statistikamt Nord (2014) 771 mm/Jahr für die Stadt Hamburg und 750 mm/Jahr laut BSU (2006). Unter diesen Voraussetzungen wird davon ausgegangen, dass 162.524.250 m³ Wasser pro Jahr gewonnen werden können. Dies würde den Wasserbedarf aller Haushalte der Stadtbewohner decken, wenn von einem durchschnittlichen Trinkwasserverbrauch von 117 l pro Kopf und Tag ausgegangen wird. Dabei bliebe noch ein Überschuss zur Erweiterung der Süßwassergewässer in der Stadt übrig (Schuetze 2013).

Durch die stadtweite Regenwassergewinnung und Verwertungssysteme wird nicht nur Wasser gespeichert, sondern es werden auch weniger Schadstoffe aus der Kanalisation in die Gewässer eingeleitet, die durch eine Überströmung von Regenwasser entstehen können (UN-HABITAT 2005). Des Weiteren kann die Nutzung von Regenwasser laut McCann (2008) zu einem doppelten Einsparpotenzial führen, nämlich erstens bei den Kosten für Trinkwasser und zweitens die Verringerung der Abgaben für die Regenwasserentsorgung, die in den meisten deutschen Städten entrichtet werden müssen.

Hamburg engagiert sich traditionell stark für die Einführung von nachhaltigen Umweltschutzmaßnahmen. Die Stadt wurde 2011 aufgrund der hohen Umweltnormen und Entwicklungsziele von der Europäischen Kommission als Umwelthauptstadt Europas ausgezeichnet. Im Jahr 2013 fand in Hamburg die sechsmonatige Internationale Bauausstellung statt (IBA Hamburg), auf der das Potenzial grüner Technologien für Unternehmen und Anwohner aufgezeigt wurde, einschließlich innovativer Technologien für das dezentrale, städtische Regenwassermanagement (IBA Hamburg 2014). Die starke Ausrichtung auf umweltfreundliche, nachhaltige Technologien für die unterschiedlichen Aspekte des Ressourcenmanagements in Hamburg bietet die Möglichkeit, auch innovative Technologien für das städtische Regenwassermanagement zu entwickeln und Unterstützung für die Umsetzung, Produktion und Vermarktung zu erhalten. Die Erfahrung mit gruppenbasierten Strategien bei der wirtschaftlichen Entwicklung bietet darüber hinaus die Möglichkeit, einfacher Gruppen für das Regenwassermanagement und die Überwachung in der Ostseeregion im Rahmen des Projekts Baltic Flows zu bilden.

13.5 Schlussfolgerung: nachhaltiges Regenwassermanagement – was können wir anderen bieten?

In der Region Hamburg ist das dezentrale Regenwassermanagement ein sehr wichtiges Thema. Viele Projekte – von kleinen Projekten wie eine Grundschule bis hin zu großen Wohnblöcken wie die Trabrennbahn Farmsen – wurden umgesetzt, um die Herausforderungen des Wassermanagements aufgrund der intensiven Stadtentwicklung anzugehen. Das städtische Wasserunternehmen Hamburg Wasser und die Behörde für Stadtentwick-

lung und Umwelt (BSU) arbeiten bei der Entwicklung eines innovativen Regenwasserma-
nagementsystems, dem sog. Hamburg Water Cycle (HWC), eng zusammen. Mit diesem
System soll das Regenwassermanagement in die städtische Landschaftsplanung eingebunden werden. Das Grundprinzip dieses Modells basiert auf der separaten Aufbereitung
bzw. dem separaten Transport des Wassers in den Kategorien Regenwasser, Grauwasser
und Schwarzwasser. Dadurch kann das Abwasser aus den Haushalten effizienter genutzt
werden. Grauwasser schließt Abwasser von Abflüssen oder Geschirrspülmaschinen ein.
Abwasser, das Urin oder Fäkalien enthält, wird Schwarzwasser genannt. Das Abwasser
wird dabei wirtschaftlich und umweltfreundlich aufbereitet. HWC verbindet dabei die
Wasserwirtschaft mit der Energieproduktion, indem die aus dem Schwarzwasser gewon-
nene Biomasse zur Herstellung von Biogas verwendet wird (Hamburger Wasser 2014).
Die Jenfelder Au wird das erste Wohngebiet, indem HWC vollständig angewandt wird.
Das Projekt wird unter dem Motto „Einheit in Vielfalt" entwickelt. Das Projekt verbindet
die nachhaltige Wasserwirtschaft mit sozialer Nachhaltigkeit und bietet dafür verschie-
dene Wohnkonzepte in unterschiedlichen Preisklassen an. Daher werden verschiedene
demographische Gruppen angesprochen (Hamburger Wasser 2014). Da die soziale Sei-
te der Nachhaltigkeit in Zukunft eine immer wichtigere Rolle spielen wird, könnte dieses
Projekt auch für andere Städte und Regionen im Ostseegebiet eine Bereicherung sein. Das
Konzept des HWC kann auch in anderen Gebieten zum intelligenten Management von
Regenwasser eingesetzt werden.

Um die regionalen Kapazitäten im Bereich der Überwachung und des Managements
von Regenwasser zu ermitteln, wurde von den verschiedenen Stakeholdern der Part-
nerregionen des Projekts Baltic Flows eine Umfrage ausgefüllt: Die Länder Finnland,
Schweden, Lettland, Estland und Deutschland haben teilgenommen. Von den deutschen
Stakeholdern sind fünf an einer Zusammenarbeit auf lokaler, regionaler, nationaler oder
selbst internationaler Ebene interessiert. Sie beschäftigen sich hauptsächlich mit der
Forschung und technischen Entwicklung im Bereich Regenwassermanagement. Drei
Stakeholder kommen aus dem akademischen Bereich: zwei Institute der Technischen
Universität Hamburg-Harburg und ein Institut der Hochschule für Angewandte Wissen-
schaften Hamburg. Ein anderer wichtiger Stakeholder, Hamburg Wasser, vertritt den
öffentlichen Sektor. Der einzige Stakeholder aus dem privatwirtschaftlichen Bereich,
die Ingenieurgesellschaft Prof. Dr. Sieker mbH, hat hauptsächlich an verschiedenen
Forschungs- und Pilotprojekten in und um Hamburg mitgewirkt, u. a. an RISA- und
NORIS-Projekten. Alle Stakeholder sind im Bereich der Erforschung des Regenwassermanagements sehr aktiv. Die Stakeholder in Hamburg bieten nicht direkt Leistungen oder
Produkte an, die sie vermarkten und exportieren möchten, sondern entwickeln und testen
neue, innovative Systeme für das Regenwassermanagement. In den anderen Partnerre-
gionen des Projekts Baltic Flows ist die Privatwirtschaft im Vergleich zu Forschung und
technische Entwicklung stärker vertreten. Die Privatwirtschaft kann von den Erfahrungen
und Ergebnissen, die in Hamburg aufgrund der vielen Forschungs- und Pilotprojekte im
Stadtgebiet bereits erzielt wurden und noch werden, lernen. Natürlich ist die Entwicklung
und Anwendung von Technologien zum Regenwassermanagement sehr standortspezifisch

und hängt zu einem Großteil von den projektspezifischen Voraussetzungen und Rahmenbedingungen ab, aber die Tatsache, dass Hamburg viele neue und innovative Projekte wie die Projekte im Rahmen des RISA-Projekts oder des Hamburg Water Cycle umgesetzt hat und weiterhin umsetzen wird, zeigt, dass diese dezentralen Systeme funktionieren, wenn sie richtig eingesetzt werden. Hamburg engagiert sich sehr für die Entwicklung und den Test von innovativen und effizienten, aber auch wirtschaftlich durchführbaren Technologien im Bereich des Regenwassermanagements und die Stakeholder sind in der Lage, wertvolles Wissen an andere Regionen des Ostseegebiets weiterzugeben.

Die in dieser Arbeit dokumentierten Erfahrungen zur nachhaltigen Verwendung von Wasser können auf andere Projekte in der Region Hamburg sowie andere Länder und Regionen übertragen werden. Durch die Beteiligung der Öffentlichkeit können das Bewusstsein gestärkt und die Anwohner und Stakeholder besser informiert werden, statt ihnen das Gefühl zu geben, bei Entscheidungen übergangen zu werden.

Literatur

AbwAG (2010) Abwasserabgabengesetz (German Waste Water Levy Act): Gesetz über Abgaben für das Einleiten von Abwasser in Gewässer (AbwAG), as amended on July 31, 2009. www.gesetze-im-internet.de/bundesrecht/abwag/gesamt.pdf. Zugegriffen: 16. Januar 2014

BauGB (1960) Baugesetzbuch in der Fassung der Bekanntmachung vom 23. September 2004 (BGBl. I, S. 2414), das zuletzt durch Artikel 1 des Gesetzes vom 22. Juli 2011 (BGBl. I, S. 1509) geändert worden ist. http://www.gesetze-im-internet.de/bbaug/index.html. Zugegriffen: 16. Januar 2014

BMU (2010) Water Resource Management in Germany, Part 1. Fundamentals, Germany

BMVBS (2007) Nationale Stadtentwicklungspolitik: Towards a national Urban Development Policy in Germany

BNatSchG (2009) Bundesnaturschutzgesetz vom 29. Juli 2009 (BGBl I, S. 2542), das zuletzt durch Artikel 5 des Gesetzes vom 6. Februar 2012 (BGBl. I, S. 148) geändert worden ist. http://www.gesetze-im-internet.de/bnatschg_2009/index.html. Zugegriffen: 22. Januar 2014

Brautlecht N (2013) Hamburg has worst flood in 37 years amid European storms. http://www.bloomberg.com/news/2013-12-06/hamburg-has-worst-flood-in-37-years-as-storms-rage-across-europe.html. Zugegriffen: 27. Mai 2014

BSU (2006) Dezentrale naturnahe Regenwasserbewirtschaftung. http://www.hamburg.de/regenwasserbroschuere/. Zugegriffen: 07. Januar 2014

BSU (2014) Behörde für Stadtentwicklung und Umwelt – Home. http://www.risa-hamburg.de/index.php/behoerde-fuer-stadtentwicklung-und-umwelt.html. Zugegriffen: 30. Mai 2014

CCA (2014) Coastal floods – Germany, climate adaptation. http://www.climateadaptation.eu/germany/coastal-floods/. Zugegriffen: 27. März 2014

Chlebek J, Weber B, Eckart J, Hoyer J (2011) A step forward in integrated urban water management – SWITCH in Hamburg. http://www.irc.nl/page/64532. Zugegriffen: 07. Januar 2014

Consulaqua (2012) Your water sector experts. Consulaqua, Hamburg

DWA (2005) Planung, Bau, und Betrieb von Anlagen zur Versickerung von Niederschlagswasser (Planning, Construction, and Maintenance of Rainwater Infiltration Devices) – Arbeitsblatt DWA-A 138. Deutsche Vereinigung für Wasserwirtschaft, Abwasser und Abfall e. V.

DWA (2007) Handlungsempfehlungen zum Umgang mit Regenwasser (Recommendations for Rainwater Handling) – Merkblatt DWA-M 153

Ellis JB, Scholes L, Revitt DM (2006) Sustainable water management in the city of the future evaluation of current stormwater strategies. SWITCH Project Report.

European Union (2000) The Water Framwork Directive. European Union, Brussels

Funk F, Krieger S (2013) Wohnen in der Jenfelder Au. http://www.conplan-gmbh.de/fileadmin/images/projekte/Jenfelder_Au/JEN_Expose_13-07_16.pdf. Zugegriffen: 18. Januar 2014

Hamburg (2014) Growth & environment. http://marketing.hamburg.de/Growth-environment.143.0.html?L=1. Zugegriffen: 31. Mai 2014

Hamburg Wasser (2014) Hamburg Wasser – Gebühren/Abgaben/Preise. http://www.hamburgwasser.de/tarife-und-gebuehren.html. Zugegriffen: 16. Januar 2014

IBA Hamburg (2014) International Building Exhibition. Projects. http://www.iba-hamburg.de/en/nc/projects.html. Zugegriffen: 15. April 2014

Jin Z (2005) Development of a transparent knowledge-based spatial decision support system for decentralised stormwater management planning. PhD, University of Hannover, Germany

Kampa E, Kranz N, Hansen W (2003) Public participation in river basin management in germany. From borders to natural boundaries. www.harmonicop.uni-osnabrueck.de/_files/_down/Germany.pdf. Zugegriffen: 28. Februar 2014

McCann B (2008) Global prospects of rainwater harvesting. Water 21:12–14

Moss T (2004) The governance of land use in river basins: prospects for overcoming problems of institutional interplay with the EU Water Framework Directive. Land use policy 21(1):85–94

MRH (2014) Hamburg Metropolitan Region. http://english.metropolregion.hamburg.de/. Zugegriffen: 27. März 2014

Nickel D, Schoenfelder W, Medearis D, Dolowitz DP, Keeley M, Shuster W (2013) German experience in managing stormwater with green infrastructure. J Environ Plan Manag 1–21

Rauschning G, Berger W, Ebeling B, Schöpe A (2009) Case study of sustainable sanitation projects ecological settlement in Allermöhe Hamburg, Germany. http://www.susana.org/lang-en/case-studies. Zugegriffen: 08. Januar 2014

Schuetze T (2013) Rainwater harvesting and management – policy and regulations in Germany. Water Sci Technol 13(2):376

Shuster W, Rhea L (2013) Catchment-scale hydrologic implications of parcel-level stormwater management (Ohio USA). J Hydrol (Amst) 485:177–187

Statistikamt Nord (2014) Hamburg – Fact and Figures. http://www.statistik-nord.de/publikationen/publikationen/faltblaetter/. Zugegriffen: 02. März 2014

UN-HABITAT (2005) Blue drop series on rainwater harvesting and utilization – book 2: beneficiaries and capacity building

Waldhoff A (2009) Stormwater Management (SWM) in the City of Hamburg, Sustainable Urban Drainage Systems (SUDS)

Waldhoff A (2010) Stormwater management in the city of Hamburg. Urban Planning and Stormwater Workshop, the RISA project, Stockholm.

Waldhoff A, Ziegler J, Bischoff G, Rabe S (2012) Multifunctional spaces for flood management – an approach for the city of Hamburg, Germany. gwf Wasser Abwasser (1)

WHG (2009) Wasserhaushaltsgesetz [Federal Water Act] vom 31. Juli 2009 (BGBl. I, S. 2585), das zuletzt durch Artikel 5 Absatz 9 des Gesetzes vom 24. Februar 2012 (BGBl. I, S. 212) geändert worden ist. http://www.gesetze-im-internet.de/whg_2009/index.html. Zugegriffen: 16. Januar 2014

Kommunikation zwischen Wissenschaft und Praxis als Standbein der Nachhaltigkeitsforschung: Projektbeispiel zukunftsfähige Nahrungssysteme

14

Silke Stöber

14.1 Einleitung

Armut gilt als eine der Hauptursachen für Hunger und Mangelernährung in den Ländern des globalen Südens und immer noch sind über 800 Mio. Menschen und mehr als 160 Mio. Kinder chronisch unterernährt (Marke 2014, S. 14). 75 % der 1,4 Mrd. von extremer Armut betroffenen Menschen leben in ländlichen Gebieten und zwei Drittel sind Kleinbauern (IFAD und UNEP 2013, S. 8). Durch diese Zahlen wird deutlich, dass bei der Bekämpfung des Hungers, der ländlichen Armut sowie beim Schutz der natürlichen Ressourcen nachhaltige Nahrungsmittelproduktion auf kleinbäuerlicher Ebene eine zentrale Rolle spielt. Weltweit wirtschaften kleinbäuerliche Produzenten auf 550 Mio. Landwirtschaftsbetrieben mit steigender Tendenz (Campbell und Thornton 2014, S. 2). Der Großteil der Arbeit wird dabei durch kleinteilig wirtschaftende Familienarbeitskräfte erledigt, i. d. R. auf weniger als zwei Hektar landwirtschaftlicher Nutzfläche, wodurch weltweit rund 80 % der Nahrungsmittel produziert werden (FAO 2014, S. 10). Die arbeitsintensive Produktion nutzt noch zu einem Viertel menschliche Energie. Der Anteil der Fläche in Subsahara-Afrika, der mit der Handhacke bearbeitet wird, liegt sogar bei 71 % (Bennetzen et al. 2016, S. 53). Aufgrund der Abgelegenheit vieler ländlicher Regionen sind die soziale und technische Infrastruktur sowie die Anbindung an Märkte und Geld- und Kreditsysteme oft unzureichend.

Zur Bekämpfung des Hungers und der Armut in der Welt wurden im September 2015 auf der UN-Vollversammlung 17 Ziele zur nachhaltigen Entwicklung, die sog. Sustainable-Development-Goals (SDG), verabschiedet. Für ein nachhaltiges Nahrungsmittelsystem, das der Situation von Kleinbauern gerecht wird, sind die Ziele 1 (keine Armut), 2

S. Stöber (✉)
Seminar für Ländliche Entwicklung, Humboldt-Universität zu Berlin
Hessische Straße 1–2, 10115 Berlin, Deutschland
E-Mail: silke.stoeber@agrar.hu-berlin.de

© Springer-Verlag GmbH Deutschland 2017
W. Leal Filho (Hrsg.), *Innovation in der Nachhaltigkeitsforschung*,
Theorie und Praxis der Nachhaltigkeit, DOI 10.1007/978-3-662-54359-7_14

(kein Hunger), 10 (weniger Ungleichheiten), 13 (Maßnahmen zum Klimawandel) und 15 (Leben an Land) besonders bedeutsam.

Der folgende Beitrag behandelt die Frage, warum Nahrungssysteme nachhaltiger gestaltet werden müssen und welche Forschungs- und Entwicklungsansätze sich eignen, zukunftsfähige Nahrungssysteme zu befördern. Am Projektbeispiel HORTINLEA, das zu Blattgemüsekulturen in Kenia forscht, wird gezeigt, wie solche Forschungsprojekte die Wissenslücke zwischen traditionellen und akademischen Ansätzen schließen können. Darüber hinaus wird mit deskriptiver Statistik aus den Haushaltsbefragungen 2014 und 2015 ein Einblick in die kenianische Blattgemüsewertschöpfung gegeben.

14.2 Der akademische Nahrungsmittelansatz am Beispiel HORTINLEA

Den verborgenen Hunger zu bekämpfen, d. h. die Menschen mit ausreichend Mikronährstoffen zu versorgen, ist eine der Herausforderungen bei der Lösung des Welternährungsproblems (Grebmer et al. 2014). Angesichts der globalen Dynamiken wie Klimawandel, steigende Nahrungsmittelpreise, Bevölkerungswachstum, Urbanisierung, wachsender Wohlstand mit Ernährungs- und Lebensstiländerungen, definieren die Nachhaltigkeitsziele 2 und 12 konkrete Indikatoren zur Ernährungssicherung: Die Einkommen und landwirtschaftliche Produktivität von Kleinbauern, insbesondere Frauen und indigene Völker, zu verdoppeln, an den Klimawandel angepasste agrarökologische Praktiken zu fördern, Unterernährung bei Kindern zu verringern, Lebensmittelverluste um die Hälfte zu reduzieren sowie Fettleibigkeit bei Kindern nicht weiter zu erhöhen, gehören zu den Indikatoren der globalen Ernährungsziele.

Die Humboldt-Universität zu Berlin hat sich den Themen Kleinbauernförderung und verborgener Hunger angenommen und implementiert den im Rahmen der Nationalen Forschungsstrategie BioÖkonomie 2030 und der BMBF-Initiative Globale Ernährungssicherung (GlobE) geförderten interdisziplinären Forschungsverbund Horticultural Innovation and Learning for Improved Nutrition and Livelihood in East Africa (HORTINLEA; BMBF et al. 2014)

Das Forschungsprojekt, ein Konsortium aus einer Vielzahl deutscher sowie ostafrikanischer Partner aus Kenia und Tansania, erforscht seit 2013 unterschiedliche Aspekte der Ernährungssicherung entlang der Wertschöpfungskette (WSK) afrikanischer einheimischer (indigener) Blattgemüsekulturen. Im Rahmen des Projekts werden Strategien entwickelt, mit denen die Produktion, die Qualität, die Vermarktung und der Konsum indigener Blattgemüsearten erhöht und die Effizienz von WSK verbessert werden können.

Ernährungssicherungsforschung konzentriert sich zunehmend auf anwendungsorientierte und integrierte Ansätze, um die komplexen Herausforderungen besser adressieren und praxisorientierte Lösungen entwickeln zu können. Während Ernährungssicherung und Kleinbauern seit der Grünen Revolution in erster Linie über Produktivitätssteigerung gefördert wurden, wählt man heute multidimensionale Ansätze mit expliziter Förderung von

Kleinbauern, mit dem Ziel, die Menschen weltweit mit bezahlbaren und gesunden Nahrungsmitteln zu versorgen. Wissenschaft und Politik sind sich spätestens seit dem Bericht des Weltagrarrats 2008 einig, dass ein „weiter wie bisher keine Option ist" (IAASTD 2009). In der Agrarwirtschaft ist ein Paradigmenwechsel gefordert, der Vielfalt statt Monokultur, Diversität statt Uniformität und die gerechte Teilhabe der Kleinbauern an der globalen Nahrungsmittelwertschöpfung sichert (HLPE 2013; IAASTD 2009; IPES-Food 2016; UNCTAD 2013). Forschung und Entwicklung sind aufgefordert, sich von eindimensionalen Technologieansätzen zu distanzieren und stattdessen praktikable innovative Lösungen zu fördern, die nicht nur anschlussfähig an lokales bäuerliches Wissen und Kapazitäten sind, sondern darüber hinaus der Komplexität agrarökologischer Systeme gerecht werden.

Das HORTINLEA-Projekt basiert auf einem interdisziplinären Nahrungsmittelansatz (Ericksen et al. 2010; Abb. 14.1). Dieses Konzept berücksichtigt eine Kette von Aktivitäten von der Produktion bis zum Konsum der Nahrung, erkennt die Komplexität der Nahrungsmittelproduktion an und wird unter Berücksichtigung ökologischer, sozialer, politischer und ökonomischer Rahmenbedingungen ganzheitlich betrachtet. Dabei fokussiert sich das Projekt auf die Wertschöpfung einer bestimmten Produktgruppe, die der afrikanischen einheimischen Blattgemüsekulturen.

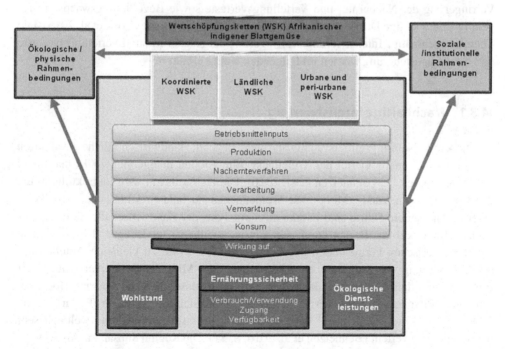

Abb. 14.1 Akademischer Nahrungsmittelansatz. (HORTINLEA 2015, basierend auf dem Konzept von Ericksen et al. 2010)

14.3 Klimawandel und nachhaltige Nahrungsmittelproduktion

Nach Studien der Ernährungs- und Landwirtschaftsorganisation der Vereinten Nationen benötigt die Weltbevölkerung 60 % mehr Nahrungsmittel im Jahr 2050 aufgrund des anhaltenden Wachstums der Wirtschaft und der Weltbevölkerung sowie der damit einhergehenden Veränderungen des Nahrungsmittelkonsums (Lipper et al. 2014). Der erhöhte Bedarf an Nahrungsmitteln muss durch Produktivitätssteigerung gedeckt werden, fordert die Ernährungs- und Landwirtschaftsorganisation der Vereinten Nationen (FAO). Produktivitätssteigerung ist auch eine der Säulen des Konzepts der klimasmarten Landwirtschaft, das aus zivilgesellschaftlicher Sicht kritisiert wird, da es sich stark an den agrarindustriellen Strukturen, Interessen und Möglichkeiten orientiert (FIAN 2016). Andere Ansätze betrachten das System der Nahrungsmittelwertschöpfung umfassender. Neben der erhöhten Kalorienproduktion wird eine Agrarproduktion angestrebt, die eine gesunde, klimafreundliche und nährstoffreiche Ernährung sichert. Ziel sind geringere Nahrungsmittelverluste entlang der WSK und eine gerechtere Verteilung der Ressourcen zugunsten der Kleinbauern. Dabei bildet nachhaltige Intensivierung das Herz des nachhaltigen Nahrungsmittelsystems, das sich jedoch erst über weitere Dimensionen voll entfaltet. Fairer Zugang zu und „good governance" von Märkten, Land, Lebensbedingungen und Verwendung von Nahrungsmitteln, die politisch umstrittene, aber angesichts der steigenden Nachfrage nach tierischen Produkten und Biomasse notwendige Nachfragesteuerung, die Verringerung der Nachernte- und Verteilungsverluste sowie Bevölkerungswachstumsregelung sind wichtige Dimensionen nachhaltiger Nahrungssysteme (Cook et al. 2015). Die Themen nachhaltige Intensivierung, Verringerung der Nachernte- und Verteilungsverluste und Nachfragesteuerung werden im Folgenden weiter erläutert.

14.3.1 Nachhaltige Intensivierung

Die unserem Nahrungsmittelsystem zugrunde liegende landwirtschaftliche Produktion trägt mit rund einem Viertel der Treibhausgasemissionen maßgeblich zu Klimawandel und Artensterben bei (Bennetzen et al. 2016). Die Hälfte davon wird indirekt durch die Umwandlung von Wald-, Moor- und Weideflächen zu landwirtschaftlicher Nutzfläche erzeugt. Die andere Hälfte sind Direktemissionen aus der Landwirtschaft, die durch Distickstoffmonoxid aus Böden durch den Einsatz synthetischer Dünger (17 %), Methan aus der enterischen Fermentation bei Rindern (14 %), sowie zu kleineren Anteilen aus der Verbrennung von Biomasse, dem Reisanbau, dem Mist, der Düngerherstellung, der Bewässerung, dem Einsatz von landwirtschaftlichen Maschinen zur Aussaat, Bodenbearbeitung, Pflanzenschutz und Ernte sowie Pestizidherstellung entstehen (Bellarby et al. 2008, S. 7). Diese direkten und indirekten Treibhausgasemissionen sind weltweit sehr unterschiedlich verteilt (Bennetzen et al. 2016, S. 51). Die Region Subsahara-Afrika wirtschaftet aufgrund niedrigster Kohlenstoffäquivalente pro Hektar vergleichsweise extensiv. Andere Weltregionen produzieren weitaus mehr Treibhausgase pro Hektar. Entwickelte

Weltregionen wie Europa, Nordamerika und Ozeanien konnten ihre Treibhausgasemissionen durch Landnutzungsänderung über Rückführung von Agrar- zu Wald-, Moor- und Weideflächen seit 1970 um 10 % verringern. Aufgrund steigender Produktivität und Agrarflächenreduktion wurden bei erhöhter Agrarproduktion die Treibhausgasemissionen insgesamt um 7 % verringert. Im globalen Süden wurden im gleichen Zeitraum die Agrarflächen um 13 % ausgedehnt bei gleichzeitiger Verdoppelung der pflanzlichen und Verdreifachung der tierischen Erzeugung, was den Treibhausgasausstoß in den Regionen um 34 % erhöhte (Bennetzen et al. 2016, S. 51).

Landwirtschaft ist gerade in der tropischen agrarökologischen Zone von Klimawandel maßgeblich betroffen und Erträge werden durch Temperaturerhöhungen, erhöhte Regenfallvariabilität und Wetterextreme negativ beeinflusst (Preissing 2013; Waithaka et al. 2013).

Die Forderung nach klimasmarter Landwirtschaft, sei es über agrarökologische Ansätze oder nachhaltige Intensivierung, scheint der naheliegende Weg, Treibhausgasemissionen aus den Nahrungsmittelsystemen langfristig zu verringern. In den zur Vorbereitung der internationalen Klimakonferenz verfassten Nationalen Beiträge zum Klimaschutz, den Intended Nationally Determined Contributions (INDC) ist klimasmarte Landwirtschaft vielfach verankert.

14.3.2 Verringerung der Verluste in der Wertschöpfungskette

Die Verringerung der Nahrungsmittelverluste und -verschwendung entlang der Nahrungsmittel-WSK birgt große Potenziale. Rund ein Drittel der Lebensmittel gehen auf dem Weg vom Feld bis zum Teller verloren oder werden weggeschmissen. Diese Verluste sind in den meisten Ländern und Regionen annähernd gleich hoch (HLPE 2014, S. 27). Ein eindeutig abweichendes Bild bietet die Verteilung der Lebensmittelverluste und -verschwendung auf Konsumentenebene. Während in den reicheren Ländern des globalen Nordens fast die Hälfte weggeworfen wird („food waste"), werden in den Ländern des globalen Südens wenige Nahrungsmittel verschwendet. Dort schlagen die hohen Ernte-, Lagerungs- und Verarbeitungsverluste zu Buche, da es in der Produktion und Verarbeitung an Technologien und Know-how mangelt. Die Ernte- und Nachernteverluste („food loss") liegen in Subsahara-Afrika bei 65 % der Gesamtverluste, in Europa sind dies lediglich 47 %. Insgesamt ließen sich durch ein besseres Management der Nahrungsmittelsysteme in Produktion, Verarbeitung, Handel und Konsum 14 % der Treibhausgasemissionen aus der Landwirtschaft einsparen (Hiç et al. 2016).

14.3.3 Nachfragesteuerung

Ein Nahrungsmittelsystem, wie wir es in Deutschland derzeit praktizieren, ist weder lokal noch weltweit langfristig tragbar. Durch die Umstellung auf eine gesündere, durch gerin-

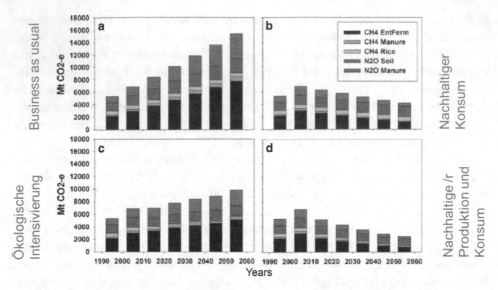

Abb. 14.2   Globale Treibhausgasemissionen in vier Szenarien. (Popp et al. 2010, S. 458)

geren Fleisch- und höheren Obst- und Gemüsekonsum gekennzeichnete Ernährung, z. B. orientiert am Healthy-diet-Konzept (Harvard Medical School 2013), würden ein Zehntel der beanspruchten Agrarflächen für in Deutschland konsumierte Lebensmittel für andere Nutzungen frei gegeben und rund 8 % der direkten Treibhausgasemissionen eingespart werden (Noleppa 2012, S. 40). In der Business-as-usual-Variante und im Szenario der ökologischen Intensivierung ohne Nachfragesteuerung (Abb. 14.2) werden Treibhausgasemissionen angesichts der zunehmenden Weltbevölkerung weiter steigen. In der Business-as-usual-Variante steigen Treibhausgasemissionen um 76 % verglichen mit dem im ersten Balken bei 5314 Mio. t CO_2-e (Kohlenstoffäquivalenten) dargestellten Referenzjahr 1995 (Popp et al. 2010, S. 458). Dem Szenario C liegt das Modell der ökologischen Intensivierung zugrunde, doch der durch Bevölkerungswachstum erhöhte Konsum tierischer Erzeugnisse würde die Treibhausgasemissionen um 13 % erhöhen. Die in Variante B und D an nachhaltigen Konsum gekoppelte Nahrungsmittelsysteme ohne bzw. mit Minderungsoption in der Landwirtschaft zeigen die höchsten Minderungseffekte von bis zu 51 %.

14.4   Nahrungsmittelwertschöpfung

14.4.1   Kleinbäuerliche Produktion entlang der Wertschöpfungskette

Im globalen Norden ist die kleinbäuerliche Landwirtschaft stark in hochwertige und ausdifferenzierte Wertschöpfung eingebunden. Dagegen vollzieht sich in den Ländern des globalen Südens die Transformation zu hochwertiger Wertschöpfung. Für Exportprodukte entwickeln sich Zertifizierungssysteme, die Inlandsnachfrage nach Nahrungsmitteln wird zunehmend über Supermarktketten gedeckt (Schipmann 2010). Über Vertragslandwirtschaft eröffnen sich neue Möglichkeiten, Kleinbauern am Markt zu integrieren. Diese koordinierten Vermarktungswege beinhalten viele Chancen, bergen aber auch eine Vielzahl von Risiken mit teilweise hohen Transaktionskosten für Kleinbauern aufgrund ungleicher Machtverhältnisse der Marktakteure, Informationsasymmetrien und unzureichender Transportinfrastruktur sowie Verarbeitungsmöglichkeiten (Dorward et al. 2006; Trienekens 2011).

Kleinbäuerliche Erzeugung wird in den Ländern des globalen Südens überwiegend auf traditionellen Märkten ohne formelle Standards gehandelt (Lee et al. 2012). Standards entwickeln sich, wenn Händler und Supermärkte oder Produzenten bzw. Verarbeiter ihre Interessen bündeln und Ansprüche geltend machen. In vom Handel definierten WSK sind Lebensmittelsicherheit sowie Frische und Rückstandsfreiheit wichtig (Abb. 14.3). Gerechte Lieferbedingungen und gute landwirtschaftliche Praktiken sind aus Produzentensicht wichtige Qualitätsstandards. Für den Kleinbauern bleibt in stark konzentrierten WSK nur ein geringer Handlungsspielraum. Händler setzen durch ihre Standards hohe Markteintrittsbarrieren und Verarbeiter kontrollieren über die meist in „outgrower schemes" organisierten Produzenten engmaschig den kleinbäuerlichen Anbau und die Verwendung von Betriebsmitteln. In der globalen Nahrungsmittelwertschöpfung sind Beispiele für verarbeiterdefinierte WSK Kaffee und Kakao, für von beiden Seiten definierte WSK Ananas und Bananen (Lee et al. 2012).

Abb. 14.3 Typen von Nahrungsmittelwertschöpfungsketten. *WSK* Wertschöpfungskette. (Nach Lee et al. 2012, S. 12327)

14.4.2 Ernährungssicherung und Gemüsewertschöpfung in Kenia

Bevölkerungswachstum, steigende Einkommen und Urbanisierung verändern derzeit die Nahrungsmittelmärkte in Subsahara-Afrika. Es findet eine stärkere Diversifizierung des Nahrungsmittelkonsums statt. Die Nachfrage nach frischem Obst und Gemüse, tierischen Produkten und verarbeiteten Lebensmitteln steigt stetig an (Neven und Reardon 2008). Gartenbau ist ein schnell wachsender Sektor, der nicht nur Einkommen steigert und Arbeitsmöglichkeiten bietet, sondern auch nachhaltig zur Ernährungssicherung beiträgt (Weinberger und Lumpkin 2007; Weinberger und Msuya 2004). Kenia als aufstrebendes Handels- und Finanzzentrum in Ostafrika gehört seit Kurzem zu den Ländern mit mittlerem Einkommen (The World Bank 2014). Mit einer Bevölkerung von rund 45 Mio. Menschen (2014) und einer städtischen Bevölkerung von nur 23 % ist Kenia ein überdurchschnittlich stark landwirtschaftlich geprägtes Land. Der landwirtschaftliche und gartenbauliche Sektor erwirtschaftet mit steigender Tendenz rund 30 % des Bruttoinlandsprodukts und beschäftigt 75 % der Arbeitskräfte in der Landwirtschaft und in den der Landwirtschaft nachgelagerten Bereichen. Auch die wichtigsten Exportprodukte kommen aus dem Gartenbausektor: Tee, Kaffee, Blumen, Obst und Gemüse (The World Bank 2016). Trotz eines hohen Wirtschaftswachstums stagniert in Kenia die Armutsrate bei 43 % (2005). Chronische Unterernährung liegt bei 26 %; damit sind 1,86 Mio. Kinder unter 5 Jahren chronisch unterernährt (IFPRI 2015). Durch Eiweiß- und Mikronährstoffmangel hervorgerufen, ist chronische Unterernährung ein typisches Phänomen für die arme Bevölkerung im ländlichen Raum. Im städtischen Umfeld wächst hingegen der Anteil übergewichtiger Personen (Grace et al. 2012; IFPRI 2015).

Gemüse und Obst sind wichtige Quellen für Mikronährstoffe und Proteine und decken in afrikanischen Ländern 80 % des Vitamin-A-Konsums (Ruel 2001, S. 6) wobei der Gemüseverzehr in Kenia mit 88 kg pro Kopf und Jahr relativ hoch ist, verglichen mit anderen Ländern Subsahara-Afrikas (Ruel et al. 2005, S. 21). Ärmere ländliche Haushalte verzehren jedoch weitaus weniger Gemüse als die urbane Mittelschicht (Okado 2001).

Afrikanische indigene Blattgemüse – „african indigenous vegetables" (AIV) – bieten aufgrund einer wachsenden Nachfrage auf den urbanen Märkten den kleinbäuerlichen Betrieben gute Einkommensquellen. Aufgrund ihrer Nährstoffdichte, Vitamin- und Eisengehalte, krebsvorbeugenden und blutdrucksenkenden Eigenschaften haben sie ein großes ernährungsphysiologisches Potenzial (Abukutsa-Onyango 2010). Sie sind relativ robust und anpassungsfähig an wechselnde Wetter- und Klimasituationen (Stöber et al. 2017). Obwohl AIV bei der Bevölkerung sehr beliebt sind, stehen sie nicht im Mittelpunkt der agrarpolitischen Strategien (Abukutsa-Onyango 2010; Weinberger und Msuya 2004). Ihr Potenzial ist derzeit weder ausreichend erkannt noch genügend genutzt.

In Kenia werden AIV fast ausschließlich von Kleinbauern produziert. Afrikanischer Nachtschatten ist mit 72 % der angebauten Kulturen sehr verbreitet. Kuhbohnenblätter, Amaranth und Spinnenpflanze sind weitere beliebte Kulturen, die i. d. R. mit traditionellem Saatgut aus der Region erzeugt werden (Kebede et al. 2016). Bei den Betriebsmitteln überwiegt der organische Dünger (Stallmist), nur selten werden AIV bewässert. Über 80 %

Abb. 14.4 Blattgemüsewertschöpfungsketten in Kenia. *WSK* Wertschöpfungskette. (Eigene Darstellung)

der befragten Bauern geben an, sowohl Fläche als auch Erträge auf dem Niveau von vor fünf Jahren gehalten bzw. sogar gesteigert zu haben. Die Vermarktung erfolgt über die für Kenia typischen traditionellen hoch fragmentierten Märkte und 60 % der Gemüsebauern vermarkten individuell auf lokalen Märkten (Abb. 14.4). Vertragsanbau mit Supermärkten oder Händlern und Vermarktung über Bauerngruppen sind mit insgesamt 5 % von untergeordneter Bedeutung; 35 % der Bauern betrachten sich als Teil einer Gemüsebauerngruppe, aber die Gruppenfunktionen beschränken sich auf den Bezug von Betriebsmitteln und die gemeinsame Anbauberatung. Für die Weiterentwicklung der Wertschöpfungsketten wird in der Direktvermarktung über Verträge an Supermärkte und Hotels ein hohes Potenzial für Kleinbauern gesehen. Man nimmt an, dass Supermärkte zukünftig die treibende Kraft zur Entwicklung der Gemüsewertschöpfungsketten in Kenia sein werden (Neven und Reardon 2008). Demzufolge kommen Anforderungen auf Kleinbauern zu, Gemüsekulturen in hoher und standardisierter Qualität über das ganze Jahr anzubieten, um die städtischen Bewohner mit frischer und hochwertiger Ware zu versorgen. Bei dieser Transformation besteht das Risiko, dass sich Wertschöpfungsketten nicht inklusiv gestalten und eher die großen Betriebe oder Händler den Hauptnutzen aus der Entwicklung ziehen.

14.5 Kommunikation zwischen Wissenschaft und Praxis für das Wissens- und Innovationssystem im Nahrungsmittelansatz

Nachdem die notwendige Integration von Kleinbauern in die zukünftigen Nahrungsmittelmärkte im vorigen Abschnitt erläutert wurde, geht der folgende Abschnitt darauf ein, wie Innovationen zum Zweck einer anwendungsorientierten Nahrungsmittelsystemforschung über Kommunikation zwischen Wissenschaft und Praxis befördert werden.

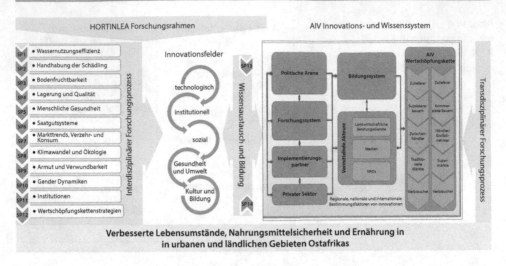

Abb. 14.5 Wissenschaft-Praxis-Austausch im HORTINLEA-Forschungsrahmen. *AIV* afrikanische indigene Blattgemüse, *NRO* Nichtregierungsorganisation. (Gevorgyan 2016)

14.5.1 Innovationsfelder im Forschungsverbund HORTINLEA

Der Nahrungsmittel-Ansatz (Abb. 14.5) wurde im Forschungsverbund HORTINLEA operationalisiert, indem für die Wertschöpfungsketten afrikanischer indigener Blattgemüse 14 disziplinäre Teilprojekte aufgebaut wurden.

Die Teilprojekte 1–6 sind naturwissenschaftlich geprägt und die Teilprojekte 7–12 lassen sich den sozioökonomischen Disziplinen zuordnen. Während der ersten drei Jahre Projektlaufzeit wurde überwiegend disziplinär geforscht. Die Teilprojekte 13 und 14 konzentrieren sich darauf, die Robustheit der disziplinären Ergebnisse zu prüfen sowie über interdisziplinäres Lernen anwendungsorientierte Empfehlungen abzuleiten. Für den Wissensaustausch zwischen Wissenschaft und Praxis dienen fünf Innovationsfelder. Im Innovationsfeld Technologie geht es um Wassernutzungseffizienz, verbesserte Saatgutpraktiken, Bodenfruchtbarkeitserhalt sowie Verarbeitungs- und Kühltechnologien, um die Nachernte- und Vermarktungsverluste der leicht verderblichen Blattgemüsekulturen zu verringern. Im institutionellen Innovationsfeld wird betrachtet, wie Kleinbauern über Produktions- und Vermarktungsgruppen geringere Transaktionskosten bei der Vermarktung erreichen. Im sozialen Innovationsfeld geht es um die Inklusion von Akteuren, die keinen Nutzen aus der Wertschöpfung ziehen oder deren Teilnahme sogar Nachteile hat (Seville et al. 2010). Arme Haushalte und Frauen stehen im Zentrum, da in Kenia wie in weiten Teilen Subsahara-Afrikas Frauen die Hauptverantwortung für „food crops" und damit auch für AIV tragen. Gleichzeitig sind Frauen und arme Haushalte bei Kredit-, Informations- und Marktzugang benachteiligt. Im Innovationsfeld Gesundheit und Umwelt werden Schadstoffbelastung, Mikronährstoffgehalte und die ökologische Intensivierung der Produktion als Anpassung an den Klimawandel betrachtet. Anbauformen im periurbanen Raum entlang der Abwasserkanäle verringern beispielsweise nicht nur die Qualität des Gemüses durch erhöhtes Schadstoffrisiko, sondern beschädigen auch das Image der Blattgemüsekulturen. Geforscht wird an der medizinischen Wirkung fermentierter und nicht fermentierter Blattgemüse, die sich aufgrund des unterschiedlich hohen Anteils von Antioxidanzien und anderer Mikronährstoffe in ihrer krebsvorbeugenden und blutdrucksenkenden Wirkung unterscheiden. Im Innovationsfeld Kultur und Bildung wird das Verbraucherbewusstsein zum ernährungsphysiologischen Wert und der identitätsstiftenden Wirkung lokaler Blattgemüsekulturen gestärkt, da Konsum- und Verzehrgewohnheiten im multiethnischen Kenia ausgesprochen lokalspezifisch sind.

14.5.2 Wissens- und Innovationssystem

HORTINLEA hat den transdisziplinären Anspruch, die lebensweltlichen Probleme der Kleinbauern entlang der WSK indigener Blattgemüsekulturen zu lösen. Das Lösungsspektrum ist nicht allein bei den Kleinbauern zu finden, sondern umfasst regionale, nationale und internationale Maßnahmen (Mehrebenenansatz). Das Zusammenwirken der akademischen und gesellschaftlichen Akteure, Querdenken und Perspektivenvielfalt schaffen angepasste, innovative und originelle Lösungen, wobei ein ausgewogener Dialog zwischen allen Akteuren entscheidend für das Wissensmix ist (Hadorn et al. 2008; Klein et al. 2001). Wissen kann dabei in System-, Ziel- und Transformationswissen unterteilt werden (Pohl und Hadorn 2008). Um Nahrungsmittelsysteme, Nahrungsqualität und Gesundheit der Menschen nachhaltig zu verbessern, reicht es nicht, multidisziplinär vorzugehen. Traditionelles Wissen über Nahrungsmittelsysteme birgt große Potenziale für Wohlstand und Gesundheit sowohl für die lokale Bevölkerung, als auch für die Bevölkerung in Industrieländern. Strategien zum Schutz und zur Förderung indigener Nahrungsmittelsysteme gelten als wichtiger Grundstein für eine zukunftsfähige Ernährungssicherung, auch weil traditionelle Praktiken oftmals noch nicht ausreichend berücksichtigt sind (Kuhnlein et al. 2006). In der Ökologieforschung hat man bereits erkannt, dass durch die Integration des traditionellen Wissens effektive Lösungen für die lokale Bevölkerung erzielt und damit Forschungsergebnisse auch nachhaltig genutzt werden (Adams et al. 2014). Nach dreijähriger disziplinärer bis interdisziplinärer Forschung gelingt es HORTINLEA, zunehmend transdisziplinär zu arbeiten. Praxisbasiertes indigenes Wissen, was Kleinbauern seit Generationen lokal bewahren, wird sicht- und nutzbar. Anwendungsorientierung und Kleinbauernförderung haben während aller Forschungsphasen hohe Priorität. So liegt der Schwerpunkt des dritten Verbundtreffens im Jahr 2016 auf der Verwertung des Wissens in der Praxis. Drei Grundprinzipien helfen dem Verbund, dass Lösungsorientierung immer in den Vordergrund tritt: die Wertschätzung und Beförderung interkultureller Praktiken, die Anwendung partizipativer Methoden und die Berücksichtigung rechtebasierter Ansätze (Abb. 14.6).

Diese Grundprinzipien gehören bei Klima- und Waldschutzforschung, gerade in Regionen, in denen mit indigener Bevölkerung zusammengearbeitet wird, zum Standard

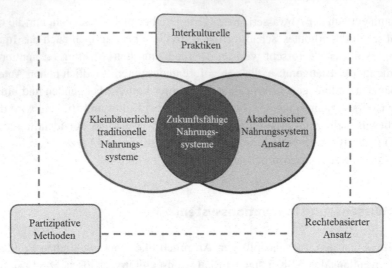

Abb. 14.6 Transdisziplinarität im Forschungsprozess. (Nach Stöber und Gevorgyan 2015, S. 7)

guter Forschungspraktiken (IPCCA o.J.). Doch werden die Prinzipien nicht immer effektiv umgesetzt (Schielmann et al. 2013). Auch im HORTINLEA-Verbund werden diese Grundprinzipien aus Zeit- und Kapazitätsgründen, Reibungsverlusten und zu großer Komplexität zuweilen vernachlässigt. Das liegt v. a. am inkongruenten Zielsystem zwischen Wissenschaft und Praxis (Aenis 2005), denn die Wissenschaft orientiert sich an disziplinären Ergebnissen. Es dominiert die akademische Fachsprache mit „peer reviewed journals" und wissenschaftlichen Fachveröffentlichungen als Maß aller Dinge. Systemwissen über Blattgemüsewertschöpfung wird bei Kleinbauern und anderen Akteuren abgefragt, d. h. die Kommunikation ist vergleichsweise extraktiv. Versuchsfelder beim Kleinbauern oder auf der Station liefern zwar neue Erkenntnisse zu Saatgut, Düngemittelbedarf oder Pflanzenschutz; es bleibt jedoch eine Herausforderung, die Versuchsergebnisse so aufzubereiten, dass konkrete Praxisempfehlungen gegeben werden können. Die Akteure der Praxis und der Region, allen voran die Kleinbauern, haben andere Prioritäten als die Wissenschaftler_innen, wobei die Absichten und Ziele der Akteure hinreichend bekannt sein müssen, damit im Dialog die Umsetzung der Ziele in die Praxis besprochen werden kann (Transformationswissen). Während rein quantitative Verfahren wie der Haushaltssurvey so gut wie keinen Raum für Partizipation lassen, nutzen einige wenige Teilprojekte Fokusgruppendiskussionen, um Ziel- und Transformationswissen abzufragen. Es gibt vielfältige Ansätze im Forschungsverbund; sie reichen von partizipativen Methoden beim Projektdesign, eine Mehrzahl der Doktorand_innen und Wissenschaftler_innen aus Ostafrika, vielfältige Partnerschaften mit ostafrikanischen Forschungs- und Beratungsinstitutionen, interkulturelle Austausche sowie die direkte Zusammenarbeit mit Kleinbauern über Fokusgruppen, Workshops, Feldversuche und Demonstrationen. Im Teilprojekt Klimawandel diskutierten Gemüsebauern vermehrt Zielwissen und formulieren ihre Bedürfnisse,

d. h. die Anpassungslücken an den Klimawandel. Verbesserter Wasser- und Marktzugang, aber auch fairer Vertragsanbau wurden als wichtigste Forderungen genannt. Ein wassersparendes Untergrundbewässerungssystem wurde daher auf einem Betrieb aufgebaut, das im Rahmen eines groß angelegten Demonstrationstags weiter propagiert werden konnte. Das Wasserprojekt zeigt, wie System-, Ziel- und Transformationswissen zusammengebracht werden können. Bisher ist es noch nicht gelungen, langfristige Kooperationen in der Breite aufzubauen und Kleinbauern oder ihre Vertretungen als Protagonisten der Forschung zu gewinnen. Die kenianische Wissenschaftlerin Abukutsa-Onyango fasst aufgrund ihrer langjährigen Beobachtung und weitreichenden Erfahrung in der interdisziplinären Nahrungsmittelsystemforschung prägnant zusammen: „Even though the farmer is the key stakeholder, we always forget about the farmer [. . .]" (Stöber und Gevorgyan 2015, S. 8). Ein wichtiges Erfolgskriterium eines Forschungsprojekts sei es, sich intensiv mit den indigenen Kulturen zu beschäftigen. Denn wenn Kleinbauern mit Akademiker_innen in Kontakt kommen, bleiben ihre Gebräuche, Werte, Entscheidungs- und Führungsstrukturen oft verborgen, da sie sehr kontextspezifisch sind und sich marginalisierte Kleinbauern aus ihrer schwachen Machtposition heraus nicht einbringen. Über Stakeholder-Dialoge ist geplant, diese Kommunikationslücke weiter zu schließen.

In (sub-)humiden agrarökologischen Zonen liefern indigene lokale Nahrungsmittel bis zu 387 Arten sowie wertvolle Kenntnisse über die Beziehungen zwischen Umwelt, Kultur, Glauben, Ernährung und Gesundheit (Kuhnlein et al. 2009). Die Rechte über das indigene Systemwissen als immaterielles Kulturerbe sind zu schützen. Es gilt, „food colonisation" zu vermeiden und den Zugang der Bevölkerung zu traditionellem Essen über Produktion und Vermarktungsförderung zu verbessern (Kuhnlein et al. 2006, S. 1017). Im Kontext der Biodiversitätskonvention werden als Instrument biokulturelle Gemeinschaftsprotokolle eingesetzt, die die Verhandlungsposition der lokalen Gemeinschaften stärken und ihre Rechte auf traditionelle Produktions- und Lebensweise sowie ihr Wissen darüber schützen (Schielmann et al. 2013). Für die indigenen Nahrungsmittelsysteme sind das Recht auf Nahrung, Ernährungssouveränität, Geschlechtergerechtigkeit und Landrechte wichtige Kriterien, da in diesen Lebensbereichen wenig Anerkennung und Rechtssicherheit sowie soziale Ausgrenzungen bestehen (Ziegler et al. 2011). HORTINLEA beschäftigt sich nur in wenigen Teilprojekten mit rechtebasierten Ansätzen, wie z. B. zu Geschlechtergerechtigkeit und Ernährungssouveränität über Förderung lokaler Esskulturen. Im Verbund gibt es keine verbindlichen Strukturen und Instrumente, die die geistigen Eigentumsrechte der Kleinbauern explizit schützen. Das Wissen über indigene Blattgemüsekulturen wird zwar durch die Forschenden zusammengetragen, aber es ist nicht festgelegt, wie das Wissen in der Region bleibt, sich verbreitet und vermehrt. Eine Kooperation mit einem kenianischen Museum, das Rezepte indigener Gemüsekulturen archiviert, sowie Beratungsmaterialien sind nur ein erster Schritt beim Aufbau verbindlicher Standards.

14.6   Diskussion und Schlussfolgerung

Die Notwendigkeit aufgrund von Bevölkerungs- und Einkommenswachstum, sich wandelnder Lebensstile, Urbanisierung und Klimawandel zukunftsfähige Nahrungssysteme zu entwickeln, ist hinreichend erkannt. So ist in den Nachhaltigkeitszielen der globalen Agenda 2030 Ernährungssicherung fest verankert. Seit der Weltagrarrat und führende Instanzen der Agrar- und Ernährungspolitik sich dafür einsetzen, die Rechte und Bedürfnisse der Kleinbauern sowie den Klima- und Ressourcenschutz bei der Umsetzung der Ernährungsziele nicht weiter zu vernachlässigen, ist das internationale politische Umfeld zielgerichteter denn je, da bisher Agrarindustrie und Kleinbauern immer zweigleisig gefördert wurden. Daher muss nun auch eine wirkungsvolle Agrarforschung derart konzipiert sein, dass konkrete Lösungsstrategien mit und für Kleinbauern erarbeitet und über den Mehrebenansatz institutionell verankert werden. Zwischen Akademiker_innen, Spezialist_innen und Expert_innen, sowie Kleinbauern, insbesondere Frauen und ressourcenarmen Haushalten muss als erster Schritt gegen deren Diskriminierung die große Wissenskluft verringert werden. Für die Entwicklung zukunftsfähiger Nahrungssysteme reicht es nicht, Erkenntnisse mit der akademischen Welt zu teilen. Die Aufbereitung von traditionellem wie akademischem Wissen für lokal umsetzbare Projekte wird zum integralen Bestandteil der Forschung. HORTINLEA hat viele erfolgversprechende Ansätze, die die Entwicklung genuiner Lösungen unterstützen. Die Inkongruenz der akademischen und entwicklungspolitischen Ziele und Ergebnisse sowie Zeit- und Kapazitätsmangel der Wissenschaftler_innen, ihrem Rollenpluralismus gerecht zu werden, bleiben unlösbare Herausforderungen. Da Forscher_innen-Gruppen dazu tendieren, sich in die akademische Welt zurückzuziehen, braucht es nicht nur aus einem Teilprojekt heraus, sondern auch seitens der Verbundkoordination verbindliche Kommunikations- und Managementsysteme, die interkulturelle Praktiken sowie partizipative und rechtebasierte Ansätze einfordern. Denn für die Entwicklung der kleinbäuerlichen Landwirtschaft gibt es keine Pauschallösungen, auch wenn die Agrarindustrie dies teilweise so präsentiert. Statt aufwendiger Technologiepakete sind angepasste agrarökologische Strategien und ein breit angelegtes Lösungsspektrum nötig. Das reicht von attraktiven regionalen Bauernmärkten, kostengünstiger Bodenverbesserung, Kleinstbewässerung, dezentraler Lagerhaltung und Verarbeitung bis hin zu kollektivem Handeln über Kooperativen und Gruppen. Durch eine bessere Zusammenarbeit der Kleinbauern würde die Transformation von traditioneller kleinbäuerlicher Wertschöpfung zu zukunftsfähigen Nahrungssystemen nicht allein der Entscheidungsmacht des Handels und der Verarbeitungsindustrie überlassen. An diesem Prozess dürfen und sollten transdisziplinäre Forscher_innen effektiv als Mehrebenenvermittler mitwirken.

Literatur

Abukutsa-Onyango M (2010) African indigenous vegetables in Kenya: strategic respositioning in the horticultural sector. JKUAT, Nairobi

Adams M, Carpenter J, Housty J, Neasloss D, Paquet P, Service C, Walkus J, Darimont C (2014) Toward increased engagement between academic and indigenous community partners in ecological research. Ecol Soc 19(3):5. doi:10.5751/ES-06569-190305

Aenis T (2005) Prozess-Organisation-Teams Gruppenkommunikation und dezentrale Steuerung anwendungsorientierter Forschung Bd. 61. Margraf Publishers, Weikersheim

Bellarby J, Foereid B, Hastings A, Smith P (2008) Cool farming: climate impacts of agriculture and mitigation potential. Greenpeace, Amsterdam

Bennetzen EH, Smith P, Porter JR (2016) Agricultural production and greenhouse gas emissions from world regions – the major trends over 40 years. Glob Environ Chang 37:43–55. doi:10.1016/j.gloenvcha.2015.12.004

BMBF, BMEL, BMZ (2014) Nahrung für Milliarden: Forschungsaktivitäten der Bundesregierung als Beitrag zur globalen Ernährungssicherung. Bundesregierung, Bonn

Campbell B, Thornton P (2014) How many farmers in 2030 and how many will adopt climate resilient innovations? In: CCAFS (Hrsg) CCAFS info note. CGIAR Research Program on Climate Change, Agriculture and Food Security (CCAFS), Copenhagen

Cook S, Silici L, Adolph B, Walker S (2015) Sustainable intensification revisited. In: IIED (Hrsg) Issue paper food and agriculture. IIED, London

Dorward A, Kydd J, Poulton C (2006) Traditional domestic markets and marketing systems for agricultural products background paper for the world development report. Centre for Development and Poverty Reduction, Centre for Environmental Policy, Imperial College, London

Ericksen P, Stewart B, Dixon J, Barling D, Loring P, Anderson M, Ingram J (2010) The value of a food system approach. In: Ingram J, Ericksen P, Liverman D (Hrsg) Food security and global environmental change. Earthscan, London, S 25–45

FAO (2014) Innovation in family farming. FAO, Rome

FIAN (2016) Klimasmarte Landwirtschaft – Nein Danke! für eine sozial-ökologische Agrarwende statt gefährlicher Scheinlösungen. NGO Positionspapier. FIAN, Bonn

Gevorgyan E (2016) Dissemination and knowledge transfer concept in hortinlea. SLE, Berlin

Grace K, Davenport F, Funk C, Lerner AM (2012) Child malnutrition and climate in subsaharan africa: an analysis of recent trends in Kenya. Appl Geogr 35(1–2):405–413. doi:10.1016/j.apgeog.2012.06.017

Grebmer K, Saltzmann A, Birol E, Wiesmann D, Prasai N, Yin S, Yohannes Y, Menon P, Thompson J, Sonntag A (2014) Welthunger-Index 2014: Herausforderung Verborgener Hunger. Washington D.C., Dublin, Welthungerhilfe, Internationales Forschungsinstitut für Ernährungs- und Entwicklungspolitik (IFPRI), Concern Worldwide, Bonn

Hadorn GH, Hoffmann-Riem H, Biber-Klemm S, Joye D, Pohl C, Wiesmannn U, Zemp E (Hrsg) (2008) Handbook of transdisciplinary research. Springer, Cham

Harvard Medical School (2013) Plate power – 10 tips for healthy eating. The nutrition source. https://www.hsph.harvard.edu/nutritionsource/healthy-eating-plate/. Zugegriffen: 19. Juli 2016

Hiç C, Pradhan P, Rybski D, Kropp JP (2016) Food surplus and its climate burdens. Environ Sci Technol 50(8):4269–4277. doi:10.1021/acs.est.5b05088

HLPE (2013) Investing in smallholder agriculture for food security. In: A report by the high level panel of experts on food security and nutrition of the committee on world food security, Bd. 6. HLPE, Rome

HLPE (2014) Food losses and waste in the context of sustainable food systems. In: A report by the High Level Panel of Experts on Food Security and Nutrition of the Committee on World Food Security, Bd. 8. HLPE, Rome

IAASTD (2009) Agriculture at a crossroads – global report. In: McIntyre BD, Herren HR, Wakhungu J, Watson RT (Hrsg) International assessment of agricultural knowledge, science and technology for development. Washington, D.C.

IFAD, UNEP (2013) Smallholder, food security, and the environment. IFAD, Rome

IFPRI (2015) Nutrition country profile Kenya – global nutrition report 2016. IFPRI, Washington, D.C.

IPCCA (ohne Jahr) Methodological Toolkit for Local Assessments – Indigenous Peoples' Biocultural Climate Change Assessment. Asociación Andes, Cusco, Peru

IPES-Food (2016) From uniformity to diversity: a paradigm shift from industrial agriculture to diversified agroecological systems: thematic report. In: International panel of experts on sustainable food systems, Bd. 1. IPES-Food, Rome

Kebede S, Ngenoh E, Bett H, Faße A, Krause H, Bokelmann W (2016) Hortinlea Baseline Survey report 2014. Humboldt Universität zu Berlin, Leibniz Universität Hannover, Egerton University, Berlin, Hannover, Egerton

Klein JT, Grossenbacher-Mansuy W, Häberli R, Bill A, Scholz RW, Welti ME (Hrsg) (2001) Transdisciplinarity: joint problem solving among science, technology, and society. Springer, Basel

Kuhnlein H, Erasmus B, Creed-Kanashiro H, Englberger L, Okeke C, Turner N, Allen L, Bhattacharjee L (2006) Indigenous peoples' food systems for health: finding interventions that work. Public Health Nutr 9(8):1013–1019. doi:10.1017/PHN2006987

Kuhnlein H, Erasmus B, Spigelski D (2009) Indigenous peoples' food systems: the many dimensions of culture, diversity and environment for nutrition and health. FAO, Rome

Lee J, Gereffi G, Beauvais J (2012) Global value chains and agrifood standards: challenges and possibilities for smallholders in developing countries. Proc Natl Acad Sci 109(31):12326–12331

Lipper L, Thornton P, Campbell BM, Baedeker T, Braimoh A, Bwalya M, Caron P, Cattaneo A, Garrity D, Henry K, Hottle R, Jackson L, Jarvis A, Kossam F, Mann W, McCarthy N, Meybeck A, Neufeldt H, Remington T, Sen PT, Sessa R, Shula R, Tibu A, Torquebiau EF (2014) Climate-smart agriculture for food security. Nat Clim Chang 4(12):1068–1072. doi:10.1038/nclimate2437

Marke A (2014) Food security and climate resilient agriculture. Global Solutions Network, Toronto

Neven D, Reardon T (2008) The rapid rise of Kenyan supermarkets: impacts on the fruit and vegetable supply system. In: McCullough EB, Pingali PL, Stamoulis KG (Hrsg) The transformation of Agri-food systems: globalization, supply chains and smallholder farmers. FAO, Earthscan, London

Noleppa S (2012) Klimawandel auf dem Teller. WWF, Berlin

Okado M (2001) Background paper on Kenya off-season and specialty fresh vegetables and fruits. Paper presented at the UNCTAD Diversification and development of the horticultural sector in Africa, Regional workshop for horticultural economies in Africa, Nairobi.

Pohl C, Hadorn GH (2008) Gestaltung Transdisziplinärer Forschung. Sozialwissensch Berufsprax 31:5–22 (http://nbn-resolving.de/urn:nbn:de:0168-ssoar-44574)

Popp A, Lotze-Campen H, Bodirsky B (2010) Food consumption, diet shifts and associated non-CO_2 greenhouse gases from agricultural production. Glob Environ Chang 20:451–462

Preissing J (Hrsg) (2013) Facing the challenges of climate change and food security – the role of research, extension and communication for development. FAO, Rome

Ruel MT (2001) Can food-based strategies help reduce vitamin a and iron deficiencies? A review of recent evidence. IFPRI, Washington D.C

Ruel MT, Minot N, Smith L (2005) Patterns and determinants of fruit and vegetable consumption in sub-saharan africa: a multicountry comparison. Paper presented at the Joint FAO/WHO Workshop on Fruit and Vegetables for Health. Kobe

Schielmann S, Degawan M, Falley-Rothkopf E, Henneberger B, Mantzel K, Nolte U (2013) Waldschutzvorhaben im Rahmen der Klimapolitik und die Rechte Indigener Völker. INFOE, Köln

Schipmann C (2010) The Food System Transformation in Developing Countries: Opportunities and Challenges for Smallholder Farmers. Dissertation. Universität Göttingen, Göttingen

Seville D, Buxton A, Vorley B (2010) Under what conditions Are value chains effective tools for pro-poor development? Sustainable food lab. IIED, London

Stöber S, Gevorgyan E (2015) Forschungsprinzipien für zukunftsfähige Nahrungsmittelsysteme. In: Kühn A, Neubert S (Hrsg) Jahresbericht 2014. Seminar für Ländliche Entwicklung, Berlin

Stöber S, Chepkoech W, Neubert S, Kurgat B, Bett H, Lotze-Campen H (2017) Adaptation pathways for African indigenous vegetables' value chains. In: Leal Filho W, Kalangu J, Musiyiwa K, Munishi P, Simane B, Wuta M (Hrsg) Climate change adaptation in an African context: fostering resilience and capacity to adapt. Springer, Berlin

The World Bank (2014) Kenya: a bigger, better economy. The World Bank, Washington D.C.

The World Bank (2016) World bank open data. World development indicators – data Kenya. The World Bank, Washinton D.C

Trienekens J (2011) Agricultural value chains in developing countries – a framework for analysis. Int Food Agribus Manag Rev 14(2):51–82

UNCTAD (2013) Wake up before it is too late – make agriculture truly sustainable now for food security in a changing climate. In: UNCTAD (Hrsg) Trade and environment review. United Nations, Geneva

Waithaka M, Nelson GC, Thomas TS, Kyotalimye M (2013) East African agriculture and climate change. International Food Policy Research Institute, Washington D.C.

Weinberger K, Lumpkin T (2007) Diversification into horticulture and poverty reduction: a research agenda. World Dev 35(8):1464–1480

Weinberger K, Msuya J (2004) Indigenous vegetables in Tanzania: significance and prospects. In: AVRDC (Hrsg) Technical bulletin. AVRDC, Shanhua

Ziegler J, Golay C, Mahon C, Way S (2011) The fight for the right to food: lessons learned. Palgrave Macmillan, London

Third-Mission und Transfer als Impuls für nachhaltige Hochschulen

Dargestellt am Beispiel der Hochschule für nachhaltige Entwicklung Eberswalde

Benjamin Nölting und Jens Pape

15.1 Third Mission als – neuer – Auftrag der Hochschulen?!

Der öffentliche Auftrag von Hochschulen besteht in Forschung und Lehre. Heute gehen die Aktivitäten von Hochschulen jedoch deutlich darüber hinaus: Weiterbildungsangebote, Wissenstransfer oder Begleitung von Gründungen gehören heute regelmäßig zum Aufgabenspektrum von Hochschulen (Henke et al. 2016, S. 6). Kernfunktion von Hochschulen bleibt jedoch, Fach- und Führungskräfte auszubilden sowie durch zweckfreie Grundlagenforschung und anwendungsorientierte Forschung neues Wissen zu schaffen. Dafür werden sie von der Gesellschaft bzw. aus Steuermitteln oder durch Dritte finanziert.

Die Freiheit von Forschung und Lehre sind im Grundgesetz verankert. Damit ist jedoch in erster Linie die Unabhängigkeit von Forschung und Lehre hinsichtlich staatlicher Einflussnahme oder vonseiten Dritter gemeint. Gleichwohl sind Forschung und Lehre bzw. Forschende und Lehrende nicht gesellschaftlich neutral. Das Erkenntnisinteresse der Forschenden, die Auswahl von Forschungsgegenständen, die thematische, fachliche und methodische Schwerpunktsetzung in der Lehre können höchst unterschiedlich sein und sind sowohl individuell als auch durch die jeweiligen Rahmenbedingungen geprägt. Insofern sind das an Hochschulen generierte und bereitgestellte Wissen sowie dessen Wirkung in die Gesellschaft höchst differenziert. Hochschulen tragen eine große gesellschaftliche

B. Nölting (✉)
Fachgebiet Governance regionaler Nachhaltigkeitstransformation, Hochschule für nachhaltige Entwicklung Eberswalde
Schicklerstr. 5, 16225 Eberswalde, Deutschland
E-Mail: Benjamin.Noelting@hnee.de

J. Pape
Fachgebiet Nachhaltige Unternehmensführung in der Agrar- und Ernährungswirtschaft, Hochschule für nachhaltige Entwicklung Eberswalde
Schicklerstr. 5, 16225 Eberswalde, Deutschland
E-Mail: Jens.Pape@hnee.de

© Springer-Verlag GmbH Deutschland 2017
W. Leal Filho (Hrsg.), *Innovation in der Nachhaltigkeitsforschung*,
Theorie und Praxis der Nachhaltigkeit, DOI 10.1007/978-3-662-54359-7_15

Verantwortung dafür, welches Wissen für welche Zwecke erforscht und gelehrt wird und somit für die Gesellschaft nutzbar gemacht werden kann. Wenn es gelingt, dieses Wissen zielgruppenspezifisch zu transferieren, wirken Hochschulen in die Gesellschaft hinein.

Der Wissenschaftsrat hat in diesem Kontext das Positionspapier „Zum wissenschafts-politischen Diskurs über große gesellschaftliche Herausforderungen" veröffentlicht (Wissenschaftsrat 2015), das nach Maurer (2016, S. 134) „eigentümlich zwiespältig" ist, da einerseits die angesprochene „Vielfalt und Freiheit der Wissenschaft" erhalten und gefördert werden soll und andererseits gefordert wird, dass sich die Wissenschaft stärker gesellschaftlichen Veränderungsprozessen und der Bewusstseinsbildung annehmen sollte. Aber müssen sich wissenschaftliche Freiheit und der Auftrag zur Bewusstseinsbildung und zur Unterstützung von Wertewandel widersprechen?

Gerade Hochschulen sind ein wichtiger Ort mit Blick auf Bewusstseinsbildung und Initiierung bzw. Unterstützung eines Wertewandels: Dort können gesellschaftliche Diskurse und ihre praktischen und ethische Implikationen für gesellschaftliches Handeln auf fachlich-wissenschaftlicher Grundlage reflektiert werden. Bezogen auf den Nachhaltig-keitsdiskurs und die damit verbundenen großen gesellschaftlichen Herausforderungen, die einen Werte- und Bewusstseinswandel implizieren, verweist der Wissenschaftliche Beirat der Bundesregierung Globale Umweltveränderungen (WBGU) in seinem vielbeachteten Gutachten „Gesellschaftsvertrag für eine Große Transformation" (WBGU 2011) explizit auf die zentrale Rolle von Hochschulen und Wissenschaft, um die wissensbasierten gesellschaftlichen Suchprozesse zur Gestaltung nachhaltiger, zukunftsfähiger Gesellschaften gezielt mit Forschung und Bildung zu unterstützen. Gefordert wird ein neues Zusammen-spiel von Politik, Zivilgesellschaft, Wissenschaft und Wirtschaft (WBGU 2011, S. 26).

Hier knüpft die schon seit Längerem geführt Diskussion über gesellschaftliche Aktivitäten von Hochschulen an (z. B. Schneidewind 2016). So intendiert das Bundesmi-nisterium für Bildung und Forschung (BMBF) komplementär zur Exzellenzinitiative mit der aktuellen Förderrichtlinie Innovative Hochschule die Förderung von Fachhochschulen sowie kleinen und mittleren Universitäten. Deren forschungsbasierter Ideen-, Wissens-und Technologietransfer soll gestärkt werden, um die regionale Verankerung von Hoch-schulen zu unterstützen und einen Beitrag zu Innovation in Wirtschaft und Gesellschaft zu leisten. Eine ähnliche Auffassung vertritt auch der Wissenschaftsrat in seinem aktuel-len Positionspapier zum Wissens- und Technologietransfer: In Zukunft sei es notwendig, „wissenschaftliches Wissen in Kooperation mit allen Akteuren der Gesellschaft [...] so breit wie möglich zur Anwendung zu bringen" (Wissenschaftsrat 2016, S. 35 f.).

Diese gesellschaftlichen Ansprüche sowie die vielfältigen Aktivitäten und gesellschaft-liche Austauschbeziehungen von Hochschulen werden heute unter dem Sammelbegriff „third mission" gefasst. Diese Aktivitäten können ökonomische Interessen bedienen, aber auch nicht ökonomischen Ursprungs sein (Abb. 15.1), wie beispielsweise „Engaged Uni-versity", „citizen science" (Henke et al. 2016, S. 6 ff.) und – nicht zuletzt verbunden mit dem eingangs skizzierten WBGU-Gutachten – transformative, transdisziplinäre Wissen-schaft und nachhaltige Hochschule.

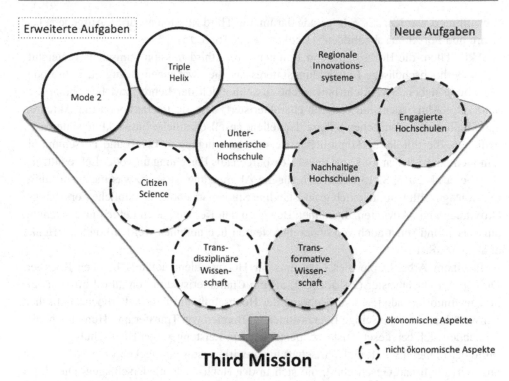

Abb. 15.1 Quellen der Third-Mission-Debatte. (Nach Henke et al. 2016, S. 7 mit eigenen Ergänzungen)

Vor diesem Hintergrund wird in dem Beitrag untersucht, inwiefern „third mission" und Transfer von Hochschulen für eine nachhaltige Entwicklung einen Impuls für die Nachhaltigkeitsforschung darstellen. Dieser Zugang ist bislang kaum systematisch betrachtet worden, sodass hier eine erste Zusammenschau in zwei Perspektiven erfolgt. Zum einen werden konzeptionell die Konzepte von „third mission" und Transfer mit transformativer Wissenschaft kombiniert. Zum anderen werden am empirischen Beispiel der Aktivitäten der Hochschule für nachhaltige Entwicklung Chancen und Restriktionen eines Transfers für nachhaltige Entwicklung exploriert. Die Befunde werden im Fazit zusammengetragen.

15.2 „Third mission" – ein Beitrag von Hochschulen zu gesellschaftlichen Entwicklungsinteressen

Der Begriff der dritten bzw. „third mission" wird bereits seit den 1980er-Jahren diskutiert. Dabei wird in den letzten Jahren zunehmend gefordert, dass Hochschulen über ihre Kernaufgaben Forschung („first mission") und Lehre („second mission") hinaus weitergehende gesellschaftliche Aufgaben erfüllen sollen. Es erfolgt dabei eine klare Abgrenzung, denn bewusst sollen traditionelle Aufgaben in Lehre und Forschung nicht unter „third mission" subsummiert werden: „Es geht gerade darum, die Third Mission als dritte Aufgabe neben Lehre und Forschung abzubilden" (Henke et al. 2016, S. 15).

Aktivitäten, die Hochschulen im Rahmen ihrer „third mission" umsetzen, unterstützen außerhochschulische Entwicklungsinteressen, die zwar einen Bezug zu Lehre oder Forschung haben, aber nicht bzw. nicht ausschließlich der Lehre bzw. Forschung dienen: „Die Aktivitäten sind dadurch charakterisiert, dass sie Interaktionen mit Akteuren außerhalb der akademischen Sphäre darstellen, gesellschaftliche Entwicklungsinteressen bedienen, die mit der herkömmlichen Leistungserbringung in Lehre und Forschung allein nicht zu bedienen sind, und dabei Ressourcen aus Forschung und/oder Lehre nutzen" (Henke et al. 2016, S. 13). Hilfreich für die Abgrenzung ist auch, was nicht zur „third mission" gezählt wird, nämlich grundständige Studienangebote, fachübliche Forschungsaktivitäten und Aktivitäten, die keinen Bezug zu den Kernaufgaben Lehre und Forschung aufweisen und somit auch von anderen Akteuren übernommen werden könnten (Henke et al. 2016, S. 13).

In einem Arbeitspapier des Centrums für Hochschulentwicklung betonen Roessler, Duong und Hachmeister (2015, S. 39) als ein Charakteristikum von „third mission" eine „gewinnbringende [...] Verflechtung der Hochschule mit ihrer außerhochschulischen Umwelt durch wechselseitige Interaktionen im Bereich von Transfer und Humankapital". Es handelt sich bei dieser Austauschbeziehung um Leistungen von Hochschulen, die unmittelbar in Gesellschaft und Wirtschaft hineinwirken, sowie umgekehrt um Strömungen aus Wirtschaft und Gesellschaft, die sich in der Hochschule niederschlagen. Dies führt „im optimalen Fall zu gesellschaftlicher Weiterentwicklung" (Roessler et al. 2015, S. 39).

Hand in Hand mit der „third mission" geht der Transfer, der von Hochschulen im Sinn des oben angesprochenen gesellschaftlichen Entwicklungsinteresses geleistet wird. So definiert der Stifterverband für die Deutsche Wissenschaft im Rahmen des von ihm entwickelten und durchgeführten Transferaudits für Hochschulen Transfer „als beidseitige[n] Austausch von Wissen, Dienstleistungen, Technologien und Personen", der alle Formen der Kooperationsbeziehungen in den Bereichen Forschung und Lehre zwischen Hochschulen und externen Partnern umfasst (Stifterverband 2016). Transfer ist in diesem Verständnis keine Einbahnstraße im Sinn des Transfers von an Hochschulen generiertem Forschungsergebnissen in die Gesellschaft hinein, sondern ein wechselseitiger Prozess, bei dem es einerseits um die Frage geht, welche gesellschaftlichen Fragen relevant sind und in die Hochschulforschung Eingang finden, und andererseits wie die gefundenen Ergebnisse zurückgespielt werden. Transfer ist somit der wechselseitige und partnerschaftliche Austausch von Wissen, Ideen, Technologien und Erfahrungen und geht damit weit über ein enges Verständnis von Technologietransfer für Unternehmen hinaus. Der Wissenschaftsrat hat dieses Verständnis jüngst wie folgt formuliert: „[Transfer] bezieht in einem breiten Sinne Interaktionen wissenschaftlicher Akteure mit Partnern außerhalb der Wissenschaft aus Gesellschaft, Kultur, Wirtschaft und Politik mit ein" – dabei adressierte Handlungsfelder sind die „des Kommunizierens, Beratens und Anwendens" (Wissenschaftsrat 2016, S. 5).

Transferaktivitäten und „third mission" können ganz unterschiedliche Formen annehmen wie Technologie- und Wissenstransfer, Weiterbildung, Beteiligung am sozialen und kulturellen Leben, Teilnahme an Politikgestaltung, Wissenschaftskommunikation, Verträge mit Unternehmen, öffentlichen Trägern und Kommunen etc. (Roessler et al. 2015, S. 13). Diese Konzepte können räumlich unspezifisch (z. B. Weiterbildungsangebote) oder regional verankert sein sowie in ökonomische und nicht ökonomische Aufgaben unterschieden werden.

Aktivitäten und Aufgaben von „third mission" können nach Henke et al. (2016) wie folgt systematisiert werden (Abb. 15.1): Erstens geht es um Konzepte, die auf die traditionellen Hochschulfunktionen Lehre und Forschung abzielen, „diese aber in einen weiter reichenden Horizont einordnen und dabei Third-Mission-Elemente integrieren" (Roessler et al. 2015, S. 6 f.). Hierzu können z. B. „entrepreneurial university", „triple helix" und „mode 2" (Gibbons et al. 1994) gezählt werden. Wir ergänzen in diesem Kontext noch transformative Wissenschaft (Schneidewind und Singer-Brodowski 2014).

Zweitens geht es um neue Hochschulaufgaben, die an die Kernaufgaben der Hochschule anschließen, sie aber in Richtung gesellschaftsrelevanten Engagements überschreiten und somit im Kernbereich der „third mission" operieren. Zu nennen sind hier Ansätze wie engagierte Hochschulen, regionale Innovationssysteme (Warnecke 2016), Transdisziplinarität (Brand 2000; Hirsch Hadorn und Pohl 2006) oder nachhaltige Hochschulen.

15.2.1 Transfer als – umkämpfte – Austauschbeziehung zwischen Hochschulen und Gesellschaft

Bei der Auseinandersetzung mit gesellschaftlichen Themen bleibt es nicht aus, dass sich Hochschulen in gesellschaftlichen oder gar politischen Debatten positionieren. Dies wird bei der traditionell engen Kooperation zwischen Fachhochschulen und Wirtschaft (Roessler et al. 2015) nur selten kritisch hinterfragt. Die Debatte gewinnt aber an Schärfe, wenn sich Hochschulen im Sinn der „third mission" für gesellschaftliche Entwicklungsinteressen engagieren, die gesellschaftspolitisch kontroverser diskutiert werden. Dies ist beispielsweise der Fall, wenn es um den Beitrag von Hochschulen zu nachhaltiger Entwicklung geht. Daraus wird immer wieder der Vorwurf abgeleitet, dass es unakademisch sei, wenn sich Hochschulen von der zweckfreien (Grundlagen-)Forschung lösen (Stock und Schneidewind 2014). Aber werden Hochschulen dann ihrem Auftrag tatsächlich nicht (mehr) gerecht?

Was spricht dagegen, dass sich Hochschulen in das pralle Leben gesellschaftlicher Auseinandersetzungen und Widersprüchlichkeiten begeben und mit ihren Mitteln – Fachwissen, wissenschaftlichen Methoden und systematischer (Selbst-)Reflexion – nach Lösungen für gesellschaftliche relevante Probleme, für Themen mit gesellschaftlichem Entwicklungsinteresse suchen?

In diesem Zusammenhang wird regelmäßig die Frage gestellt, wer eigentlich legitimiert ist, gesellschaftliches Entwicklungsinteresse zu formulieren. In etlichen Fällen (z. B.

Planungsverfahren, Umweltverträglichkeitsprüfungen) ist das formell geregelt. Vielfach wird hier die Zivilgesellschaft genannt – doch wer ist das? Hier treten beispielsweise Umwelt- und Naturschutzverbände (BUND 2012) als Vertretung der Zivilgesellschaft in Erscheinung. Werden die Herausforderungen jedoch umfassender bzw. das gesellschaftliche Entwicklungsinteresse komplexer, wie etwa beim Thema nachhaltige Entwicklung oder der eingangs dargestellten Aufgabe einer großen Transformation, wird es deutlich schwieriger. Für die Identifizierung von Entwicklungsinteressen und die Gestaltung von entsprechenden Prozessen in Richtung einer nachhaltigen Entwicklung sind Aushandlungsprozesse und Diskurse vieler gesellschaftlicher Gruppen – eben der Gesellschaft als Ganzes – notwendig, um weitere Etappen zu erreichen. Das junge Konzept der transformativen Wissenschaft ist hier angetreten, um einen Beitrag zu leisten.

15.2.2 Transformative Wissenschaft als konzeptionelle Grundlage für Transfer für nachhaltige Entwicklung

Wenn es um nachhaltige Entwicklung an und Beiträge durch Hochschulen geht, dann stellt sich die Frage, welche Rolle „third mission" und Transfer dabei spielen können. Unsere These ist, dass Aktivitäten im Rahmen der „third mission" gerade im Kontext anwendungsorientierter, transdisziplinärer Forschung und problembezogener, kompetenzorientierter Ausbildung für die Praxis wertvolle Impulse liefern können, weil sie dafür prädestiniert sind, lebensweltliche Bezüge herzustellen. Das kann anregend auf Lehre und Forschung wirken und Treiber für die Nachhaltigkeitstransformation von Hochschulen sein.

Umgekehrt droht jedoch die Gefahr der Überfrachtung, wenn „third mission" als neues Konzept mit den ebenfalls erst in der Erprobung steckenden Ansätzen für nachhaltige Entwicklung an Hochschulen kombiniert werden. Zwar gibt es bereits eine nennenswerte Anzahl an Aktivitäten für nachhaltige Entwicklung, die auf die unterschiedlichsten Hochschulen und Bereiche verstreut sind, aber nachhaltige Entwicklung ist weit davon entfernt, im Mainstream und in den Kernaufgaben von Hochschulen verankert zu sein. Am weitesten entwickelt sind Konzepte für den nachhaltigen Betrieb von Hochschulen (Deutsche UNESCO-Kommission 2014). Weiterhin gibt es eine intensive Debatte, wie Nachhaltigkeitsforschung, also eine Forschung, die zur Lösung von Nachhaltigkeitsproblemen beiträgt, aussehen kann (Heinrichs und Michelsen 2014). Dies wird flankiert von Programmen zur Nachhaltigkeitsforschung wie beispielsweise der sozialökologischen Forschung des BMBF. Aber auch hier muss konstatiert werden, dass Nachhaltigkeitsforschung eher randständig ist und sich nur bedingt mit den auf disziplinäre Spezialisierung ausgerichteten Anreizsystemen verträgt. Zur Ausrichtung der Hochschullehre gibt es die Bemühungen der Dekade für Bildung für nachhaltige Entwicklung (BNE) und das kürzlich gestartet Weltaktionsprogramm, aber im Vergleich zur schulischen und informellen Bildung kommen aus dem Bereich der Hochschulen vergleichsweise wenige Impulse zu

BNE. Gerade in der Lehre besteht ein großes Potenzial für nachhaltige Entwicklung an Hochschulen, das bislang kaum ausgeschöpft wird (Nölting et al. 2015).

Inwiefern könnte vor diesem Hintergrund Transfer von Hochschulen für eine nachhaltige Entwicklung fruchtbar gemacht werden? Auf welche Ansätze könnte dabei zurückgegriffen werden? Hier bietet sich für eine wissenschaftliche Orientierung das Leitbild der transformativen Wissenschaft an. Sie befördert Umbauprozesse in Richtung Nachhaltigkeit durch Innovationen und zielt darauf ab, gesellschaftliche Wandlungsprozesse durch die Entwicklung von konkreten Lösungen sowie technischen und sozialen Innovationen und deren Verbreitung in Wirtschaft und Gesellschaft zu unterstützen (Schneidewind und Singer-Brodowski 2014; WBGU 2011). Hierfür ist ein inter- und transdisziplinärer Wissenschaftsansatz erforderlich. Dieser schließt Interventionen in der Gesellschaft, z. B. Aktionsforschung oder Realexperimente, ein, die durch Lern- und Reflexionsprozesse begleitet werden und auf Systeminnovationen abzielen.

Doch der Ansatz transformativer Wissenschaft ist in der wissenschaftlichen Community umstritten, die Debatte dazu wird mit beträchtlicher Vehemenz ausgefochten. Neben dem WBGU sind weitere prominente Verfechter der transformativen Wissenschaft u. a. Uwe Schneidewind, Präsident des Wuppertal Instituts für Klima Energie Umwelt, und Armin Grunwald, Leiter des Instituts für Technikfolgenabschätzung und Systemanalyse, Universität Karlsruhe. Kritik kommt dagegen u. a. von Peter Strohschneider, Präsident der Deutschen Forschungsgemeinschaft, und Günter Stock, Präsident der Union der deutschen Akademien der Wissenschaft. So kritisierte Stock eine zu starke Partizipation bei der Bestimmung der Forschungsagenda und die Ausrichtung der Wissenschaft auf normative Ziele (Stock und Schneidewind 2014). Noch grundlegender ist die Kritik von Strohschneider (2014), der in der transformativen Wissenschaft eine Abschaffung des wissenschaftlichen Zweifelns und eine Entdifferenzierung (denn angesichts der Nachhaltigkeitsprobleme sei ein Scheitern angeblich nicht erlaubt) vermutet und ihr gar einen Hegemonialanspruch in der Wissenschaft unterstellt (Strohschneider 2014).

Die Argumente von Strohschneider sind ernst zu nehmen, transformative Wissenschaft muss sich der Kritik stellen und Antwort geben können. Doch die Kritikpunkte lassen sich weitgehend ausräumen (Grunwald 2015). Selbstverständlich strebt transformative Wissenschaft eine Lösung von Nachhaltigkeitsproblemen an und zwar mit transdisziplinären Ansätzen, um all diejenigen, deren Probleme gelöst oder deren Angelegenheiten in möglichen Lösungen berührt werden könnten, in den Forschungsprozess mit einzubeziehen. Dabei geht transformative Forschung durchaus kritisch an die Machbarkeit von Nachhaltigkeit und mit einer gewissen Steuerungsskepsis an die Aufgabe heran (Voß et al. 2007). Außerdem strebt sie keine Vormachtstellung in der Wissenschaft an, vielmehr versteht sie sich als ein Beitrag zu einer weiteren Differenzierung der Wissenschaftslandschaft (Grunwald 2015).

Auch wenn das Konzept transformativer Wissenschaft auf bereits bestehende Überlegungen zu transdisziplinärer Nachhaltigkeitsforschung aufsetzen kann, sind noch nicht alle Fragen und Probleme geklärt. So zeigt sich, dass die Formulierung von Forschungsthemen und -fragen im Dialog zwischen Hochschule und Vertreter_innen aus Wirtschaft,

Politik und Zivilgesellschaft äußerst anspruchsvoll ist. Dies machen beispielsweise Diskussionen bei Umweltverbänden deutlich, wenn sie überlegen, wie Themen aus ihrer Sicht beforscht werden sollten (Kurz et al. 2014).

Eine Weiterentwicklung und Vertiefung transdisziplinärer Wissenschaft könnte gerade durch eine breitere Anwendung in der Forschungspraxis erfolgen. Hier wären als ein Beispiel Reallabore zu nennen. Für diese Art der Forschung an der Schnittstelle zur Gesellschaft und mit der Gesellschaft sind „third mission" und Transfer geradezu prädestiniert.

15.2.3 Zwischenfazit

Es kann festgehalten werden, dass Transfer ein zentrales Element transformativer Wissenschaft ist. Transfer gekoppelt mit den Stärken und Möglichkeiten von Hochschulen setzt wichtige Impulse für eine Nachhaltigkeitstransformation und stellt damit ein wichtiges Handlungsfeld von „third Mission" dar. Dabei werden praxisorientierte Lehre und anwendungsorientierte Forschung bewusst in gesellschaftliche Lern-, Aushandlungs-, Entscheidungs- und Gestaltungsprozesse gestellt, um der Lösung von konkreten Nachhaltigkeitsproblemen zu dienen. Bei diesem Schritt der Kontextualisierung werden Stakeholder beteiligt, um eine Koproduktion von Wissen zu ermöglichen.

Allerdings droht die Gefahr, dass Hochschulen damit überfordert werden, wenn sie gleich zwei noch in der Entwicklung befindliche Konzepte – „third mission" und transformative Wissenschaft – miteinander kombinieren. Die Fokussierung von „third mission" und Transfer auf nachhaltige Entwicklung kann zwar als Engführung und damit als Vereinfachung im komplexen Feld von „third mission" betrachtet werden. Andererseits ist gerade das normative Konzept nachhaltiger Entwicklung umkämpft. Welche gesellschaftlichen Entwicklungsinteressen im Einzelnen verfolgt werden sollen, lässt sich nur in komplexen Aushandlungsprozessen feststellen, die Ziele lassen sich nicht allein wissenschaftlich herleiten und die Hochschulen sind nur ein Akteur unter mehreren. Gleichwohl können Hochschulen mit der Erarbeitung von Systemwissen, Zielwissen und Gestaltungswissen sowie ihrer Reflexionsfähigkeit wichtige Beiträge leisten.

Eine Kombination aus „third mission" und transformativer Wissenschaft zum Transfer von Hochschulen für eine nachhaltige Entwicklung verfügt also über ein beachtliches Innovationspotenzial. Um auszuloten, ob und wie es sich einlösen lässt, was Voraussetzungen und Hemmnisse sind, braucht es empirische Erfahrungen.

15.3 Die Hochschule für nachhaltige Entwicklung Eberswalde als Nachhaltigkeitspromotor

Die Hochschule für nachhaltige Entwicklung Eberswalde ist mit ihren rund 2100 Studierenden und gut 50 Professuren die kleinste Hochschule in Brandenburg. Vor den Toren Berlins gelegen wurde der „grüne Faden" bereits 1830 gelegt, als in Eberswalde die

Forstakademie etabliert wurde. Nach der Wiedervereinigung wurde die Fachhochschule Eberswalde 1992 wieder eröffnet und benannte sich 2010 in Hochschule für nachhaltige Entwicklung Eberswalde (HNEE) um. Seitdem entwickelt die Hochschule ihr grünes Profil konsequent in Richtung Nachhaltigkeit weiter und zählt unter den Hochschulen zu den Vorreitern in Sachen Nachhaltigkeit (Schneidewind und Singer-Brodowski 2014).

Seit der Umbenennung der Hochschule reibt sich die Hochschule, ihre Studierenden und Lehrenden an der selbst gesetzten Zielsetzung – eine Herausforderung, aber gleichzeitig auch Voraussetzung auf dem Weg zu einer Nachhaltigkeitstransformation. Die HNEE ist in folgenden Bereichen aktiv (Nölting et al. 2015):

Beim Betrieb setzt sie auf ein betriebliches Umweltmanagementsystem nach höchstem Standard (EMAS) und wurde dafür 2010 mit dem europäischen EMAS-Award ausgezeichnet. Seit 2014 ist die Hochschule klimaneutral: Die Hochschule bezieht seit 2007 Ökostrom und nutzt die erneuerbaren Energien so effizient wie möglich. Für die Wärmeerzeugung werden Holzpellets und Holzhackschnitzel eingesetzt. Nicht vermeidbare Emissionen werden jährlich bilanziert und in einem von HNEE-Alumni initiierten Klimaschutzprojekt kompensiert. Im sozialen Bereich hat sich die Hochschule der Themen familienfreundliche Hochschule und Diversity-Management angenommen und kümmert sich zunehmend um Fragen der Gesundheitsförderung.

In der Lehre öffnet sich die Hochschule bewusst transdisziplinären Lernprozessen für Nachhaltigkeit. Nachhaltigkeit ist als Querschnittsthema in der Lehre curricular verankert. Viele Studiengänge tragen Nachhaltigkeit im Namen oder sind explizit daran ausgerichtet. Als neue Initiative hat sich Anfang 2015 ein Arbeitskreis Nachhaltigkeit lernen und lehren gegründet, in dem sich Dozierende, Studierende und Mitarbeitende über gute Beispiele für Lehren und Lernen austauschen. Im Jahr 2014 wurden Projektwerkstätten als neues Lehrlernformat eingerichtet: Tutor_innen übernehmen zentrale Aufgaben für die Planung und Durchführung der Lehrveranstaltungen unter Begleitung von zwei Hochschullehrer_innen. Ein Projektwerkstättenrat prüft eingegangene Vorschläge, die meist von Studierenden entwickelt werden. So wurden bereits Projektwerkstätten zu den Themen Gemeinsam anders Wirtschaften und Terra Preta durchgeführt. Die Etablierung einer/eines studentischen Vizepräsident_in unterstreicht den Wunsch, die studentische Perspektive in der Hochschulleitung zu integrieren.

In der Forschung nimmt die Hochschule gezielt Impulse aus der Praxis auf. Geforscht wird lösungsorientiert und anwendungsbezogen zu nachhaltiger Entwicklung. Bei komplexen Forschungsansätzen wird – wo immer möglich – eine inter- und transdisziplinäre Zusammenarbeit gesucht. So ist die Hochschule regelmäßig an größeren Forschungsverbünden beteiligt und greift auf enge Praxisverbindungen zurück. Die HNEE ist eine der forschungsstärksten Fachhochschulen (gemessen an der Drittmitteleinwerbung je Hochschullehrer).

Wichtige Triebkraft ist das Engagement der Hochschulangehörigen auf allen Ebenen: Studierende, Lehrende und Mitarbeitende. Für die „governance" der Nachhaltigkeitsaktivitäten ist neben der Hochschulleitung der 2010 gegründete Runde Tisch Nachhaltige Entwicklung der HNEE ein zentraler Treiber. Die Mitarbeit ist freiwillig und selbstorganisiert. Er ist von allen Hochschulgruppen besetzt. Über das sehr umtriebige Gremium gelingt es, hochschulübergreifende Positionierungen zu entwickeln. So wurden auf Initiative des Runden Tischs die Grundsätze zur nachhaltigen Entwicklung an der HNEE formuliert und 2013 vom Senat der Hochschule beschlossen (HNEE 2013). Sie wirken als Leitbild mit motivierender und handlungsleitender Funktion für die gesamte Hochschule. Die Hochschule berichtet über diese Aktivitäten in einem integrierten Nachhaltigkeitsbericht.

Damit wurden die Grundlagen für eine Nachhaltigkeitstransformation an und in der Hochschule gelegt. Doch inwiefern gelingt es der Hochschule, in die Gesellschaft hineinzuwirken, neben der „first" und „second mission" der insbesondere in diesem Kontext wichtigen „third mission" gerecht zu werden und als Treiber einer großen Transformation in Richtung Nachhaltigkeit (WBGU 2011) zu fungieren? Und ist ein solches Engagement überhaupt beabsichtigt und gesellschaftlich gewünscht oder sinnvoll? Ob ein solcher Transfer gelingen kann und falls ja wie, das soll nachfolgend für die Hochschule Eberswalde abgewogen werden.

15.3.1 Von den Nachhaltigkeitsgrundsätzen zur Transferstrategie

Entsprechend der Nachhaltigkeitsgrundsätze ist die Hochschule bestrebt, durch Lehre und Forschung zu nachhaltiger Entwicklung beizutragen und eine Vorbildfunktion einzunehmen. Doch wie dies konkret umgesetzt werden soll, bleibt mitunter unspezifisch. Mit dem Transferaudit erhielten die Überlegungen dazu einen neuen Schub. Es wurde von Juli 2015 bis Mai 2016 vom Stifterverband für die deutsche Wissenschaft und dem Ministerium für Wissenschaft, Forschung und Kultur des Landes Brandenburg an der HNEE durchgeführt. Ein Projektteam der Hochschule bereitete den Auditprozess vor, initiierte und begleitete die intensiven internen Diskussionen. Die Auseinandersetzung an der Hochschule mit dem Thema Transfer wurde – bestärkt durch die Rückmeldung der Auditor_innen – danach direkt weitergeführt. Auf Basis des Auditprozesses wurde eine Transferstrategie ausgearbeitet und an der Hochschule diskutiert. Die Transferstrategie der HNEE „Ideen- und Wissenstransfer für eine nachhaltige Entwicklung" wurde im Juli 2016 vom Senat der Hochschule verabschiedet.

Danach versteht die HNEE Transfer in einem breiten Sinn, der über ein enges Verständnis von Technologietransfer (vorrangig von der Wissenschaft in die Wirtschaft) hinausgeht. Transfer ist ein wechselseitiger partnerschaftlicher Austausch von Wissen, Ideen, Dienstleistungen, Technologien und Erfahrungen. Er umfasst alle Formen der Kooperationsbeziehungen zwischen der Hochschule und ihren externen Partner_innen in Lehre und Forschung sowie darüber hinaus.

Die Transferstrategie richtet sich an den Grundsätzen zur nachhaltigen Entwicklung der HNEE aus. Dementsprechend sollen insbesondere solche Transferaktivitäten gestärkt werden, die einen Beitrag zu nachhaltiger Entwicklung leisten. Transfer aus der Hochschule wird nicht über eine bestimmte Zielregion definiert, da sich nachhaltige Entwicklung nicht räumlich eingrenzen lässt. Vielmehr versteht sich die Hochschule als Akteur auf unterschiedlichen Ebenen, in der Stadt Eberswalde, in der Region, in Deutschland und global. Transfer richtet sich v. a. an diejenigen gesellschaftlichen Akteure, die sich für Nachhaltigkeit einsetzen (möchten). Die HNEE versteht nachhaltige Entwicklung als gemeinsamen Lern- und Gestaltungsprozess, der nur in der Kooperation mit Partner_innen aus der Gesellschaft gelingt. Dieser wechselseitige Austausch von Ideen und Wissen stellt einen offenen und partizipativen Prozess auf Augenhöhe dar. Technologietransfer ist nur ein Teil davon, weil nachhaltige Entwicklung wesentlich mehr erfordert als technische Lösungen.

Die Hochschule öffnet mit dem Ideen- und Wissenstransfer unterschiedlichen Gruppen der Gesellschaft den Zugang zu neuen Erkenntnissen aus der Wissenschaft und stärkt die Zukunftsfähigkeit der Gesellschaft. Unterschieden werden kann zwischen einem kurzfristigen Transfer in Form eines Technologie- und Informationsaustauschs und einer über die Jahre gewachsenen gemeinsamen Entwicklung von Ideen sowie einer Koproduktion von Wissen. Insbesondere ein langfristig ausgerichteter Transfer entspricht den Anforderungen nachhaltiger Entwicklung.

Bereits jetzt gibt es vielfältige Transferaktivitäten, die von vielen engagierten Akteuren der Hochschule getragen werden. Ein sehr gut funktionierendes Beispiel ist das InnoForum Ökolandbau Brandenburg, das um die 70 Kooperationspartner_innen entlang der Wertschöpfungskette der ökologischen Land- und Ernährungswirtschaft vereint. Die Hochschule organisiert mit einer Koordinierungsstelle eine kontinuierliche Bedarfserfassung aufseiten der Praxispartner_innen. Mit diesen werden entsprechende Forschungsprojekte und praxisorientierte Lernprojekte in den Ökolandbaustudiengängen konzipiert und durchgeführt.

Ein anderes Beispiel ist das berufsbegleitende Weiterbildungsangebot Strategisches Nachhaltigkeitsmanagement. Das Studiengangskonzept wurde mit einem hochkarätigen Praxisbeirat mit Nachhaltigkeitsprofis aus Wirtschaft (memo, Otto Group, Tchibo), Wissenschaft (Wuppertal Institut, Technische Universität Berlin, ecologic), Verwaltung (Landkreis Barnim) und Verbänden (Deutsche Umwelthilfe, Naturschutzbund Deutschland, Deutsche Umweltstiftung, UnternehmensGrün) konzipiert. Zahlreiche Beiratsmitglieder engagieren sich in der Lehre. Um einen hohen Problemlösungsbezug sicherzustellen, stehen Themen und Fragen aus dem Berufsalltag der Studierenden im Mittelpunkt. Die Präsenzphasen sind als Ideenlabor konzipiert, in dem die Teilnehmer_innen gemeinsam mit den Dozierenden aus Wissenschaft und Praxis Lösungsansätze entwickeln und bewerten.

Bei solchen Praxisnetzwerken für die Lehre können alle drei Seiten profitieren. Die Praxispartner_innen formulieren Fragen aus ihrem beruflichen Kontext und bringen ihren Gestaltungswillen für nachhaltige Lösungen ein. Dafür erhalten sie einen direkten Zugang zu wissenschaftlicher Expertise und Problemlösungen. Die Studierenden haben kreative Ideen, ein hohes Innovationspotenzial und bringen ihr Engagement in die Projekte ein. Sie erhalten Einblicke in die Berufswelt und entwickeln praxisrelevante Ergebnisse. Die Lehrenden sichern die fachliche Qualität und leiten eine Reflexion der Zusammenarbeit an. Im Gegenzug erhalten sie Einblick in aktuelle Nachhaltigkeitsprobleme und werden von den Ideen der Studierenden inspiriert (Nölting et al. 2015).

Vor diesem Hintergrund zielt die Transferstrategie darauf ab, mit den Transferaktivitäten einen möglichst effektiven Beitrag zur nachhaltigen Entwicklung der Gesellschaft zu leisten. Die HNEE und ihre Angehörigen übernehmen in Lehre und Forschung Verantwortung für eine nachhaltige Entwicklung. Darüber hinaus nimmt die HNEE als nachhaltig agierende Hochschule eine Vorbildrolle ein und wirkt so in die Gesellschaft.

15.3.2 Als Hochschule gesellschaftliche Wirkung entfalten – die Transferstrategie

Die Transferstrategie möchte dazu beitragen, dass die bisherigen Transferaktivitäten in Lehre, Forschung und „third mission" noch systematischer, zielstrebiger und effizienter zur nachhaltigen Entwicklung beitragen. Im Einzelnen widmet sich die Transferstrategie folgenden Handlungsfeldern mit den entsprechenden Zielen (HNEE 2016):

- Strukturelle Unterstützung des Transferengagements. Zwar gibt es bereits eine Vielzahl unterschiedlichster Transferaktivitäten, die jedoch meist auf Initiative engagierter Hochschulmitglieder getätigt werden, aber diese werden in ihrer Breite noch nicht bewusst als eigene Säule der Hochschulleistungen wahrgenommen. Es gibt eine Transferstelle, die bislang vorwiegend Technologietransfer in der Region begleitet. Ziel ist es jedoch, diese Strukturen für eine systematische Unterstützung von Transfer für nachhaltige Entwicklung in ihrer ganzen Breite auszubauen und die Protagonisten dabei gezielt zu unterstützen und zu motivieren.
- Stärkung der Wissen(schaft)skommunikation. Ein erster wichtiger Schritt für die Unterstützung von Transfer ist dessen Wahrnehmung. Entsprechend kommt der Innen- und Außenkommunikation eine wichtige Rolle zu, damit sowohl die Akteur_innen in der Hochschule als auch die (zukünftigen) Kooperationspartner_innen davon wissen. Dazu gehören die Offenlegung von wissenschaftlichen und gesellschaftlichen Zielen, Transparenz über die Ausgangsbedingungen und Vorgehensweise der Projekte sowie die Begründung von (Auswahl-)Entscheidungen. Zur Stärkung von nachhaltiger Entwicklung soll Kommunikation zwischen Wissenschaft, Politik und Gesellschaft so gestaltet werden, dass sie Fragen aufwirft und dadurch Widerspruch (und wissenschaftlichen Zweifel) erzeugt, Auseinandersetzungen fördert und somit Gestaltungsräume öffnet.
- Transfer stärkt Lehre. Um kompetente Fachkräfte, „change agents" und Multiplikator_innen für nachhaltige Entwicklung auszubilden, sollen verstärkt praxisnahe und anwendungsorientierte Frage- und Aufgabenstellungen in die Lehre integriert werden. Dafür werden mit Partner_innen aus der Praxis Problemstellungen aus der Lebenswelt identifiziert und in realistische Anwendungskontexte gestellt, um Gestaltungskompe-

tenz für Nachhaltigkeit zu vermitteln. In der Lehre sollen, wenn möglich, studentische Arbeiten für die Praxis und Gesellschaft fruchtbar gemacht werden.

- Transfer inspiriert Nachhaltigkeitsforschung. Durch die Transferstrategie soll transdisziplinäre Forschung angeregt und unterstützt werden, bei der Wissenschaft und Praxis auf Augenhöhe Lösungen für Nachhaltigkeitsprobleme entwickeln. Durch Transfer erhält die Forschung wertvolle Impulse für gesellschaftlich relevante Fragestellungen und tiefgehende Einblicke in die Anwendungskontexte und Umsetzungsprozesse. Das ist eine Ausgangsbasis für transformative Forschung, die sowohl an der Bearbeitung wissenschaftlicher Fragestellungen als auch an gesellschaftlich robusten Problemlösungen interessiert ist.
- Stabile Partnerschaften für einen Ideen- und Wissenstransfer. Die Hochschule öffnet sich für Nachhaltigkeitsimpulse aus der Gesellschaft und unterstützt Nachhaltigkeitsakteure in Gesellschaft, Politik und Wirtschaft bei einer gemeinsamen Produktion von Wissen und Innovation. Die Transferstrategie möchte dazu beitragen, dass aus diesem Austausch langfristige Allianzen erwachsen, die eine Voraussetzung darstellen für den komplexen Suchprozess zugunsten nachhaltiger Entwicklung.

Bezüglich der Umsetzung der Transferstrategie muss konstatiert werden, dass die HNEE als kleine Hochschule nur über sehr geringe Ressourcen und Globalmittel verfügt, sodass weder Personal noch Finanzmittel im nennenswerten Umfang bereitgestellt werden können. Bislang beruhten die Transferaktivitäten überwiegend auf dem Engagement der Akteure. Die Transferstrategie soll daher schrittweise und unter Berücksichtigung der zur Verfügung stehenden Mittel umgesetzt werden. Dabei sollen die folgenden Themen adressiert werden:

- interne Organisation und Kommunikation,
- Motivation und Anreizsysteme,
- Transfer über Köpfe und
- Modellprojekte und neue Transferformate.

In dieser Richtung soll die Transferstrategie im Dialog weiter konkretisiert werden. Hierfür müssen zunächst die Ziele von Transfer weiter operationalisiert und die Transferaktivitäten systematisch erfasst werden. Weiterhin müssen Verfahren und Kriterien entwickelt werden, um Transfer und dessen Wirkungen zu erfassen, zu dokumentieren und zu bewerten. Für eine solche Erfolgsmessung liegen bislang keine praktikablen Methoden vor, erste Ansätze können aus der transdisziplinären Nachhaltigkeitsforschung aufgegriffen werden (Krainer und Winiwarter 2016). Insofern steht die Umsetzung der Transferstrategie in einigen Bereichen noch in den Anfängen. Gleichzeitig sollen exemplarische Umsetzungsprojekte entwickelt und eine – zunächst interne – Kommunikationsplattform zum Thema Transfer auf den Weg gebracht werden.

15.4 Fazit und Schlussfolgerungen

In diesem Beitrag wurden erstmals die Themenfelder „third mission", Transfer und transformative Wissenschaften übergreifend als Impuls für Nachhaltigkeitsforschung betrachtet und ein Überblick dazu gegeben. Dabei wurde deutlich, dass eine weitere konzeptionelle Schärfung der Begriffe rund um die Themenfelder „third mission" und Transfer notwendig ist. Das gilt insbesondere für die Ausrichtung von „third mission" und Transfer auf nachhaltige Hochschulen. Hierfür schlagen wir eine Verknüpfung mit dem Ansatz der transformativen Wissenschaft vor. Dieser ist noch vergleichsweise neu und sollte ebenfalls weiter erprobt und ausgearbeitet werden. Hier sehen wir komplementäre, sich ergänzende Zugänge, die bei einer Zusammenführung ein großes Potenzial entfalten können.

Diese Kombination des komplexen Themenfelds Nachhaltigkeit mit dem Transferansatz, eingebunden in den Anspruch der Umsetzung der „third mission" kann Hochschulen jedoch rasch überfordern. Das gilt umso mehr, wenn gleich zwei noch in der Entwicklung befindliche Konzepte – „third mission" und transformative Wissenschaft – miteinander kombiniert werden sollen. Daher sollte der konzeptionellen Arbeit eine empirisch-induktive Vorgehensweise an die Seite gestellt werden.

Es existieren mit Blick auf nachhaltige Entwicklung bereits vielversprechende Einzelaktivitäten und eine Vielzahl Mut machender Best-Practice-Beispiele aus den Bereichen Betrieb, Lehre und Forschung von Hochschulen. Unterschiedliche Hochschultypen, -größen und -gruppen haben Pionierarbeit geleistet, sich vernetzt (z. B. ForumN, HOCH[N], netzwerk n etc.) und treiben das Thema engagiert voran.

Bei der Bewertung dieser Hochschulaktivitäten im Rahmen von Transfer und „third mission" wäre ein analytischer Rahmen nützlich. Dieser sollte Formen, Erfolgsbedingungen und Hemmnisse von Transfer von Hochschulen für nachhaltige Entwicklung hochschulübergreifend herausarbeiten. Dazu sollte er auf die Spezifika des Transfers für nachhaltige Entwicklung abheben und eine Erfassung, Beschreibung und Bewertung der Formen von Transfer und ihrer Wirkungen anleiten. Auf diese Weise können konkrete Transferaktivitäten gezielt im Kontext der konzeptionellen Überlegungen reflektiert werden.

Nach unserer Einschätzung ist es an der Zeit, von der Nische in die Strukturen zu gelangen. Dazu braucht es über Pilotprojekte, Best-Practice-Beispiele und Leitfäden hinaus eine systematische Reflexion und übergreifende Zusammenführung der verschiedenen Aktivitäten. Nur so lässt sich prüfen, ob und wie der eingeschlagene Weg tatsächlich zum gesellschaftlichen Erkenntnisinteresse – der großen Transformation – beiträgt.

„Third mission" und Transfer stellen in diesem Zusammenhang ein Angebot für einen Perspektivwechsel der Organisation Hochschule dar, wie ihn Dyllick und Muff (2016) in ihrer Typologie zur Nachhaltigkeitsausrichtung von Unternehmen vorschlagen. Erst ein Perspektivwechsel von „inside-out" zu „outside-in" mit einer Ausrichtung des Geschäftsmodells an Nachhaltigkeitsanforderungen der Gesellschaft führe zu einer „true business sustainability", argumentieren sie. Dies lässt sich auch auf Hochschulen übertragen. Eine solche gesellschaftliche Einbettung und Kontextualisierung stellt unseres Erachtens eine geeignete Herangehensweise dar, um die vorgestellten Konzepte weiterzuentwickeln, auszudifferenzieren und anzuwenden. Wenn dies gelingt, können Hochschulen nicht nur in Forschung und Lehre, sondern auch in und für die Gesellschaft zu einem wichtigen Impulsgeber für eine nachhaltige Entwicklung werden. Sie erfüllen dann eine wichtige „third mission" und könnten diese im Einzelfall gar zu ihrer „first mission" machen (Schneidewind 2016).

Literatur

Brand KW (Hrsg) (2000) Nachhaltige Entwicklung und Transdisziplinarität. Besonderheiten, Probleme und Erfordernisse der Nachhaltigkeitsforschung. edition sigma, Berlin

BUND – Bund für Umwelt und Naturschutz (2012) Nachhaltige Wissenschaft. Plädoyer für eine Wissenschaft für und mit der Gesellschaft. BUND, Berlin

Deutsche UNESCO-Kommission e. V. (2014) Hochschulen für eine nachhaltige Entwicklung. Netzwerke Fördern, Bewusstsein verbreiten. Deutsche UNESCO-Kommission, Bonn

Dyllick T, Muff K (2016) Clarifying the meaning of sustainable business. Introducing a typology from business-as-usual to true business Sustainability. Organ Environ 29(2/2016):156–174. doi:10.1177/1086026615575176

Gibbons M, Limoges C, Nowotny H, Schwartzman S, Scott P, Trow M (1994) The new production of knowledge. The dynamics of science and research in contemporary societies. SAGE, London

Grunwald A (2015) Transformative Wissenschaft – eine neue Ordnung im Wissenschaftsbetrieb? GAIA 24(1/2015):17–20

Heinrichs H, Michelsen G (Hrsg) (2014) Nachhaltigkeitswissenschaften. Springer, Berlin, Heidelberg

Henke J, Pasternack P, Schmid S (2016) Third Mission bilanzieren. Die dritte Aufgabe der Hochschulen und ihre öffentliche Kommunikation. HoF-Handreichungen 8. Institut für Hochschulforschung (HoF), Halle-Wittenberg

Hirsch Hadorn G, Pohl C (2006) Gestaltungsprinzipien für die transdisziplinäre Forschung. Ein Beitrag des td-net. München, oekom

HNEE – Hochschule für nachhaltige Entwicklung Eberswalde (2013) Grundsätze zur nachhaltigen Entwicklung an der Hochschule für nachhaltige Entwicklung Eberswalde. Eberswalde, HNE Eberswalde. www.hnee.de/nachhaltigkeitsgrundsaetze. Zugegriffen: 17. November 2016

HNEE – Hochschule für nachhaltige Entwicklung Eberswalde (2016) Ideen- und Wissenstransfer für eine nachhaltige Entwicklung. Transferstrategie der Hochschule für nachhaltige Entwicklung Eberwalde. Eberswalde, HNE Eberswalde. http://www.hnee.de/_obj/F2E4A8B2-66E3-4D13-AA12-1270ABB17F24/outline/16101290_Transferbroschuere_WEB.pdf. Zugegriffen: 17. November 2016

Krainer L, Winiwarter V (2016) Die Universität als Akteurin der transformativen Wissenschaft. GAIA 25(2/2016):110–116. doi:10.14512/gaia.25.2.11

Kurz R, Luthardt V, Schnitzer R (2014) Wissenschaftspolitik für Nachhaltige Entwicklung. Thesen der Wissenschaftskommission des Bund für Umwelt und Naturschutz Deutschland (BUND e. V.). UmweltWirtschaftsForum 22(4):233–236

Maurer R (2016) Staatliche Hochschulen im Dienste gesellschaftlicher Veränderungsprozesse? Neue Dtsch Hochsch 5:134–137

Nölting B, Pape J, Kunze B (2015) Nachhaltigkeitstransformation als Herausforderung für Hochschulen – Die Hochschule für nachhaltige Entwicklung Eberswalde auf dem Weg zu transdisziplinärer Lehre und Forschung. In: Leal W (Hrsg) Forschung für Nachhaltigkeit an deutschen Hochschulen. Springer, Berlin, Heidelberg, S 131–147

Roessler I, Duong S, Hachmeister CD (2015) Welche Missionen haben Hochschulen? Third Mission als Leistung der Fachhochschulen für die und mit der Gesellschaft. Arbeitspaper 182. CHE gemeinnütziges Centrum für Hochschulentwicklung, Gütersloh

Schneidewind U (2016) Die „Third Mission" zur „First Mission" machen? Hochschule 1:14–22

Schneidewind U, Singer-Brodowski M (2014) Transformative Wissenschaft. Klimawandel im deutschen Wissenschafts- und Hochschulsystem, 2. Aufl. Metropolis, Marburg

Stifterverband (2016) Transfer-Audit. Ein Service zur Weiterentwicklung der Kooperationsstrategie von Hochschulen mit externen Partnern. https://www.stifterverband.org/transfer-audit. Zugegriffen: 17. November 2016

Stock G, Schneidewind U (2014) Streit ums Mitspracherecht. Interview von C. Grefe, A. Sentker. Die Zeit vom 18.09.2014:S 41. http://www.zeit.de/2014/39/foerdermittel-forschungsprojekte-mitspracherecht. Zugegriffen: 17. November 2016

Strohschneider P (2014) Zur Politik der Transformativen Wissenschaft. In: Brodocz A, Herrmann D, Schmidt R, Schulz D, Schulze-Wessel J (Hrsg) Die Verfassung des Politischen. Festschrift für Hans Vorländer. Springer, Wiesbaden, S 175–192

Voß JP, Newig J, Kastens B, Monstadt J, Nölting B (2007) Steering for sustainable development: a typology of problems and strategies with respect to ambivalence, uncertainty and distributed power. J Environ Policy Plan 9(3,4):193–212. doi:10.1080/15239080701622881

Warnecke C (2016) Universitäten und Fachhochschulen im regionalen Innovationssystem. Eine deutschlandweite Betrachtung. RUFIS (Ruhr-Forschungsinstitut für Innovations- und Strukturpolitik e. V.), Bochum

WBGU – Wissenschaftlicher Beirat der Bundesregierung Globale Umweltveränderungen (Hrsg) (2011) Welt im Wandel. Gesellschaftsvertrag für eine Große Transformation. WBGU, Berlin

Wissenschaftsrat (2015) Zum wissenschaftspolitischen Diskurs über Große gesellschaftliche Herausforderungen. Positionspapier (Drs. 4594-15). Köln, Wissenschaftsrat

Wissenschaftsrat (2016) Wissens- und Technologietransfer als Gegenstand institutioneller Strategien; Positionspapier (Drs. 5665-16). Köln, Wissenschaftsrat